CHEBIKA

TERRE HUMAINE

CIVILISATIONS ET SOCIÉTÉS

COLLECTION D'ÉTUDES ET DE TÉMOIGNAGES DIRIGÉE PAR JEAN MALAURIE

CHEBIKA

suivi de

RETOUR A CHEBIKA
1990

Changements dans un village du Sud tunisien

par

Jean Duvignaud

Avec 10 illustrations dans le texte
46 illustrations hors texte
1 carte, 2 plans, 3 index
et un dossier « Débats et Critiques »

PLON
8, rue Garancière
PARIS

Le lecteur trouvera en fin de volume la liste des ouvrages de la collection *Terre Humaine*.

Carte et plans: Patrick Mérienne.
Iconographie: Eric Diguelman
Maquette des hors-texte: Didier Thimonier

ISBN 2-259-02327-4
ISSN 0492-7915

A Si Tijani Jegell
qui m'a emmené à Chebika,
aux gens de Chebika,
qui ont écrit ce livre,
et à Jacques Schiffrin
qui en eut l'idée.

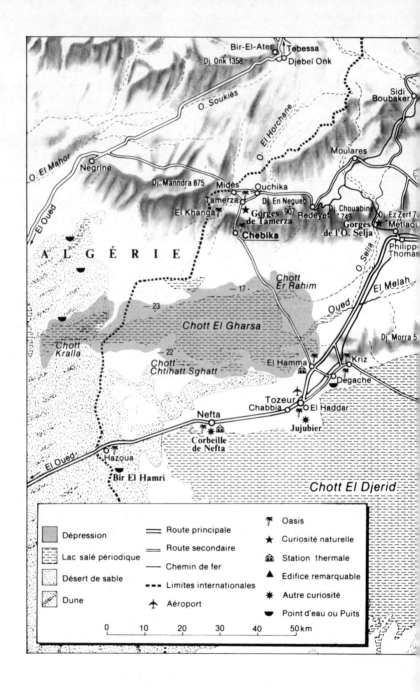

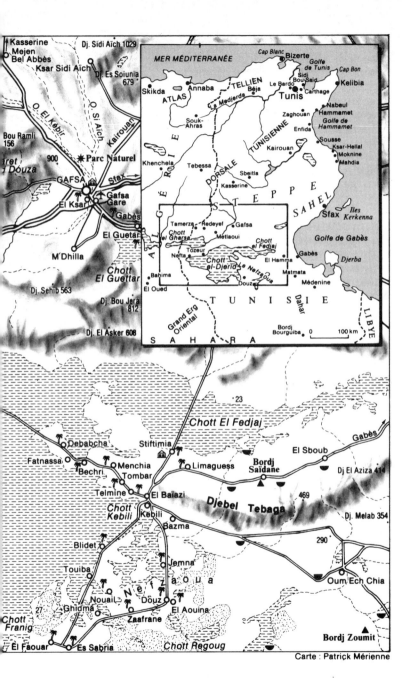

Carte : Patrick Mérienne

PREMIÈRE PARTIE

CHEBIKA

1960-1966

INTRODUCTION

Ce livre tente de reconstituer l'existence collective et indivi-
duelle d'un village du Sud tunisien. L'enquête a été commencée en
1960 pour le Centre d'études de sciences sociales de Tunis et
continuée pour la Faculté des Lettres.

Il s'agissait tout d'abord de former à l'enquête sur le terrain des
étudiants de sociologie jusque-là plus soucieux de verbalisme et
d'idéologie que d'analyse concrète, radicalement urbanisés et
occidentalisés au point de trouver leur centre de gravité davantage
à Paris ou en Occident que dans leur propre pays. En fait, on
prétendait ramener ces jeunes gens au sentiment de leur responsa-
bilité vis-à-vis d'une société dont la transformation réelle dépend
d'eux et non d'une administration, d'ailleurs trop souvent, dans le
Sud, autoritaire. De 1960 à 1965 (et même 1966 où nous sommes
revenus à Chebika pour la dernière fois), deux et même trois
générations successives d'étudiants se sont installées avec nous
dans le village.

Que ces jeunes gens aient été modifiés par la réalité qu'ils
découvraient est aussi frappant que l'inverse, le fait que Chebika
a été transformé par nos questions et notre recherche. Une prise
de conscience mutuelle aux implications réciproques s'est peu à
peu constituée — favorisée par l'identité de la langue (le même
arabe dialectal est parlé du nord au sud de la Tunisie), de la
civilisation musulmane incluant la religion comme l'une de ses
composantes, par le langage politique commun transmis par la

13

radio, celui du «développement» systématique organisé par le pouvoir central. Cette prise de conscience fait partie de l'enquête dans la mesure où elle est devenue, d'objet d'analyses, sujet d'une action possible.

Dès les premiers contacts, il s'est avéré que les démarches statistiques étaient non seulement insuffisantes mais aussi trompeuses. L'idée d'un sondage appuyé sur des échantillonnages (et dans une certaine mesure, l'exiguïté du village aurait pu constituer un tel échantillon) ne pouvait conduire qu'à des contresens ou des erreurs. Au demeurant, si nous avions considéré Chebika comme une «population statistique» homogène, nous serions tombés dans le piège que nous tendait l'actuelle dégradation du village: l'apparente homogénéité n'était que la marque de l'état de déréliction (ce terme religieux n'est pas trop fort) où se trouvait alors un Sud abandonné à lui-même et «oublié» par le pouvoir central peu soucieux d'entreprendre des changements onéreux dans une région aussi pauvre.

De toute manière, la région de l'expérience collective qui se trouve réductible à l'analyse statistique ou assimilable à un milieu homogène est infiniment plus étroite que ne l'avaient pensé P. F. Lazarsfeld ou K. Lewin lorsqu'ils cherchèrent à entreprendre des expérimentations scientifiques comparables à celles des physiciens ou des chimistes. D'ailleurs, de telles analyses, valables dans certains cadres et certaines sociétés industrielles, comment les utiliser pour examiner les mutations et les ruptures? En fait, c'est la surface la plus extérieure de la vie sociale que réglementent statistiquement ces types d'analyses.

Il eût été aussi suspect de se contenter d'une analyse structurale, toujours possible. Parce que ces structures eussent immobilisé des phénomènes dont nous observions par ailleurs la transformation plus ou moins rapide au cours des années 60-66.

Certes, l'idée est très forte que derrière les classifications traditionnelles, les réglementations et les formes d'échanges, se cache une logique, une «philosophie naturelle» dont les individus ne prennent pas une conscience intellectuelle. Mais justement nous trouvions Chebika dans un état de dégradation où les réglementations n'étaient pour ainsi dire admises que verbalement et comme une espèce de jeu auquel personne ne croyait plus. C'est l'ensemble de la «logique inconsciente collective» que les changements sociaux et politiques survenus dans le Maghreb depuis une ou deux décennies (surtout depuis l'invention de la radio à transistor) mettaient en cause. Que le comportement apparemment irrationnel et confus des gens de Chebika correspondît aux règles d'une logique cachée sous l'apparence, voilà qui ne cadrait pas avec la réalité d'un jeu que personne ne jouait plus. Et, pour faire vite, pour fuir les inquiétantes questions, l'homme ou la femme de Chebika se réfugiaient dans les grandes phrases toutes faites du Coran.

Nous avons procédé autrement. C'est dire que nous avons cherché d'abord à obtenir le plus grand nombre de renseignements sur tous les aspects de la vie quotidienne, et cela en répétant les observations durant quatre années, en notant minutieusement tout ce qui pouvait être constaté ou repérable sur d'innombrables fiches et carnets. La somme de ces multiples indications a nourri la reconstruction que nous avons esquissée. Elle a été corrigée dans la mesure où les enquêteurs, au cours de nombreuses discussions, ont analysé et critiqué eux-mêmes les observations qu'ils avaient faites, ne fût-ce que pour éliminer des traces d'interprétation personnelles.

Mais cette observation continue a entraîné dans le village un changement notable : les objets dédaignés, les actes dévalorisés, les croyances effacées ont repris une sorte de vitalité du fait même qu'ils s'accumulaient dans l'observation notée des enquêteurs et que l'enquêté constatait qu'il s'agissait là d'indices réels pour la mesure plus ou moins exacte qu'il prenait de lui-même. Cette revalorisation de l'équipement technique et mental de la vie quotidienne n'a pas entraîné, comme cela se produit dans certains cas, une cristallisation des données traditionnelles. Au contraire : le changement est si activement perçu à Chebika que le décor de l'espace accoutumé s'est trouvé éloigné et comme « distancé » par la conscience du changement vécu par les hommes du village. C'est l'homme de Chebika qui conquiert, à travers cette enquête répétée, sa propre objectivité.

Mais surtout, ce à quoi mon équipe et moi nous nous sommes attachés, c'est à entreprendre d'année en année des entretiens non dirigés, abandonnant les gens de Chebika à la liberté de leur « parlerie », de leurs démarches mentales souvent hésitantes, les laissant finalement trouver seuls le langage qui fût un chemin pour venir vers nous. Et, dans le même temps, comme cela est surtout clair pour mon collaborateur Salah, fils de Bédouin de la steppe,

15

l'enquêteur venu de la ville doit, lui aussi, trouver difficilement le langage pour parvenir jusqu'à l'homme de Chebika[1].

Ces questionnaires, ces «interviews», étaient bien entendu élaborés en partie à l'avance; mais, très vite, nous avons découvert qu'il convenait de fixer seulement les larges perspectives de ce qu'il fallait demander, puisque la direction de l'entretien appartenait de plus en plus aux gens que nous allions voir. Dès la seconde année de notre travail, cette initiative s'accentua et prit une importance telle que nous comprîmes que les gens de Chebika retrouvaient un langage — leur langage — à travers nos questionnaires.

Il est vraisemblable qu'au niveau de la microsociologie (et notre étude s'apparente à la microsociologie), le type d'étude, dite «étude de cas», «cases studies» (dont Znaniecki et Thomas ont donné un exemple classique dans leur Polish Peasant in Europ and America *en 1927, que Gottschalk, Kluckhohn et Angell ont systématisée dans* The Use of Personal Documents in History, Anthropology and Sociology *en 1945) est d'une exceptionnelle fécondité. Etude d'autobiographies aussi complètes que possible, examens directs de propos, restitution de discours et de rêves parlés, tout cela donne la mesure du document personnel et de la valeur des informations ainsi obtenues. Récemment, des textes comme* Sun Chief, *cette biographie de l'Indien Hopi Don Talayesva, recueillie par Léo-W. Simmons,* Un village de la Chine populaire *de Jan Myrdal et surtout la* Vie d'un village mexicain, *les* Enfants de Sanchez *et* Pedro Martinez *d'Oscar Lewis montrent à quelle richesse et quel intérêt universel peuvent atteindre de telles études quand elles sont conduites avec talent.*

Notre intervention a provoqué le plus grand mouvement collectif dont Chebika ait été conscient dans son histoire récente parce que, pour la première fois, les moteurs de ce mouvement lui étaient intérieurs. Non seulement les questionnaires répétés et d'année en année (mesurant des changements notables, des divergences qu'il fallait expliquer) accentuèrent cet élément dramatique au cours duquel Chebika a représenté Chebika, *mais encore les attitudes*

---

1. Les jeunes filles de notre groupe ont trouvé plus vite avec les femmes du village le langage commun que les hommes et nos garçons mirent deux ans à *inventer*. Sans doute parce que l'univers féminin, séparé de celui des hommes, établit une relation directe avec une *nature* que les hommes dépossédés de leur terre ont du mal à retrouver...

16

nées de la pratique du questionnaire conduisirent le village aux limites politiques extrêmes de son affirmation de lui-même.

Dramatisation qui permit aux gens du village de jouer des rôles sociaux, traditionnels ou non, mais dont ils avaient, en tout cas, perdu le sens. Certes, un élément de comédie, voire de parodie se glissa dans cette théâtralisation de la vie quotidienne retrouvée. Comment l'éviter ? La dérision et même l'humour ne caractérisent-ils pas les passages d'un genre de société à un autre, surtout quand le premier est depuis longtemps dégradé et traîne devant un changement qui ne se fait pas toujours.

Quant aux attitudes nouvelles qui conduisirent à ce que nous appelons « l'affaire de la carrière », elles se confondent toutes dans la découverte d'un langage nouveau ; si l'on admet qu'il s'établit une relation entre la contexture de l'existence et la trame du discours habituel d'un groupe (et souvent d'un individu), l'apparition d'un langage nouveau devait entraîner l'émergence d'une vie nouvelle. Avec tout ce que cette apparition entraîne d'attentes, d'espoirs. L'homme de Chebika s'est nommé dans le contexte plus large de la Tunisie au moment où il a découvert les bases d'un milieu parlé qui portât son expérience nouvelle.

On conçoit que cette transformation (théâtralisation et discours) définisse le mécanisme de changement d'un organisme social microscopique. « Je ne veux pas entendre parler de la microsociologie », disait, d'une manière péremptoire, un des principaux secrétaires d'État du pays lors d'un séminaire de travail. Et cela au moment où le lancement des premières coopératives n'avait de chance de réussir que si tous ces micro-organismes de base fonctionnaient réellement et permettaient aux groupes de témoigner à la fois de leur spontanéité et de leur capacité à s'organiser eux-mêmes. Certes, au niveau de la « réglementation des grands ensembles » et d'une planification abstraite, la destruction des structures anciennes de l'ancienne société exige des vues globales très éloignées de l'expérimentation à une échelle plus précise et plus concrète. Mais il n'est pas certain que la Tunisie ait jamais été une société et que, par conséquent, il faille envisager une transformation globale quand il s'agit d'organiser des dynamismes partiels. Ensuite, il est possible (mais non certain) que l'animation de groupes microscopiques et leur orientation vers l'autogestion et le dynamisme soient plus importantes que la composition abstraite de plans spectaculaires et, pourtant, inapplicables.

17

Ajoutons encore ceci: Chebika est un micro-organisme social, mais Chebika est aussi un milieu particulier et même exceptionnel. L'élément anomique du village constitue précisément un ensemble de données et de symptômes qui permettent de mieux saisir comment peut s'effectuer le passage d'une situation dégradée et misérable à une situation mouvante mais orientée vers l'adaptation à un autre milieu — si ce milieu voit jamais le jour dans le sud du pays.

Les cinq années passées à Chebika ont donc constitué à la fois pour les enquêteurs venus de la ville et pour les gens du village une expérience rationalisée du changement, une véritable phénoménologie vécue. En ce sens surtout que le village qui avait perdu toute conscience collective de soi est redevenu peu à peu le sujet d'un changement et même, sous un certain angle, d'une histoire à venir.

Mais ces données — observations multiples et contrôlées, questionnaires répétés, interviews libres, analyse du changement — ne peuvent être restituées dans leur état brut. Une prétention de la sociologie, à la mode voici quelques années en Amérique et avec un peu de retard aujourd'hui encore en France, consistait à multiplier les graphiques, les tableaux, les schémas selon une affectation scientifique douteuse. Un peu comme si un architecte eût laissé les échafaudages sur la maison qu'il terminait. Que ces éléments quantitatifs ou structuraux soient importants, qui le niera? Il n'existe pas de méthode sociologique qui puisse les négliger. Mais ce que Mills appelait l'«imagination sociologique» consiste précisément à intégrer ces données, à en définir les fonctions, à les inclure dans un ensemble qui les rende communicables, un discours cohérent qui les expose.

C'est pour cela que nous proposons ici une reconstruction utopique *de Chebika à partir des multiples données et faits enregistrés durant cinq ans, et par des chercheurs différents entre eux. Cette reconstruction propose une certaine distribution de ces éléments dans un tout qui prend la forme d'une relation, voire d'un récit.*

Marcel Mauss évoquant les problèmes de l'anthropologie met en avant l'idée de «phénomène social total» qui, selon lui, doit surmonter les conflits des points de vue partiels ou subjectifs, intégrer les éléments divers dans le mouvement global de création continu qu'est un ensemble social vivant. Idée profonde mais qui risque de rester verbale si l'on se contente de noter «pour conclure» que les faits examinés prennent leur sens dans leur organisation

18

dans un tout et que ce tout informe les aspects divers qu'il embrasse. A la limite, nous n'aurions ainsi exprimé qu'un truisme.

A vrai dire, le seul moyen de comprendre comment les éléments successifs et dispersés s'organisent dans une totalité vivante est de reconstruire ce tout. Cette reconstruction ne peut être que celle d'un langage qui, scientifiquement parlant, intègre les faits partiels dans le mouvement d'ensemble et les restitue en le désignant. Entreprise difficile qui peut être plus ou moins bien réussie, plus ou moins bien accomplie. Mais de la même manière que Max Weber construit un type, que Marx construit une classe (que l'expérience immédiate, bien entendu, n'isole jamais), on peut tenter de construire Chebika.

Mais nous disons aussi que cette reconstruction est utopique, en ce sens que nous sommes forcés d'utiliser l'« imagination sociologique » (au sens de Mills) pour proposer un ensemble cohérent (synchronique et diachronique à la fois) et que cet ensemble constitue une proposition hypothétique dont la véracité est problématique. Que le Chebika que nous reconstruisons pour en rendre communicable la réalité globale soit vrai ne signifie pas qu'il réponde aux données de l'évolution réelle que suivra le village ; du moins cherche-t-il à proposer une organisation qui s'approche de la réalité et qui ne fige pas les développements d'un imprévisible avenir. En ce sens, une telle reconstruction est un pari sur la vie collective. Nous suggérons que Chebika se présente dans notre discours de sorte que les problèmes que pose le passage du village d'une dégradation continue à un dynamisme (qui peut malheureusement rester sans objet et entraîner en ce cas une dégradation plus grande encore) fournissent à l'attention de ceux qui sont, en Tunisie, responsables du changement les éléments rationnels d'une intervention efficace et non coercitive.

C'est par là aussi que l'analyse construite que nous proposons peut avoir une signification exemplaire. Les villages et les bourgades (fussent-ils d'une échelle plus vaste que Chebika) dans tous les pays qu'on appelle du « Tiers Monde » constituent les lieux privilégiés du passage d'une vie dégradée (laquelle n'a rien de traditionnel) à une activité économique et moderne. Quand nous faisons le bilan de ce que nous avons pu observer au Brésil, au Pérou, au Mexique, au Sénégal, au Maroc, en Algérie, en Inde, au Cambodge, nous nous confirmons dans cette conviction : le changement ne peut être que verbal dans les pays où n'existe aucun milieu technique homogène et dans lesquels le « développement »

19

résulte de l'action d'une élite (ou d'une classe dirigeante) plus ou moins égoïste, plus ou moins militante. Seuls, le village et la bourgade constituent les matrices éventuelles d'un changement sans doute faible et lent mais qui peut devenir plus radical que celui dont on affirme l'évidence sans esquisser les réalisations concrètes. Mais la reconversion des attitudes politiques et économiques qu'entraînerait cette constatation sociologique est probablement insoutenable pour les dirigeants actuels de la plupart des pays du «Tiers Monde», autant qu'elle s'avère impensable pour de jeunes cadres effrayés par l'idée de s'enraciner fût-ce pour quelques mois dans des cellules rurales au lieu de profiter des avantages de villes modelées plus ou moins bien sur l'Occident.

Un dernier mot. Notre méthode est allée de l'expérimentation directe enregistrée, de l'investissement du village par toutes les méthodes d'investigation possibles jusqu'à une reconstruction globale. Nous avons parlé plus haut de cette invention, de cette «imagination selon le vrai» qui caractérise aujourd'hui certaines démarches de la sociologie dans la mesure où la sociologie est devenue une activité intellectuelle qui peut rivaliser avec la littérature, lorsqu'elle procède à des reconstructions utopiques.

On l'a dit dix mille fois, le roman du siècle dernier (et souvent le roman contemporain) s'est dirigé, sans pour autant être «naturaliste» ou «réaliste» (ce ne sont là que des mots ou des idéologies esthétiques), vers une totalité qui intègre des éléments sociologiques. Comme le dit Hermann Broch[1] : «L'œuvre littéraire doit embrasser dans son unité le monde tout entier.»

En ce sens Balzac, avec un monde en train de se faire — et pas encore tout à fait cristallisé quand il écrit son œuvre — ou Joyce (dont Broch dit qu'il enferma dans une totalité organisée en langage un monde de rêve, de désirs, d'éléments non conscients et implicites) se comportent exactement à la manière dont se définit aujourd'hui une certaine création sociologique.

Le contenu de la «visée» du roman classique n'est-il pas la maîtrise d'un ensemble organisé du réel, qu'il s'agisse de drames particuliers et tendus vers des valeurs partielles ou de fuligineuses visions oniriques ou psychiques... Mais l'imagination du romancier inventant un personnage de femme comme Madame Bovary est un travail d'expérience utopique qui reconstitue une totalité vivante

---

1. *Création littéraire et connaissance* (traduction française), p. 235, Gallimard, édit.

dans et autour d'un personnage qui devient le symbole momentané de ce rassemblement. Joyce ou Proust ont prouvé qu'il était possible de réaliser la même entreprise avec l'esprit lui-même, le Moi et ses variations complexes.

Une certaine conversion s'est alors opérée depuis quelques années qui correspond à une rupture profonde: l'écrivain a découvert que l'invention selon le vrai pouvait prendre pour point de départ l'existence réelle d'hommes situés dans des positions assez spécifiques — atypiques ou anomiques — pour prendre une valeur de symboles, voire de mythes. Ce fut l'une des incitations de Truman Capote, on le sait, quand il écrivit De sang-froid *et s'attacha à la vie d'assassins dont il fit le foyer vivant d'une invention au lieu de les retrouver au terme d'une invention formelle, comme cela se pratiquait généralement dans le roman. C'est sans doute une des raisons qui rendent l'anthropologie et la sociologie si vivantes et attirantes aujourd'hui: la vie différente (ou simplement éloignée par l'étrangeté même que porte avec elle l'extrême familiarité) devient la matrice et le prétexte d'une reconstruction où l'expression littéraire trouve souvent son compte.*

On pourrait donner à cette conversion des attitudes une forme quelque peu frappante en disant: Balzac ou Dickens, aujourd'hui, seraient sociologues; *encore que Michelet ait fourni au siècle dernier un exemple de ce que nous examinons — à travers la mise en scène dramatique du passé historique, il est vrai.*

Mais il s'agirait aussitôt de constater que l'on devrait compter sur les doigts des deux mains les livres qui répondent aujourd'hui à cette exigence de changement: tantôt sollicité par le désir de fixer une théorie, tantôt entraîné par la pure et impressionniste spéculation littéraire, tantôt pressé de demander à des sciences mathématiques un langage qui confirme et, partant, remplace l'imagination sociologique, nombre de ceux qui auraient pu fournir ces exemples, après un ou deux livres frappants, désertent le chemin de la modernité pour celui d'un positivisme démodé ou d'un expressionnisme littéraire discret.

Évoquant le changement de sens de ce qu'il appelle « mythe » — et que nous appelons un discours cohérent et une reconstruction globale et utopique — Hermann Broch constate que notre époque vit le morcellement et l'émiettement des ensembles plus vastes et, partant, des valeurs qui justifiaient des tonalités antérieures. Mais il lui reste d'autres tâches, surtout dans une période où les techniques déchaînées échappent parfois ou risquent d'échapper au

21

contrôle de l'homme [1] : « *Un monde qui se fait sauter lui-même ne permet plus qu'on en fasse le portrait mais comme sa dévastation a son origine dans les racines les plus profondes de la nature humaine, c'est cette dernière qui doit être représentée dans toute sa nudité, dans sa grandeur comme dans sa misère, et voilà précisément une tâche déjà mythique.* »

Il nous semble que la reconstruction utopique de la misère de Chebika, asservissant l'imagination à la réalité sociologique qu'elle reconstitue dans un discours, va dans le sens de ces tâches nouvelles de la création et de la connaissance...

J.D. 1968

Une misère qui voulait s'arracher à elle-même : c'était le constat des années 60. Depuis, Chebika s'est figé. J'y suis revenu et deux anthropologues tunisiens, de la seconde génération, l'ont revisité en 1990. On en lira l'enquête critique.

Immobilité... L'histoire est-elle le privilège des riches, des villes, des guerriers ? Pourtant, l'autonomie sociale cherche sa route à travers des cantons, des microcosmes effervescents : la solidarité invente ses formes, chaque fois différentes. C'était l'utopie du village, c'est maintenant sa détresse. Et s'étendent aujourd'hui, dans le monde, des zones d'ombre où l'homme ne dispose ni de soi, ni de la terre, ni des moyens d'assurer sa plénitude. Émergent alors les fantômes d'un passé mythique ou l'attrait de l'exil : intégrisme et émigration sont la rançon des prolétaires de l'oubli.

Pour la réédition du texte primitif avec sa révision actuelle, augmentée de Retour à Chebika 1990, *Terre Humaine est le lieu privilégié entre tous : au-delà des rhétoriques du néo-positivisme et des idéologies démodées, Jean Malaurie — et ses auteurs — cherchent à atteindre ces « noyaux durs » de la réalité, ce tête-à-tête avec l'homme qui met en cause la conscience, ni bonne ni mauvaise : la conscience.*

J.D. 1990

1. *Op. cit.*, p. 255 (*l'Héritage mythique de la littérature*).

On dévale à travers la steppe désertique en quittant Tozeur vers le couchant. On traverse El-Hamma, oasis assez pauvre étalée au bas d'une falaise de sable qui menace la route de sa masse fragile travaillée par l'érosion des vents et la pluie des orages. On tourne vers le petit chott el-Bahri qui n'atteint pas l'ampleur du chott el-Djérid et n'est pas recouvert comme l'est ce dernier d'une croûte de sel phosphorescente mais d'une boue dont les reflets sont bleuâtres, au matin.

Après le chott vient un banc de sable où la piste change de cours après chaque souffle du vent qui noie les maigres touffes d'alfa, jaunâtres en toute saison, et efface les pierrailles. Au-delà du chott commence la plaine de l'oued où il ne coule à vrai dire jamais d'eau depuis des années parce que ces barrages ont modifié le système des eaux, très loin, au-delà des montagnes vers lesquelles nous conduit la piste, le Djebel.

Pourtant, en automne parfois, ou en avril, un flot d'eau graisseuse et jaunâtre passe comme un caillot dans le large espace vide et désaffecté, au pied de sortes de berges où s'accrochent sur l'encroûtement gypseux modelé par les vents des touffes de cette *euphorbia gruyoniana* dont les chameaux semblent raffoler.

On entre, après l'oued, au creux de la steppe désertique qui va buter au nord et au couchant sur les montagnes, qui fuit vers l'orient et le sud en horizons perdus où se forment et se reforment perpétuellement des mirages d'arbres et d'étranges masses qui ressemblent à des vaisseaux échoués. Là pousse l'alfa

23

et se déplacent lentement des troupeaux de chameaux et de chèvres qui, à distance, ressemblent à des hiéroglyphes mouvants, des signes d'un langage indéchiffrable. Le désert est là, autour de nous, non comme une masse mais comme un déploiement successif de plans indéfinis, un enchevêtrement de boîtes gigognes qui se défont à perte de vue, de sorte qu'on y trouve seulement ce qu'on y a mis. Le désert n'est point vide. Au contraire, c'est un lieu empli de minuscules vibrations et grouillements: des myriades de scorpions, d'insectes de toute sorte, de lézards et de serpents se livrent à leurs activités frénétiques et continues.

L'extension de l'horizon emplit les oreilles et les poumons d'une masse qui, sans être pesante, est cependant oppressante. Cette oppression est un appel, une attente, et la mer même ne crée pas ce doute qui nous enveloppe — bien que le désert (les trois déserts plutôt, inégalement répartis sur tout le sud du Maghreb: le sable, la pierraille et le sel) ressemble souvent à une marée basse dont on attendrait interminablement le flux.

Même en automne et au printemps ou durant les orages rapides d'été, le désert garde la même couleur âpre et fugitive, une couleur qui ne prend pas aux touffes d'alfa ni aux rares monticules de sable ou de roches friables mais paraît distincte des objets et comme détachée du support qui devrait la contenir. Seulement, après la chute des pluies ou sous le nuage de sable retombé quand le vent souffle depuis le sud, l'animation des rares choses identifiables (plantes ou monticules) paraît plus grande et comme excitée d'une vie propre et passagère. Des trous se creusent, des fissures se comblent et des rigoles de terre s'écoulent on ne sait où: le mouvement du sable, sa cristallisation en gypse, ses déplacements irrésistibles, ses dissolutions périodiques au milieu des pierrailles, semble imprévisible.

Alors apparaît Chebika. Mais très loin, comme une touffe au flanc de la montagne qui, depuis le désert, devient transparente, tant sa couleur ocre s'éclaircit. Montagne en dents de scie, qui, au fur et à mesure qu'on approche, révèle sa curieuse nature, un entassement confus de roches à moitié ruinées ou dissoutes, un agglomérat de pierrailles et de sable. Et tout cela d'une couleur de fruit mûr, surtout le matin et le soir.

De ce qu'est ici Chebika, un paquet de plus en plus net de palmiers, on ne peut encore rien dire. Il faut attendre d'avoir traversé une partie de la steppe désertique découpée de crevasses pour s'apercevoir que le village est placé dans le croisement de deux avancées de la montagne qui s'ouvre ici vers le désert. Non pas au ras du désert ni sur le faîte d'une colline comme les campements de nomades ou les villages kabyles d'Algérie, mais à mi-hauteur sur cette espèce de plate-forme qui domine à la fois la gorge de l'oued, l'oasis, une crevasse profonde sur la droite et qui ne recoupe le désert que par un plan incliné qui glisse insensiblement vers la steppe.

Quand on débouche de l'oasis, le village est là, composé de deux masses de maisons ocre et grises disposées l'une à gauche autour d'une sorte de poterne, l'autre à droite d'un porche dont l'accès a été rehaussé de colonnes. Ce ne sont toutefois pas des colonnes romaines, comme on ne manque pas d'en trouver ici et qui auraient pu avoir existé à Chebika même (qui fut un des *speculum* du *limes*, d'où l'on observait le mouvement des troupes de pillards dont on transmettait le signalement et l'importance à l'aide de ces grands miroirs qui renvoyaient le soleil par éclairs successifs à d'autres postes de garde). Ce sont des palmiers et cela est déjà singulier que ces troncs certainement très anciens aient pris la patine et la contexture de la pierre.

Au-dessus de ces deux masses involontairement architecturales, le village se dispose en terrasses plates aux plans multiples entrecroisés qui se répartissent des lignes horizontales légèrement circulaires selon la forme de demi-cirque que prend le village. A gauche se raccordant à la poterne une suite de murs bas descendent jusqu'à la mosquée où se trouve esquissée une minuscule coupole. Et la mosquée est la limite du village vers la gauche, puisqu'elle tourne jusqu'au ravin qui cerne le village de ce côté. De l'autre côté, cette limite est reportée plus haut, au porche lui-même, puisque le mur tombe à pic de plusieurs mètres jusqu'à l'oued, mur qui a été consolidé avec des appareils en fer et en acier voici quelques années.

Il y a seulement sur la vaste place qui précède le village à droite une maison carrée (aujourd'hui seulement car elle n'était pas encore construite en 1961, à notre arrivée) et le tombeau de Sidi Soltane, bâtiment bien plus considérable et important que la mosquée: une coupole imparfaitement ronde pèse sur quatre murs bas qu'elle paraît enfoncer lentement dans le sol d'un enclos resserré par une murette. Seule construction blanchie à la chaux et, bien entendu, éblouissante, vue de loin comme la seule indication certaine dans le fouillis des maisons en torchis

25

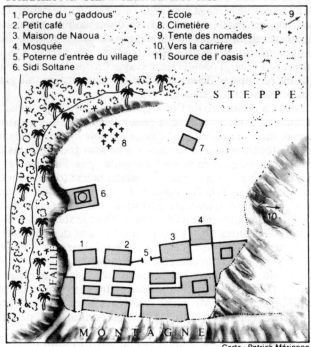

CHEBIKA : ANCIEN VILLAGE 1961-1965

1. Porche du "gaddous"
2. Petit café
3. Maison de Naoua
4. Mosquée
5. Poterne d'entrée du village
6. Sidi Soltane
7. École
8. Cimetière
9. Tente des nomades
10. Vers la carrière
11. Source de l'oasis

STEPPE

MONTAGNE

Carte : Patrick Mérienne

qui se fondent dans la pierraille de la montagne, le marabout de Sidi Soltane surmonte le raidillon qui descend dans les jardins de l'oasis.

Et plus bas, répondant au village et suivant une disposition qui reproduit la répartition des familles vivantes, le cimetière émerge à peine du sol. Comme l'on a construit l'école à cette hauteur, les enfants, les ânes et les chevaux des Bédouins traversent et piétinent les tombes. Certaines d'entre elles émergent à peine du sol, d'autres se sont écroulées et parfois, après une longue période de sécheresse, pointe entre les pierres ce qui fut une dépouille humaine. Mais là aussi tout se recouvre de sable tandis que les corps sont abandonnés à l'érosion patiente des insectes et des scorpions.

26

Et puisqu'on est à la hauteur de l'école, seule bâtisse moderne de Chebika, il faut regarder le jeune instituteur, en veston et cravate réglementaires, fraîchement rasé comme le sont tous les fonctionnaires du pays, ouvrir la porte de sa classe et imposer silence à la soixantaine d'enfants qui découvrent avec lui la lecture.

Quand on remonte dans le village, on peut entrer soit par le porche de droite où pend la clepsydre, qui mesure la répartition des eaux dans l'oasis durant six mois de l'année, soit par la poterne. Du côté de la poterne on trouve l'épicerie, la seule boutique du village, qui est un trou sombre dont la porte est toujours ouverte, puis, en retrait, la seule rue d'accès à Chebika qui monte rapidement et se divise en trois ruelles divergentes. La ruelle de gauche, la plus longue, suit le contour du village et aboutit dans la cour d'une maison. Les deux autres se divisent elles aussi mais en impasses qui toutes conduisent à des portes. Ces portes s'ouvrent et se ferment furtivement : des femmes, des enfants circulent d'une maison à l'autre toute la journée et paraissent pris d'une intense activité. Et certes, il y a toujours une naissance, un mariage, une circoncision ou quelque fête votive à Sidi Soltane en préparation chez les uns ou chez les autres : les actes de la vie prennent une grande importance dans ce monde où la vie paraît en elle-même ne pas compter. Ou bien, l'on pile les olives ou les dattes dans de grands mortiers au milieu du piaulement des enfants et des femmes. Et, souvent, le claquement d'un de ces petits tambours allongés qu'on trouve partout dans le pays rassemble toutes les femmes, non comme un appel se répercute car les sons étouffés restent encagés dans les cours mais comme une communion chaleureuse qui se prépare à l'abri.

Mais là, que l'on gagne l'oued, l'oasis en aval, que l'on remonte vers la source, il faut laisser le village au-dessus de soi, s'enfoncer dans une succession de gorges où coulent des cascades et, pour finir, parvenir à un dernier cirque de hautes falaises où l'on trouve la source au milieu de terres marneuses, bleues et mauves. Parfois des filles se baignent à grands cris, emplissent des cruches, lavent des étoffes rouges ou violettes. Ou bien les enfants dressent des pièges pour prendre des oiseaux. Quand on descend l'oued jusqu'à l'oasis, on suit Chebika par le bas, dressé qu'il est au-dessus de la falaise, avec des enfants qui grimacent et des femmes immobiles au milieu des pierres.

27

En 1961, lors d'un séjour à Tozeur, Si Tijani Jegell nous a emmenés à Chebika. Depuis des années, il s'y rendait pour organiser de grandes chasses au mouflon et à la gazelle. Si Tijani est un homme de soixante-cinq ans, géant, au teint sombre, d'une surprenante jeunesse. Toujours vêtu de grands costumes blancs, il court le désert pour trouver des scorpions et des serpents dont il ravitaille des laboratoires en Europe puisque le venin de ces bêtes est recherché pour des recherches médicales. Mais cet ancien soldat de l'armée française, ce descendant de grands coureurs de steppe et de désert, cet homme qui porte le nom d'une noble et puissante secte mystique du Sud, les Tijanyia, est aussi un employé exact des Travaux publics tunisiens. Comme il est le seul à connaître le pays, on se doute que l'administration le conserve jalousement, ne fût-ce que pour initier des jeunes ingénieurs récemment arrivés de Tunis, leur indiquer avec une précision déconcertante les mouvements des sables et du vent, les variations d'une piste, le régime des oueds, les aider à embaucher des travailleurs saisonniers, équitablement en demandant à tous les villages ou campements de la steppe.

C'est dire que Si Tijani est estimé dans tout le Djérid, cette région des oasis et des chotts qui, au sud de Gafsa et de Metlaoui, s'étend jusqu'à la frontière algérienne et El-Oued au sud, jusqu'à Douz au-delà du chott à l'est et jusqu'à Tamerza et une fois encore l'Algérie à l'est. Ce terrain n'est qu'une parcelle de l'étendue sur laquelle Si Tijani a autrefois exercé sa compétence : courir dans les gorges de la montagne pour trouver le gîte des mouflons ou des aigles, débusquer les gazelles au milieu du désert, marcher des heures la canne à la main en se baissant pour fouiller dans ces trous d'où l'on extirpe le scorpion qu'on enfourne dans un tube de carton, ramper dans les roches pour prendre une vipère cornue par le col ou la queue et la glisser, frémissante, dans un sac, flâner durant des heures dans les villages ou sous les tentes en parlant des mariages et des morts et tout savoir finalement sur la vie des hommes du Djérid...

En nous emmenant à Chebika, il nous a dit : « Je vois le genre d'hommes que vous aimez et qui vous intéresse, je vais vous conduire là où vous en trouverez et ils vous aideront eux aussi à leur manière, bien qu'ils ne sachent ni lire ni écrire, mais ils comprennent très vite ce qu'on fait et ce qu'on veut. »

I

LA « QUEUE DU POISSON »

Naoua

Naoua ben Ammar ben Chraïet s'éveille la première. Bien avant la prière, lorsque le jour n'apparaît pas encore et que, seulement, au-dessus du village, la falaise de rochers vire à l'ocre...

On peut appeler, si on le veut, un lit un banc de pierre à peine élevé au-dessus du sol d'un quart de mètre, que Naoua, elle, nomme comme tout le monde *doukkana*. Elle l'a recouvert d'une natte et quand elle s'allonge, elle s'enveloppe d'une couverture, la *baouta*. Ses filles, elles, couchent sur le sol à peine recouvert de vieilles nattes.

Naoua sort dans la cour pour pisser. Elle fait cela debout, le long du mur, sa jupe relevée sur son corps décharné de vieille femme. Puis, elle chasse les poules, s'étire comme le font aussi les enfants avec le même geste des deux bras croisés derrière la tête. Et, en accomplissant ce mouvement, elle paraît, du moins pour ceux qui peuvent l'apercevoir de dos, à nouveau très jeune, comme au temps où elle arriva ici pour la première fois, voici presque trente ans, juchée depuis le village d'El-Hamma sur un chameau loué par son père. Et comme ils étaient encore là, les zouaves français, dans de petits postes, les regardaient passer en ricanant.

Elle se dirige vers le seau plein d'eau et se lave énergiquement le visage; elle ne touche pas au savon que le fils de sa sœur a ramené de l'école et qui ne sert qu'au jeune garçon. Après avoir, toute baissée qu'elle est, regardé autour d'elle en fronçant le front pour voir si tout est en ordre dans la cour, elle s'essuie avec le revers de sa robe.

La cour de Naoua est relativement vaste. A cette heure, les poules dorment encore sur les branches de palmier que l'on a jetées dans un coin; ce poulailler improvisé est sur la gauche quand on tourne le dos à la murette contre laquelle Naoua vient de se laver. Par de légères inclinations, cette murette rencontre à angle droit ce que, dans le village de Chebika, on appelle une maison: un cube en pierres sèches plus ou moins attachées entre elles par un ciment ancien qui s'effrite. Tout cela se mêle à la poussière que draine le vent quand il souffle du désert.

Au-dessus de ce mur, le toit, incliné de quinze à vingt degrés (comme pour rappeler qu'il y a des pluies violentes en hiver et au printemps) est entièrement tissé de feuilles de palmier enroulées autour de quelques gros troncs du même arbre. On montre un peu partout au Sahara des troncs de palmiers vieux de plusieurs siècles. Ceux-là doivent dater de cent ans ou cent cinquante ans — l'époque glorieuse où tout le monde était propriétaire et s'adonnait joyeusement au pillage rémunérateur, le *jaïch*.

Si le toit de l'appentis où gîtent les poules s'est effondré par le milieu comme c'est le cas de presque toutes les maisons de Chebika, celui de la maison où dorment Naoua et sa famille est encore relativement solide. Personne n'y touche jamais: on redoute le pire, mais cela ne dépend de personne ici que ces poutres en palmier s'effondrent. On attend, simplement.

En continuant à tourner de droite à gauche dans la cour, on arrive au portail, c'est-à-dire à des planches ou des moitiés de troncs sciés dans le sens de la longueur et retenus entre eux par des cercles en bois. Le tout pivote autour d'un axe en bois accroché dans le mur. Pour l'ouvrir, il faut à la fois tirer et soulever. C'est un geste que Naoua a appris dès son arrivée dans cette maison et qui fait partie des mouvements qu'on n'oublie plus jamais.

Après le portail, toujours en allant vers la gauche, on rencontre un autre appentis dont l'ouverture est plus ou moins masquée par un rideau tissé dans la même trame épaisse qui sert à faire aussi les tentes, dans la plaine.

On remise ici le métier à tisser qui s'appuie contre le mur et dont un contrepoids en pierre tire les cordes. A côté, sur un socle en terre battue, une énorme masse de pierre lisse, faite de deux parties encastrées l'une dans l'autre occupe tout l'espace. Aux inscriptions gravées dans la pierre d'en bas, on voit qu'il s'agit d'une presse romaine pour écraser les olives ou les dattes. Naoua se sert de cette meule de préférence à la « roulante », la *guersaba* qui est une petite pierre ronde qu'on anime d'un mouvement de va-et-vient. Elle sait que cette pierre est ancienne, d'une ancienneté dont elle ne sait rien et qui appartient à la *jahilia*, cette « ère de l'ignorance » où vivaient des êtres inquiétants, pas tout à fait humains.

Chebika est même construit sur un emplacement de ce genre, bien avant que le village ait commencé à s'appeler « Qsar ech chams », « Château du soleil », en raison de son exposition au levant qui le détache de la montagne au-dessus du désert et de l'oasis, presque en plein ciel. Ici et là, on a utilisé des colonnes rongées. Mais tout cela est très ancien, et qu'est-ce qui est plus vieux que le plus vieux? Mais elle, que ferait-elle de ces vieilleries? Des voyageurs lui ont proposé de l'acheter cette presse, mais ils ont reculé devant son poids. Seulement, après cela, Naoua a regardé ces pierres d'une autre manière.

Dans l'appentis dorment deux jeunes femmes roulées dans la même couverture posée sur les nattes. Ce sont les deux filles de Naoua revenues de El-Hamma où elles sont mariées. La plus âgée, Hafsia, est enceinte et vient accoucher chez sa mère. Neïla, la plus jeune, l'accompagne; elle n'a pas encore d'enfant.

En allant vers elles, Naoua passe le long de la murette qui rattache l'appentis à la maison. Elle jette un regard par-dessus l'amas de pierres qui domine une faille assez profonde jusqu'au creux d'un ravin que Chebika surplombe. Ce ravin entoure Chebika sur deux côtés, si bien que la montagne paraît descendre par une étroite langue vers le Sahara.

C'est l'heure où la chienne blanche aux poils en crinière et aux yeux férocement jaunes revient de ses tournées dans la steppe; elle passe toujours par le même trou dans la barrière, au retour de ses longues batailles indécises avec les chacals et les petits loups. Quand la chienne arrive, on sait que le jour est là.

D'ailleurs, presque aussitôt, la voix chevrotante de l'imam qui appelle à la prière se fait entendre devant la mosquée : « Il n'y a de Dieu que Dieu et Mohammed est son prophète. » Déjà, les deux filles se sont éveillées. Celle qui n'est pas enceinte, Neïla, serre autour d'elle sa robe rouge, défroisse les plis de l'étoffe, attache autour de sa taille une ceinture faite en corde ou en fils tordus qui lui dessine une hanche fine et enferme ses cheveux dans la partie pendante de son voile. Elle s'empare de deux grosses cruches en terre cuite au soleil.

Elle fait chez sa mère exactement ce qu'elle fait chez son mari à El-Hamma avant que ce dernier ne se lève et « quand les étoiles sont encore dans le ciel » : elle descend à la fontaine puiser de l'eau. A Chebika, en outre, elle rejoint les autres femmes qui ont été ses compagnes avant son mariage.

Elle soulève le portail, tire les planches avec précaution et referme la barrière derrière elle. Sitôt sur la place en terre battue, toute sombre encore, sous le regard d'un ou deux hommes qui émergent de la poussière où ils ont dormi, elle se penche rapidement en avant et se redresse — geste que toutes les femmes font pour remonter leur voile au-dessus de la tête et se cacher, quand elles ont les mains occupées.

Elle traverse obliquement la place, dévale le raidillon escarpé où déjà des enfants tout nus jouent à lancer des pierres aux grenouilles qui coassent dans les flaques. Le village est au-dessus d'elle, sur un escarpement en aplomb consolidé par des terrassements.

D'autres femmes sont déjà là, au bord de ce petit canal que les gens du village ont creusé voici une dizaine d'années, juste après l'indépendance. Comme les autres femmes, elle pose sa gargoulette sur la berge et entre dans l'eau jusqu'aux genoux, relevant ses jupes le plus haut possible pour se laver.

Pour les jeunes femmes, c'est la seule sortie de la journée, si les vieilles parcourent le village à toutes les heures à tout moment, environnées d'une nuée d'enfants.

Pendant ce temps, Naoua, dans sa cour, se penche sur celle de ses filles qui est restée allongée ; elle fouille avec ses doigts osseux sous les jupes de Hafsia pour juger des progrès de l'enfant depuis la veille.

En faisant cela, Naoua parle de ses parentes éloignées, la femme de Si Tijani, qui habite Tozeur : depuis deux ans, elle attend avec un enfant dans le ventre, que l'accouchement vienne. Mais il n'y a rien à craindre puisque l'enfant naîtra à son heure et il suffit d'attendre. Puis il est question du marabout de Chebika, Sidi Soltane, qui est bien plus efficace que celui de El-Hamma et c'est pour cette raison que Hafsia est venue accoucher chez sa mère.

D'habitude, lorsque Neïla n'est pas là, Naoua va chercher elle-même l'eau à l'oued. Elle y va surtout pour parler et connaître les nouvelles de la nuit et de la veille. Mais elle fera cela plus tard, en allant de maison en maison, puisque son rôle d'accoucheuse lui permet d'entrer partout. Justement dans le village il y a bien deux ou trois femmes qui sont dans l'état de Hafsia. Un accouchement est une affaire importante pour Naoua et pour son mari. Contre l'aide apportée, on échange des dattes séchées ou même un tour d'eau plus long dans les jardins de l'oasis en été. Sans compter que l'enfant est lui-même redevable dès avant sa naissance de services à celle qui l'a mis au monde.

Naoua se met à faire du feu avec des bouts de bois qu'elle amasse entre deux grosses pierres. Sous la cendre, le feu d'hier couve encore et, en se courbant au ras de terre, Naoua, presque cassée en deux, souffle pour l'éveiller. Elle reste un long moment ainsi, reins dressés, bras repliés sous la poitrine.

Pendant ce temps, Hafsia a pris un plat en terre, du genre de ceux qu'on appelle *tajin*, pour y réchauffer un reste de couscous. Elle brasse ce reste avec une cuiller en bois. Naoua se redresse, prend le plat et le brasse à son tour. En faisant cela, elle rappelle à sa fille comment elle s'efforçait de plaire à son mari après son mariage : ne portait-elle pas à la cheville un bracelet en argent très lourd qui ne lui servait à rien ? Ne lui achetait-elle pas des cigarettes avec l'argent que lui avait donné son père ?

Naoua rit et Hafsia rit, elle aussi. Toujours nonchalante et un peu triste : c'est son premier enfant.

C'est alors que Mohammed, le mari de Naoua, est sorti de la maison à son tour. Il est venu directement au plat de couscous posé sur le feu qu'il a brassé à son tour. Puis il s'éloigne. Au moment où il se retourne, il dit mécaniquement comme chaque matin, mais sans y attacher d'importance :

— Que Dieu te permette de vivre longtemps, que Dieu nous laisse toujours ensemble.

Naoua et sa fille ont répété la formule en la mangeant à moitié entre leurs dents. Elles ont dit aussi :

— Que ta journée soit illuminée.

Personne n'attache d'importance aux paroles elles-mêmes, mais il faut les dire. Quelque chose n'irait pas dans la gorge et dans le corps entier si on ne les prononçait pas, même en bredouillant, tous les matins. D'ailleurs, Mohammed et Naoua ne se parlent jamais, sauf autrefois quand les enfants étaient petits, de la maladie de l'un ou de l'autre et, de temps en temps, d'une dette qui traînait.

Mohammed est revenu et s'est accroupi. Il a mangé le couscous à même le plat avec la cuiller, tel qu'il bout sur le feu, s'est essuyé la bouche avec le revers de sa gandoura. A ce moment Neïla revient de l'oued avec la jarre, pousse le portail, entre dans la cour. Mohammed prend la jarre, se lave les mains, le visage.

C'est là où la prière les surprend et ils se tournent tous vers La Mecque, c'est-à-dire vaguement dans la direction du chott, de Tozeur, de l'est. Même la future mère accomplit ce retournement avec une agilité qui surprend à cause de l'énormité de son ventre dont se moquent les autres femmes qui lui prédisent (« *Inch' Allah...* ») une portée de quatre ou cinq filles.

Cela ne manque pas d'être cruel, puisque les femmes considèrent les filles qui naissent comme du menu fretin, au même titre que le font les hommes. Au point que l'accoucheuse n'ose pas annoncer au père la naissance d'une fille, mais court vers lui en riant quand il s'agit d'un garçon.

Il est d'ailleurs remarquable que toutes les femmes, ici, disent « des filles » avec mépris et songent avec tristesse à l'enfant mâle qu'elles n'ont pas encore comme si elles n'appartenaient pas elles-mêmes à ce sexe. « La femme est tout comme un homme, elle est son égale, dit Naoua, mais l'homme est meilleur. » Dans le monde bien clos des femmes du village (lesquelles ne communiquent avec leurs maris que par quelques invocations rituelles comme celles du salut matinal) on ne peut concevoir de satisfaction plus profonde que celle qui anime la chair de partout au moment où l'une ou l'autre se dit que l'homme qui l'étreint travaille en ce moment même à lui faire un enfant mâle.

Pendant qu'ils se relèvent de leur rapide prosternation, les enfants de la sœur de Naoua (morte l'an passé) sortent de la maison et, sans un regard pour les adultes, vont chercher des olives dures dans une calebasse posée sur le sol. Ils marchent, le ventre en avant, vêtus de minuscules robes-sacs qui montrent leurs jambes poussiéreuses. Cette crasse résiste à l'eau de l'oued où ils se baignent pourtant souvent. Elle ne partira vraiment que le jour où leur père les aura emmenés à El-Hamma dans le bain d'eau chaude naturelle et, pour les filles, lorsque les autres femmes les auront frottées avec des feuilles sèches et des brosses jusqu'à ce que leur peau soit lisse comme celle d'une chèvre tannée, et cela quelques jours avant leur mariage.

Maintenant, le faîte des hautes murailles rosit, prend des tons brique, tandis que passe une volée d'oiseaux gris et jaune au cri perçant, sortes de palombes du désert. Au-dessus de la murette qui surplombe le ravin, brusquement l'horizon prend forme comme chaque matin à cette heure. C'est-à-dire qu'il se développe d'un côté dans le sens du Sahara et, de l'autre, qu'il dessine comme le ferait le lit d'une rivière desséchée, le cours extrême du chott qui, tout à l'heure, blanchira quand le soleil pompera l'eau du sel. Au loin, vers l'Algérie, la terre est phosphorescente, comme si la première lumière du soleil se réfractait sur ces masses de nuit en déplacement vers l'ouest.

A la dernière parole de la prière, Mohammed s'est levé et a tiré le portail pour sortir. Il ne le ferme pas derrière lui. Naoua se lève pour raccrocher les planches disjointes. Les hommes sont tous semblables, ils ne s'écartent jamais de ce qu'on attend en général d'un homme. Naoua a eu deux maris avant Mohammed et ils sont morts l'un après l'autre.

Elle-même ne peut trouver guère de différence entre ce qu'elle a été et celle qu'elle est aujourd'hui, mère de plusieurs filles mariées et d'un garçon qui travaille à Tamerza d'où il revient inopinément pour plusieurs jours sans jamais donner d'explication. Quand elle a quitté El-Hamma pour épouser un homme de Chebika, Mourad, qui avait donné à son père un morceau de son oasis avec dix beaux palmiers, elle était une jeune Bédouine, assez fière de son tatouage sur la joue gauche ; elle n'avait jamais vu Mourad et ne devait jamais beaucoup le voir, lui donnant trois enfants qui moururent les uns après les autres, avant que Mourad lui-même ne se fasse piquer par un scorpion noir sur une piste de montagne. Puis, il y eut Ali, tué par erreur, durant les déplacements de troupes qui amenèrent, au temps des Français, les goumiers marocains à brûler la maison d'un habitant du village, suspect d'apporter une aide clandestine aux combattants cachés dans les rochers.

Mais il n'y a pas d'«erreur» pour Naoua. Naoua n'a jamais demandé la raison de ces morts successives. Elle a été élevée à penser que tout ce qui doit arriver arrive et que tout ce qui arrive coïncide avec ce qui doit arriver.

Du moins, Naoua quand elle rencontre l'image de la jeune Bédouine qui est arrivée là, trente ans plus tôt, voit cette image comme elle voit aujourd'hui celle de sa fille pousser le portail, sans distance et sans épaisseur. Les deux images coïncident : la vieille Naoua et la jeune Bédouine ne sont pas différentes. Seulement Naoua sait qu'elle a cessé d'être une femme capable de faire des enfants, que cet état la rapproche des hommes, qu'elle en est arrivée à cette époque de calme où elle dirige les jeunes femmes, où elle peut traverser le village quand elle le veut, le visage découvert, et même adresser des plaisanteries aux hommes vautrés dans la poussière.

Quand Ali est mort, elle a épousé Mohammed qui a été un bon homme, bien qu'il n'ait donné à son père qu'une dizaine de moutons et de chèvres chétives. Puis, Mohammed et elle ont fait ce fils qui travaille à Tamerza. Heureusement que le fils d'un petit métayer, d'un *chérik* d'El-Hamma, ait eu une vieille dette vis-à-vis du père de Naoua et qu'il ait pensé à prendre une femme dans cette famille pour apurer ce vieux compte : ces longues dettes transmises dans une famille de génération en génération sont de vrais trésors, lorsqu'une fille reste à marier ou devient veuve quand elle est encore jeune. Ainsi, Naoua, avec son travail d'accoucheuse, accumule les services rendus, ce qui rend d'autres familles redevables à la sienne et aux filles ou aux fils de ses filles et de ses fils. Elle peut énumérer toutes ces dettes qu'elle rappelle dans l'ordre, comme ces fruits secs qu'on enfile sur une tige de palmier pour compter.

Déjà, Neïla lui a signalé l'état de deux nouvelles femmes qui pensent qu'elles attendent un enfant mais ne le savent pas encore avec exactitude. Ce qui porterait au nombre de quatre ou cinq les accouchements à venir. Pour toutes ces raisons, Naoua a pris une jarre et se dirige vers le portail. Moins pour chercher de l'eau que pour savoir ce qui se trame du côté de chez l'épicier dont la femme devrait accoucher bientôt. Si elle pouvait aider cette femme, elle réglerait les vieilles dettes que la famille a contractées depuis des mois dans la seule boutique de Chebika. Le sucre, le thé, un peu de tabac, de l'huile. Il doit y en avoir pour trois dinars et c'est une somme considérable. Or, il ne faut pas que, pour payer ces dettes, Mohammed aille travailler sur les terres de l'épicier. Et cela en raison même de la place qu'occupait le grand-père de Mohammed lequel possédait personnellement une bonne partie de l'oasis.

Bien entendu, Naoua ne va pas à l'épicerie. Elle n'est entrée qu'une fois dans cette boutique en trente ans, pendant les

« événements », quand on lui a appris la mort de son second mari. Elle en connaît l'aspect par les récits de ses enfants qu'elle y envoie régulièrement. Même certains hommes ne vont jamais dans cette boutique ; sans doute, parce que tout le monde doit quelque chose à Ridha qui est le seul habitant du village qui sache lire un journal, en ânonnant. Il a été aussi le premier à posséder une radio à transistor.

Avec cette radio, Ridha fait souvent entendre des discours prononcés depuis Tunis en approuvant de la tête, même aux passages que les autres habitants groupés autour de lui ne comprennent pas ; de toute manière, cette voix qui sort de la boîte parle sans que l'on sache exactement tout ce qu'elle dit. Ici, la parole, c'est la petite phrase apprise au *kouttab* ou dans la famille, un « que la journée te soit claire et illuminée », ou un « que Dieu te donne ce que tu souhaites », sans autrement préciser le souhait ou la prière, quelques phrases qui servent à guérir les maladies ou à accompagner un enfant qui naît, un moribond qui râle. Le reste appartient à la conversation des femmes entre elles, aux plaisanteries, aux brèves constatations sur la maladie, l'enfantement, les dettes, le tatouage, la nécessité de tuer un chevreau.

Certes, tout le monde sait que la radio fait parler des gens très éloignés : on a vu depuis longtemps, les Français, puis les Allemands, puis les Américains et les Français encore se servir de ce genre d'instrument. Aujourd'hui les gardes nationaux, eux aussi, en ont un dans une voiture. Un garçon qui a travaillé durant quelques mois aux mines de Metlaoui promène un appareil semblable, enfermé dans une petite housse aux couleurs vives et qu'il emmène avec lui dans l'oasis quand il y travaille. Sa famille est très fière de cela, qui est plus important que de manger du ragoût tous les jours ou du couscous tous les matins.

De Ridha et de sa femme, on parle souvent à la fontaine. D'abord parce que Ridha, l'épicier, presque tous les mois, part pour Tozeur afin de se ravitailler et qu'il rapporte des nouvelles de El-Hamma. On sait qu'il s'endette lui aussi auprès des commerçants de Tozeur et qu'il est lancé dans des comptes compliqués. On sait aussi que ses deux enfants sont en bas, à l'école de Chebika, mais que sa fille aînée est en pension à Gafsa. On sait aussi que sa femme possède un miroir.

C'est à cause de cette glace que Ridha n'est pas tout à fait comme les gens d'ici, bien que son père et son grand-père aient été *khammès* sur les terres de l'oasis et que tout le monde ait joué autrefois avec lui dans l'oued et sur la place. Mais les gens de Chebika ne se sont jamais regardés dans un miroir. Plus au nord, des Bédouins de la steppe, que l'on a fixés dans des maisons que le gouvernement a construites pour eux et dans lesquelles il y avait des meubles, ont trouvé ainsi des miroirs sur un placard ou une armoire. Il est tout à fait normal que les femmes aient pendu un voile devant ces glaces pour éviter le mauvais œil. Lui, Ridha, ni sa femme, n'ont peur de cela.

Depuis quelque temps, le bruit court, parmi les femmes qui vont à la rivière, que la grossesse de la femme de Ridha est pénible et qu'elle ira peut-être accoucher à Tozeur, au dispensaire. Cela vaut la peine que Naoua sache quelque chose ; elle dévale rapidement le raidillon, passe devant les hommes déjà étendus au soleil le long du mur de la mosquée, croise les mulets sur lesquels d'autres hommes descendent travailler à l'oasis. Elle ne saura rien de précis, cela va sans dire (la parole n'est pas faite pour cela) mais elle aura donné une sorte d'existence à ce service qu'elle veut rendre, « *inch' Allah* ».

Pendant ce temps, les deux filles se sont approchées du métier à tisser dont elles serrent les armatures sur le fût en bois de palmier, la *saddaya*. Les jours précédents, elles ont longuement piétiné dans le ruisseau, pour les laver, des bouts de laine récupérés un peu partout, même par Mohammed lors d'un voyage à Tozeur ; et ce paquet de laines disparates a séché sur le mur avec les poivrons ; on l'a peigné avec le *moucht* et enfilé sur une *maghzel* qui est une quenouille. On peut ainsi en rattacher les bouts à l'étoffe déjà tissée qui sera un burnous que Mohammed attend depuis un temps incertain qui doit se situer à l'époque du mariage de sa première fille. Mais chacun sait ici que le tissage est une affaire très longue, puisqu'il n'y a pas beaucoup de laine à tisser et qu'en acheter en ville est impossible dès qu'on connaît le prix qu'on demande en échange du paquet qui devrait servir à confectionner un simple burnous.

Restent les cadeaux, les échanges, les brins ramassés dans la rue, la chute des tontes annuelles, l'espoir aussi que des gens de la ville viendront et, saisis d'admiration devant ce que peuvent faire les femmes de Chebika, apporteront de la bonne laine pour des étoffes que l'on vendra comme le font depuis des années les nomades bédouins. Mais les Bédouins voyagent et les gens qui voyagent sont toujours plus riches que ceux qui restent en place.

Le Coran ne dit-il pas: «*Sirou fil ardh*», «Marchez sur la terre...»?

En passant le fil de laine entre les fils déjà tendus de sorte qu'il se forme une légère couche qu'on serrera tout à l'heure avec un peigne de fer, Hafsia reproche à Neïla de ne pas déjà être mère et lui assure en pouffant de rire que si cela continue son mari la répudiera et qu'elle viendra vieillir dans cette maison comme plusieurs de ses parentes. Neïla répond à son tour, en riant, que Hafsia va mettre au monde au moins quatre filles à la fois, tant elle a le ventre gros car personne n'a jamais vu une femme avec un ventre aussi gros.

Elles rient toutes les deux, puis se taisent. Les enfants piaulent le long du mur en courant derrière les poules; le petit Ali se roule tout nu dans la paille du mulet et revient vers ses tantes, le ventre en avant, couvert de poussière noire. Personne ne dit rien au petit Ali; c'est un garçon.

Hafsia se penche sur son métier en demandant à Neïla si elle a vu combien le petit Ali était déjà formé malgré son jeune âge et le fait qu'il a dû naître voici quatre hivers seulement: bientôt, il faudra l'envoyer avec les hommes et sa mère serait fière de lui si elle le voyait. Neïla prend le petit Ali et le caresse exactement comme elle ferait d'un petit animal. L'enfant rit, cherche à fuir et se débat. Mais Neïla s'amuse beaucoup à manipuler le petit Ali.

Quand l'enfant s'est échappé, Neïla tire du ballot sur lequel reposait sa tête durant la nuit une longue étoffe noire où s'amorcent des broderies en fil jaune. Elle travaille à ce *tarf* depuis son mariage mais elle manque de fil pour le finir. Autrefois les fils étaient en or et certaines Bédouines de la steppe vont encore en ville pour en vendre de somptueux qui ont servi de dot à leurs arrière-grand-mères.

Hafsia en continuant à passer la laine dans la trame assure à Neïla qu'elle aura terminé son travail quand elle sera une vieille femme comme Naoua. Neïla lui assure en riant qu'elle n'aura jamais, elle, Hafsia, une aussi belle étoffe parce que son mari est plus pauvre que le sien.

Et voici que Naoua revient, sa gargoulette pleine d'eau sur l'épaule. Elle accroche sa cruche avec les autres et se penche pour prendre un grand plat en terre rond dont le couvercle est en alfa tressé. Sur le feu qui continue à couver sous la cendre, elle prépare le reste du couscous en y ajoutant des olives et des poivrons qu'elle fait cuire. En tournant la cuiller dans le plat, elle dit aux filles qu'elles n'ont pas travaillé et qu'elles seront grondées par leur mari. Mais elles savent bien qu'il est vain de parler du mari. L'homme ne parle jamais à sa femme, même quand il la retrouve la nuit sur les nattes, du moins durant les dix ou quinze premières années de leur mariage. Il se soucie peu de ce qu'elle aime ou de ce qu'elle pense, pas plus qu'elle ne songe à ce qu'il aime, indépendamment de ce qu'un homme doit normalement aimer — le couscous chaud, prêt quand il arrive, les enfants en bonne santé. Ce sont deux mondes séparés qui glissent l'un à côté de l'autre sans se connaître.

Quand Mohammed est revenu, il a poussé la porte et s'est assis devant le plat en attendant seulement qu'on lui donne à manger. Les femmes lui ont dit : « Sbalahir », et se sont remises au travail, sauf Naoua qui s'est installée à côté de lui, accroupie dans la poussière.

Le mulet est venu jusqu'auprès du métier à tisser qu'il a reniflé longuement, puis les enfants sont arrivés à leur tour et se sont couchés à côté en regardant Mohammed. Le soleil pèse lourdement : il a disparu ; il s'est effacé dans la réverbération du ciel qui paraît diffuser la chaleur et la lumière d'un bord de l'horizon à l'autre. Le Sahara en bas, derrière la murette, a fondu dans une brume grisâtre.

Mohammed mange en portant la cuiller à sa bouche et en s'aidant lui-même de la main. Naoua lui donne la gargoulette qu'elle a emplie dans l'oued. Mohammed dit simplement, et du ton de la constatation, qu'il ira, « *inch' Allah* », à Tozeur la semaine prochaine avec l'épicier qui montera dans la voiture des gardes nationaux où il aura, lui aussi, accès.

Mohammed s'essuie la bouche avec la main gauche passée dans l'étoffe de la gandoura, se lève, va regarder la couche du mulet, donne un coup de pied au chien qui revient vers lui en aboyant de plaisir parce que l'homme ne s'intéresse jamais à lui d'ordinaire — et c'est le contraire de ce qui se passe dans la steppe où les gens des tentes épouillent leurs chiens et les nourrissent.

Pendant ce temps, Naoua a placé une bouilloire sur les cendres ; quand l'eau bout, elle y jette le thé acheté en vrac chez l'épicier par petites portions, ajoute du sucre en poudre qu'elle va chercher dans un endroit caché de la maison (sans cela les enfants ou même ses filles auraient tôt fait de le voler).

42

La chaleur tombe crûment. Les poules caquettent. Le mulet grommelle. Mohammed pousse un ou deux rots auxquels répond la bénédiction de Naoua. Le grand silence de midi tombe sur Chebika. Rien n'est comparable à cela : « A cette heure, il est possible de se pénétrer de la majesté d'Allah » — c'est-à-dire que le sentiment et l'imagination, enfin tout ce qui entraîne l'homme au-delà de la poussière où il traîne, tout cela se met en marche vers ce « moteur stable » qu'est Dieu. Le village dans le cirque de montagnes, pertuis triangulaire au milieu des roches rouges qui surplombent le désert, est l'œuvre propre de Dieu et des gens du village qui savent qu'ils ont cela à montrer aux étrangers et que personne d'autre ne possède rien de tel. Un jour Mohammed a montré à un soldat qui ne parlait pas l'arabe le ciel qui se découpait derrière la crête convulsée de la montagne et l'un et l'autre n'ont rien dit pendant un moment.

Mohammed vient boire son thé, assis sur ses jambes repliées. Les filles et Naoua boivent, elles aussi, par petites gorgées. Le goût du thé est âcre, celui d'une décoction ou d'une tisane dont le sucre ne cache pas le goût amer. Autrefois, paraît-il, le thé était meilleur, mais il allait avec le *takrouri* — le chanvre indien — que tout le monde mâchait ou fumait avant l'indépendance. A cette heure-là, autrefois, le Sud tout entier entrait dans une pesante contemplation. Le long des buissons, au pied des palmiers ou des murs, les fumeurs et les chiqueurs de *takrouri* ne voyaient plus les femmes passer avec des cruches ni leurs collègues remonter du travail sur leurs petits ânes : ils voyaient ce qu'ils appelaient Dieu, cet équilibre fulgurant du cosmos dans la chaleur de midi.

Et puis, Mohammed s'en va. Au bout d'un moment, les trois femmes, sans se consulter, se lèvent et vont dans la maison chercher de grandes robes noires qui les couvrent des pieds à la tête qui sont les *baouta*, s'en enveloppent au point que seuls leurs pieds nus restent visibles. Elles ouvrent la barrière.

Sur la place, devant la mosquée, des hommes, roulés dans leurs gandouras ou leurs burnous, dorment, la tête dans l'ombre maigre. Seuls, les enfants, infatigables, courent deçà et delà, derrière une petite fille qui a pris un gros lézard qu'elle a attaché par la queue. Il n'y a plus d'ombre vraie, sauf cette raie sombre au pied des murs, et la grisaille des maisons se perd dans la contexture même de la montagne rocheuse.

Les trois femmes contournent la place par la droite, le long du sentier qui descend vers l'oued, remontent en longeant un porche où les hommes parlent entre eux, remontent un raidillon, tournent à gauche dans une sorte de ruelle en terre battue, puis à droite, entrent dans une autre masure, semblable à la leur où quatre ou cinq femmes sont assises autour d'une théière.

Là aussi on boit du thé, plus amer que chez Naoua, mais cette amertume est agréable, disent les femmes, parce qu'elle donne le vrai goût du thé. Il est vrai qu'à force d'économiser le sucre, on a fini par aimer le thé aussi fort. Les femmes s'étendent dans la poussière, laissant agir le thé dans leur corps.

Rien n'est décidé. Tout reste confus. Seulement, à un certain moment, la petite Fatima est là avec sa *darboukka*, ce petit tambour en terre sur lequel on a tendu une peau de chèvre et qui rend un son net, dur. Elle a tapé une ou deux fois dessus avec son doigt replié, puis avec la main. Ces coups s'appellent les uns les autres, ils inspirent un lent mouvement du corps que seules les femmes connaissent et qui est une sorte d'invitation. Du temps passe. Combien de temps ? Cette chaleur molle qui vient du thé et du battement étouffé du tambour n'a pas de ponctuation véritable.

Mais le son de ce tambour crée une attente. C'est un langage qu'il faut parler. Que les femmes seules entendent. On boit encore du thé. Le soleil pèse toujours aussi fortement sur la cour fermée où les poules dorment, vautrées dans la poussière et se relevant seulement pour tuer un pou d'un coup de bec. C'est un geste que les femmes font aussi quelquefois.

Enfin, la vieille Naoua s'est levée, pas dressée, levée à demi. En roulant les hanches, la tête en arrière, timidement d'abord, elle esquisse ces torsions des hanches sur place qui disjoignent dirait-on les jambes immobiles et légèrement écartées du reste du corps. Parce que c'est son droit de femme qui ne peut plus avoir d'enfant, Naoua est devenue alors un guerrier et, d'une vieille badine, elle fait une épée dont elle se sert en tournant sur elle-même. La vieille Gaddouri vient à côté d'elle et danse comme elle, esquivant des coups fictifs. Enfin les femmes accompagnent le battement du tambour en frappant dans les mains et en criant, comme le feraient des hommes, des encouragements : « Attention », « En garde », « Je vais te pourfendre du haut en bas », ou bien : « Malheur à toi si tu es lâche. »

La poussière monte dans la petite cour fermée. Les poules sont allées se cacher dans l'appentis. Les enfants qui dormaient tout

nus, viennent regarder et battre dans leurs mains. Une des filles Gaddouri, en dansant, relève ses jupes et montre en riant le tatouage qu'elle a sur le sexe — un palmier aux branches épanouies. Toutes les femmes rient, car ce palmier sur le sexe épilé est l'incitation qu'un bon mari doit comprendre pour faire des enfants à sa femme.

Naoua tourne sur elle-même de plus en plus lentement. Elle sait bien qu'elle n'est pas un homme et qu'elle ne le sera jamais ; mais, au milieu des autres femmes, elle est en ce moment un homme combattant, un guerrier, parce qu'elle veut le faire et le rendre présent, là, avec tous les mouvements qu'elle exécute.

Bientôt, elles tomberont sur les nattes en riant. Elles parlent d'autre chose. Elles se laissent aller en arrière et somnolent, même si la petite Fatima tape encore sur la peau usée de son tambour. Il arrive qu'elles dorment et c'est le seul moment où Naoua rêve. Ici, précisément, elle se représente l'homme qu'elle n'est pas et que sa mère lui a décrit autrefois comme devant être l'homme parfait, capable de faire un grand nombre d'enfants, de guerroyer s'il le faut et de l'emporter sur un cheval rapide comme cela est dit dans les chants que viennent présenter parfois des Bédouins errants dont c'est le métier d'inventer des histoires de ce genre.

Et cet homme qu'elle est, c'est à elle-même pourtant qu'il s'adresse et il procède avec elle comme l'a fait son premier mari durant les quelques mois où ils se sont connus, au début, quand il se roulait en riant vers sa natte, durant la nuit. Il y a quelque chose de plus que la satisfaction de recevoir la semence qui va faire germer en vous un fils. Quelque chose qui ne trouve son achèvement que dans le fait d'être un homme peut-être... C'est passager et tout à fait inutile vu son âge. Mais elle sait bien que cela l'attire chez les Gaddouri quand la petite Fatima joue de la darboukka.

Quand tout le monde se relève, le ciel est presque bleu parce que le soleil est moins fort et qu'il descend vers l'horizon. Il dessine même avec précision le Sahara, la double bande du lac salé où rien ne pousse et celle de la steppe qui lentement devient du sable. La petite Fatima est allongée, elle aussi, et elle a servi du thé à tout le monde, mais le thé est froid. Personne ne parle plus. C'est le moment de partir. Toutefois, Naoua demande ce qui se passe avec la femme de l'épicier, mais personne n'a entendu parler d'elle depuis deux ou trois jours.

Naoua et ses filles redescendent vers la place. Les hommes remontent vers l'épicerie où ils boiront du thé. Elles retrouvent la maison et la cour où les enfants dorment encore. Elles se remettent au métier à tisser et Hafsia répète sa plaisanterie sur la stérilité de Neïla qui, en retour, lui promet cinq ou six filles. Naoua attache le mulet, lui donne une sorte de grain mêlé de paille, revient, elle aussi, devant le métier. Et là aussi le temps s'efface très rapidement.

Quand le soleil frôle le Sahara, la plaine désertique s'évase comme pour recevoir la lumière rouge qui devient peu à peu violette, de cette couleur même que Naoua extrait des graines qu'on cultive dans l'oasis pour la teinture des robes. Les tentes des Bédouins dans la plaine, au pied de Chebika, apparaissent avec une netteté gênante, au point que l'on distingue les femmes rameutant les poules et les hommes qui poussent les chameaux. Ces tentes sont maintenant colorées, alors qu'elles sont grises durant la grande chaleur, avec des bandes du genre de celles que les femmes d'El-Hamma tissaient autrefois quand Naoua y habitait alors qu'elle était petite ; mais alors aussi, à cette époque de grands convois se formaient en été et en hiver qui, par Tozeur, Nefta, gagnaient les pays lointains des Libyens ou celui, plus éloigné encore des oasis qui jouxtent le pays des Nègres.

Naoua s'installe devant la murette, le ventre appuyé contre la pierre, la tête sur le bras droit. Elle ne regarde rien en particulier. Seulement, depuis qu'elle n'est plus une femme en état d'avoir des enfants, elle reste ici au moment de la fraîcheur. Elle pense aux grandes pluies d'automne qui viennent à point pour inonder l'oasis, ou bien à ces averses de printemps qui font germer le blé au pied de l'oasis, presque au niveau du désert.

La fraîcheur qui vient avec la chute du soleil est agréable comme l'attente de quelque chose qu'on ignore et qui doit vous apporter beaucoup. Et aussitôt, elle pense (et dit qu'elle pense) au *takrouri* qu'on prenait autrefois avant que l'Habib [1] ne dise qu'il s'agissait d'un poison amené par les colonialistes et que ne pouvait utiliser « un pays jeune et sain ». Sans doute avait-il raison, puisque les hommes ont changé depuis cette époque où ils ne mâchent plus de chanvre. Ils travaillent davantage, même pendant le Ramadan.

1. Il s'agit de Habib Bourguiba, président de la République, bien entendu.

46

Elle a entendu parler de la ville, à la radio. La ville, c'est Tunis, bien entendu, où s'en est allée voici trois ans une famille qu'on n'a plus jamais revue parce qu'elle s'est installée là-bas, définitivement. Il faut penser qu'une ville est un ensemble de maisons comme Tozeur mais en plus grand, puisqu'il paraît qu'on peut marcher des heures entières sans voir la campagne. Du moins, c'est ce que dit Si Tijani qui y va de temps en temps pour ses affaires.

Le soleil a touché la ligne du Sahara qui est devenu de la couleur des olives écrasées. Ses filles, dans la cour, préparent un brouet que Mohammed viendra manger distraitement tout à l'heure avec le reste d'un chevreau qui a été tué depuis quelques jours et qui marine dans une grande marmite. Quand Mohammed arrivera, elle saura peut-être si la femme de l'épicier Ridha accouche à Chebika ou si elle fait le voyage de Tozeur. Si elle accouche à Chebika, elle s'en occupera.

Elle se retourne et aussitôt se dit qu'elle a vu bien des choses, depuis l'armée des Français avec ses lourdes voitures, ses chevaux, ses spahis en pantalons et burnous rouges jusqu'aux Allemands avec leurs voitures jaunes et rapides, leurs casques énormes, puis les Américains qui abandonnaient partout des bidons, des boîtes, des vêtements, des souliers. Maintenant, ce sont les «frères» tunisiens en uniforme et, on lui a dit qu'une «époque nouvelle» commençait. Elle le croit. Mais qu'est-ce qui est nouveau?

La nuit, dans le Sud, ne tombe pas: elle vient de la terre, court à la surface du désert comme une brume. Une dernière trace de jour traîne sur le sol au moment de la prière, une prière qu'elle ne fait plus depuis longtemps et que les autres font du bout des lèvres. Parce que rien n'a vraiment de sens, à Chebika, du moment que l'on sait que tout doit changer, même si rien ne change encore. A vrai dire, personne ne respecte plus rien: les mariages se font au hasard, les fêtes sont célébrées à la sauvette, on ne donne presque plus d'argent pour le marabout de Sidi Soltane, les jeunes parlent de la ville. Pourtant, rien ne vient. Les choses continuent. Mais pas comme avant.

Vraiment, on ne fait plus rien à Chebika. Autrefois, il y avait les fêtes et on respectait les habitudes pour se marier, et même pour travailler. Aujourd'hui, on reste dans la cour. On danse. Ou bien les hommes dorment sur la place. On attend. On ne sait quoi. La radio dit qu'il faut attendre, que tout va changer. Pourquoi la voix lointaine se tromperait-elle?

Et puis le soleil a touché la ligne du Sahara qui est devenu de la couleur de l'huile. La nuit s'installe comme une chose épaisse, palpable.

Dans quelques instants, Mohammed poussera le portail et le laissera ouvert comme il le fait toujours. Elle le fermera du même geste qu'elle a appris à faire depuis qu'elle est venue d'El-Hamma, jeune Bédouine tatouée aux yeux brillants. Mohammed s'assiéra devant le feu et mangera son brouet de chevreau, sans un mot. Elle le regardera comme elle l'a toujours fait pour savoir s'il est content. Personne ne parlera tandis que l'homme achèvera son repas, passant son doigt au fond du plat pour sucer un reste d'huile. Les autres mangeront après lui.

Alors Mohammed ira dans sa chambre et s'étendra sur la natte. Elle restera un peu avec ses filles, pensera à la femme de l'épicier. La nuit sera partout, dessinant les formes des maisons.

Le grand silence avale tout maintenant. Tout n'est que ce présent qui est le chemin fixé par Dieu où il suffit d'attendre pour savoir qu'un jour sera meilleur, mais comment? Autrefois, elle savait ce qu'elle attendait. Mais depuis de longues années Mohammed ne vient plus la retrouver sur sa natte pour une étreinte rapide et muette.

Mohammed

Mohammed s'éveille parce que le léger bruit des cruches que manipule Naoua l'a tiré de son sommeil. Le jour est presque entièrement levé, et il roule les couvertures dans lesquelles il a dormi.

Certes, une ou deux fois par mois, Mohammed, bien qu'éveillé par l'habitude, par le jour ou par le bruit que fait Naoua dans la cour, se roule à nouveau dans les couvertures et cherche à retrouver le sommeil : c'est que, durant la nuit, il a dû descendre dans l'oasis pour organiser la répartition des eaux dans les terres dont il prend soin. Mais ce n'est jamais un bon sommeil et il préfère, en ce cas, dormir durant l'après-midi, en été, du moins.

Le plus souvent, Mohammed se tire de ses couvertures après le retour de Naoua, avec sa cruche. Généralement, on lui a préparé, à côté de son lit, une bassine en terre cuite qu'on appelle *maâjna* et dans laquelle il se lave la figure, les mains, la bouche, s'emplit les narines d'eau et les vide à terre, avec bruit.

Alors, il sort dans la cour et respire très fort pour savoir d'où vient le vent : si le sirocco souffle du Sahara, il sait déjà, en anticipant un peu sur ce qu'il va faire (ses prévisions ne débordent jamais, même quand il s'agit d'argent, le cadre de quelques jours), qu'il aura moins de travail, que les journées qui vont suivre seront dures, que l'âne qu'il partage avec le vieil Ali sera rétif et difficile, que les mouches zézayeront autour de sa tête et de ses yeux.

Dès qu'il tourne la tête, Mohammed voit Naoua dans la cour puis ses filles qui se détournent de lui en cachant leur visage. Lui, il regarde d'abord vers La Mecque et prend l'alignement d'une haute falaise de la montagne dont la couleur est maintenant cendrée mais elle deviendra rougeâtre dès que le soleil sera plus élevé. On lui a montré cette muraille à l'âge où il a commencé à faire sa prière, exactement comme on la montre aujourd'hui encore aux enfants: « *Besm Allah er-rahmân er-rahîm* », « au nom de Dieu clément et miséricordieux »...

La prière, ce premier verset du Coran, n'est rien en elle-même. Mohammed la répète ainsi chaque matin, mais les mots et la phrase portent davantage avec eux-mêmes que le son mécaniquement ressassé et qui, simple mot, ne serait qu'un peu de vent, aussi banal que le geste de casser tous les matins un morceau de bois en passant devant une haie que les bonnes femmes disent habitée par une apparition ou un *djinn*. Les mots, ainsi groupés, ouvrent (d'une manière à vrai dire pas très claire) deux ou trois certitudes simples dont la première est le témoignage de la foi, la *chehâda* et la seconde la soumission à la loi, *el-islâm*. Tout cela s'associe à l'énorme prosternation commune qu'il est facile d'imaginer depuis Chebika jusqu'à l'autre bout du «lointain Occident», le «Maghreb», et d'autre part jusqu'au-delà des déserts et des marabouts dispersés dans les taillis de figuiers de Barbarie, l'Orient, le «Machreq» où se trouve La Mecque «d'où nous venons tous».

Ainsi rien n'est confus ou incertain: le monde, dès l'aube, prend ses directions simples, celles qui font de tout ce qu'on connaît et de ce qu'on ne connaît pas, un ensemble solidement construit selon des lignes définies. Équilibre et certitude qui suppriment pour un moment tous les autres soucis du jour (savoir pour quelle raison le vieil Ali a creusé dans l'oasis sa rigole d'adduction d'eau un peu en retrait de ce qu'elle a toujours été, donnant ainsi à Mohammed un peu de terrain, mais, si on le lui demande en face, il n'en dira jamais la raison; trouver un peu de tabac pour au moins trois cigarettes en proposant à Rachid de bêcher autour d'un de ses oliviers, mais ce dernier n'a-t-il pas déjà donné tout son tabac à son fils?) et rétablissent ce qui compose cette unité qui ne devient jamais un mot chez Mohammed mais dont il perçoit la composition stable autour de lui.

C'est maintenant seulement qu'il répond au salut de Naoua, tout en tournant autour de lui les plis d'une sorte de ceinture qu'il a reçue de son frère aîné, lequel avait suivi l'armée

française : « *Esbahi â la Khîr* » « que le bien de Dieu soit avec toi »,
le bien le plus matériel, le pain, comme le *Khir Rebli*, le cadeau
du Seigneur, est la bonne pluie qui ranime les plantes desséchées.
En parlant, Mohammed mâche ses mots. Tous les hommes
mâchent leurs mots, parlent entre leurs dents. Cela fait partie du
rôle que l'homme s'accorde à lui-même. Les femmes, elles, on
les comprend mieux. A vrai dire, on sait toujours de quoi les
hommes vont parler et les variations sont rares.

Quand il a terminé son couscous, Mohammed se lève, dit
encore un mot que personne ne comprend, se cure les dents,
prend au passage une sorte de houe qui s'appelle *misha*, bien plus
courte que celle qu'on trouve dans les oliveraies du nord du pays,
ouvre la barrière et la laisse derrière lui, brinquebalante.

Mohammed porte son instrument à hauteur du fer, au milieu
du manche. En sortant, il jette un regard circulaire sur la place
du village. Ici, il est bien davantage lui-même que chez lui : il est
un homme de Chebika. Plus précisément s'il dit parfois « moi »
quand il est dans sa cour, il se sent pour ainsi dire plus solide
sur cette place où s'impose simplement à lui le « nous » qui
représente tous les hommes du village rassemblés même quand
ils ne sont pas tous présents.

La place est hexagonale, adossée d'un côté à ce qu'on appelle
la mosquée qui est une bâtisse tassée et presque éboulée, suivant
un mur qui remonte à gauche vers un éboulis qui conduit à une
sorte de poterne derrière laquelle se trouve la boutique de Ridha
l'épicier et, en continuant à l'extrême opposé, une autre poterne,
soutenue, celle-là, par des colonnes qui ont dû être trouvées dans
le sol. Là est installé le *gaddous* qui est une clepsydre pour la
mesure et la distribution des eaux dans l'oasis. De l'autre côté
sur le versant opposé de la colline, le village tombe à pic dans
l'oued qu'il surplombe de plus de trente mètres.

Les pierres ont été retenues par des filets en fer très épais, dont
la pose est le premier et seul travail « que nous avons fait en
commun après l'indépendance, et c'était bien ». Puis la place, en
tournant au-dessus de l'oued, s'incurve, se détache en falaise qui
surplombe l'oasis avant de se raccorder à la terrasse qui dévale
à la fois vers les jardins et vers le désert plus à droite.

Sur la place, il y a seulement les deux enfants du vieil Ali qui
ont trouvé un lézard des sables, lui ont attaché une ficelle à la
naissance de la queue et jouent à le faire courir (ils vont tenter

de le vendre à un garde national, s'il en passe un dans les jours qui viennent et si, entre-temps, le lézard n'est pas mort).

Mais une ombre blanche se dessine de l'autre côté de la poterne de l'épicerie, celle de Ridha, justement, qui entre dans sa boutique. Quand il le voit, Mohammed est toujours gêné. Pourtant Ridha l'épicier a joué avec lui, bien entendu, voici une vingtaine d'années sur la place de ce village. Mais, depuis il a effectué de nombreux voyages dans le Djérid et peut-être même, à ce qu'on dit, jusqu'à Tunis.

On aurait dit que ce Ridha avait tout prévu : au moment de ce que la radio appelle les « événements » de l'Indépendance — l'ensemble des manifestations dans les quartiers urbains et des engagements avec les « fellaghas » dans la montagne — le village ayant montré sans crainte ses sentiments favorables et fourni des recrues à cette guerre d'embuscade — qui rappelait le *jaïch* des anciens temps où le pillage et l'héroïsme se mêlaient comme dans les chants qu'on écoute encore durant des heures — une colonne française de goumiers marocains vint par ici pour « remettre de l'ordre ». Les Marocains n'aiment pas les gens d'ici. Quand ils sont arrivés, les femmes se sont enfuies vers la montagne dans les grottes où les mères de leurs grand-mères se réfugiaient déjà lorsque les gens de Tamerza ou de Redeyef organisaient des expéditions de pillage, ou quand arrivaient les troupes du bey de Tunis pour le recrutement des soldats et le paiement des impôts.

Ne trouvant personne dans le village, les goumiers ont mis le feu à la seule maison qui leur paraissait importante, à côté du marabout de Sidi Soltane, l'épicerie de Rachid qui n'était pas encore le « vieux Rachid ». Par la suite, Rachid a touché une certaine somme en dinars qu'on appelle « dommage de guerre » dont il ne parle jamais et qui paraît avoir fondu comme l'eau au soleil d'août.

Du moins, lui, Ridha, il est arrivé peu après avec ses ballots et il s'est installé dans ce renfoncement obscur derrière le porche, comme s'il cherchait un abri, comme s'il se cachait. Dans ce trou, il a aménagé un comptoir et des rayons en bois où il a rangé le peu de chose qui tenait dans les ballots — un peu de sucre en poudre, du thé, du sel et de l'huile. Mais cela a suffi pour que l'on prenne l'habitude d'aller « chez Ridha » chercher ce sucre ou cette huile en petite quantité et pour constater que l'homme avait appris à noter tout cela sur un gros carnet où tous les gens du village sont inscrits maintenant.

3 غ... — ...

+ Poste radio (nomade) dans
   ...

+ école.

Le gaddous — l'eau coule dans
la ... un vase lait ou thé.
Le ... ... un sac
... le ... ... saisissent. air.
cheval marche ... chose. La montagne
... le vent souffle ... , le
... Le couleur de l'eau et ...
... odeur de bois brûlé ...
..., constante

Le gaddous est une clepsydre pour la mesure de l'eau (voir dessin p. 167).

Si bien que Ridha est devenu l'homme le plus important de Chebika, celui qui non seulement donne de l'huile ou du thé quand on ne peut le payer sur le moment mais qui prête aussi cinq ou six dinars pour des achats très importants — sommes qu'on lui rend ensuite en payant évidemment un peu plus cher, parce que Ridha se plaint toujours de manquer d'argent. Mais on ne peut faire autrement : Ridha est aussi indispensable que l'eau qui coule dans l'oasis. Parce qu'il faut vivre — et que Ridha est nécessaire à cette vie au même titre que le travail dans l'oasis.

La dernière invention de Ridha a fait beaucoup parler : il a ramené sur les Jeeps de la garde nationale une vieille machine à coudre qui a dû servir depuis un demi-siècle et il l'a installée devant sa porte dans l'auvent. Depuis ce moment, le jeune Abdelkader, qui rentre du service militaire où il a appris à faire ce genre de travail, est installé tous les jours devant la machine et coud les vêtements qu'on amène à Ridha. Il ne travaille pas tout le temps, il parle aussi et boit son thé, mais dans l'ensemble, il fait bien une bonne dizaine d'ourlets par jour.

Mohammed fait quelques pas sur la place et le petit Bechir débouche alors du porche où est suspendue la clepsydre de mesure des eaux. Bechir doit avoir vingt-cinq, trente ans et c'est un Fréchiche comme lui, Mohammed ; mais Mohammed n'attache plus d'importance à ces liens de parenté : « Depuis quelque temps, on circule trop, on change trop souvent de place pour qu'on sache encore où se trouvent les parents. » Moins d'importance cependant que n'accordent à ces relations de famille Naoua et, en général, toutes les femmes « qui ne parlent entre elles que de ça et ne parlent avec vous, quand elles parlent, que de ces histoires ».

Bechir descend vers Mohammed, dévalant le raidillon en terre battue où ses pieds nus glissent sur le gravier, tellement ils sont déjà durcis par l'absence de souliers : « Que Dieu te donne ses biens... » bredouille Bechir, et Mohammed répond de la même manière. Bechir porte à la main la même houe que Mohammed. Bechir est un *khammès* comme Mohammed.

Ce mot de *khammès* ou de *chérik* s'entend dans toutes les oasis du Djérid : il fixe Mohammed dans Mohammed et celui-ci se dit *khammès* quand il parle de lui à lui-même ou aux autres. *Khammès* vient du mot « cinq » qui se dit *Hamsa*, et cela signifie que Mohammed ne possède pas la parcelle de terre qu'il cultive et que, pour son travail, il touche le cinquième de la récolte. Ce qui évidemment n'est pas vrai du tout dans les grandes oasis comme Tozeur ou Nefta: les grands propriétaires ne donnent pas le cinquième de la récolte à leurs *khammès*, cela va de soi. Ils leur attribuent une part qu'ils baptisent traditionnellement « cinquième ».

Quand a-t-on fixé ces prescriptions? C'est difficile à dire. Bien en deçà de tout ce qui s'appelle « autrefois » : cela sans doute appartient à la répartition des cinq éléments fondamentaux qu'on apprend au *kouttab*: la terre, la semence, l'attelage, l'outillage et le travail. Et tout cela correspond à une époque très ancienne, où sans doute tout concordait sans rupture avec Dieu. Mais il y a aussi, dans une sphère plus récente, celle où les propriétaires de la terre vivaient sur leurs parcelles avec les métayers, les *chérik* ou les journaliers, les *khammès*, époque où l'on travaillait réellement en commun, où l'on mangeait en commun et où l'on partageait le produit des vergers.

Maintenant, Mohammed est, comme tous les gens de Chebika, un *khammès*, métayer sur une parcelle dont trois propriétaires se partagent les bénéfices au cours d'interminables discussions en janvier pour les dattes, à la fin de l'été pour les autres fruits, et particulièrement les poivrons qui se vendent à Tunis près de vingt fois le prix de ce qu'on les vend ici. Ces trois propriétaires sont un bonhomme d'El-Hamma (qui a acheté les terres avec lesquelles Mohammed a obtenu ses femmes successives des mains de celui et de ceux qui donnaient ces femmes, lesquels sont, à leur tour, devenus des *khammès*), un ouvrier des mines de Redeyef et un nomade des tentes.

Ce n'est pas différent de ce qui se passe à El-Hamma, à Tozeur ou à Nefta, mais là-bas les parcelles sont plus grandes, les *khammès* plus nombreux et astreints à des travaux plus longs. Les propriétaires habitent Gabès, Gafsa ou Tunis. Ils ne viennent que rarement et ils ont des gens qui les représentent sur place.

Mohammed se dit qu'il lui manquerait quelque chose s'il ne voyait pas la tête du propriétaire de temps en temps ou s'il ne pensait pas à lui de temps à autre, ne fût-ce pour trouver une approbation quand il se lève la nuit pour la distribution des eaux. Ces propriétaires sont des gens comme lui, habillés comme lui du même genre de salopette bleue ou enveloppés dans des burnous aussi troués ou crasseux que le sien. En fin de compte aussi pauvres.

Bien sûr, à l'époque où vécut son grand-père, la famille de Mohammed possédait ses terres à elle, comme en possédaient alors tous les gens de Chebika qui n'étaient pas encore des métayers. Cela est très ancien, peut-être antérieur à l'arrivée des Français. Pourtant, au fond de tout ce que fait et pense Mohammed quand il travaille, il y a cette chose dure et fixe qui répond à la certitude d'avoir possédé cette terre bien qu'il n'en dispose plus pour lui-même. Mais son état de *khammès* est un état momentané peut-être, parce qu'il existe un équilibre et un ordre prévu par la Loi du Coran qui fait que la terre doit lui revenir un jour, cela est certain. Et bien souvent, il se répète cela en travaillant. Quand les « événements » sont arrivés, il s'est dit, dans une sorte de brouillard, que cette époque allait commencer et qu'il allait retrouver la terre que ses grands-parents avaient cultivée comme la leur. Mais rien n'a encore changé et les propriétaires sont restés ce qu'ils étaient.

Mais Mohammed est certain aussi que sa terre est sa terre, qu'il existe entre elle et lui une sorte de circulation continue que personne ne voit sauf lui. Un aller et retour qui passe par son travail, ses tours de reins et ses efforts pour retenir le plus d'eau possible. Les liaisons qu'on forme ainsi en marchant sont parfois curieuses... Du moins il croit bien que cet aller et retour rappelle ce qu'enseigne le Coran sur la « nuit de la puissance qui apporte le destin » du vingt-septième Ramadan, la *Leilat-el-qudr* au cours de laquelle le Coran descend sur la terre d'où le Prophète repart à son tour rejoindre Dieu au cours du grand « voyage nocturne », le *Leilat el-mi'radj*. Comment ce va-et-vient ne serait-il pas le même pour toutes les choses créées ?

Bechir et Mohammed descendent vers l'oasis. D'abord, ils longent le mur extérieur du marabout de Sidi Soltane qui est le bien le plus précieux de Chebika mais qui ne sert plus du tout à rien parce que tout se perd et tout se détériore et que même les vieilles habitudes sont oubliées, et c'est bien ainsi. Au lieu de prendre la piste qui traverse l'oasis de part en part, ils dévalent le raidillon qui rejoint un des bras de l'oued, le plus important, celui qui a été canalisé au moment du « travail collectif » dont tout le monde a gardé le souvenir.

Un palmier sauvage a poussé là, abandonné. Des grenouilles gîtent sur les racines, sautent dans toutes les directions... Chaque jour, Bechir et Mohammed passent dans leurs traces de la veille et, chaque jour, les grenouilles sautent dans l'eau transparente, se laissant entraîner par le courant sur quelques centimètres puis donnant de légers coups de pattes arrière pour revenir à leur place. Chaque jour aussi, Mohammed éructe longuement et crache dans l'eau.

Passé l'oued, il faut s'engager dans les jardins de l'oasis. Il n'y a pas de chemin tracé parce que chaque parcelle est entourée d'une légère levée de terre qui y retient les eaux au moment de l'irrigation. Sur cette levée de terre poussent des plantes diverses dont certaines sont dures comme l'osier et d'autres qu'on écarte aisément avec la main. Quand ils traversent une parcelle, Bechir et Mohammed longent la levée de terre pour éviter de piétiner les plants de poivrons ou de briser les branches des cerisiers et des amandiers.

En janvier au moment de la cueillette des dattes, les arbres fruitiers sont en fleurs et les dattes, secouées par les *khammès*, tombent dans le léger brouillard rouge et violet que font les branches de cerisiers et d'abricotiers.

Quand les deux hommes ont traversé les trois parcelles qui longent l'oued, sans un mot, Bechir s'arrête et se met à bêcher une murette en terre. Avant de se séparer de Mohammed, il a émis l'idée «que s'il faisait longtemps une telle sécheresse, les gens des tentes remonteraient du désert vers Chebika et que l'on verrait du monde». Puis Mohammed a parlé du poste de radio à transistor que le fils d'Ali a rapporté de son service militaire et qu'il accroche à un arbre lorsqu'il travaille. On entend la musique à travers les arbres.

Rien d'autre. Simplement, ils sont ensemble et ils seraient moins satisfaits de ne plus l'être. De toute manière, la parole ne sert pas à grand-chose.

Mohammed a encore une parcelle à traverser pour arriver à la terre qu'il cultive: à Tozeur, à Gabès, un homme suffit pour un hectare, mais ici, à Chebika, la parcelle est plus petite et c'est elle qui ne suffit pas à Mohammed. En fait, il vient y travailler chaque jour. Les palmiers l'occupent, bien entendu, un long moment (près de cent jours par an); en hiver, après la cueillette, il faut émonder les arbres; au printemps, on grimpe deux ou trois fois sur le tronc pour délier les fleurs fécondées et arracher les organes mâles devenus inutiles; en été, il faut à nouveau regrimper pour étaler les régimes en maturation sur les palmes qui les entourent. Cela sans parler des nuits de printemps et d'été

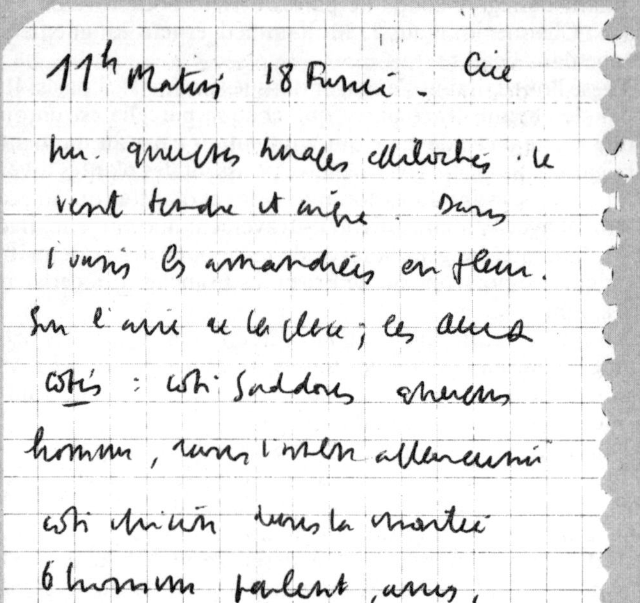

11ʰ Matin 18 Février -

Dans l'oasis, les amandiers en fleur.

où il faut assurer l'arrivée de l'eau dans les canaux, puisque c'est la période de l'année où l'irrigation est mesurée et contrôlée.

En dehors de tout cela, tout reste à faire encore, et Mohammed le fait volontiers, presque avec plaisir, parce qu'il aime que tout ce qui doit pousser vienne à maturité car cela aussi est la volonté de Dieu et il dépend de lui, Mohammed, d'y aider. Ainsi, le maraîchage et tout ce qui demande un arrosage régulier l'appellent chaque jour sur la parcelle, non seulement parce qu'il y pousse des plantes qui échappent le plus souvent au partage et dont le bénéfice lui revient mais aussi parce que, là encore, la vieille rêverie de possession reparaît. Il faut donc bêcher la terre, aménager les canaux pour équilibrer le passage des eaux, régulier en automne et en hiver, irrégulier au printemps et en été : sans cela, les poivrons, les pois, les fèves sécheraient aussi vite que dans le désert.

Dans l'oasis, le silence est complet. A peine si l'on entend un appel étouffé entre les branches. En cette saison de printemps avancé, au milieu des fleurs d'arbres fruitiers qui forment une couche mouvante aussi vague qu'un brouillard, à hauteur d'homme, sous l'épaisseur des palmes dont l'ombre violette l'abrite du soleil, on ne voit rien des autres vergers. Mohammed est à l'abri, ici, non pas caché, mais porté par cette épaisseur de feuilles dont personne ici ne contrôle la floraison spontanée. L'odeur d'égout que dégage souvent l'oued (qui jaillit d'une terre noire marneuse) se perd dans celle des fleurs et les relents douceâtres de la menthe.

Il sait aussi d'où vient une odeur un peu âcre qui le rejoint par moments dans son travail régulier de bêchage — d'un pied de chanvre qu'il cultive au milieu d'autres plantes, malgré les interdictions officielles.

Il fut un temps où il découvrait son père, en été, couché dans cette parcelle, la tête à l'ombre, une cigarette de chanvre aux lèvres, détendu, abandonné ; lui-même se souvient de cette époque où l'usage du *takrouri* était sinon toléré, du moins à peine surveillé dans le Sud, où les jours d'été se passaient dans le bourdonnement des mouches, la torpeur du demi-rêve et l'appel aigrelet d'une flûte de berger. La vie même était autre et Mohammed, sans savoir s'il regrette cette époque (la radio leur a déjà dit depuis l'indépendance que c'était la période de la honte et que le *takrouri* leur était donné par les colons pour les

59

endormir), mais il y pense avec une sorte de calme douceur, comme à un paradis perdu.

Du moins, dans l'oasis, il se sent protégé, dans le calme et humide retrait clos d'un lieu fermé, à l'abri du monde. On lui a dit que les bains, les hammams des villes, étaient aussi des endroits où l'on aimait rester longtemps pour des raisons qui rappellent celles qui le font se trouver bien dans l'oasis. Et il est possible que les gens de la steppe sans forme ni limite aiment ainsi les lieux resserrés et clos, les abris. Les mosquées sont cela aussi, parfois.

Par moments, avec sa *misqâ*, Mohammed surveille le cours de l'eau dans les rigoles qu'on appelle des *seguia* et les dégage des touffes d'herbe et des mottes de terre qui y sont tombées durant la nuit, sous l'effet du courant. En cette saison où l'eau est abondante, il suffit de pousser le flot de l'oued dans les planches de plantation successives que la *seguia* entretient après avoir ouvert le barrage en terre qui bouche l'orifice des petits canaux. Mohammed délimite ainsi de petits carrés d'eau successifs où baignent les arbres et les plantes : une eau grisâtre qui s'enfonce lentement dans le sol sablonneux.

Là, il doit s'agiter, surveiller ses vannes, les consolider quand le flot les arrache, avec la main, en s'agenouillant dans la boue. Mais il aime cela. Cette boue est bonne, elle féconde, elle aide les dattes et les poivrons à pousser : elle fait de la nourriture.

Cette eau est précieuse. Surtout au printemps et en été. Elle appartient en somme au propriétaire puisqu'elle lui est attribuée en vertu de son droit de possession. Et c'est une faute si elle s'échappe ou se perd. Qui le regarde ou le surveille quand il s'agite ainsi ? Certes pas son patron d'El-Hamma, ce vieux qui ne vient jamais, ni ceux de Redeyef ou de Tamerza. Pourtant, tout se passe comme si on le regardait. Et il se hâte.

Il sait qu'un jour (c'est une histoire qu'on raconte à Tozeur) un jeune garçon est allé dénoncer un *khammès* auprès de son propriétaire parce qu'il gaspillait l'eau dans la parcelle. Mais le propriétaire a puni le délateur après lui avoir demandé si l'eau gaspillée restait dans la terre. Elle y restait. Donc elle était tout de même un bien de Dieu et rien ne pouvait être perdu !

Parfois, il arrive que l'eau se perde dans un trou et il faut alors consolider la terre, remonter la murette de sable et combler l'orifice. Ce sont des variétés dans le travail que Mohammed ne déteste pas, parce qu'elles tranchent sur la monotonie des autres gestes.

Depuis qu'il travaille ainsi, courbé en deux, Mohammed n'a plus mal aux reins ; mais au début, durant sa jeunesse, lorsqu'il travaillait encore avec son père, il éprouvait des courbatures qu'il pensait bien ne pas pouvoir supporter. C'est d'ailleurs à cette époque que les jeunes *khammès* quittent les oasis pour aller chercher fortune en ville. Mais s'ils n'en ont pas l'occasion et s'ils n'y pensent pas, ils finissent par ne plus sentir les courbatures. Aujourd'hui, comme disent les vieux, « il travaille avec ses reins ». Un pied dans la terre sèche, un pied dans la boue, Mohammed progresse lentement et, entre ses jambes, l'eau vive, bleuâtre, coule rapidement jusqu'aux plants de légumes où elle stagne.

Certes, le travail dans l'oasis de Chebika n'est pas aussi dur que dans celle de Tozeur ou celle de Nefta, par exemple durant la saison sèche, quand le *khammès* est toujours menacé d'une solide dispute, voire d'une malédiction, parfois de coups, si le propriétaire survient au moment où l'eau a débordé dans la parcelle du voisin (ce qui arrive inévitablement). Ici, tout est plus facile, il faut le reconnaître, mais aussi la production est plus maigre. Du moins, en été, à Chebika, comme à Tozeur ou à El-Hamma et dans tout le Djérid, le « débordement en pure perte » reste une crainte permanente et crée une vague angoisse, même quand aucun regard humain ne la voit et, surtout, quand elle s'effectue en l'absence de celui qui a la responsabilité de l'eau.

Au fond, le travail est une tension continue, ici, puisqu'il faut penser aux arbres, aux légumes, à tout ce qui pousse en même temps, sur un rythme différent et qui appelle des soins différents. Et en été, par surcroît, la distribution des eaux se fait parfois la nuit. C'est d'ailleurs le moment de la vie qui est le plus pénible : il faut attendre sous le porche du village, là où est installée la clepsydre (cette jarre suspendue au-dessus d'un bassin creusé dans le roc et d'où l'eau s'écoule goutte à goutte) qu'on la renouvelle autant de fois et de temps qu'une parcelle a droit à l'irrigation. Quand vient le tour de sa parcelle, Mohammed dévale le raidillon, sa houe à la main, court à l'oasis, ouvre l'écluse en sable et irrigue la plantation jusqu'à ce que son voisin descende à son tour.

Aujourd'hui, au fur et à mesure qu'il draine l'eau libre dans sa parcelle, Mohammed se dit que les légumes et les palmiers sont tout à fait bien partis, que la floraison est accomplie et qu'il peut économiser une mesure d'eau sur ce qui lui sera attribué journellement dans trois mois quand débutera la saison sèche, qu'il peut échanger justement cette mesure contre du tabac s'il s'arrange avec l'épicier dont les terres sont justement plus éloignées de l'oued et partant moins bien situées par rapport à l'irrigation.

Les échanges à faire s'additionnent avec les échanges déjà faits : il y a le sucre que Ridha a promis et qu'il n'a pas encore donné pour l'aide apportée l'an passé par Naoua à l'accouchement de sa femme (et qu'il espère récupérer cette année puisque la femme va à nouveau avoir un enfant), le thé qu'il doit encore au vieil Ali (et c'est cela qui l'empêche de demander en face pour quelle raison il a détourné le cours des eaux, car ce changement peut dissimuler une intention inconnue), le service qu'il a rendu à Bechir, au cours de l'hiver, quand il lui a rapporté de Tozeur un médicament pour les yeux (et Bechir a promis «quelque chose» sans préciser quoi)...

Cela est la trame de la vie. Ainsi vont les choses : ces échanges occupent tout le monde ici et parfois Mohammed se dit qu'il serait plus simple de payer avec de la monnaie, mais on voit rarement à Chebika ce qu'on appelle de l'argent. De quoi les gens d'ici parleraient-ils s'ils ne parlaient de ces échanges ? Ce sont leurs préoccupations permanentes, ces choses ou ces services qu'il faut rendre ou demander contre d'autres services ou d'autres choses. De quoi parlent donc les gens de Tunis ou d'ailleurs quand ils n'ont plus ce souci ? C'est la vie, cela, enfin c'est cela qui fait l'intérêt qu'on prend à tout ce qui se passe autour de soi.

Puisque l'irrigation est achevée, Mohammed pose sa houe et s'assied au pied d'un palmier. Le passage de l'eau a rafraîchi le sous-bois et à l'odeur des fleurs se mêle celle de la terre humide des boues en décomposition. Les moustiques attaquent mais Mohammed ne les chasse pas : ils bourdonnent sans le piquer ou, s'ils le piquent, il ne le sent plus. A portée de sa main, il y a le couffin que lui a préparé Naoua et qu'il a pris auprès du fourneau, en partant. De ce qu'il contient, il ne se soucie guère : un morceau de galette sèche cuite dans un moule qu'on appelle *tajin* et qui a donné son nom au gâteau, une tranche de cette pâte que l'on fait en empilant des dattes dans la peau d'un chevreau et qui sèchent de telle manière qu'il faut, plusieurs mois après, découper le tout avec une hachette.

Mohammed mange lentement en passant la langue dans ses dents pour en tirer les parcelles de nourriture qui y restent encastrées. Ses dents sont mauvaises comme toutes celles des hommes du Djérid. Un dentiste du camion sanitaire qui passe de temps à autre lui a dit qu'il fallait en arracher cinq ou six et les remplacer. Mais comment faire? Où aller pour cela? Le dispensaire de Tozeur est trop éloigné.

Après avoir mangé, Mohammed boit une gorgée de lait de bique. Maintenant, adossé à un tronc de palmier, il se repose. C'est-à-dire qu'il fait marcher ses doigts qui tressent mécaniquement des tiges d'alfa avec lesquelles il façonne une sorte de corde qui servira à attacher l'âne ou le chameau dont il se sert pour labourer la terre, ou pour lier entre elles les branches sèches de palmier qu'il rapporte à la maison pour le feu. Les moustiques zézaient, un oiseau inconnu (c'est assez rare pour qu'on le remarque) glousse au-dessus de lui, dans les palmes ; l'odeur des arbres en fleur est quelque peu entêtante parce qu'elle est sucrée et qu'elle attire les abeilles et les mouches ; on est noyé dans un brouillard transparent qui tantôt paraît vert et tantôt rougeâtre, selon les inclinaisons du soleil dans les branches de palmier. Au loin, le chameau pousse un cri.

En cette saison, il n'a plus qu'à bêcher le champ de fèves et arracher les mauvaises herbes. Quand c'est le moment, au printemps, il quitte son lieu de repos et grimpe au tronc d'un palmier en s'accrochant de la main droite à sa houe dont le fer, très aigu, pénètre dans le bois. Il embrasse l'arbre et pose ses pieds sur les écorces qui dépassent jusqu'au bas des feuilles la naissance des feuilles. C'est le moment de la fécondation, la *tafhkir*, et cela consiste à lier les tigelles d'un régime mâle aux longues onglées jaunes avec les régimes de dattes femelles. Cela prend pour chaque arbre un temps assez long.

Quand il en a fini avec un palmier, Mohammed redescend alors et, avant de s'attaquer à un autre, il allume un peu de bois dans une sorte de trou qu'il creuse avec sa bêche et dans lequel il dispose du bois autour de trois pierres qui supportent une vieille théière. Cette théière reste toujours dans le verger, au pied d'un arbre, cachée sous une touffe d'herbe.

Il porte dans une poche de sa veste de salopette une vieille boîte d'allumettes qui ne lui sert que pour ce geste-là et à cette heure. Dans la boîte, il place les quatre ou cinq allumettes qu'il a pu rassembler depuis quelques jours. Bien entendu, il doit gratter longuement une allumette contre le frottoir et, quand la flamme consent à venir, il se penche sur elle, l'enveloppe en épaississant ses épaules comme s'il la couvait. Puis il embrasse les herbes sèches et, avec elles, le bois.

S'il en est à l'époque de l'insémination, il remonte dans un autre palmier. Autrement, comme aujourd'hui, il entreprend le désherbage de la parcelle, s'accroupit, s'accroche à la plante avec la main gauche et enfonce la pointe de sa faucille, son *menjel* dans le sol pour la déraciner en appuyant sur le manche comme sur un levier. Mohammed s'attache à chaque herbe l'une après l'autre, minutieusement, comme s'il s'agissait moins de l'arracher que de la soigner.

En faisant ce travail, les mains de Mohammed grattent la terre et la fine poussière grise se colle à lui de sorte qu'elle compose une seconde peau ; ainsi les ongles de Mohammed se sont transformés, aux pieds et aux mains, en durillons noirs et solides. Il touche cette terre, la manipule et constate presque chaque jour combien elle dépend de lui, lui obéit et en fin de compte le prolonge, lui appartient en somme, si ce mot de « posséder » a un sens.

Parfois, à la saison de la récolte, des oiseaux s'abattent par bandes dans l'oasis. Alors, Mohammed se redresse, regarde autour de lui et lance une sorte de glapissement. On dit qu'il *ihahi* et son cri répond à d'autres cris poussés dans d'autres vergers ainsi qu'aux aboiements des chiens brusquement éveillés, si c'est la nuit.

En été, Mohammed remonte bien plus tôt, dès que le soleil touche au haut du ciel. Certains *khammès* dorment tout l'après-midi sous leurs palmiers malgré les mouches et l'humidité chaude qui fait du sous-bois une étuve. Mais ce sont des gens qui habitent trop loin ou qui n'ont pas la place de s'étendre chez eux parce que le toit s'est écroulé ou que les femmes se réunissent et glapissent sans arrêt. Généralement tout le monde se retrouve sur cette sorte de place devant les deux poternes, entre la mosquée et le marabout, au-dessus du désert. On s'installe dans l'ombre étroite au pied des murs, on se roule dans les gandouras. Plus souvent on se tasse sous le porche du *gaddous* à travers lequel passe un courant d'air frais.

Mohammed s'allonge alors sur les pierres lisses. La grande

chaleur écrase les élévations grisâtres du désert, de l'autre côté du cimetière. L'eau s'écoule de la jarre qui sert de mesure et elle anime seule le silence. Parfois un des hommes se retourne et commence à parler — des Bédouins qui campent en bas et qui, s'ils viennent jusqu'à Chebika, fréquentent surtout l'échoppe de l'épicier, parce qu'ils ont toujours sur eux des pièces de monnaie, des palmiers qui ne donneront pas cette année autant que l'an passé (et c'est certain qu'ils donneront moins, puisqu'on le dit et qu'on le sait)...

Parfois, on énumère à un jeune type qui rentre du service militaire les redevances du *khammès* qu'il sera, comme l'ont été avant lui son père et son grand-père : irriguer, « parce que l'eau, c'est la vie », ensemencer, « comme le veut Dieu », désherber, bêcher les champs de fèves, éloigner les sauterelles et les passereaux, entretenir les clôtures et les rigoles d'eau. Ne doit-il pas savoir que Dieu est le vrai propriétaire du sol et qu'il est responsable de la terre devant lui ? que son travail est plus qu'un travail comme celui des ouvriers des travaux publics ou des transports, « parce qu'il aide tout ce qui doit naître à venir au jour et cela fait plaisir à Dieu ».

Quand celui qui énumère ces tâches obligatoires omet l'une d'entre elles, un ou deux hommes se redressent pour ajouter, presque avec colère : « Et la garde des bêtes, et la fabrication des cordes pour la *mechia*, et le pâturage des bêtes ? » Mais celui qui parle réplique qu'il le sait bien, qu'« il avale ses paroles » pour continuer et énumérer les bois qu'il faut couper, les labours pour le sorgho qu'il faut préparer, les instruments qu'il convient d'entretenir et les quelques bêtes qu'il faut nourrir. Et l'apprenti *khammès* écoute ce qu'il a déjà entendu mille fois en hochant la tête.

Ou bien, si l'on ne parle pas, on somnole, on dort peut-être. Surtout en période de Ramadan. Pendant le mois sacré, le village vit d'une existence végétative : on travaille la nuit, si la saison l'exige, ou le matin très tôt aussi longtemps que la fatigue le permet. On dort ensuite bien qu'il soit dit et écrit qu'il ne convient pas d'échapper aux tentations du jour par le sommeil. Mais qui respecte complètement quelque chose aujourd'hui ? Et pourquoi serait-on aussi scrupuleux que les anciens, puisque l'Habib et la radio promettent une autre vie, très vite ? Et puis, comment tenir quand on a mangé juste avant l'aube une poignée de couscous ou un peu de chevreau en ragoût ? Le sommeil vient du corps tout entier.

D'ailleurs, pendant le Ramadan, le travail se fait au ralenti et tout le monde le sait. Il y eut même une époque, assez lointaine, où un vol de sauterelles s'est abattu sur l'oasis durant le mois de Ramadan qui, cette année-là, tombait en été ; il y eut bien deux ou trois *khammès* pour descendre dans l'oasis durant la chaleur et battre la terre pour tuer les insectes, mais personne d'autre. La récolte a été perdue. Tout le monde en a souffert, y compris le propriétaire, mais ce dernier a très bien compris. Ce sont des choses qui arrivent.

Quand le Ramadan tombe durant une saison pluvieuse ou durant l'hiver, tout est différent : on travaille comme si de rien n'était, prenant seulement garde à ce que les gestes mécaniques de porter à sa bouche une herbe ou de boire dans les canalisations ne s'accomplissent pas. Et le travail que demande cet effort s'ajoute au besoin, à la soif, à la faim, à l'envie de fumer. On s'énerve. D'où naissent des disputes soudaines, aussi vite apaisées qu'elles éclatent, violentes, *haschichet Ramadan*.

Du moins, même en été, quand le soleil descend au-dessus du Sahara de sorte que les tentes des Bédouins dans la plaine apparaissent à contre-jour, tassées qu'elles sont entre les pierres, Mohammed et les gens de sa sorte quittent le *gaddous* après avoir échangé quelques plaisanteries avec les vieux qui, eux, restent le long du mur à rêvasser et à parler sans fin. Mohammed reprend sa houe ou sa faucille et redescend dans l'oasis. En été, l'odeur des vergers après la chaleur de l'après-midi est humide, méphitique. En hiver, il fait frais, quelquefois même un peu froid.

Mohammed ramasse l'herbe qu'il a arrachée le matin, la rassemble en tas, l'attache avec une ficelle qu'il a confectionnée durant son repos. Son propriétaire possède un âne qu'il a acheté à des Bédouins des tentes et que lui, Mohammed, entretient comme il le peut, le faisant plus volontiers travailler que le vieux mulet qu'il a hérité de son père et qu'il garde en réserve, on ne sait pourquoi. On met donc l'âne au vert dans les « vaines pâtures » de l'oasis, les terres qui n'appartiennent à personne, le long de l'oued, en bas, en amont des palmiers.

Mohammed charge sur le dos de l'âne les herbes et les morceaux de bois de palmier et il remonte vers le village. Une partie de ce bois est entassée dans un coin de la cour pour un des propriétaires, l'homme des mines de Redeyef qui n'a pas encore trouvé, depuis trois ans, un animal pour le transporter jusque chez lui et qui ne le trouvera sans doute jamais. Pourtant, le bois s'entasse et de gros lézards y gîtent. Le propriétaire vient y jeter un coup d'œil au moment de la cueillette des dattes. Il palabre durant des heures avec les uns et avec les autres, bien qu'il sache qu'aucun d'entre eux ne fera jamais les trente bornes de piste dans la montagne avec ce bois sur le dos. Parfois aussi, il songe à le vendre, mais personne n'en veut au village. Seulement, de temps en temps, Mohammed tire du tas une bûche pour chauffer son thé.

Quand il revient à Chebika, le soleil tombe sur le Sahara. La lumière se traîne au ras de la plaine et découpe les maisons du village au milieu de la montagne presque rousse. Le ciel passe du vert à l'ocre puis au gris argenté. Tout cela se fait très vite car le crépuscule dure peu de temps et Chebika devient alors une chose cendrée, morte.

Les autres *khammès* montent eux aussi vers Chebika. Mohammed constate que Rachid est déjà parti. Les ânes n'ont pas besoin qu'on les conduise : ils grimpent seuls et s'arrêtent à la porte des cours. C'est l'heure où l'on se rassemble pour discuter, si c'en est le moment ou l'occasion, s'il s'agit de régler un différend entre deux *khammès* ou pour savoir si le mariage prévu entre le fils d'une Fréchiche et la fille d'un Gaddouri est possible. Ou bien encore parce que le délégué du gouverneur de Gafsa à Tozeur a fait dire qu'il fallait trouver cinq hommes pour travailler sur la route, et il faut les désigner en tenant compte des disponibilités des familles. Ou bien encore parce qu'il faut penser aux impôts et qu'il faut en discuter car l'argent est rare et, bien entendu, c'est Ridha l'épicier qui avancera la somme qu'on lui rendra en temps de travail ou en eau sur sa parcelle.

Souvent aussi, Mohammed lâche son âne et entre, au passage, dans la mosquée qui jouxte sa maison. C'est une pièce assez grande au plafond en partie effondré ; quelques colonnes rongées qui entourent un *mirhab* vaguement orné ; les nattes sont en loques mais soigneusement étalées au soleil durant la journée par l'imam, ce qui fait qu'elles sont encore chaudes le soir.

Par terre, il y a quelques pierres en vrac. Tout le monde les connaît. Tout le monde sait que la religion n'autorise pas les menus trafics de la magie la plus simple, celle qui consiste à lancer ces pierres pour savoir où elles tomberont et en tirer ainsi quelques conclusions concernant l'avenir immédiat — la naissance d'un fils, le paiement d'une dette. Il y a toujours un ou deux vieux qui traînent et qui jettent ces pierres dans le sable sans que l'on sache exactement ce qu'ils peuvent bien attendre et prévoir de l'avenir.

Mohammed se prosterne et dit sa prière. Des cinq prières obligatoires, les matines (*es sobh*), la méridienne (*ed-deher*), celle de l'après-midi (*el Asr*), la prière du couchant (*el moghreb*) et du soir (*el Acha*), il ne fait vraiment que celle du couchant. Parce que cela l'arrange et que la religion doit s'encastrer dans ce qu'on fait.

Une dizaine d'hommes de Chebika sont prosternés sur les nattes déchirées dans la grande pièce où la nuit s'installe, ce qui grandit les colonnes et le plafond qui n'a pas été blanchi depuis des années parce qu'on manque d'argent.

Les uns et les autres se lèvent et partent quand ils ont prononcé les paroles sacrées. En ordre dispersé. Personne ensemble. Tout le monde prie pour soi en fin de compte. Mohammed retrouve la place, la nuit et Ridha l'épicier qui passe près de lui dans sa gandoura blanchâtre qui le salue et lui dit qu'il a reçu aujourd'hui par un voyageur une ration de thé et de tabac.

Mohammed sait bien ce que cela signifie : aucun voyageur n'est venu à Chebika depuis plusieurs semaines, cela se saurait. Mais Ridha a changé d'avis au sujet de sa femme et quelqu'un de sa maison a dû, cet après-midi, aller chercher Naoua pour l'accouchement. Mohammed feint d'abord de ne pas comprendre. Ridha, durement, lui dit qu'il peut venir jusqu'à l'épicerie.

Mohammed ne répond rien. Tandis que l'autre remonte vers sa boutique, Mohammed ouvre le portail, fait entrer l'âne, jette sa houe contre un pilier et pose son couffin vide près du feu où il le retrouvera plein demain matin. Puis il remonte vers l'épicerie.

A l'épicerie, il voit surtout d'abord deux Bédouins de la plaine en gandoura et la tête serrée dans cette sorte de turban qui descend sur les yeux. Ce sont des gens qui ont l'œil plus vif, plus inquiétant que les gens de Chebika. Plus dur aussi. Ceux-là sont très grands et immobiles, sauf les yeux. Debout, ils parlent lentement à Ridha pendant que ce dernier roule une bouteille d'huile dans un vieux journal. Le premier dit qu'il a constaté que le pâturage au-dessous de Chebika était meilleur cette année que celui où d'ordinaire, son *arch*, c'est-à-dire sa famille, fait paître les siens en cette saison, non loin du chott.

Ridha constate à son tour que le cheikh de Chebika, le chef du village, Ali le cheikh, est absent en ce moment, qu'il fait ses affaires à Redeyef. Le second Bédouin observe que le temps n'est pas mauvais pour la transhumance et que le chott où il faisait paître ses bêtes n'est éloigné du pied de la montagne que d'une nuit et d'une demi-journée de marche.

Ridha a plié le journal, reste, les mains sur l'étalage, posé comme une grosse bête à l'affût, tandis que Mohammed entre dans cette pièce noire et fumeuse. L'épicier constate que les bêtes peuvent paître où elles veulent dans le désert et que l'on peut toujours discuter ensuite. Le grand Bédouin qui a parlé le premier tire une moitié de cigarette de sa gandoura et l'allume avec un briquet très usagé qu'il bat plusieurs fois avant que la flamme ne jaillisse.

Son compagnon extirpe ses mains des étoffes dans lesquelles il est enveloppé, pose sur la table de Ridha un peu de monnaie que Ridha absorbe aussitôt en posant ses manches dessus, tandis que le Bédouin enfourne la bouteille dans les plis de son vêtement.

L'épicier voit à peine le visage de Mohammed, tant la lueur des lumignons est jaunâtre et fumeuse. Les visages des deux Bédouins luisent d'une clarté propre dirait-on. Ils se retirent vers la porte d'un mouvement reptilien comme s'ils glissaient sur de l'huile. Un peu après on entend renâcler leurs chevaux qu'ils ont laissés au-dessus du porche sur cette petite place où l'on bat le grain à la saison et où traînent toujours des restes que picorent les poules.

Finalement, le pas des chevaux se détache dans le silence, méticuleusement, jusqu'à ce que les deux hommes aient atteint le cimetière, en bas.

Ridha a pris sa théière qui bout derrière le comptoir de sorte que le jet de thé fume entre les deux hommes. Ridha constate qu'on peut avoir des dettes d'argent mais que les dettes d'argent peuvent toujours être payées avec autre chose que de l'argent. Mohammed approuve et cite un mot du Coran qu'on lui a appris autrefois, contre l'usure. Ridha approuve et se plaint des usuriers de Tozeur à qui il doit des sommes énormes, qui ne veulent même plus le ravitailler et qui se moquent des besoins des gens de Chebika ; pourtant, il leur rend régulièrement ce qu'il peut.

Mohammed assure qu'il est difficile de donner quelque chose

quand on ne possède rien et, cela aussi, Ridha l'approuve. Ils boivent le thé à petites gorgées, soufflant sur le verre à grosses bouffées. Ce thé est une décoction : il bout avec de l'eau et, très noir, laisse un goût aigre, acide même dans la bouche. Mais comment s'en passer ? Mohammed, en regardant son verre, dit qu'il estime juste qu'un homme ait envie d'éteindre d'un seul coup une dette, mais qu'il se demande s'il ne vaut pas mieux en laisser une petite part et obtenir quelque chose de solide maintenant. Ridha approuve encore et alors tire une feuille de papier pour lire que Mohammed a pris dans sa boutique pour près de deux dinars de sucre, de café, d'huile et de sel depuis l'hiver. Il montre ce papier à Mohammed qui le contemple avec attention. Mohammed ne sait pas lire. Ridha sait seulement compter et écrire ses comptes et il sait que Mohammed ne sait pas lire. Cela ne fait rien parce que Mohammed rend soigneusement le papier crasseux que Ridha déchire.

Puis Ridha sort un autre papier et met dessus ce qui équivaut à un kilo de sucre, un paquet de thé et une bouteille d'huile.

Cela fait encore beaucoup — un demi-dinar, mais tout le reste a disparu.

Enfin l'épicier emplit encore une fois les verres de thé, se lève difficilement en s'appuyant sur le mur, disparaît derrière le comptoir, et Mohammed l'entend qui triture des caisses et des papiers, soulève des caisses. En fait, il n'y a presque rien sur les rayons, sauf des cigarettes en vrac et du papier journal. Tout le reste est dans les boîtes sous le comptoir.

Comme Mohammed est dans la nuit totale, il ferme les yeux. Quand il les ouvre, la clarté du lampion découpe le comptoir et la silhouette de Ridha avec un paquet enveloppé dans du journal : le sucre en morceaux en vrac, l'huile dans une bouteille d'eau minérale, le thé dans un autre papier journal.

Mohammed se décide : il lui faut deux ou trois cigarettes. Ridha n'hésite pas, prend les cigarettes et les lui donne comme *sadaka*, don gratuit au nom d'Allah. Mohammed range soigneusement les cigarettes dans la poche de sa veste de salopette, prend le paquet des mains de Ridha qui s'assied à nouveau tandis qu'ils boivent. Ridha ne dit plus rien. Mohammed pose son verre : « Que Dieu te donne un fils... » Ridha répond : « *Inch' Allah* » et regarde Mohammed se lever, puis sortir. Tous les deux portent leur main droite à leur bouche pour un rapide salut.

Dehors, Mohammed descend le raidillon et comme c'est la

nuit noire il tâtonne le long du mur. Il pousse la porte de sa cour. Naoua est là avec les deux filles. Une lumière aussi jaune que celle qui éclairait la boutique dessine le visage des femmes.

Mohammed donne le paquet à Naoua qui lui accorde la bénédiction d'Allah et assure qu'un homme est béni qui apporte des choses comme celles-là le soir en revenant chez lui. Mohammed s'assied et il apprend que Naoua ira cette nuit après le lever de la lune aider la femme de Ridha à accoucher et que l'affaire se présente mal. Il constate aussi que Naoua a préparé un couffin de petits pots, d'herbes, d'onguents et sans doute aussi la natte sur laquelle se fait parfois l'invocation aux esprits.

Enfin Mohammed mange le ragoût que Naoua a préparé, en s'aidant d'une sorte de mie qui compose le genre de pain compact que l'on confectionne au village avec la farine grisâtre qu'on récolte.

Mohammed essuie son assiette avec l'index de sa main droite et cela veut dire qu'il a fini, que les filles peuvent se servir à leur tour. Elles sont assises à l'écart, le long du métier à tisser, le coude au corps, les mains sur les genoux et ne regardent rien. Naoua rappelle que personne ne sait qui le ciel envoie comme enfant, ni même s'il en envoie, et Mohammed constate qu'il faut laisser faire Dieu. Naoua ajoute que la femme de Ridha pense que Karoui, le propriétaire de la parcelle que cultive Mohammed, est en marche vers Chebika parce qu'on l'a rencontré à Tamerza où il se reposait chez un épicier. Mohammed regarde le tas de bois: il est douteux que Karoui ait enfin trouvé un transporteur, mais peut-être a-t-il décidé de vendre ce bois, ou de le donner à Mohammed. Le donner, pourquoi pas? Mais il ne ferait pas ce chemin pour donner ce tas de bois. On ne sait jamais. On a vu des choses plus curieuses. Et, s'il plaît à Dieu, ce n'est pas impossible. Sans doute vient-il seulement pour travailler avec Mohammed sur la parcelle, comme il le fait souvent quand il en a assez de la mine de phosphate. Karoui loge alors dans la maison et achète des provisions chez l'épicier. Il explique qu'il va venir lui aussi vivre à Chebika et travailler la terre. Mohammed sait bien que Karoui a sa femme et ses enfants à Redeyef, qu'il gagne en un mois ce que lui rapporte cette terre en deux ans et que rien de tout cela n'est vrai. Pourtant, il approuve et répète avec conviction: «Tu as raison, tu as raison...»

Quand il a mangé son brouet, Mohammed regagne sa natte,

se roule dans la couverture. Il pense à la cigarette que lui a donnée Ridha, la cherche dans sa poche, l'allume. L'effet de la cigarette est plus fort que celui du thé.

Mohammed entend Naoua chuchoter et rire avec les filles. Partout le silence de la steppe pèse sur eux tous. Mohammed avance le bras et écrase son mégot sur la terre battue. Il se retourne et va dormir. De l'autre côté du mur, dans la mosquée, il lui semble entendre des bruits : peut-être l'imam s'agite-t-il ou cherche-t-il à savoir, en lançant dans le sable les pierres divinatoires, quelque chose de l'avenir.

La rencontre

Voilà : Ali, Mohammed et Gaddour, le vieux qui voit à peine, se sont installés dans l'ombre étroite qui longe le mur d'un appentis, construit sur la pente entre le village proprement dit et le marabout de Sidi Soltane.

Ils sont ensemble. Tous trois clignent des yeux parce que la lumière est très forte. En plus, Mohammed glisse dans le sommeil parce qu'il a travaillé la nuit dernière dans l'oasis pour la répartition des eaux. Le vieux Gaddour, lui, ne s'occupe plus de ces choses : il habite chez les enfants de son frère et il paie en prières et en bénédictions le ragoût, la bouchée de couscous et la natte qu'on lui donne dans un coin de la maison. Il prononce ses bénédicitons d'une voix forte, de sorte que tout le monde entende ce qu'il dit et il le dit bien. C'est ainsi qu'il obtient souvent une demi-cigarette ou un verre de thé brûlant.

Lui-même ne cherche pas à s'agiter : Chebika est devenu pour lui un empilement de pierres jaunâtres d'où se détachent des corps tantôt couverts de noir, ce sont les femmes, tantôt de toile blanche ou de salopettes bleues et ce sont les hommes. Pour le reste, il s'abrite du soleil et se mouche avec les deux doigts de la main gauche.

En ce moment, il sent la jambe osseuse d'Ali à côté de son genou et ne bouge pas parce que cette jambe fait partie de cet ensemble dont la voix de Mohammed (du moins tout à l'heure quand il parlait) est une autre partie. Et les uns et les autres sont ainsi réunis. Lui, Gaddour, s'est toujours senti mieux ainsi qu'en traînant dans les rues du village ou même au milieu de ceux avec

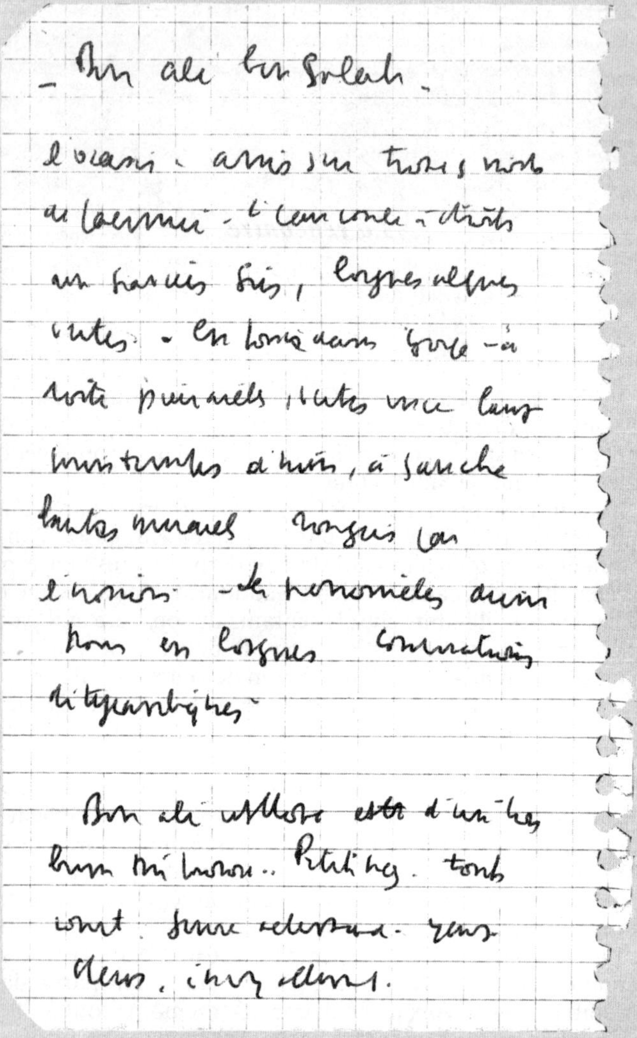

Ali, Mohammed, Gaddour. Portraits d'hommes.

qui il est lié par des liens directs de sang. D'ailleurs tout le monde est lié par des choses de ce genre à Chebika et ça ne vaut vraiment plus la peine d'en parler. En tout cas, il est habitué depuis le temps à tous les gestes qu'il faut faire — depuis le matin où la fille du fils de son frère le salue jusqu'au moment où il entre à la mosquée, embrasse l'imam, revient s'étendre ici jusqu'à ce que vienne l'heure d'aller manger ou dormir. Il le sait : tout le monde vit ainsi à Chebika. Seulement personne ne le dit : comment l'exprimerait-on ?

Par petites phrases courtes arrachées au demi-sommeil, Mohammed parle de l'eau qu'il a prêtée à Bechir et que Bechir lui rend en petits paquets de sel ou en permettant à son âne d'aller paître dans un bout de champ dépendant de la parcelle qu'il cultive, de ce que les gardes nationaux ne viennent plus souvent à Chebika comme ils le faisaient autrefois pour savoir qui est mort et qui est né. Mais cela, Ali le conteste, parce qu'il a vu, hier justement, les gardes aller à l'école et parler avec l'instituteur. A ce moment, ils arrêtent leur Jeep auprès du cimetière et on les voit en effet assez mal de la place. C'est l'instituteur maintenant qui recueille les annonces de naissance et de mort du village.

« Quand viennent-ils d'ordinaire ? » A cette question de Mohammed, il n'y a pas de réponse. Mohammed l'a posée, non parce qu'il a un intérêt pressant à connaître la date du passage de la garde (il ne profite que très rarement de la voiture pour aller à Tozeur), simplement il l'a posée. Tous se taisent. Ils se heurtent tous à cette cloison impalpable qui est là, autour de ce qui est « maintenant » et qui est composé de tous les jours semblables les uns aux autres sans rien en eux qui tranche sur la répétition, comme si les journées et les nuits s'accumulaient et composaient un rempart, mou sans doute mais infranchissable. A vrai dire, ce qui fait défaut, ce sont justement les mots qu'il faudrait prononcer pour trouer cette paroi sombre, éclaircir ce brouillard. Personne ne fait d'effort pour cela, pas plus que pour savoir ce qu'il y aurait derrière ce mur, s'il venait à disparaître. Tout va de soi : on prend des femmes à El-Hamma, du moins on l'a fait longtemps, et maintenant, on les prend à Chebika même, on célèbre un ou deux mariages, on porte en terre un homme qui a travaillé ses trente ou quarante ans. Mais tout autour de cela, il y a le brouillard. On ne savait pas qu'il y avait un brouillard.

75

C'est en somme la voix qui vient de Tunis par la radio qui a rendu perceptible ce mur. Mais rien de plus.

Mais il n'est déjà plus question de cette histoire de date du passage des gardes, parce que Ali a parlé d'un bouquetin qui a été vu en amont de la source, dans la montagne, par des enfants ; les enfants lui ont dit que le bouquetin était blessé et tombé dans un trou. On pourrait aller chercher l'animal. On le pourrait. Personne ne se lève. Il y a un temps pour tout. Dans la soirée, il y aura bien un jeune pour se dévouer. On en sera quitte pour lui donner la plus grosse part de la bête. On verra bien.

A l'époque où l'on a construit le rempart de pierres qui empêche le village de glisser dans l'oued à la saison des pluies et les maisons de tomber d'une bonne cinquantaine de mètres, on mangeait du bouquetin tous les jours. En travaillant dans la gorge à dégager la rivière et la source pour la canaliser ensuite et l'approfondir, on avait trouvé un lieu de cache pour les bouquetins. On avait simplement fermé la gorge et attendu que les autres bêtes rejoignent les premières. C'est Si Tijani de Tozeur (qui est vaguement cousin des gens d'ici et en tout cas un frère puisqu'il emploie encore des jeunes du village pour travailler sur les chantiers) qui a donné ces indications. Si Tijani est un chasseur. Il a dit qu'il fallait attendre que tous les bouquetins se rassemblent dans la gorge. Il suffisait après de prendre la viande vivante pour la faire cuire.

Certes, ce travail-là, on l'avait fait tous ensemble, tous les gens de Chebika, et c'était surprenant de rencontrer à ce moment tout le monde à la fois, une pelle à la main, et de savoir que chacun d'eux serait payé toutes les semaines, régulièrement. Période qui d'ailleurs, pour autant qu'elle reste précise, est enfoncée elle aussi dans un mur de brouillard d'autant plus complètement que des hivers ont passé là-dessus, mais combien ? Il en reste en ce moment le goût de bouquetin en ragoût, cette épaisseur chaude de l'estomac plein.

De toute manière les trois hommes, quand ils sont ensemble, et qu'ils parlent de cette période, disent « nous », mais ce nous se rétrécit jusqu'à eux seuls. Et l'épicier qui traverse en ce moment la place pour aller à la mosquée, la femme d'Ali qui court en se cachant le visage suivie de cinq ou six enfants, ce n'est pas exactement « nous ». C'est Chebika. Chebika est « nous autres gens de Chebika », bien sûr, mais pour ceux qui ne sont pas d'ici. « Nous », en somme, c'est le groupe des hommes, de tous les hommes intéressants du village, quand ils sont ici sur la place. Même le petit instituteur qui remonte de l'école en ce moment, ce n'est pas précisément un des «nôtres».

Le soleil rétrécit la bande d'ombre dans laquelle les trois hommes se sont installés. L'odeur d'une viande grillée vient d'une maison par bouffée, puis celle de vieux chiffons brûlés — ce qui laisse à penser que ce n'était pas de la viande que l'on cuisait. Ali renifle dans la direction de l'odeur, s'étire, étale son pied jusqu'au soleil, à côté de celui de Gaddour. Enfin il se ramasse sur lui-même et chasse les mouches qui se sont accumulées sur son visage. Ce ne sont pas encore les mouches harcelantes de l'été.

Pendant ce temps, l'instituteur a franchi la distance qui le sépare de la place. Il est vêtu d'un veston et d'une chemise à col ouvert, mais il marche comme tout le monde, dans des sortes de souliers dont ses orteils dépassent. C'est un garçon de Sfax dont la famille possède un bout de terre dans l'oasis de Tamerza. Il loge dans l'école, tout seul, depuis qu'il est arrivé ici, ses examens passés, pas trop effrayé parce qu'il connaît déjà, sinon le pays, du moins la région. Il utilise une caisse renversée pour corriger ses cahiers et s'accroupit, les jambes croisées, comme tous les paysans, sans se servir d'une chaise. Il possède un poste de radio à transistor, cadeau de son frère aîné quand il a été nommé ici dans un emploi fixe régulièrement payé (il envoie la moitié de son traitement mensuel à sa mère et à la mère de sa fiancée à Sfax).

Il salue rapidement en passant, un seau en matière plastique à la main. Il dévale vers l'oued. Il a été reçu à Chebika comme un homme du pays, sauf qu'il fait réciter des leçons aux enfants et qu'il lit des livres, en arabe et en français. La mélopée de l'école monte tous les matins. Ce n'est pas le même chant que celui du *kouttab*, autrefois, mais c'est une mélopée quand même.

Ali constate alors que, chez l'épicier, l'autre jour, il a entendu à la radio l'Habib parler des écoles pour dire que dans dix ans tout le monde dans le pays saurait lire et écrire. On vivrait donc autrement. Mohammed regarde vers l'école et le vieux Gaddour tousse plusieurs fois. La radio a parlé aussi des graines qu'on distribuerait bientôt aux paysans nécessiteux pour la récolte. Mais le vieux Gaddour se met à rire avec une toux sèche qui le secoue tout le long de son corps: des graines, ils n'en verront jamais la trace, sauf si le gouverneur veut se faire bien voir et procède lui-même à la distribution solennelle. Autrement, elles n'arriveront jamais jusqu'ici : qui s'intéresse à Chebika ?

Mohammed rappelle que le gouverneur est déjà venu une fois depuis l'été dernier et qu'il a apporté des médicaments. Mais Gaddour reste sceptique : personne ne viendra jamais à Chebika et de toute façon s'il vient quelqu'un, que peut-il faire ? Il n'y a plus de toit aux maisons, on n'a plus d'argent pour acheter des graines, on s'est ruiné avec les dots. Personne ne viendra jamais à Chebika et on a raison de ne pas venir : Chebika ne sert plus à rien car tout s'y écroule et tout est mort. Peut-être, est-ce ce que veut Dieu : que tout se défasse ainsi.

L'instituteur remonte avec son seau plein. Il s'arrête devant les trois hommes, dans le soleil : son visage très jeune est tout luisant parce qu'il a dû se laver dans l'oued. Personne d'autre que les enfants ne se baigne vraiment à Chebika. Les filles parfois, à la cascade, quand elles lavent le linge, mais en secret.

L'instituteur se balance d'une jambe sur l'autre, disant qu'il a vu des Bédouins changer l'emplacement de leur tente, en bas dans la steppe et sans doute à cause des semailles de blé qu'ils ont entreprises et qu'ils veulent protéger contre les bandes d'oiseaux. Le déménagement a pris deux jours et ils ont parcouru à peine la distance qui sépare la mosquée de l'école. Mais ce sont des gens qui possèdent beaucoup de choses. Trop sans doute pour que la fréquentation des villageois de Chebika soit vraiment profitable à ces derniers.

L'instituteur pousse une pierre, pose son seau et s'assied dans le peu d'ombre qu'il trouve. Sans doute, il est un homme d'ici, mais il est né à la ville, à Sfax. Quand il était enfant, son père qui travaillait dans une entreprise française l'emmenait pendant les grandes fêtes dans sa famille sur la route qui remonte vers Douz à travers la montagne. C'était un village comme Chebika, moins pauvre sans doute, mais les gens y vivaient comme ils vivent ici. Lui-même ne doit qu'au hasard d'un instituteur européen d'avoir fait des études et d'avoir obtenu son certificat d'études puis d'avoir commencé ses années de lycée.

Il s'assied comme les autres : il parle comme les autres. Mais il est différent. Il est un peu comme ces gens qui possèdent des yeux jaunes, ou une bosse ou un autre caractère de ce genre, et qui vont de village en village pour chanter ou faire des tours : qu'il sache lire et écrire creuse une sorte de fossé qui met l'instituteur hors du lot des gens de Chebika. Seul l'épicier discute avec lui, non seulement parce que tous les achats qu'il fait chez Ridha, il les paie comptant, mais encore parce que Ridha, en tant qu'homme important, est en rapport direct avec le parti destourien [1] et représente en somme l'autorité dans le village. Bien plus que le pauvre cheikh, élu par les hommes, et qui n'est jamais là, qui court de Tamerza à Redeyef et de Tozeur à Chebika sans trop savoir ce qu'il veut.

Les autres, comme Ali, comme Mohammed, comme le vieux Gaddour, butent pour ainsi dire contre l'instituteur comme ils ont buté une fois devant ces paquets de semences qu'une organisation étrangère leur a données et qui étaient enfermées dans de jolis sachets sur lesquels il y avait l'image de la plante et des choses écrites. Comment reconnaître une plante quand elle est immobile comme cela, toute vive, comme elle ne le sera jamais. Les sachets ont presque tous pourri chez l'épicier parce que, à cette époque, personne ne savait lire (les garçons étaient au service militaire et l'instituteur était en vacances); d'ailleurs ceux que l'on a utilisés et dont on a semé les graines ont produit des fleurs, seulement des fleurs.

L'instituteur remarque d'une voix neutre qu'une vieille femme est morte dans les campements bédouins, à ce qu'on lui a dit. Mais personne n'a pu lui dire de quelle famille il s'agissait. Ali, Mohammed et Gaddour parlent tous ensemble : ils énumèrent les noms de familles, mais aucun de ceux-ci ne satisfait l'instituteur.

D'ailleurs tout ce qu'il sait est qu'on va enterrer la bonne femme tout à l'heure dans le cimetière et qu'un enfant est venu chercher le voile de la mosquée dans lequel on la roulera pour l'amener jusqu'à Chebika.

Au moment où tous se taisent et où Ali lève la voix pour constater que la journée sera chaude, l'instituteur se dresse sur ses pieds pour partir. Et c'est à ce moment que débouche de l'oasis, en bas, par la piste, une voiture qui ressemble à celle des gardes nationaux. Sauf qu'elle est occupée par des gens en costume de ville.

Mohammed est le premier à demander : « *chnouwa?* » (« qu'est-ce que c'est que ça? ») tandis que la voiture brinquebale sur la

1. Le parti néo-destourien est le parti de l'indépendance, fondé par Habib Bourguiba en 1934. Il s'est appelé vers 1960 : « Parti socialiste destourien. »

montée, ralentit, tourne, cherche en vain de l'ombre et s'arrête enfin non loin d'eux, mais en plein soleil. Les gardes nationaux ont la même voiture à armature en fer et à capote jaunie, mais avec un insigne rouge sur les portières. Que cette voiture n'ait pas d'insigne et qu'il n'y ait visiblement aucun soldat dedans fait hésiter les trois hommes. Ils attendent même pour se lever et aller voir, se contentant de regarder en s'abritant du soleil derrière leurs mains, comme si vraiment ils se protégeaient contre la trop vive lumière.

D'autres gens que les gardes nationaux sont venus à Chebika, mais dans une grande voiture blanche — des médecins ou des infirmiers. Des agronomes sont montés jusqu'ici dans un camion. Même des touristes, une ou deux fois, dans des voitures civiles, et pour quelques instants.

A ce moment, Mohammed dit : « Si Tijani ».

Et ils reconnaissent celui qu'ils appellent ici « Amm Tijani », oncle Tijani, l'homme de Tozeur, très grand, sombre de peau, toujours vêtu d'un costume blanc en velours côtelé et d'une gandoura roulée autour des épaules. Si Tijani, en descendant de la Jeep, tire sa grosse canne en bois qui lui sert à attraper les serpents ou à tuer des bestioles. Si Tijani travaille avec les chantiers sur la route et il choisit souvent des hommes de Chebika pour des tâches d'un ou deux mois. Il apporte aussi généralement des médicaments pour les enfants et pour les femmes. Il rend toute espèce de service. On l'aide à trouver des serpents et des scorpions qu'il envoie ensuite en Europe dans de petites boîtes cachetées, à des laboratoires. Un jour, il a pu emmener très vite le vieil Ali qui venait de se faire piquer par un scorpion sur un des camions des Travaux publics jusqu'au dispensaire de Tozeur. Autrefois, quand un homme était piqué par un scorpion, ou bien il survivait parce que le scorpion n'était pas mortel, ou bien il mourait en faisant à pied les soixante kilomètres qui le séparent de Tozeur.

Pour Si Tijani, on se lève et l'on prononce la grande bénédiction en se touchant la bouche avec la main. Pourtant, en saluant Si Tijani, on voit descendre derrière lui, deux filles tunisiennes, mais habillées comme les Européennes à la ville, une femme aux cheveux tout à fait blonds (Mohammed n'a jamais vu cela, sauf chez les touristes à Tozeur dans des voitures qui passaient très vite), un autre Européen, pas très grand et trois Tunisiens maigres, tous vêtus comme on l'est à la ville.

80

Tout le monde reste en place sans bouger. On attend qu'une parole soit prononcée, que le trou que fait l'attente soit empli par l'échange des mots tout faits qui remettent les êtres à leur place et efface le désordre qu'entraînent toujours une chose ou un événement qui n'ont pas encore été vus.

Si Tijani se débat dans les plis de son grand costume après avoir prononcé les paroles rituelles et, du porche où se trouve la clepsydre et du passage de la boutique de l'épicier, cinq ou six personnes descendent, regardant seulement Si Tijani qui est le seul qu'ils connaissent. Le moteur de la voiture bout à petits coups comme si tout le monde allait repartir.

A ce moment, venant de la plaine, en bas, le cortège qui amène au cimetière la vieille Bédouine morte apparaît lui aussi. Un chameau porte le corps dans une sorte de sac mauve qui est le linceul de la mosquée, du moins tel que le restitue à distance la lumière du soleil. Quelques hommes suivent en courant. Le cortège remonte la pente et, déjà, sortant de l'école, l'instituteur et un homme de Chebika creusent la fosse dans ce terrain vague où sont seulement quelques pierres blanches rongées par l'érosion. D'ordinaire, les enfants du village descendraient vers l'enterrement, ainsi que quelques hommes de Chebika. Mais la voiture de la ville est là...

Mohammed, Ali et Gaddour, puis l'épicier attendent que deux ou trois paroles soient dites qui rétabliront l'ordre perturbé par la surprise. On jette de temps à autre un coup d'œil sur l'enterrement : le chameau est arrivé à la hauteur du cimetière et les Bédouins détachent le corps accroché au chameau comme un gros paquet rond. Ils le portent sans ménagement vers le trou, un trou à peine profond puisque les morts ici sont enterrés à la surface du sol, abandonnés aux scorpions et aux insectes dans la sécheresse de la pierraille. Bientôt, on ne voit plus le corps qui a été posé sur le sol et tous les hommes s'attroupent en rond de sorte que l'on ne distinguera plus rien jusqu'à ce que tout le monde s'en aille et qu'il reste seulement cette pierre dressée d'une dizaine de centimètres qui désigne le corps d'une femme.

Si Tijani s'est avancé le premier dans son costume blanc trop ample et, appuyé sur sa grosse canne, il commence à regarder les gens de Chebika. Les enfants se sont approchés mais lui a continué d'avancer jusqu'au milieu de la place puis il s'est arrêté.

Deux ou trois hommes sont venus le saluer puis tout un groupe qui jusque-là se tenait sous le porche est descendu pour l'embrasser. Tous nous ont regardés, mais sans curiosité apparente puisque Si Tijani était là et qu'il allait donner toutes les explications.

Si Tijani a commencé à dire, d'abord, qu'il avait rapporté le médicament pour les yeux qu'on lui avait demandé à son précédent voyage. Les hommes ont approuvé et se sont mis à rire.

Puis Si Tijani a dit «que nous venions de la capitale, de Tunis, et qu'ils avaient bien entendu dire à la radio qu'il y avait des écoles où l'on éduquait les jeunes Tunisiens à devenir des gens savants qui pourraient diriger leur pays». Là aussi, ils approuvent et même, deux ou trois hommes se détachent et viennent serrer nos mains avec beaucoup d'ostentation — mais c'est pour nous montrer, en bas, l'école. «Dans quelques années tout le monde saurait lire et écrire et tout le monde pourrait être un savant.» Ce n'est pas encore le moment de visiter l'école et l'on se contente de se serrer les mains.

Si Tijani poursuit en expliquant que l'équipe que nous formons va rester ici et revenir de temps en temps pour voir et raconter à tout le monde comment on vit à Chebika. On parlera avec eux. On leur posera des questions. Il suffira qu'ils répondent. Ils auront sans doute un avantage à faire cela puisqu'ils ne seront plus isolés et que nous parlerons de Chebika à Tunis où l'on trouvera des gens pour les aider.

A ce moment, il y a un peu de confusion: la plupart des hommes parlent tous ensemble et deux ou trois d'entre eux partent en courant vers le cimetière où s'achève l'enterrement: les Bédouins se sont écartés et l'un d'entre eux piétine la tombe pour tasser la terre. Le chameau redescend tout seul vers le désert.

Ici, tout le monde convient qu'il est important de parler de Chebika et qu'on a oublié le village malgré les vieilles promesses: le délégué du gouverneur de Gafsa à Tozeur vient de temps en temps, quand il inspecte aussi les postes de la frontière à cause de la guerre en Algérie, mais il ne s'arrête jamais. C'est un homme pressé [1].

Quant au cheikh du village, il n'est jamais là. Il a ses affaires à Tamerza et il vient seulement passer quelques jours

1. En fait, durant les premières années de nos voyages et de nos séjours à Chebika, nous avons senti cette agitation anxieuse que donne la proximité d'une guerre. Le «no man's land» commençait non loin

à Chebika dans la maison de sa sœur. Il a été choisi parce qu'il a été un ravitailleur habile du maquis dans la période des troubles.

Une ou deux fois, le délégué du gouverneur a proposé d'engager des gens de Chebika pour des travaux sur des chantiers éloignés: pourquoi irait-on travailler chez les autres quand il y a tant à faire ici, se sont-ils demandé, et ils ne sont pas partis. Nous devions comprendre cela, dès notre première rencontre. On nous le dit avec insistance: «On ne peut vivre et travailler qu'à Chebika et Chebika est plus beau que tous les autres endroits.»

Si Tijani explique encore que nous poserons des questions et que l'on nous répondra. Là aussi la discussion commence, mais les deux groupes se sont fondus: nous sommes juchés sur le capot de la voiture et les hommes de Chebika se serrent contre nous comme seuls savent le faire des gens qui vivent dans le désert. On demande quel genre de questions nous allons poser et si nous parlerons de l'argent car, en ce cas, il est certain qu'on ne nous répondra pas. De rire. Bien sûr, nous ne parlerons pas de ces choses. Nous ne sommes pas des gens de finance, des percepteurs. Nous venons savoir comment on vit ici et ceux qui voudront nous parler de leur situation le feront d'eux-mêmes.

De toute manière, et cela a été vrai durant cinq ans, c'est la question et la réponse les plus apparemment abstraites qui frappent le plus à Chebika et pour lesquelles nous avons trouvé toujours un intérêt réel. L'arabe épuré par l'enseignement, même sommaire, du Coran, donne au mot une force que le concept seul acquiert chez nous; contrairement à ce que l'on croit généralement: là où il existe peu de substance ou de choses consommables à désigner, la richesse de spéculation mentale est

de Chebika. Une fois, revenant de Tamerza pour chercher des listes d'état civil, et roulant sur le flanc découvert d'une montagne, nous avons été suivis par un avion français. S'il y eut quelque conséquence de ce repérage, cela se produisit après notre retour à Chebika. A notre troisième ou quatrième séjour, un homme en salopette est apparu dans le village, s'est tenu à bonne distance et nous a regardés. On nous a dit qu'il s'agissait d'un «contrôleur» algérien du «Front». Il a interrogé les paysans. Le soir, il questionna, non sans rudesse, Salah et Khlil, nos enquêteurs... Puis il s'avisa du genre de chose que nous cherchions, vint nous saluer de loin et disparut. Au reste, on nous accordera très vite tacitement notre statut d'enquêteurs.

plus grande que là où ces mots se chargent de poids et où des objets multiples représentent la vie et la pensée. Dans les villes et les bidonvilles de banlieue, à Sfax ou à Tunis (où, depuis l'indépendance, ces quartiers misérables ont été reconstruits en pierre ou simplement supprimés suivant une cadence malheureusement assez lente), le Bédouin qui subit ici la première épreuve de l'urbanisation voit le sens de certains mots, jusquelà dépourvus de signification précise, se charger de désignations possibles sous forme d'actions multiples ou de produits désirables : le besoin éveillé au contact des objets convoités, le spectacle de la rue et du travail plus ou moins moderne enracinent le mot dans l'expérience ou la multiple possibilité de significations.

Cela correspond aussi à l'imprégnation d'une religion urbaine, dont l'élément principal est ce voile porté par les femmes qui prend alors le sens de l'accession à une classe supérieure (fût-elle une stratification misérable) celle de la classe moyenne dominée encore par les signes et les symboles de la période andalouse. Vivant dans un nouveau milieu, l'homme de la steppe passe d'un idéalisme naïf à un nominalisme honteux, puisqu'il sait que s'il peut, désormais, relier des choses à des mots, il ne saurait pour autant faire que ces mots remplacent ces choses que son état misérable lui permet de convoiter, non d'atteindre.

Mais les gens de Chebika continuent à nous regarder curieusement : il n'est plus question de poser des questions sur ce que nous venons faire, mais sur ce que nous sommes. Et, bien entendu, ce ne sont pas les Européens du groupe qui les intriguent, mais ceux dans lesquels ils ont vu tout de suite des Tunisiens comme eux.

Si Tijani sort un paquet de tabac de ses pantalons et roule une cigarette, dit entre ses dents quelque chose que nul ne comprend, assure que les Tunisiens ont bien changé depuis quelques années et qu'ils s'intéressent maintenant à leur pays. Les autres approuvent en hochant la tête. Si Tijani présente alors le premier d'entre nous, Khlil, qui est grand avec un visage de Sicilien.

Celui-ci est de Tunis, mais son père est dans l'agronomie et son oncle possède une terre bien exploitée à Zaghouan. Là, un ou deux paysans approuvent parce qu'ils ont entendu parler de Zaghouan qui est une petite ville au sud de Tunis au pied d'une montagne dont les eaux ravitaillaient autrefois Carthage, au temps des Romains. Khlil est déjà habitué au travail qu'il va faire au milieu d'eux puisqu'il a déjà participé à une enquête dans la région de Béja, au djebel Ansarine [1].

Quand ce discours est terminé, Khlil touche sa bouche et son cœur avec la main pour saluer les paysans, tandis que Si Tijani allume une cigarette et passe à Salah. Celui-là, c'est différent parce qu'il est lui-même fils de Bédouin de la région de Kasserine, qu'il a été berger dans son enfance où il serait resté d'ailleurs si un instituteur ne s'était avisé de son intelligence exceptionnelle. D'ailleurs, son père et toute la famille sont venus à Tunis courir leur chance, logent dans le bidonville de Melassine construit sur les bords d'une lagune salée, une *sebkha* où l'eau monte en hiver. Ils sont sept enfants entassés là-dedans. Parce qu'il est un homme comme eux, Salah est un peu ce que seront leurs enfants dans quelques années.

Salah ne bronche pas. Il fume attentivement sa cigarette. Il est crispé. Le monde est là qu'il a quitté et où il revient avec nous, non sans hargne. « Au début, dit un de ses compagnons de travail, c'est lui qui a posé les questions les plus agressives et les plus inutiles, s'indignant de ce que l'on égorgeât un mouton pour le sacrifier, brusquant les vieillards, effarouchant les jeunes. Il lui a fallu deux ou trois ans pour entrer dans ce milieu, mais il l'a fait alors avec une passion qui a inspiré des développements imprévisibles à l'enquête. »

La troisième personne que présente Si Tijani est une jeune fille, Naïma, qui est la fille d'un fonctionnaire de Tunis. Fonctionnaire éclairé puisqu'il estime que sa fille doit vivre comme toutes les femmes libres et participer à des entreprises du genre de la nôtre. Il y a seulement quelques années, il eût été impensable qu'une jeune Tunisoise de la classe moyenne partît avec des garçons étudiants, seule, dans les régions du Sud. Comme sa compagne, Mounira, qui est la fille d'un médecin, la jeune fille est venue savoir comment on vit à Chebika et ce qu'il faut faire pour aider les gens à changer d'existence.

A ce moment, un habitant de Chebika dit que ces gens vont devenir des personnes importantes, mais que ce genre de chose n'arrivera jamais aux gens de Chebika ni aux gens qui vivent sous les tentes au pied de Chebika. Personne n'est jamais devenu important ici. Tout le monde rit, sauf Si Tijani qui distribue des

1. Avec Jean Cuisenier: *L'Ansarine, contribution à la sociologie du développement,* P.U.F.

85

cigarettes, les allume, laisse s'éteindre les rires avant de présenter les deux Européens qui travaillent en Tunisie.

Maintenant les deux groupes se mêlent. Pour allumer des cigarettes, pour se serrer les mains. Puis le silence revient et cet engourdissement qui résulte de ce que les gens ne savent quelle posture prendre parce qu'un événement imprévu s'est produit. Si Tijani répète que nous allons rester ici pour savoir comment on s'arrange avec la vie à Chebika, que nous habiterons souvent avec eux, que nous vivrons comme eux, que nous apporterons des médicaments et des cigarettes et que nous leur rendrons tous les services que nous pourrons rendre.

C'est alors que le vieux Gaddour qui lorgne le soleil de ses yeux presque morts a tapé le sol avec sa canne en riant et il a dit qu'il ne voyait pas du tout ce qu'on voulait faire, qu'il parlerait, bien sûr, avec nous, mais que, de toute manière, Chebika, ça n'intéressait personne au monde, pas plus en Tunisie qu'ailleurs. Car Chebika est comme un caillou du Sahara, ce n'est rien, seulement des gens pauvres et de la pierraille.

Et il a ri de plus belle en agitant sa canne: « Personne ne s'intéresse à Chebika, personne: nous sommes la queue du poisson... »

II

LE LABYRINTHE

Le « *Château du soleil* »

— Nous avons toujours habité ce lieu. Si loin que l'on remonte. Parents, grands-parents et avant les grands-parents, les pères de nos pères. C'est un endroit très vieux. On ne sait pas dire jusqu'à quel moment. Il y a des canaux qu'ont faits les Romains, nous a dit un ingénieur, et aussi des meules romaines. L'ingénieur nous a dit encore que les Romains étaient avant les Arabes et nous sommes des Arabes, nous. Il y a aussi des tombes en bas près de la montagne avec des armes abîmées dont on s'est servi pour faire une charrue. Mais ces pierres romaines qui sont aussi dans les maisons, elles sont à nous, maintenant, nous en disposons. Ce qui tombe, ramasse, dit l'homme de la steppe. L'Arabe prend ce qu'il trouve. Ces pierres ne sont pas mauvaises.

— Comment seraient-elles mauvaises ?

— Il n'y a pas de mauvais esprit avec elles, comme cela arrive parfois. Ces gens d'autrefois ont vécu ici avant nous, il y a sans doute longtemps.

Et il semble que le vieux nom de Chebika « *Qsar ech-chams* », « Château du soleil », réponde à l'orientation du village tourné vers le soleil qui, sitôt qu'il monte dans le ciel, l'éclaire et ne le quitte plus jamais jusqu'au soir. Dès l'aurore, ainsi, la lumière modifie la couleur de la montagne et soulève, dirait-on, Chebika au-dessus de son socle de pierres couleur fauve. On dit que se tenait là un poste romain du « limes », cette frontière qui défendait l'*Africa* vers le sud et cela est vraisemblable en raison même des restes archéologiques militaires qui ont été trouvés, plutôt en mauvais état. On dit aussi que le poste romain s'appelait *Ad Speculum*, souvenir d'un miroir en métal que manipulaient les légionnaires et avec lequel ils adressaient des signaux à d'autres postes très éloignés, en cas de danger ou simplement pour appliquer des consignes administratives routinières. De toute manière, l'archéologie de la période romaine intéresse de moins en moins les Tunisiens; elle passionnait les Français et passionne encore les Occidentaux qui visitent avec respect les ruines de Carthage ou celle de Sbeïtla. Mais la romanité est un passé pour ceux qui s'estiment les porteurs étrangers de civilisation. Les Tunisiens sont préoccupés des traces islamiques: toute société promène avec elle sa forme du passé — et bien entendu son archéologie (quand elle y songe).

Château du soleil, on comprend bien. C'est affaire de lieu et d'orientation. On souhaiterait que ce fût affaire de civilisation. Mais il faut déchanter: rien n'a illustré « *Qsar ech-chams* », ni les rencontres de poètes comme à Tozeur ni quelque mystique. Tout au plus évoque-t-on le passage (plus que douteux) de l'« homme à l'âne », Abou Yézid, qui partit du Djérid pour se lancer à l'assaut des villes de la côte et pilla tout sur son passage, mettant en péril la fragile organisation Fatimide, violant des femmes dans la mosquée de Kairouan, massacrant les hommes et finissant lamentablement à moitié assommé par une chute dans un ravin, puis écorché vif par son vainqueur, El Mansour. « L'homme à l'âne » est l'homme du Sud, il indique une direction de l'homme du Sud, il consacre une constante: l'hostilité de la steppe et de la ville.

Cette convoitise et ce nihilisme, on le trouve dans le Sud, est-il celui des Zenata, des Berbères islamisés qui s'installent pour peu de temps dans des empires sans fondation et qui s'effacent, revenant aux particularismes des plaines, des champs cultivés de la steppe et des vallées de la montagne? Peu importe. Les souvenirs du passé, quand ils survivent, prennent le visage d'un homme, deviennent un personnage dont les actions dramatiques constituent le foyer de croyances et de rêveries cristallisées. Quand on parle des « mythes » et qu'on en étudie la structure formelle, on oublie trop souvent que le système qui se cache derrière leur expression imagée et souvent confuse n'en fournit la contexture que pour l'observateur européen. Assurément, il existe une logique interne de ces ensembles de paroles, et cette logique est comparable à celle que le psychiatre décèle dans le

90

discours apparemment incohérent du schizophrène. Pourtant cette logique n'est valable que pour le thérapeute qui entend guérir, c'est-à-dire adapter à un certain milieu dont les lignes de force et les normes sont définies, sans que le psychiatre le sache lui-même, par les systèmes mentaux, voire les idéologies du monde social qu'habite ce dernier. La logique interne à la structure du mythe renvoie seulement, croyons-nous, à une participation commune dont elle définit les formes et les aspects : elle est comparable à une planche de Rorschach qui, apparemment confuse, oriente pourtant les projections et interprétations éventuelles de qui les regarde. La participation qu'entraîne le mythe reste contenue dans les limites d'une société déterminée par son type et sa configuration originale : elle rassemble les individus qui s'y trouvent enracinés et ne peut que très difficilement devenir communicable à des individus étrangers à ce système social, lesquels sont impliqués dans d'autres formes et modes de participation.

Plus signifiante est la trame du mythe ou du récit « historique », pour autant qu'il « vise » un certain contenu, anime une certaine expérience (avec plus ou moins d'efficacité et de bonheur). Les termes qui composent les mythes sont parfois contradictoires, mais ils se rapportent à une connaissance ou à une action qui correspond à la vie collective et individuelle du groupe, à son *expérience possible*. Ces contenus implicites dont le déploiement est *toujours* contingent sont autant de moyens pour les groupements ou les sociétés non historiques d'ordonner les rapports entre le cosmos et avec leur propre organisation interne au moyen de systèmes de classifications partielles. Certes, dans les sociétés *historiques*, le mythe devient démiurgique et il répond à la conscience implicite d'une capacité de la société à modifier (soit à travers un individu soit directement) sa situation dans un milieu. Mais dans les sociétés qui ignorent l'histoire, le mythe reste l'inquiète manipulation de formes de classifications qui permettent à l'homme de prolonger l'étroit canton de son expérience réelle par une perception et une affectivité imaginaires dont le contenu et la fin ne sont jamais internes au discours.

Ainsi « le mythe-souvenir de l'homme à l'âne », tel qu'il est représenté encore actuellement, très confusément et pour les trois vieillards qui en parlaient (les jeunes devaient l'avoir entendu ainsi mais n'en parlaient jamais d'eux-mêmes), se

91

décompose en plusieurs schémas distincts qui sont autant de suggestions d'expériences inutilisables. C'est peut-être par l'intensité de la frustration qu'entraînent ces contenus divers — autant de sollicitations d'activités momentanément interdites — que ce genre de mythes survit...

Le premier de ces schémas est celui de l'homme monté sur un âne et qui part à la ville. C'est le vieux Gaddour qui nous a mis sur la piste de cette signification en nous parlant « de ces hommes qui galopent sur leurs petits ânes et qui vont partout, jusqu'à Tunis ou Tripoli ». N'y voit-on pas l'image d'une force du Sud qui, sans chameau et sans voiture, peut cependant *investir* un espace indéfini, la représentation d'un effort pour surmonter et abolir la distance ? « Ce sont des hommes qui courent, et il n'y a plus de kilomètres pour eux, dit Si Tijani, ils ignorent les heures, la nuit, le jour et poussent leurs ânes régulièrement. » L'homme monté sur l'âne paraît être le socle interprétatif de l'ensemble, la représentation d'un pouvoir de l'homme du Sud à vaincre la distance et l'espace.

Le second aspect du mythe est celui de la revendication permanente de la steppe contre la ville, le ressentiment continu de l'homme du désert contre l'homme nanti qui accumule. Le Bédouin ne garde peut-être l'image d'Abou Yézid que parce qu'elle témoigne de cette ambitieuse rêverie d'une conquête de la richesse stabilisée et endormie par la galopante agression d'un petit homme du Sud. Et, derrière cette rêverie de puissance se cache le goût passionné du désert pour le pillage et le *jaïch*, la prise par la bataille d'un bien mis en réserve. Rêverie que représente aussi souvent l'hostilité à la ville et aux gens qui viennent de la ville pour imposer leur autorité. Plusieurs fois dans le passé de l'Afrique du Nord, la steppe a assiégé, pillé la ville. Or ces successions de victoires oubliées restent seulement le symbole de l'action éventuelle qu'elles représentent, image flottante d'un effort à accomplir — virtuellement ou réellement !

Mais le troisième élément correspond à la défaite non moins permanente de la steppe devant la ville : la mort d'Abou Yézid — dont Gaddour et Ali nous disent « que c'est ainsi, que ça se termine de cette manière » si bien « que l'homme à l'âne a heurté les murs de la ville et que sa tête s'est brisée » — est l'image de cet échec et accentue probablement une impuissance qu'elle alimente régulièrement. « Nous ne sommes rien et nous ne pouvons pas parler trop parce que le gouvernement n'aime pas cela. On ne sait pas ce qu'on craint. On ne sait jamais. »

Que la légende de «l'homme à l'âne» survive et garde encore son prestige, cela répond probablement à une attitude constante des habitants du Sud — et de Chebika — qui s'expliquent à eux-mêmes leur propre faiblesse présente. Faiblesse qui masque le contenu réel du mythe (non sa contexture logique laquelle ne concerne en aucune manière l'homme du Sud): ressentiment de la steppe contre la ville, lieu d'accumulation de richesses dormantes, destruction radicale et nihiliste de toute richesse par le pillage, laquelle dissimule la faim, la grande faim permanente et irrépressible des hommes du Sud. Le «nous» qui se reconnaît dans l'image d'Abou Yézid et qui, par le langage, en reconstitue le *drame*, rattache sans doute une attitude fondamentale de la steppe désertique et du désert où se mêlent inextricablement le rêve d'un gaspillage héroïque, d'une immense fête (parce que le pillage d'autrefois était une fête, une débauche de consommation) et la certitude d'une défaite résultant de cette victoire momentanée.

Mais l'homme de Chebika ne s'épuise pas dans le souvenir légendaire. Il sait qu'il est de ce village campé sur la montagne, tourné vers l'est et le sud, le Sahara et La Mecque, les deux directions fondamentales: la circulation et le foyer de toute existence selon le Coran. Il sait que ce village lui appartient comme un bien propre, qu'il en a joui en tant que propriétaire et que, maintenant, il y traîne en misérable, *khammès* sur des terres qui ne lui appartiennent plus. Le «nous-gens de Chekiba» s'affirme dans le sentiment d'une dépossession et d'une déchéance.

— Nous avons possédé toute la palmeraie, nous avons eu des maisons solides et avec de bons toits. Le marabout de Sidi Soltane a été chargé de cadeaux, les caravanes d'Algérie campaient en bas avant d'aller à Tozeur.

C'est le vieil Ali qui parle. Il nous assure aussi que Chebika veut dire «petite passe» ou «étroit pertuis» et que cela signifie que l'on passe difficilement par la vallée de l'oued, que le village est bien protégé et que, s'il plaît à Dieu, il le sera toujours; que ses parents depuis les temps les plus lointains ont habité ici et qu'il en va ainsi de tous les gens du village qui, à part deux ou trois familles, habitent le village depuis toujours.

Polarisations de Chebika

Chebika, apparemment, n'est qu'un ensemble simple, une sorte de triangle dont le sommet est la montagne et la base l'oasis et le désert. Les enfants grouillent sur la place et dans les vergers, les femmes passent très vite, avec jarre sur la tête ou contre la hanche, les *khammès* descendent à l'oasis ou en remontent sur leur bourricot.

Il s'agit d'un ensemble de deux cents personnes. Mais c'est une estimation *probable*. Quand on lit dans les statistiques publiées à Tunis que la population occupant les 18 530 kilomètres carrés du gouvernorat de Gafsa en 1961 est de 279 100, on est surpris par tant de précision! En un an, il nous a été impossible de connaître le *vrai* chiffre de la population de Chebika. Tantôt on nous dit : trente familles, et Ridha l'épicier assure qu'on y trouve « à peu près deux cents personnes », tantôt les gardes nationaux parlent de deux cent cinquante. A Tamerza, centre administratif, on nous montre des tableaux du recensement de 1956 et celui de 1961 : aucun chiffre définitif pour Chebika, seulement une estimation : 220. Le responsable, d'ailleurs, assure qu'il est impossible de chiffrer la population, « puisqu'on ne déclare que les morts enterrés, qu'on ne parle jamais des enfants mort-nés, qu'on ne compte jamais les filles dans le dénombrement des familles ».

Ce que l'on sait reste donc approximatif comme tout chiffre qui touche au Sud, et le seul nombre certain est celui de 31 familles et de quinze célibataires de plus de quarante ans. Les 31 familles, en moyenne, comptent une dizaine de personnes mais ce nombre est susceptible de varier, si grande est la circulation des cousines, des belles-filles, des enfants en âge de travailler qui viennent, repartent ou s'installent pour six mois pour repartir ensuite. Il semble que le chiffre véritable de la population de Chebika varie (et ait varié de 1961 à 1967) entre 250 et 300 pour autant que nos estimations puissent tenir compte de tous les changements survenus.

Un fait plus ou moins sûr, en tout cas: on meurt rarement à Chebika: «Des vieux, seulement des vieux, parce que l'air est très bon», affirme le responsable administratif de Tamerza. Et, à Chebika, même estimation: «Notre air est très bon, il n'y a pas de maladies, nous sommes dans l'air de Dieu, il n'y a pas de maléfices ni dans l'air ni dans l'eau car la source est bonne.» La réalité est un peu plus complexe: on déclare surtout le décès des hommes et des femmes âgés en allant jusqu'à Tamerza pour le dire, ou en se contentant des notes que prend à ce sujet l'instituteur. Nous avons regardé sa comptabilité démographique: elle paraît sommaire car elle n'indique que les décès déclarés. Visiblement, le jeune homme ne veut pas se mêler des affaires du village et il enregistre ce qu'on lui raconte, un point c'est tout. D'ailleurs, il n'est là que depuis six mois quand nous l'interrogeons en 1962 (auparavant nous n'avons jamais vu d'instituteur) et, en 1963, il est déjà parti. Son successeur, nous tentons de l'intégrer à notre équipe en proposant de le former au métier d'enquêteur, mais l'administration s'y oppose: elle ne souhaite pas que les instituteurs acquièrent des compétences marginales qui les détourneraient des postes auxquels ils sont condamnés pour de longues années. Et le second instituteur part aussi. Le troisième nous renseigne volontiers mais il n'a jamais retrouvé les «statistiques» de ses prédécesseurs, lesquelles ne sont pas non plus déposées à Tamerza.

De toute manière les estimations démographiques sont ici très malaisées à entreprendre, non seulement parce qu'on ne tient pas registre régulier des décès dans un pays où la mort n'a pas l'importance individuelle qu'elle a prise dans les pays chrétiens, mais aussi parce que l'on ne déclare pour ainsi dire jamais les enfants mort-nés ou morts en bas âge et surtout que l'on ne compte pas les filles quand on dénombre les familles une par une.

— J'ai sept personnes chez moi, dit Noureddine, mon père,

mes deux frères, ma mère, ma sœur mariée et son mari, mes deux fils.

Noureddine est particulièrement accessible à l'enquête. Il parle volontiers et très clairement. Nous lui rappelons les filles qu'il a (nous le savons par Naïma) et il dit, «oui, aussi», sans paraître surpris par son oubli. Simplement, il n'a pas compté les trois petites filles. Et il ne les compterait pas si elles mouraient. Ce n'est pas ce qui peut passer pour un esprit sommaire, pour un «mépris systématique de la femme», c'est plus complexe. Un fils est un prétexte à fête, il entraîne un certain triomphalisme de la part du père : il est un mâle, il continue la famille et travaillera avec le père, accroîtra le nombre des croyants à la mosquée. La fille appartient à un autre univers, simplement. Rien de tout cela ne simplifie la tâche de l'analyse démographique qui détecte approximativement sur les trois cents personnes du village une majorité de femmes et de filles (près de 120 à 150) une forte proportion d'enfants et de jeunes gens de moins de vingt ans (plus de 100) et un nombre important de vieillards (30) dont la plupart ne sont plus chefs de famille, mais veufs ou célibataires qui habitent dans la maison de leurs fils ou de leurs cousins. Il semble qu'à Chebika la mort par maladie ou accident (piqûre de scorpion ou de serpent, chute du haut d'un arbre) affecte surtout les hommes de quarante à cinquante ans et que, passé cette période, une certaine promesse de vie soit accordée jusqu'à un âge avancé.

Ces trois cents personnes vivent sur un fragment de ce sol de steppe subdésertique où les géographes ont noté fréquemment l'importance de l'accumulation des remaniements éoliens, le rôle prépondérant de l'érosion par le vent, la faiblesse et l'irrégularité des précipitations et la désorganisation endémique de l'écoulement des eaux [1]. Et, bien entendu, dans ce secteur très vaste du Sud, aucun des moyens largement utilisés dans le Nord par le gouvernement de l'Indépendance n'est valable. Ici s'impose la dialectique mouvante de l'érosion anthropique et de l'érosion éolienne, celle qui résulte de la non-adaptation humide et celle des vents, «la destruction des végétaux xérophiles ligneux ou épineux, si elle n'entraîne pas la destruction des *sols* à peine

---

1. *Les Rapports entre les modes d'exploitation agricoles et l'érosion des sols en Tunisie,* de J. Poncet (Publications du secrétariat d'État à l'agriculture, numéro 2).

existants et utilisables pour un maigre pâturage (chèvre et chameau), peut avoir de graves conséquences par suite de la remise en mouvement des sables [1] ». Dans ce contexte difficile, souvent impitoyable, seule la *cohésion du groupe* permet à l'homme de survivre ou simplement d'exister. Les géographes savent bien que la géomorphologie ne peut, par ses seuls moyens, rendre compte de la vie réelle de ces régions ; ne faut-il inclure dans toute démarche la nature et la qualité du *défi* lancé par le milieu à la vie collective au niveau des unités les plus simples, le village, le campement, l'oasis. Si le mot *milieu* a un sens, en effet, il définit l'ensemble des forces contraires qui, abandonnées apparemment à elles-mêmes, deviendront pour une unité collective un obstacle à surmonter quotidiennement. Ce qu'on appelait au siècle dernier l'adaptation au milieu est évidemment un ensemble d'éléments complexes, qui suppose un réajustement continu. Ces réajustements ne résultent pas de réajustements antérieurs accumulés, n'entraînent pas une synthèse réalisée dans le développement du temps lui-même et qui s'enrichirait selon son propre mécanisme. Le caractère des sociétés dites « arriérées », n'est-il pas au contraire d'ignorer l'accumulation de l'acquis et sa transmission ? Le caractère même de l'arriération et de l'« archaïque » ne correspond-il pas aux limites qu'un milieu externe oppose à un groupement qui ne parvient jamais à surmonter cette situation négative et défavorable et doit, à chaque génération, répéter les conditions d'une lutte où chaque combat se succède d'une manière discontinue sans qu'on puisse parler de transmission d'un acquis, d'ailleurs inexistant. S'il y a accumulation, cette dernière paraît se développer au niveau des classifications mentales qui établissent (avec ce qui subsiste dans la mémoire collective du souvenir des adaptations successives) une ligne continue qui se représente à la manière d'un passé qui n'existe pas. Les classifications sociales telles qu'on les manie de multiples manières, paraissent correspondre à une sorte d'intention presque pathétique, à coup sûr magique, pour reconstituer de la durée humaine là où n'existe que la répétition mécanique d'efforts discontinus, pour surmonter collectivement une situation qui, depuis des siècles, se dégrade de plus en plus vite.

1. *Id.,* p. 78.

C'est donc au niveau du groupement seul, de l'unité vivante et collective de Chebika, que l'on trouve et que l'on peut isoler les raisons de la survie et même de l'existence de Chebika. Mais ce groupement lui-même, ce *nous*, *Chebika* n'est pas simple : non seulement parce que l'aspect morphologique du village, sa distribution dans un espace plus ou moins divisé en secteurs particuliers — le coin de l'épicerie, le porche où est installée la clepsydre, la place devant la mosquée, les trois ou quatre maisons où se réunissent les femmes du village, alternativement, chaque après-midi — commandent une analyse morphologique ; mais surtout parce que cinq années d'enquête et d'observations révèlent que la réalité de Chebika est *dissimulée* sous cette apparence morphologique, qu'il existe des plans d'analyse, lesquels correspondent à une région de l'expérience collective chaque fois différente. Si, comme le disait le philosophe G. Bachelard, il n'existe de science que du caché, ce qui, dans le village, ne se montre pas à l'observateur se distribue, au terme de l'analyse, suivant des vecteurs qui orientent la vie collective dans des directions diverses. Ce « caché » est ici tout ce qui fait partie de l'existence collective mais diversement accentuée selon les périodes et les individus. Il implique non seulement une apparente logique (dont le langage insuffisant ne rend pas compte toujours avec netteté en raison même de son appauvrissement), mais il veut dire aussi qu'une partie importante de la vie collective ne sera *jouée* qu'à l'occasion de fêtes ou de chocs subis de l'extérieur. En ce sens notre implantation dans le village a profondément modifié la vie de Chebika, au point d'amener le groupe, dégradé et déprimé quand nous y sommes venus, à *jouer* les rôles essentiels qu'implique leur organisation sociale, dramatisation sociale qui a entraîné les graves événements qu'on verra plus loin.

Si ces éléments masqués n'émergent pas au niveau le plus extérieur de la réalité, c'est qu'il convient probablement de reconstituer par l'analyse ces plans différents et de les développer pour tenter d'expliquer la vie du groupe en la décomposant en ses éléments fondamentaux. Ces éléments masqués correspondent à des niveaux différents de la vie collective.

Les données de l'expérimentation inscrites dans une durée continue de cinq années se regroupent selon ces divers plans de l'expérience et correspondent à ce schéma que Jacques Berque propose pour l'analyse des villages du Maghreb : un ensemble de

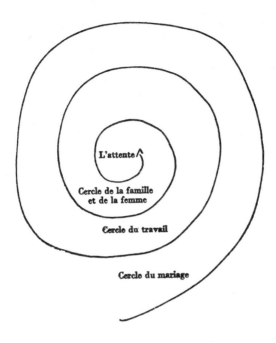

L'attente

Cercle de la famille
et de la femme

Cercle du travail

Cercle du mariage

cercles concentriques ou mieux, afin d'éviter de donner l'idée d'une séparation de ces plans ou cercles (entre lesquels la circulation est constante), une spirale ; chacune des évolutions de cette spirale correspond à une série de faits rassemblés, de signifiés dont la signification concrète ne se situe qu'à ce niveau-ci d'émergence et nulle part ailleurs. Ces diverses régions correspondent à autant de cercles : *cercle du mariage* qui met Chebika en relation, au-delà du désert et de l'étendue fluide de la steppe, avec d'autres groupements auxquels ces échanges codifiés donnent une contexture plus ou moins vivante encore aujourd'hui ; *cercle du travail dans l'oasis* qui met en jeu non seulement les techniques, la division très sommaire des tâches et des rôles, mais aussi le système de propriété et l'appauvrissement qui en est la conséquence actuelle ; *cercle de la famille et de la femme* qui se déploie dans les maisons et dans quelques points particuliers du village et qui met en cause les budgets individuels et les revenus. Au milieu de ces cercles concentriques, Jacques

Berque place le foyer vivant du village, représenté paradoxalement par le lieu de non-travail, de «latence», qui rassemble les
hommes autour de la mosquée, à l'épicerie et autour de la
clepsydre, du *gaddous*. Mais ces points (dont l'orientation est
diverse d'ailleurs) sont moins importants que cette intimité
collective qui rassemble *khammès* et petits propriétaires (il n'y
en a pas de grands) à n'importe quelle heure du jour et de la nuit
dans une sorte de permanence apparemment passive où, en fait,
s'élabore la vie réelle de la communauté — *l'attente*.

Cette démarche et cette figure répondent à l'exigence de
rationalisation et de reconstruction de l'expérience collective,
dans la mesure où chacune de ces séries groupait des informations multiples qui ne s'impliquaient (pour les hommes de
Chebika et pour l'observateur soucieux de ne pas projeter ses
catégories européennes sur la vie des groupes) qu'à ces différents
niveaux.

Cela dit, il faut examiner aussi, mais pour les écarter, les
polarisations que les habitants du village admettent spontanément et dont ils parlent aisément parce qu'elles font partie d'une
expérience morphologique primaire. Les éléments proches — le
désert, les cols de la montagne, les hauts plateaux du nord-ouest,
Tamerza, Redeyef, El-Hamma, le chott — définissent une
configuration banale pour laquelle tout le monde possède un
langage.

Pour Mohammed, Gaddour, le vieil Ali et Noureddine,
important chef de famille (chez qui se réunissent les femmes
presque chaque après-midi), le village s'insère dans une étendue
à la fois fluide (par ses délimitations) et figée (dans ses
dénominations): «Autour de nous, il y a le désert, derrière nous
la montagne mais il y a une passe pour rejoindre Tamerza; mais
nous regardons vers El-Hamma et Tozeur surtout.» Plus
précisément, «il y a La Mecque là-bas» (on désigne vaguement
la direction du chott et l'est) «et il y a Tozeur et El-Hamma, El-
Hamma parce que nous y avons nos parents, Tozeur parce qu'on
s'y ravitaille».

Il est naturel de descendre vers le désert et El-Hamma. On
conçoit que ce soit là la première désignation de cet espace. Mais
on parle souvent aussi de Redeyef et de Tamerza comme d'une
autre direction, à vrai dire moins claire ou, plutôt, gênante.
«C'est loin et difficile», dit Mohammed. Mais Gaddour ou
d'autres hommes plus jeunes disent seulement que «c'est pareil

à Chebika et que ce n'est pas la peine d'y aller pour revoir les mêmes choses ». Finalement, c'est le jeune Bechir qui nous met sur la piste :

— Autrefois les gens de Redeyef et ceux de Chebika étaient toujours en guerre et s'ils prenaient les chemins de la montagne, c'était pour se surprendre les uns les autres et pour se battre.

Cette hostilité entre Redeyef et Chebika, impossible de la situer. Elle remonte fort loin semble-t-il. Nul ne peut en dire l'origine ni les raisons :

— Ils nous volaient tout le temps du bétail et pendant ces guerres de *jaïch*, ils cherchaient toujours ce que nous cherchions.

Quand nous sommes allés à Redeyef, nous avons posé aussi cette question. Les gens de cette petite ville, aujourd'hui minière depuis l'exploitation systématique des gisements de phosphate, estiment « que les gens de Chebika sont des voleurs de poules et qu'ils venaient autrefois en prendre sur le territoire même du village, parce qu'il n'y a pas à Chebika d'aussi belles poules ». Plus vraisemblable est ce que nous dit un cheikh de Redeyef qui, plus réfléchi, nous rappelle qu'au moment où sévissait dans la région le pillage organisé du *jaïch*, le chemin des caravanes d'Algérie passait par ces gorges de Tamerza et de Redeyef pour aller à Gafsa, tandis qu'il fallait courir dans le désert, à partir de Chebika, pour trouver des convois en route vers El-Oued ou Nefta ; alors, bien entendu, les gens de Chebika allaient, eux aussi, chercher fortune dans les gorges de la montagne que les gens de Redeyef considéraient comme leur chasse gardée. D'où de fréquentes batailles.

Mais une autre raison a surgi, nous l'avons compris : une partie des paysans de Redeyef travaille dans les mines ou profite du travail des mines ; la petite ville ne saurait se comparer avec Chebika, car le niveau de vie y est supérieur et, surtout, en moyenne, on peut dire que six à sept cents personnes, qui composent la couche de travailleurs autochtones, voient passer chaque mois entre leurs mains au moins dix dinars d'argent liquide, ce qui n'est jamais le cas à Chebika (sauf pour Ridha l'épicier). Cet argent bien souvent n'est pas dépensé. Et une dizaine d'ouvriers, fils de paysans de Redeyef, sont devenus propriétaires de parcelles dans l'oasis de Chebika, où les terres passent pour bonnes et bien cultivées. On conçoit que les gens de Chebika ne tournent pas volontiers les yeux vers la piste de Redeyef qui est aussi celle par laquelle arrivent au village des propriétaires qu'ils subissent comme peuvent le faire des hommes qui estiment avoir perdu leur droit à la propriété à la suite d'une catastrophe sur la nature de laquelle ils ne s'expliquent pas.

L'un d'entre nous a cependant recueilli une autre indication sur l'hostilité de Chebika et de Redeyef, laquelle témoigne soit d'une interruption dans la suite des guérillas et des rivalités, soit d'une transformation de cette guérilla en jeu polémique, à une époque de calme administratif imposé soit par les beys soit par les Français, car il s'agit d'une période très ancienne. Ainsi donc, à certaine époque de l'année, les gens de Redeyef vont dans la montagne sur un plateau à mi-chemin des deux localités avec de nombreuses provisions. Les gens de Chebika en font autant, chargés, eux aussi, de provisions. Les premiers arrivés sont obligatoirement les gens de Redeyef, lesquels s'embusquent derrière les rochers après avoir déposé quelques morceaux de pain sur les pierres du plateau. Les gens de Chebika surviennent et font mine de se jeter sur ce pain. A ce moment les autres se lèvent et se précipitent sur eux. Tout le monde fait semblant de se battre, puis on s'assied et l'on mange en commun, en échangeant des provisions.

Rite qui a été pratiqué encore, «voici un peu de temps, juste après le retour de l'Habib», c'est-à-dire l'Indépendance, «et puis après on n'a plus le temps, ce n'est plus drôle». Du moins trouve-t-on là, superposés, divers éléments significatifs que l'on pourrait décomposer ainsi: cessation de l'hostilité traditionnelle et remplacement par un combat fictif, métamorphose de la violence en jeu, échange des denrées jusque-là volées, fraternisation à mi-chemin des deux bourgades. Ce sont ces symptômes où nous déchiffrons le changement qui s'est effectué, car le changement n'est jamais perçu comme tel, et toujours à travers un élément fondamental de la réalité ancienne, mais transposé, sublimé devrait-on dire. La discontinuité de la durée traditionnelle n'est pas acceptée pour ce qu'elle est, une rupture, et la cessation des combats doit devenir un jeu de combat avant de faire place à une autre forme de rapports humains.

Les directions différentes: El-Hamma «où sont les cousins» et Redeyef, où sont les propriétaires, se compliquent de polarisations plus proches, aussi accentuées, comme celle toute nouvelle des tentes de la plaine désertique, en bas — une dizaine de familles d'anciens nomades — où logent des gens qu'on voit tous les jours et qu'on n'aime pas. «Ce sont des gens comme nous, consent à dire Gaddour, mais nous préférerions des étrangers comme vous.» Ou bien (c'est Mohammed qui parle): «Les Arabes, c'est des poux, ça fourmille et ça mange tout.» On lui objecte que tous sont des «Arabes», sans doute, mais il estime qu'il emploie ce mot comme tous les citadins, c'est-à-dire les sédentaires, pour désigner les gens de la steppe, sans lieu fixe. «De toute manière, ils viennent ici quand ils le veulent et nous les laissons venir, dit un plus jeune, le reste ne nous intéresse pas. On aimerait bien les voir, mais ils ne viennent que pour l'épicerie.»

Ces polarisations sont celles que les gens de Chebika reconnaissent pour les plus simples et les plus communes.

— Tous nos enquêteurs nous ont parlé au début de l'enquête de ces conflits avec Redeyef ou Tamerza ou de ces oppositions avec les Bédouins des tentes, dit Khlil. Mais ce sont des délimitations banales que tous les villages présentent et qui ne sont pas originales, ni pour le Maghreb ni pour les autres pays. De toute manière, c'est à d'autres niveaux que se situe l'expérience collective des gens de Chebika.

Le cercle de l'ancestralité

— Nous sommes de Chebika et les grands-pères de nos pères ont toujours été de Chebika et de toute éternité nous avons pris nos femmes chez nos cousins d'El-Hamma ou de Redeyef. Entre nous nous disons que celui-ci est un Bou Yahia, un Gaddouri, un Imamiya, un Zmamara ou encore un Nsaqa, ce qui est la même chose.

C'est le vieil Ali qui parle. Mais les autres ne sont pas d'accord avec lui. De toute manière pour les trois ou quatre vieux qui discutent sous le porche, et pour l'épicier Ridha qui participe à la discussion et intervient de temps à autre pour simplifier, il faut surtout justifier, au-delà de ces relations — que nous appelons dans notre vocabulaire imparfait, et emprunté à la Bible, des « tribus » —, une généalogie plus complexe et plus imprécise *parce qu'elle est partiellement inventée* et qui rattache ces familles à celle du Prophète et aux Arabes de Médine ou de La Mecque. Certes, nous reconnaissons cet effort. Le Prophète lui-même ne dit-il pas : « Apprenez vos généalogies » en parlant de ces interminables enchaînements « historiques » qui établissent un lien, une solidarité entre la partie originelle et la province de « l'Ouest lointain », le Maghreb. La matérialisation de ce rattachement est tout à fait mythique si l'on pense au passé de l'Afrique du Nord : Berbères ou Kabyles, convertis au judaïsme, au christianisme puis à l'islamisme, à tout ce qui venait de l'Orient, Hilaliens venus d'Arabie convertis à l'Islam, passés en Égypte, chassés vers l'ouest et noyés dans la masse disparate du continent — cette confusion babélienne interdit d'évoquer une

104

continuité ethnique, cela va sans dire. Le rattachement à ces longues suites d'engendrements, dont les personnages successifs sont désignés seulement par des prénoms, matérialise dans la chair et la sexualité le fait mystique de l'appartenance au lieu sacré originel et supprime la distance entre l'exil et le royaume que le pèlerinage seul peut retrouver. La généalogie qui relie l'homme d'aujourd'hui à l'arabité de l'Est (peu probable quand il s'agit de Bédouins proprement et originellement nés en Afrique du Nord ou ayant rompu depuis des siècles tout lien avec La Mecque ou Médine) conteste et supprime cet éloignement, fonde dans l'être charnel une appartenance et une intégration à la religion et à la civilisation.

Ces conversations occupent durant des heures, parce que les hommes aiment à manier les classifications d'appartenance généalogique, même s'ils les inventent (et surtout s'ils les inventent), ce sont à vrai dire les éléments d'une pensée rationnelle, puisque ces longues chaînes causales tentent d'établir une logique et de l'imposer à la confusion des engendrements. Quand on ramène les hommes à la réflexion sur leurs appartenances *réelles*, leurs solidarités concrètes, celles qui résultent de leur cousinage, fondement de tout mariage et de toute alliance, ces derniers n'hésitent pas à passer d'un registre à l'autre, de la série mystique à la série réelle, sans manifester la moindre gêne, sans paraître même se rendre compte qu'ils passent d'un domaine fictif à celui de la réalité.

Mais sur ce point aussi, la discussion est interminable et confuse. Elle porte sur la définition des Bou Yahia...

— On nous a dit que les tribus Bou Yahia sont des Hemmama, dit Khlil.

— Oui, les Bou Yahia sont des Hemmama qui habitent près de Gafsa à Aamra et puis tu as aussi les Bou Yahia qui habitent Tozeur, dit Ali.

— Les Bou Yahia qui habitent du côté de Gafsa ne sont-ils pas venus à Chebika?

— Non, ceux-ci sont des Berbères. Chez nous, on dit que les Hemmama et les Zlass sont des Berbères, dit Mohammed.

— Ah non! Je ne crois pas que ce soient des Berbères! dit Ali.

— Pour nous, ce sont des Berbères, car ils ont gardé les anciennes mœurs des Berbères. Ils habitent des caves! Les maisons et la vie luxueuse ne leur conviennent pas. Ils se considèrent comme en prison dès qu'une maison se referme sur eux.

— Tu veux dire qu'ils sont des nomades? demande Khlil.

— Oui, ils n'aiment que la vie au désert, et ils n'aiment qu'à faire paître leurs troupeaux.

— A ton avis, les Bou Yahia descendent donc des Hemmama.

— Connais-tu quelque chose sur les Zammours? demande Khlil.

— Les Zammours, je sais qu'ils sont à l'est.

— Sont-ils des Berbères ou des Arabes?

— Pour nous ils sont des Berbères. Pour nous ils sont les vrais Berbères, ce sont des montagnards, de vrais descendants des Berbères, ce sont les Chleuh.

— Je suis sûr que les Bou Yahia sont des Hemmama, ce n'est pas seulement par ouï-dire. Ils ne sont pas un petit groupe, c'est une grande famille formée des descendants des Bou Yahia.

— Peux-tu nous donner les noms des grandes familles?

— Il y a chez nous des tribus qui existent depuis très très longtemps et qu'on appelle Majer et Fréchiche, l'un d'eux s'était révolté contre la France.

— Qui ça, Ali Ben Ossman?

— Non, Suhaily. Nous disons que le nom de Fréchiche est toujours associé à un autre nom Majer. On dit qu'il y a deux selles, la selle de Majer et la selle de Fréchiche. La selle est le symbole du chef.

— Symbole du chef ou de la tribu?

— C'est le symbole du chef qui gouverne la tribu. On disait que la « selle » des Fréchiche était gouvernée par un chef qu'on appelait Ali as-Jeghir. Il était très connu du temps de la France. Quant à la tribu Majer, elle était gouvernée par un chef qu'on appelait Ali Abon'l-ghndeyl.

— Celui qui s'est révolté contre la France? demanda Khlil.

— Tu as oublié le reste des tribus, tu as cité les Fréchiche seulement, dit Mohammed à Ali.

— Non, non, je n'ai rien oublié du tout, elles sont toutes des Fréchiche et des Majer; l'ancêtre des Fréchiche avait trois enfants: Naji, Ali et Wazzâg. Les enfants de Naji sont: Almula, Khamssieh, Alhaj Mahmoud, Hamza et Barky. Les enfants d'Ali sont: Smaïl, Mraouna et Hawafez.

— Tu as oublié Altamamsha, dit Mohammed sans rire de cette énumération. Ces Altamamsha sont les voisins, il y en avait parmi eux qui habitaient en territoire tunisien, à l'intérieur des frontières.

— C'est-à-dire que la désignation des frontières est venue après, mais avant cela ils habitaient tous ensemble, dit Khlil.

— Oui, mais ils étaient ennemis. Chez les Fréchiche et les Majer il y avait un chef qui attaquait les autres villages. Quand il y avait un différend entre les Fréchiche et les Nmamcha, ils le soumettaient à Morokoa.

— Ce Morokoa était le chef des Nmamcha?

— Non, Morokoa était un chef des Fréchiche. Il est descendant de Wazzâg. Morokoa habitait à un kilomètre et demi des Nmamcha. Les petits chefs des Fréchiche ne pouvaient pas attaquer les Nmamcha sans Morokoa. Ils venaient lui dire : « Les Nmamcha ont attaqué nos terrains, ils nous ont volé des vaches, des troupeaux, des chiens... »

— Ce Morokoa était bien le chef de la tribu?

— Oui, il était le chef de la tribu, il était le chevalier de fer, invincible. Ce chef était passionné des chevaux. Il aimait les chevaux racés. Il avait un pur-sang et tous ceux qui avaient une jument allaient voir Morokoa pour la faire couvrir par son cheval et c'était un grand honneur pour lui d'avoir un poulain du pur-sang de Morokoa... L'animosité était très ancienne entre les Fréchiche et les Nmamcha, ils s'attaquaient mutuellement depuis très longtemps. Il y avait parmi les Nmamcha quelqu'un qu'on appelait Ben Maryem. Il possédait une jument qu'il faisait saillir et parvenait à avoir de très bons chevaux. Un jour on leur a pris leur pur-sang qui, en fin de compte, est tombé entre les mains de Morokoa. Alors Ben Maryem s'est vu obligé de se rendre chez son ennemi et de lui demander de faire couvrir sa jument par son étalon. Ce fut fait et la jument de Ben Maryem a eu un poulain. Depuis ce temps les raids ont cessé entre les deux clans, car ils se sont considérés comme liés, parents par alliance.

— Alliance par les chevaux?

— Oui, car ils se disent qu'il y a eu un mélange de sang entre les deux clans. Il y a eu une naissance et depuis les raids entre les Fréchiche et les Majer ont cessé.

— Pourquoi ne se marient-ils pas entre eux?

— Ils ne se fréquentaient pas. Car entre ennemis on ne se fréquente pas. Après la naissance de ce poulain, Ben Maryem a invité Morokoa chez lui. Les Ben Maryem habitent jusqu'à présent dans des tentes en poils ainsi que les Morokoa. Les notables des Ben Maryem habitaient des tentes plus grandes reposant sur des piliers qui les soutiennent au milieu. Les femmes des Ben Maryem sont voilées et ne sortent jamais; elles étaient bien cachées. La maison était divisée en quatre ou cinq chambres. Morokoa est venu chez son hôte qui lui a cédé une de ces chambres. Ben Maryem est parti chercher un bélier ou un mouton pour l'égorger en l'honneur de son hôte. Ben Maryem était marié à une femme qui avait une forte personnalité. Elle était vertueuse et scrupuleuse, elle était virile. Lorsqu'elle a vu Morokoa de loin, elle l'a trouvé très petit, elle s'est étonnée et a voulu le mesurer. Il était allongé et ronflait. Elle a cru qu'il dormait et a commencé à le mesurer. Elle a commencé par ses pieds. Dès qu'elle est arrivée au niveau du cœur, Morokoa s'est réveillé et lui a dit: «Halte là... la valeur de l'homme n'est pas fonction de sa taille mais de la grandeur de son cœur.» La femme est partie en courant. Quand son mari est revenu, et que leur hôte eut fini de manger et fut retiré dans sa chambre pour dormir, la femme a raconté ce qui s'était passé à son mari. Celui-là lui a dit: «C'est ça la vraie virilité!»

Ces discussions sont infinies: elles restent au niveau du langage parlé, des conversations interminables sous le porche ou au pied de la mosquée. Elles évoquent un jeu et un jeu analogue au jeu d'échecs où les membres actuels du village manipulent les désignations comme on avance des figures sur les cases d'un damier, tout en mêlant, sans effort de précision, la dénomination d'une famille. Ce nom d'un ancêtre improbable (mais d'autant plus prestigieux qu'il permet le raccordement avec les généalogies sacrées), le terme actuel qui désigne un ensemble familial. Si l'on admet que le mariage consanguin entre familles liées par des liens de cousinage constitue la base du système de parenté au Maghreb; si, d'autre part on peut mesurer l'expression de la famille à la répugnance ressentie actuellement entre deux groupes humains à se considérer comme des frères (*hrouïa*) ou les fils (*ouled*) d'un même ancêtre imprécis mais fermement défini par le langage, on peut établir la nomenclature des 31 familles actuelles du village de Chebika. Mais le double jeu des désignations nous commande d'établir ce tableau de deux manières: en reproduisant les appartenances *exprimées* et en partant des familles réelles pour définir *l'arrière-plan* du rattachement réellement manifesté par des alliances de mariage, de travail et de propriété. Ainsi peut apparaître la figure familiale

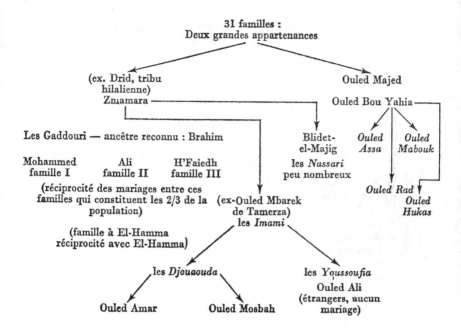

31 familles :
Deux grandes appartenances

(ex. Drid, tribu hilalienne) Zniamara ─────────

Ouled Majed

Ouled Bou Yahia ─────┐

Les Gaddouri — ancêtre reconnu : Brahim

Mohammed famille I   Ali famille II   H'Faiedh famille III

(réciprocité des mariages entre ces familles qui constituent les 2/3 de la population)

(famille à El-Hamma réciprocité avec El-Hamma)

Blidet-el-Majig
les *Nassari*
peu nombreux

Ouled Assa   *Ouled Mabouk*

(ex-Ouled Mbarek de Tamerza)
les *Imami*

Ouled Rad
Ouled Hukas

les *Djouaouda*

Ouled Amar   Ouled Mosbah

les *Youssoufia*
Ouled Ali
(étrangers, aucun mariage)

de Chebika, non seulement telle que la *souhaitent* les Chébikiens lorsqu'ils jouent avec leurs dénominations de parenté, mais telle qu'elle s'impose à eux *indépendamment de tout* langage, lequel le plus souvent est en désaccord avec la configuration et témoigne de l'impossibilité d'identifier ces communications linguistiques et les échanges de termes, au moins dans le canton étroit du village.

On constate que nous n'avons pas employé ce terme, confus s'il en est, de *tribu*. Jacques Berque a rappelé l'extrême difficulté qu'il y a à utiliser ce concept pour les sociétés maghrébines, quand il évoque « l'option délibérée du législateur pour un cadre territorial à substituer au cadre patriarcal des *Fils d'un tel* qui peuplent le pays suppose non seulement une analyse, mais un jugement [1] ». Jugement dont l'origine est à chercher dans l'infrastructure des catégories mentales du colonisateur, lequel

1. « Qu'est-ce qu'une tribu africaine ? » in *Mélanges*, Lucien Febvre, A. Colin, 1952, tome I, p. 261-271.

a perçu la vie du Maghreb à travers les souvenirs religieux de lecture de la Bible ou des Évangiles et utilisé pour l'expliquer le terme de *tribu*. Or, il serait intéressant de rappeler que ce mot de *tribu* pourrait être rapproché de celui d'*hystérie* et de *totémisme* dans la même critique que Claude Lévi-Strauss fait de ces termes: «Le totémisme est d'abord la projection hors de notre univers, et comme un exorcisme, d'attitudes mentales incompatibles avec l'exigence d'une discontinuité entre l'homme et la nature que la pensée chrétienne tenait pour essentielle [1].» On pourrait dire que ce terme de *tribu* répond à la volonté d'ordonner les faits humains non européens selon le modèle de la prétendue famille patriarcale biblique, parce que ces faits, par leur pittoresque tant que par leur étrangeté, évoquent certains traits plus ou moins mal traduits d'ailleurs et empruntés aux récits hébraïques.

Ajoutons aussi l'inextricable emmêlement des noms de «tribus», lesquels se retrouvent un peu partout en Afrique du Nord dans une confusion que notait déjà E.F. Gautier: «On trouve n'importe où n'importe quel nom de tribu [2].» Confusion qui aurait dû indiquer à l'analyste que ce terme constituait une impasse pour la compréhension des faits sociaux de l'Afrique du Nord *actuelle*: «Les mêmes noms de groupes se reflètent çà et là sur toute la face du Maghreb. Leurs entrelacs géographiques, infiniment plus poussés qu'il ne peut apparaître sur nos cartes, pour que l'on descende à l'échelon des familles, les font resurgir à des places souvent imprévues [3].»

S'agissant de Chebika, il semble qu'il faille évoquer trois niveaux de dénomination différents entre eux et souvent contraires.

Le premier de ces niveaux est celui de la désignation de l'appartenance familiale ou, plus précisément, de ce que l'on peut appeler sociologiquement une *solidarité fondamentale*.

Ici, nous dirons que les six familles Gaddouri actuelles (lesquelles se regroupent en trois appartenances différentes: ouled Mohammed, ouled Ali et ouled H'Faiedh) constituent une telle solidarité en ce sens que tous les membres de ce groupe pratiquent une entraide continue où l'échange est remplacé par

1. *Le Totémisme, aujourd'hui*, P.U.F., 1962.
2. *Le Passé de l'Afrique du Nord*, Payot, édit.
3. Jacques Berque, *op. cit.*

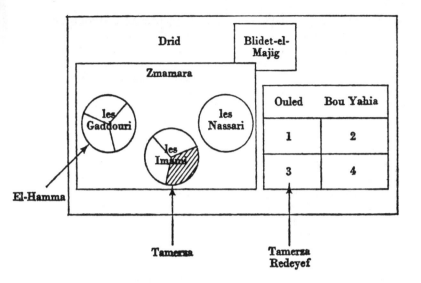

le devoir d'assistance sans contrepartie, marient entre eux les filles et les garçons ainsi unis par des liens de cousinage relativement proches et refusent toute autre alliance. Bien qu'elles prétendent se rattacher à un ancêtre commun, les trois familles qui s'intitulent Imami ne constituent pas cette semblable solidarité, puisque les Djouaouda composent deux familles, les ouled Amar et les ouled Mosbah qui constituent une unité organique réelle, et que les Youssoufia sont considérés comme des étrangers au village, qu'ils ne se marient pas avec leurs parents les plus proches (Djouaouda).

— Que sont ces gens? demandons-nous à un membre de la famille ouled Ali (Gaddouri), un *khammès* de trente-cinq ans.

— Personne pour nous, des gens qui viennent d'ailleurs.

— D'où viennent-ils?

— Est-ce qu'on sait? Les gens arrivent. Ils apportent quelque chose. On les laisse s'installer et puis ils restent. Ils sont libres de le faire s'ils restent à côté de nous.

— Tu marierais ton fils avec une de leurs filles?

— Non, pourquoi?

Nous posons la même question à notre vieil ami Si Gaddour

qui a repris en somme le nom de son appartenance et jouit du prestige de représenter l'unité la plus forte de Chebika :

— Ce sont des étrangers, mais de ça personne ne se soucie. Ils sont avec nous. Ils font la prière, ils travaillent dans l'oasis, ils viennent aux fêtes. Nous ne nous marions pas avec eux et ils ne se marient pas avec nous.

— Y a-t-il des différences entre eux et vous?

— Des différences? non pas. Ils sont deux familles qui habitent là-haut dans la même maison et ils vivent comme nous.

— Alors, pourquoi ne pas vous marier avec eux?

— On ne l'a jamais fait. Les Youssoufia se marient avec des ouled Bou Yahia s'ils le veulent. Ce sont aussi des étrangers, ces ouled Bou Yahia mais pas du même genre.

— Pas du même genre?

— On les a toujours vus ici.

— Les Bou Yahia.

— Mon grand-père avait épousé une fille de chez eux.

Nous avons rencontré un fils ouled Ali qui est un Youssoufia et il nous a dit qu'il se marierait avec une femme des campements de tentes de l'autre côté de la route nationale, vers Degache. Il ne pouvait pas se marier à Chebika mais son frère, lui, le voulait parce qu'il avait un peu d'argent en rentrant du service militaire et il souhaitait acheter quelques palmiers et rester à Chebika.

— Pourquoi une fille de Chebika?

— Les femmes connaissent bien ce qu'on mange et ce qu'on fait.

— La tienne ne le saura pas.

— Non, il faudra que ma mère lui apprenne.

— Vous ne vous êtes jamais mariés à Chebika, chez vous?

— Jamais.

Ici, la famille se définit donc par ses frontières : la dénomination qui la concerne répond à l'expérience des mariages et du cousinage, au sens que Germaine Tillon fait à ce mot[1]. Elle renvoie au fonctionnement interne d'une solidarité étroite qui repose sur la cohésion du groupe simple, maintient l'existence des Gaddouri qui sont de loin les plus nombreux de Chebika et les enracine dans le village.

La seconde dénomination est géographique. On dit, par

1. *Le Harem et les cousins*, Le Seuil, 1966.

exemple: les Gaddouri sont des Zmamara, mais «les Zmamara sont ici et ailleurs», on les retrouve dans d'autres endroits et surtout à El-Hamma où existe une importante fraction de la population, cantonnée d'ailleurs dans un quartier qui jouxte la piste de Tozeur à Chebika, vers l'est et qui se prolonge jusqu'à «l'établissement» de bains qui utilise une source d'eau chaude (cela du moins encore en 1962).

— Ce sont des cousins, dit Gaddour. Des cousins que nous épousons. Toutes les femmes des Gaddouri sont des femmes d'El-Hamma. Elles viennent tout le temps et nous allons tout le temps là-bas. Nous sommes reçus comme chez nous et nous les recevons de la même manière.

— Mais est-ce que les femmes vont à El-Hamma?

— Souvent.

— Aussi souvent que vous prenez des femmes là-bas?

Gaddour ne le sait pas. Nous lui disons que sur les six familles Gaddouri de Chebika (lesquelles sont en fait quinze familles si l'on compte les jeunes couples qui habitent dans la maison des parents) nous avons compté, depuis le début de notre enquête en 1961, parmi toute la population vivante, vingt femmes de tout âge mariées autrefois ou récemment venues d'El-Hamma, mais qu'il y a seulement *deux* hommes (de la famille de ouled Ali) qui se sont mariés à El-Hamma. Lui qui est un Gaddouri devrait savoir la raison de cette différence. Mais Gaddour ne voit aucune différence. Plus exactement, il ne répond pas.

— Est-ce que ça ne serait pas parce que les Gaddouri de Chebika sont moins pauvres que ceux d'El-Hamma et que vous pouvez donner des terres de l'oasis tandis que les Gaddouri d'El-Hamma ne peuvent rien donner?

— Chaque fois que nous épousons une femme d'El-Hamma, nous donnons un peu de notre terre de l'oasis ou un peu de notre droit d'eau dans l'oasis.

— Vous vous mariez souvent?

— Avant la loi [1] on s'est marié deux ou trois fois l'un après l'autre avec les femmes d'El-Hamma. Maintenant, si l'on est veuf seulement, ou si la femme n'a pas d'enfant et qu'elle retourne chez son père.

— Ou si elle reste dans ta maison pour faire la cuisine.

1. La loi contre la polygamie promulguée après l'indépendance.

113

— Parfois.

— Alors si tu avais un fils, aimerais-tu qu'il ait une femme à El-Hamma?

— Oui, si je ne trouve pas une fille de Chebika.

— D'abord Chebika?

— D'abord Chebika, bien sûr. Ensuite El-Hamma.

Mais cette relation matrimoniale avec El-Hamma, chez les Gaddouri, répond à une relation du même genre pour les Imami qui prétendent être liés par le cousinage aux gens de Tamerza où l'on trouve nous dit-on des ouled Mbarek. Là aussi les mariages sont constants (cinq en quatre ans) mais la réciprocité est plus complète qu'entre les Gaddouri de Chebika et ceux d'El-Hamma, pour la raison que les Imami de Tamerza sont plus fortunés que ne le sont les Gaddouri d'El-Hamma.

Ces relations matrimoniales à distance, prises dans le contexte géographique de la région, éclairent la fonction de cet échange qui prolonge la vie du village en intégrant ce dernier à d'autres villages et d'autres groupements. Quand un Imami dit: «Nous sommes de Tamerza» ou qu'un Gaddouri assure: «Nous sommes d'El-Hamma», cela signifie qu'au-delà des trente kilomètres de désert ou des vingt de montagne, les deux groupements affirment leur cohésion et leur unité. Les relations de parenté s'inscrivent dans l'espace géographique pour *contester* cet espace et le nier, pour affirmer par ce moyen la prise de la société sur une nature inerte mais agressive. Ne convient-il pas d'abolir une distance et d'ordonner une étendue sociale représentée par les liens de mariage? La parenté ne révèle-t-elle pas, par ce moyen, son caractère d'anti-nature?

La troisième dénomination ressortit à l'arrière-plan, au *background* des deux autres: parler des familles (Gaddouri, Imami) c'est évoquer une solidarité réelle, domestique, des extensions géographiques, rappeler l'effort d'intégration et de cohésion contre la dispersion et la fluidité de la steppe. Quand un Gaddouri affirme qu'il est un Zmamara et que les Zmamara sont des Drid, c'est-à-dire des Hilaliens, que les ouled Bou Yahia nous disent qu'ils sont des ouled Majed et que la résidence de leur groupe est Zekkou, une autre signification se fait jour derrière cet horizon verbal: le contenu de cette dénomination réside dans la volonté de rattachement à un grand ensemble maghrébin, celui dont dépendent parfois les signes de tatouage du visage. Qu'il s'agisse d'un reste d'appartenance berbère

114

(peut-être antérieure à l'Islam), qu'il s'agisse d'une appartenance également mystique à l'un des ensembles plus ou moins attestés au cours des « années obscures » de l'Afrique du Nord, cette solidarité n'a actuellement aucun fondement réel. Il s'agit de l'horizon suggéré par des mots du langage, horizon humain qui rattache les familles et les grandes croyances portant sur des solidarités de large extension et de vaste échelle. L'erreur, évidemment, serait de prendre ces affirmations pour des réalités, alors qu'elles constituent simplement l'horizon utopique d'une vie quotidienne difficile.

— Nous sommes des Hilaliens, dit Gaddour. Les Hilaliens sont venus de La Mecque et ils ont apporté avec eux la religion. Tout le monde par ici est hilalien. C'est notre vraie famille.

Qu'il puisse rester quelque chose de l'un ou de l'autre des grands peuples nomades et pillards convertis à l'Islam en Arabie, émigrés en Égypte où ils troublaient l'ordre du califat puis expédiés par le souverain chez ses vassaux insoumis du Maghreb où ils entreprirent la destruction systématique de tout ce que les premiers Arabes avaient maintenu de l'infrastructure technique romaine et construit après eux, cela est évidemment douteux. Outre que ces peuples ont été dans leur plus grand nombre emmenés au Maroc par le sultan chérifien qui venait de réaliser (pour la seule fois dans l'histoire) l'unité du Maghreb et qu'ils transportèrent dans ce pays leur mépris de la culture de la terre et un Islam fanatique (très peu conforme à celui des premiers conquérants) et que leurs survivants dans l'ancienne Ifriqya ont dû se noyer dans la masse berbère. Cela importe peu : l'appartenance désigne le parcours d'un peuple venu de La Mecque et l'image d'une solidarité avec une ethnie dans un univers où joue l'extrême dispersion. Sans doute, s'agit-il d'un effort de classification logique qui tend à unifier, au mépris de la réalité, les éléments disparates d'un ensemble confus.

La zone de l'expérience décrite par l'ensemble des relations de parenté, réelles et mystiques, donne au fond au village les raisons de son enracinement dans un espace géographique, lui garantit un contact permanent et continu au-delà des générations successives et des ruptures qu'elles consacrent, élargit la trame des solidarités mais n'accentue pas, contrairement à ce qu'on peut croire, l'intimité des familles : les liaisons d'appartenance n'ont point cette fonction, car elles ordonnent selon les lois d'une classification à la fois simple et complexe, à la fois mystique et réelle, des échanges et des contacts que tend à démentir l'espace géographique, les difficultés de survivre et les impuissances devant le cosmos. Les relations de mariage élargissent Chebika au-delà de la circonférence étroite de l'oasis et du village, l'ouvrent à un Sud en l'y *intégrant*. Par elles, *Chebika est bien plus que Chebika*. Aucune autre forme d'expérience sociale n'a ce pouvoir et cette capacité d'extension et d'intégration. Quand on parle des relations de parenté, on peut effectivement céder à un positivisme respectable mais discret et se contenter d'en donner la figure; on oublie alors que la signification et le rôle de cette forme de *l'expérience collective* est double: élargir morphologiquement le groupe jusqu'aux horizons géographiques et, de cette manière, en quelque sorte, *nier* l'espace, intégrer les hommes disparates et dispersés dans un ensemble cohérent, embryon et rêve nostalgique d'une société plus grande toujours irréalisée. Par ses relations matrimoniales, Chebika tente d'échapper à l'isolement et à la solitude de Chebika. Ce n'est pas qu'il y réussisse. Du moins le mariage et ses règles impliquent-ils cette tentative pour surmonter l'obstacle de l'espace sans bornes de la steppe désertique et donner à l'homme du village le sentiment d'une appartenance plus vaste qui élargisse l'image qu'il se fait de l'homme.

Le cercle du travail

L'oasis suit le cours de l'oued et les palmiers non cultivés poussés au hasard entourent l'eau courante. C'est au-delà et par conséquent *en dessous* du village que cette forêt devient un jardin cultivé en s'évasant comme une outre, débordant de l'autre côté jusqu'à la pente où est située l'école pour s'arrêter net à la steppe désertique comme si une mer invisible en avait délimité la côte. Les parcelles sont toutes réduites, infiniment plus petites qu'à Tozeur, Nefta ou Degache, parce que dans les dernières oasis, de génération en génération, des propriétaires importants se sont imposés qui ont accaparé la distribution des eaux à leur profit. Ainsi à Nefta, qui compte dix-huit mille habitants, une soixantaine de propriétaires se partagent les eaux, élargissant ainsi des parcelles depuis longtemps devenues des fragments d'une grande exploitation qui condamne le petit propriétaire à devenir *khammès* sur sa propre parcelle, ou à vendre.

Mais ici, à Chebika, la parcelle n'excède guère trente pas de long et autant de large, entourée de buissons d'osier, de palissades improvisées et de fil de fer, parfois, pour éloigner les bêtes (et parfois les maraudeurs). Pas de chemins secondaires: trois pistes composent les axes de l'oasis en partant du marabout de Sidi Soltane au sortir du village à gauche, deux autres à droite entre la grande piste d'arrière et l'école, au-dessous du cimetière. En dehors de cela, le *khammès* franchit les barrières et traverse (avec précaution) les autres parcelles pour gagner la sienne.

A Chebika le nom qu'on donne à ces parcelles ne diffère guère de ceux qu'on donne à Nefta ou à Tozeur, mais souvent il individualise davantage la terre et la rapproche de celui qui la cultive. Il y a «la part» en général, *hussa* mais souvent définie comme «*Hussa hlâsa*», «la part du bât du bourricot», ou simplement d'un nom, «*hussa ben Sassi*» ou «*Harbi*» qui désigne une famille d'origine algérienne, laquelle, avant de se fixer définitivement à Chebika et se fondre dans le groupe, a dû garder longtemps le poids de sa particularité d'étrangère. On trouve aussi la «parcelle de l'abreuvoir» («*manqaî*» située bien entendu non loin de l'oued où viennent boire les ânes et les chevaux) et même comme dans toutes les oasis un verger ou «un paradis d'Ibrahim», «*Jnan Ibrahim*».

L'oasis de Chebika compte ainsi 176 parcelles appartenant à 47 propriétaires. C'est sans doute la partie la plus pénible de l'enquête que celle-là : durant près d'un an, *les gens de Chebika n'ont pas voulu nous avouer ni reconnaître qu'ils n'étaient plus propriétaires des terres de leur oasis*, que presque tous, même les plus anciens habitants et autrefois les plus aisés, étaient devenus *khammès*. On conçoit leur amertume et aussi leur détresse, parce qu'ils considèrent tous que leur appauvrissement résulte de ce que certains hommes, «des gens d'ici, ont fait la cour aux Français pour obtenir des postes et qu'avec ça ils ont mis la main sur nos terres qu'ils ont encore». Ils se comportent donc comme des victimes de la colonisation et ont attendu que l'Indépendance leur rende leurs propriétés, ce qui ne s'est pas produit car les expropriations ont été limitées dans toute la Tunisie ou n'ont pas été suivies de remise entre les mains des anciens petits propriétaires pour diverses raisons : exigences de la planification socialiste cherchant à constituer des «secteurs de mise en valeur» à grande échelle, tentatives plus ou moins réussies de coopératives agricoles, hésitations compréhensibles sur le choix à faire entre les paysans pauvres sans terre et les paysans moyens à productivité plus grande. D'autre part, il est possible que ces «expropriations» soient imaginaires. Quoi qu'il en soit, les gens de Chebika estiment qu'ils ont été ruinés au temps de la colonisation, puisque cinq seulement des chefs de famille de Chebika sont aujourd'hui propriétaires de parcelles : Younès ben Hedjayedi, Salah ben Amor, Mohammed ben Amor, Mustapha ben Mohammed et Ahmed ben Amor. Il est singulier toutefois que dans cette énumération ne figure *jamais* Ridha l'épicier qui possède pourtant des parcelles en bien propre. Mais les gens de Chebika souhaitent-ils ne pas parler d'un homme qu'ils voient tous les jours, avec qui ils ont de longues conversations, comme d'un propriétaire réel du village? Veulent-ils ainsi masquer ou supprimer leurs dettes par quelque opération confusément magique? N'admettent-ils pas que l'homme soit devenu une des personnes importantes du village. Toujours est-il que le silence se fait sur ce septième propriétaire habitant du village, sans doute aussi parce que Ridha est fils d'un *khammès* et que, dans sa famille, il n'y a jamais eu de propriétaire, quand celle des six autres a toujours été maîtresse d'un peu de sol.

La terre du moins telle qu'elle apparaît n'est pas une chose simple. Aucun des *khammès* et des membres des familles des six propriétaires (lesquels vivent comme des *khammès* et même plus misérablement puisqu'ils paient des impôts) ne considère la terre comme nous regardons en Occident une parcelle de terre: un bien possédé qui rend un certain profit. Pour cinquante ou soixante des quatre-vingts travailleurs de l'oasis que nous avons interrogés, la terre est un élément de la création divine que le travail fait participer à la vaste et mystique genèse transcendante qui entraîne toute chose à germer et à se comporter selon son essence. La notion de travail rentable n'existe que chez quelques jeunes ouvriers agricoles dont la plupart ont fait leur service militaire et savent calculer la relation qui existe entre l'investissement humain, l'investissement technique ou matériel et la rentabilité du sol. Les autres participent à une vaste action mystique dont la propriété devrait naturellement faire partie et qu'elle n'en fasse pas partie est un affront subi, la marque d'une déchéance.

— Nous sommes des gens dont tout le monde a profité et qui n'ont profité de rien, dit l'un d'eux, Amor, qui à cinquante ans travaille sur les terres d'un propriétaire étranger au village. Autrefois, nous possédions tout et maintenant nous sommes obligés de travailler pour quelqu'un d'autre, même si nous rendons à Allah ce qu'il nous demande.

Ou bien, comme le dit Azzouz qui était trop malade pour faire le service militaire et qui n'a que trente ans:

— Les gens ont profité de notre misère pour nous acheter à bas prix ce que nous faisons fructifier.

Ou bien encore:

— Personne n'a tenté de nous redonner ce qui nous revient, de ce qui revient à Chebika, assure un autre.

119

Les propriétaires de Chebika sont donc regardés avec un indiscutable respect : parce qu'ils vivent comme les autres *khammès* aussi misérablement et travaillent comme eux la terre, de sorte que le fait de posséder ne se traduit que par des obligations et des charges financières supplémentaires que la productivité de la palmeraie ne permet pas trop souvent d'assumer sans recourir à l'emprunt, parce qu'ils représentent les seules personnes du village qui, malgré les difficultés, ont réussi à sauvegarder ce droit moral de la terre [1]. Car il s'agit bien en somme d'un droit moral, d'une composante mystique de l'existence cosmique du croyant plus que d'une donnée économique et juridique au sens moderne du mot.

Les autres propriétaires de l'oasis sont des « étrangers » et de trois catégories : ceux d'El-Hamma qui ont acquis les parcelles à la suite des mariages qui se firent avec les cousins de cette oasis éloignée de trente kilomètres de désert, les gens de Tamerza, propriétaires de palmeraies plus vastes, des ouvriers des mines de Redeyef (six ou sept) et les nomades installés au bas de la côte, dans le désert. Chacune de ces catégories correspond à l'une des couches successives de l'accaparement étranger à Chebika et comme à un des instruments d'une dégradation qui a affecté peu à peu toute l'oasis comme, à une plus vaste échelle, toutes les petites oasis du Sud, avant d'affecter les grandes et de les conduire à la ruine qui les menace toutes actuellement.

Des chefs de famille de Chebika, à la présente génération, une vingtaine d'entre eux possèdent une femme venue d'El-Hamma. Mais à la génération précédente, quarante ou quarante-cinq d'entre eux (sur une soixantaine) avaient épousé des femmes de ce village. Tout cela vient, on le sait, de ce qu'une branche importante des Gaddouri habite El-Hamma et qu'on va dans cette oasis pour prendre femme contre une dot en hypothèque sur la terre de l'oasis. Tout en gardant sa fonction d'intégration sociale et d'accentuation des rapports humains entre des groupes séparés par le désert, le mariage a joué un rôle de désintégration économique et a précipité la ruine et la dégradation du village. Comme si le système des réglementations admises, loin d'aider à la survie d'un groupement, pouvait, en

1. K. Zamitti me signale qu'à Chebika comme dans tout le Sud le fonctionnaire est méprisé et nommé péjorativement : « *Khdim ed daoula* », « domestique de l'État ».

certains cas, la mettre en péril. Cela constitue sans doute la vague la plus importante, en tout cas la plus ancienne de l'accaparement des terres de Chebika par des étrangers au pays. Ce ne serait pas la première fois qu'il serait possible de constater que *le respect des traditions est dans son principe même un facteur de dissolution des structures.*

La seconde couche des propriétaires étrangers à Chebika est constituée par ceux que l'on appelle les «gens de Tamerza», ce gros village situé au fond de la gorge qui dévale vers l'Algérie et qui fut un lieu de passage pour les caravanes avant l'établissement des chemins de fer et de la route. Du moins, poste frontière au temps de la colonisation française (et après l'indépendance), l'importance administrative de la bourgade de deux mille habitants, pourvue d'une vaste oasis relativement riche et distribuée le long d'un oued coulant en cascade entre des gorges d'une grande beauté, est-elle incomparable avec celle de Chebika, village fier de sa solitude et de son existence, mais situé sur l'autre versant, celui qui regarde vers le lointain Tozeur dont il ne dépend pas, mais qui l'attire.

Dans cette région du Sud où l'on admet la distinction propre du droit musulman entre terres transformées par l'homme et «terres mortes» qui n'appartiennent à personne, ces notions sont confuses et ne recoupent guère, comme au nord de la Dorsale, des types différents de propriété, comme le *melk*, terre d'un particulier, le *melk* du *beylik* ou représentant du bey, *habous* («fondation pieuse») privé, public ou dépendant de *zouïa* [1]. L'appropriation du sol est ici plus fluide et moins définie à la fois, parce qu'elle n'est pas délimitée aussi rigoureusement qu'au nord et qu'elle se mêle ici plus qu'ailleurs avec les redevances et services multiples qui la modifient constamment. Et, d'ailleurs, même dans le Nord, indépendamment de la contrainte légale et administrative turque, beylicale, coloniale ou nationale, les relations humaines mouvantes et complexes entre les hommes vivant ensemble compromettent, modifient, transforment une structure que les juristes français de droit romain, les économistes ou les gens du pouvoir ont tenté et tentent malaisément de durcir et d'immobiliser: la transformation des structures commence au niveau des rapports actuels que

1. Voir à ce sujet: G. Salmagnon: *La Loi tunisienne du 1er juillet 1885 sur la propriété immobilière et le régime des biens fonciers.*

les individus entretiennent entre eux, du commerce des hommes, des échanges multiples qui, rendus ou non, bouleversent ce que l'on s'acharne à appeler « tradition », et qui s'évanouit chaque fois qu'on cherche à l'isoler.

Or les propriétaires de Tamerza, même quand ils sont *cousins* par mariage des gens de Chebika, ont traité l'oasis de Chebika comme les grands propriétaires de Tozeur ou de Nefta ont fait des petits cultivateurs de ces deux oasis : ils ont acquis de la terre et ont regroupé ensemble des parcelles pour en faire des ensembles plus vastes où travaillent plusieurs *khammès*. Comme on l'a noté, ce mouvement récent caractérise les rapports sociaux dans les grandes oasis et explique les mouvements de revendication qui se sont exprimés en 1955 [1] : la possession de terres plus grandes que la parcelle originelle crée une situation nouvelle entre les « associés » ou plus exactement donne une forme nouvelle à la relation entre le propriétaire d'une part et les « associés » de l'autre ; nulle part mieux qu'ici la formule de l'« association », valable peut-être dans le contexte d'un Moyen Age dépassé, ne révèle son hypocrisie puisqu'il s'agit en fait d'un salariat qui ne s'avoue pas comme tel, tandis que l'on peut tirer un bénéfice important de cette non-désignation.

Ainsi, à Chebika, les propriétaires de Tamerza ont accaparé la plus grande superficie des terres non possédées par des propriétaires de Chebika — le tiers de la superficie cultivable — certaines de ces propriétés embrassent six, sept, voire dix parcelles traditionnelles. Sans parler des droits de propriété communs mêlés à ceux de gens d'El-Hamma sur d'autres parcelles : ces mélanges sont fréquents et il arrive qu'une parcelle relève de deux ou de trois propriétaires qui se partagent les produits de la terre. Cela résulte le plus souvent de la possession du droit de l'eau, lequel se négocie, se loue, s'achète, s'aliène : quand la possession d'un temps d'arrosage déborde le cadre d'une parcelle sur une autre, voisine, il arrive que cette seconde terre tombe dans la sujétion de la première.

La plus grande de ces propriétés est celle d'un ancien cheikh de Chebika au temps de la colonisation française, nommé Amor ben Ali qui, regroupant douze parcelles, possède la plus grande terre de l'oasis de Chebika et fait travailler le plus grand nombre

1. Benno Steinberg-Sarrel, « Les oasis du Djérid », in *Cahiers internationaux de sociologie* : c. 15, XXX-1961.

de *khammès*, proportionnellement parlant. Sur cet Amor ben Ali, les jugements divergent: «C'est un homme qui a tout pris parce qu'il avait les Français pour lui et qu'il les aidait. Comme il était notre responsable, tout passait par lui et il savait quand il pouvait nous acheter un droit d'eau ou un morceau de terre. Il a profité de notre misère.» Un autre est plus violent encore (mais ce qu'il dit est invérifiable): «Quand il a voulu avoir la parcelle de mon oncle, il a enterré dans le sol une grenade qui a éclaté au moment où les gendarmes français faisaient leur tournée. L'oncle a été en prison et le cheikh a confisqué la terre qu'il a achetée pour rien.»

De toute manière cet Amor ben Ali paraît avoir constitué sa propriété en usant habilement ou non de l'autorité feinte ou réelle que lui donnait sa collaboration avec les autorités administratives ou militaires coloniales. Du moins, s'il n'est plus cheikh de Chebika depuis l'indépendance, a-t-il conservé ses terres de Tamerza et celles de Chebika.

Ses propres *khammès* ne partagent pas l'hostilité que lui portent les petits propriétaires de Chebika. Bien au contraire. L'un d'eux assure «qu'il le consulte pour les affaires de sa famille et qu'il lui emprunte de l'argent», un autre «que Si Amor connaît le pays comme personne et qu'on peut lui demander tout ce que l'on veut».

Nous avons rencontré ce propriétaire dans l'unique petit café de Tamerza, à côté de la maison du responsable administratif national — une pièce blanche, très propre, où s'entassent des sacs de farine estampillés aux armes des U.S.A. qui sont réservés aux distributions des chantiers de travail. C'est un homme de soixante ans, grand et maigre, avec un visage en lame de couteau et des yeux brillants, vêtu comme tous les gens d'ici, aussi pauvrement que le dernier des *khammès*, d'une grande gandoura sale. Le jour où nous l'avons vu à Tamerza, il sortait d'un groupe où il parlait avec vivacité et très fort en riant, ce qui est rare ici. Il est resté assez longtemps avec nous et il nous a raconté ses chasses : renards, loups, mouflons surtout. Il nous a proposé de nous emmener à une de ces chasses à l'aigle des montagnes qu'il assure pouvoir prendre aux pattes tant son agilité est grande. En fait, nous avons eu devant nous un de ces vantards de village et nous avons vu, aux clignements d'yeux des autres, que Si Amor jouait la comédie.

Plus précisément et en le revoyant un an plus tard pour lui

poser les mêmes questions qu'à notre première rencontre, nous avons découvert un autre homme sous le bouffon qu'il n'avait jamais cessé d'être : le rôle qu'il avait joué au temps de la colonisation (dont il avait gardé quelque prestige), il ne pouvait en retrouver l'essentiel qu'en se parodiant lui-même et en inventant des exploits dont il aurait été incapable. Mais le plus surprenant est que ce grand propriétaire (pour cette région) ne se comportait pas du tout en propriétaire, du moins comme ceux que l'on rencontre à Tozeur ou à Degache : incapable d'un calcul économique quelconque, il ne s'attache qu'au grignotement de la parcelle des autres pour augmenter une superficie et un nombre de palmiers dont il profite à peine, puisqu'il se désintéresse des produits de ses terres où il ne va plus jamais et les abandonne à des *khammès*, quitte à leur demander de temps en temps de l'argent, quand il les rencontre. Cette indifférence explique probablement à la fois le jugement hostile des petits propriétaires de Chebika et l'appréciation amicale de ces *khammès*.

En fait, il s'agit d'un problème plus général dont Si Amor est l'exemple : comme un grand nombre d'hommes du Sud et même du Maghreb, le goût pour l'accroissement de la propriété ne veut pas dire calcul économique ni création d'un système moderne. Il désigne souvent, seulement, un type d'homme qui ne fait rien de ce qu'il a rassemblé, qui ne se hausse pas au niveau de l'entreprise, qui s'arrête à la frontière imperceptible qui sépare la vie confuse de l'homme détaché des structures traditionnelles et non encore intégré à d'autres structures. Ce n'est point incompétence ni hésitation, seulement le rôle économique n'est pas assumé au moment où le rôle social est plus ou moins constitué. A Tamerza, personne ne prend Si Amor au sérieux à cause de ses bouffonneries et en raison même de son incapacité plus ou moins volontaire à devenir un propriétaire réel d'une propriété qu'il a constituée sans doute par tous les moyens mais pour n'en rien faire, attitude qui, dans ce pays, est plus fréquente qu'on ne le croit et qui devrait faire douter de la validité universelle des conduites économiques que les Européens ont trop souvent tendance à projeter hors de l'Europe industrielle et les nouvelles classes dirigeantes formées à l'Occident à adopter pour leur propre compte.

Après El-Hamma, après Tamerza, les *Rkarka*, nomades du Sahara installés sous leurs tentes au pied de la montagne et qui possèdent le sixième de l'oasis de Chebika, terres cultivées par des *khammès*, qu'ils soient des ouled Sidi'Abid ou qu'ils appartiennent à une autre famille, sont les propriétaires les plus exacts et les plus soupçonneux. On les voit, au moment de la cueillette des dattes, installés dans l'oasis, surveillant chaque arbre pendant que leurs *khammès* font tomber les régimes et les rassemblent. Ils sont là, en permanence, observant non comme d'autres propriétaires anciens *khammès* ou proches des *khammès* mais comme des gens du désert qui s'attendent à être trompés par des sédentaires.

On ne les aime guère au village : ils viennent à l'épicerie, parfois, surtout les jeunes qui travaillent sur les parcelles, devant la mosquée, sur la place, mais généralement leur dureté, leur netteté les éloignent des gens de Chebika. Ce sont de vrais propriétaires au sens moderne de ce mot car ce sont eux qui présentent avec une grande précision les traits de l'employeur et de l'entrepreneur, tels qu'on les trouve chez les grands seigneurs de Degache ou de Tozeur : ils mettent au service d'une attitude économique neuve pour eux, ce qu'on appelle trop facilement leur « avidité » et qui est une attention intense portée aux choses, un soupçon continu accompagné de la raideur que ce dernier entraîne.

Il arrive d'ailleurs qu'ils viennent en personne ou qu'ils envoient leur fils pour examiner, à la saison sèche, comment se fait la répartition des eaux sous le porche où coule la clepsydre, le *gaddous*. Quand ils sont là, les gens de Chebika, bavards et amusés d'ordinaire, se figent, se taisent. Le Bédouin s'installe. On voit qu'il possède des souliers en bon état, parfois des bottes de cheval, souvent une montre. C'est un homme plus nerveux aussi et qui se durcit, parce qu'il est plus nerveux que les gens du village. Mangeur de viande et coureur de steppe, cavalier et chasseur, il est différent et diffère aussi dans son intégration à la terre.

C'est avec eux que les discussions entre *khammès* et propriétaires sont les plus vives et les plus difficiles : on sait que les gens des tentes ont acquis leurs terres de Chebika en solde de dettes anciennes (moutons, chèvres, poules ou thé) arrivées à échéance et aussi parce que tel homme, petit propriétaire, n'arrivait plus à vivre sur sa parcelle et désirait obtenir (pour le mariage d'un fils ou la maladie d'un membre de la famille) les cinquante ou cent dinars d'argent liquide que pouvait payer sur-le-champ le nomade. On sait que le Bédouin ne discute pas comme les autres : il veut que la longue palabre aboutisse et, plus concret que l'homme sédentaire, que la parole se constitue en chose.

Reste une dernière catégorie de propriétaires, représentée par une dizaine d'hommes de Redeyef : les ouvriers des mines. Ceux-là sont difficilement discernables parce qu'ils sont à peine reconnus comme propriétaires par les gens de Chebika qui ne les nomment ainsi qu'au terme d'une discussion approfondie. Il nous a fallu deux ans et une visite prolongée lors de la saison de la cueillette des dattes pour les identifier.

Nous nous trouvions à ce moment dans l'oasis, assis avec Mohammed dans sa parcelle, quand arrivèrent en même temps un Bédouin des tentes que nous connaissions de vue et un autre homme vêtu comme tous les *khammès* et même apparemment un peu plus pauvre. L'un d'entre nous lui a parlé :

— Oui, je suis de Redeyef, je travaille dans les mines. Mon frère avait travaillé à Chebika pendant un temps et il avait gardé des amis ici, surtout Ridha l'épicier qu'il avait connu à Gafsa ou à Tamerza. Quand j'ai travaillé dans les mines, au bout d'un peu de temps j'ai pensé à Chebika parce que c'est faire plaisir à Dieu que de faire fructifier la terre.

— Parce que le travail de la mine ne fait pas plaisir à Dieu ?

— Ça dépend quel travail on fait dans la mine.

— Celui que tu fais ?

— Moi, je ne creuse pas dans le phosphate, je m'occupe de faire avancer les wagons qui emportent ce que les autres tirent jusqu'à la gare. C'est dix heures par jour. Je ne sais pas si ça fait plaisir à Dieu.

— Qu'est-ce qui fait plaisir à Dieu ?

— Faire la prière, respecter les jours de jeûne...

— Non, comme activité ?

— Comme activité ? certainement faire fructifier quelque chose qui vient dans la terre.

— C'est pourquoi tu as acheté de la terre ?

— Je partage ce que rapporte cette parcelle avec un autre homme de Tamerza, un homme des ouled Sidi'Abid et un vieux d'El-Hamma qu'on ne voit jamais.

— Et ça rapporte ?

— Je ne sais pas... deux, trois *Qfiz* par an, peut-être plus ou moins. Enfin peu de dinars.

— Dix dinars ?

— Oui, on peut dire ça. Dix ou vingt dinars par an [1].

— Et tu préfères cela à la mine?

— Si je le pouvais je vivrais ici, comme eux et je ferai rendre à la terre un peu plus. Mais je ne le peux pas: ma maison est à Redeyef.

Ma maison, *Dar*, cela veut dire: « Ma femme et mes enfants.» De toute manière l'homme est venu à pied en une journée; il repart demain et sera dans la mine à la reprise du travail, lundi. Des six autres ouvriers de Redeyef, il est le seul, avec un de ses cousins, qui vienne régulièrement — aux autres on porte le produit des ventes aux gens de Tozeur qui font la collecte à la saison. Mais ils ne sont pas les seuls parmi les ouvriers des mines de phosphate à posséder de la terre et à en acheter: non que le travail industriel leur paraisse insuffisant, mais ils sont trop pris, trop entourés de la terre pour ne pas être tentés d'y plonger à nouveau, d'y trouver une force que l'Islam leur donne comme répondant à la force imperceptible de Dieu travaillant à élever la nature jusqu'à lui.

Mais ces ouvriers propriétaires se confondent en fait avec les petits propriétaires de Chebika. Ces derniers ne sont que des *khammès* supérieurs, à peine distincts des autres et sans doute plus gênés par toutes les obligations qui pèsent sur eux. Au demeurant si leur propriété se confond avec leur être, ils n'en tirent pas plus de force que les *khammès*, aujourd'hui du moins. Car tous projettent dans le passé, où *tout le monde* était propriétaire, le souvenir d'un âge d'or disparu. En cela, ils se comportent en vrais sociologues, puisqu'ils estiment que le fait d'être propriétaire en petit nombre ne change rien à la structure globale de la société de Chebika et qu'il faudrait que tout le village fût détenteur exclusif de son sol pour qu'un autre régime s'établît.

Ces quatre couches superposées de propriétés correspondent en fait à quatre attitudes économiques différentes et souvent divergentes, quatre modes d'intégration et même d'activité dont les perspectives vis-à-vis du changement sont déterminantes dans la période que traversent actuellement le Sud et la Tunisie tout entière. Cet « électron social» que constitue Chebika peut donc être le modèle de changements manifestes et observables

1. Le *Qfiz* est l'équivalent du quintal. Il se négocie sur la base de 3 à 6 dinars selon les années, le kilo valant de 30 à 60 millimes.

susceptibles d'agir en profondeur sur les formes que l'administration prétend introduire au nom du socialisme d'État.

Si les propriétaires d'El-Hamma maintiennent des relations très lâches avec leurs «propriétés» familiales de Chebika, lesquelles ont été acquises à la suite d'échanges de femmes et n'interviennent pour ainsi dire jamais dans la marche de l'«entreprise», se contentant du règlement en dinars des bénéfices, et cela à époques peu régulières, les gens de Tamerza par contre se comportent en propriétaires traditionnels mais sans que le *khammès* se sente surveillé ni particulièrement mis en question par cette surveillance. Certes, les gens de Tamerza sont des maîtres exigeants, mais cela ne ressemble pas à la tutelle continuelle qu'exercent les Bédouins de la plaine qui, eux, sans doute parce qu'ils découvrent l'économie moderne avec une sorte de pureté, font preuve d'une précision et d'une netteté qui exaspèrent les villageois. Quant aux ouvriers des mines, ils sont trop proches des petits propriétaires, voire des *khammès* en raison de leur situation de nouveaux salariés, pour exciper véritablement de leurs droits de propriétaires.

Ces quatre directions correspondent aussi à quatre possibilités offertes aux hommes du Sud dans la présente situation du changement tunisien : il est singulier que *la seule qui corresponde à une attitude moderne soit celle des nomades*, gens d'errance et de voyage, venus du grand monde abstrait de la steppe, où les mots sont des actes et qui transportent dans le mécanisme de l'économie un dynamisme et un esprit concrets que ne montrent jamais les sédentaires.

Cela devrait suffire également à interdire de projeter sur les peuples les attitudes et les catégories qui sont les nôtres et à parler d'économie, fût-ce d'économie de subsistance ou d'économie primitive, là où le terme, l'activité et la philosophie de la vie qu'impliquent ces termes n'ont aucun sens. Chaque type de société porte avec soi son système propre et si les activités se répondent parfois, la fonction de ces activités varie radicalement, au point qu'il est impossible de ranger ces activités sous la même désignation, sans faire preuve d'une naïveté peu scientifique et d'un esprit dogmatique hors de propos. Quand on évoque le devenir de ces sociétés, il est donc essentiel de se placer au point de rupture entre le présent d'hier (qui cherche à durer) et le présent d'aujourd'hui, et non dans les perspectives d'une «économie de subsistance» et d'une «économie moderne»,

1. Si Tijani.
(Photo Georges Viollon.)

2. Chebika d'en haut.
(Collection de l'auteur.)
◄

3. Chebika d'en bas.
(Collection de l'auteur.)

4. *(Collection de l'auteur.)*

5. *(Collection de l'auteur.)*

6. La première équipe
des années 60.
(Collection de l'auteur.)

7. Le djebel.
(Collection de l'auteur.)

8. La grève dans la carrière.
A droite, K. Zamitti.
(Collection de l'auteur.)
◄

9. L'homme des tentes.
(Collection de l'auteur.)

10. Le village : à gauche, l'oasis ;
au centre, Sidi Soltane, le cimetière, l'école.
(Collection de l'auteur.)

11. Les femmes
devant Sidi Soltane.
(Collection de l'auteur.)

12. L'école.
(Collection de l'auteur.)

13. La carrière.
(Collection de l'auteur.)

14. Sidi Soltane.
(Collection de l'auteur.)

15. L'attente.
(Collection de l'auteur.)

16. Le *gaddous.*
(Photo André Reynaud.)

17. La porte du soleil.
(Photo Jean-Louis Bertuccelli.)

18. Le nouveau village.
(Collection de l'auteur.)

20. Naoua.
(Collection de l'auteur.)

19. Le nouveau village.
(Photo Bechir Tlili.)

21. Une journée ordinaire.
(Collection de l'auteur.)

◄

22. La nouvelle route
de la steppe.
(Photo Bechir Tlili.)

termes qui correspondent aux catégories européennes systématisées dans une image parfaitement subjective. Même si, à la suite de quelques remarques de Marx, on tente de définir les étapes nécessaires du durcissement économique valable pour toutes les sociétés humaines, fût-ce en plaçant des nuances dans une succession que l'auteur du *Capital*, après Hegel, donne pour inévitable et logique, on commet la pire des fautes contre la réalité, celle de la traduire en un langage étranger (le nôtre) et de vouloir à tout prix que la vie lui ressemble. Les analyses concernant le mode de production asiatique [1] sont intéressantes, mais elles sont arbitraires : la succession des types de société n'obéit pas, dans la planète entière, à une logique unique du genre de celle que Hegel a imposée à l'intelligence occidentale, et qu'on admet comme un postulat. Cette succession dépend de l'histoire propre à chaque type de société, et chaque type de société sécrète en fonction de la composition interne de ses structures le mouvement de destructuration et de restructuration propre à son changement interne : toute histoire se rapporte à la combinaison interne qui définit la forme globale d'une société et ne peut se mesurer qu'en se plaçant au point de rupture entre le système ancien (la « tradition ») et ce qui n'est pas encore défini, même si une administration prétend en formuler arbitrairement (et toujours imparfaitement) les lois.

Les gens de Chebika sont donc sollicités par au moins trois forces contraires : celle qui les conduit au régime de grande exploitation traditionnelle dans les oasis du Djérid ; celle qui tend vers l'économie moderne ; celle de la stagnation dans l'équilibre précaire de la misère. Nul ne peut dire aujourd'hui encore laquelle de ces directions sera plus forte que les autres et définira le rythme ou la forme du changement réel.

Du moins, ce cercle de la propriété porte-t-il avec lui sa propre organisation existentielle : lié qu'il est à la structure de la famille et aux moyens de production, il définit une durée qui lui est propre, mesurée par le travail saisonnier, l'accord cosmique avec les plantes et la vie animale, le changement des saisons et les multiples aléas de la nature. Quand on dit que l'Islam ignore la notion d'aléa en économie et que c'est la raison pour laquelle cette civilisation a ignoré le capitalisme, on oublie qu'il s'agit

1. K. Wittvogel : *Le Mode de production asiatique*, trad., Éd. de Minuit.

d'un monde rural et que le paysan, plus que tout autre homme, est commandé par la nature. Que l'Islam ait exclu de la circulation de l'argent la notion d'aléa dans laquelle il plongeait cosmiquement, cela paraît inévitable si l'on songe à la réalité même des groupes humains. Mais cela est évidemment impensable pour l'expert européen, l'observateur superficiel ou l'administrateur national formé à l'européenne et plus éloigné du monde d'où il sort que n'a pu l'être l'analyste soucieux d'objectivité.

On se doute que ces trois forces contraires ne créent pas toujours un climat de calme et de sincérité. D'autant que, au même moment, la radio, les délégués de l'administration et des pouvoirs publics annoncent que le changement radical des mœurs et des habitudes a commencé. Comme on le dit souvent en Tunisie, dans les « milieux officiels » : « Nous préférons changer les hommes pour changer les institutions plutôt que de créer des institutions nouvelles pour des hommes qui ne s'y adaptent pas encore. » Ce changement, plutôt cette sage conscience du changement, crée pourtant un traumatisme dont il faudra mesurer l'importance. En ce sens, le régime actuel de la propriété à Chebika, tout comme celui de la famille, est un facteur de dissociation sociale et de dégradation : il y a des sociétés qui se détruisent elles-mêmes en obéissant à leur propre mouvement intérieur, à ce qu'on appelle parfois leurs « structures »...

Le cercle de la famille et de la femme

La propriété et les relations matrimoniales culminent dans le cercle de famille. C'est assurément la part la moins saisissable de toute la vie du village, au point qu'on s'interroge parfois sur la quantité du temps départi à l'intimité domestique si l'on fait le décompte des heures de travail et du temps passé par les hommes sous le porche ou dans l'épicerie. Que l'emploi du temps d'un *khammès* ou d'un propriétaire se décompose en heures approximatives et nous constatons qu'il reste peu de temps pour la réunion familiale :

En été :

6 h-12 h : travail dans l'oasis.

12 h-18 h : réunion sous le porche ou dans l'épicerie, sieste, discussions.

18 h-19-20 h : travail dans l'oasis.

20 h-21 h : souper pris en famille.

21 h : retour sur la place et sommeil vers 22 h-23 h.

En hiver :

7 h-12 h : travail dans l'oasis.

12 h-14 h : retour sur la place.

14 h-17 h : travail dans l'oasis.

17 h-21 h : retour sur la place ou dîner et sommeil.

Bien entendu, nous ne comptons pas ici les heures passées à la surveillance de la distribution des eaux d'irrigation ; les horaires que nous proposons sont de simples indications car il est évident qu'il ne s'agit pas de respecter un emploi du temps. Du moins, voit-on clairement que, mis à part le sommeil, ce qu'on appelle la vie de famille occupe apparemment à peine une heure ou une heure et demie par jour. Encore faut-il noter que le mari et la femme ne se parlent presque jamais.

Pourtant, cinq ou six pères de famille de Chebika l'attestent : cette région de l'expérience collective est d'une importance considérable dans la vie individuelle, au point qu'un homme se sentirait déséquilibré ou détruit si ce cercle de famille venait à lui manquer : tout se passe comme si la personnalité de l'homme de Chebika reposait sur ce socle extérieurement dédaigné et privé de solidité.

— La famille, c'est ce que Dieu nous donne et sans sa famille et ses fils, un homme, qu'est-ce qu'il fait ? Il court de ville en ville, il habite n'importe où, et tu lui donnes à manger comme à un mendiant.

C'est Ali qui parle et Mohammed ne dit rien d'autre :

— J'ai eu deux femmes successives. Parce qu'il faut une femme qui s'occupe du couscous et de faire sécher les poivrons et aussi de laver le linge. On ne peut vivre sans cela.

— Moi, je suis parti longtemps de Chebika, dit le desservant de la mosquée. Tu sais, un an, peut-être cinq, je ne sais plus. Mais la famille était là, à Chebika, et je suis revenu parce que c'est ainsi. On est là avec la maison et il plaît à Dieu de nous la conserver. J'ai perdu ma femme. J'ai une autre femme qui est une cousine. C'est elle qui reçoit et distribue les dons. Comment faire autrement ?

— J'ai la famille là-haut, dit Noureddine. Quand les anciens étaient attaqués, ils mettaient la famille dans les grottes. C'est ce qu'il faut faire en premier. La famille avec les fils, c'est ce qui est le plus important. Quand on part, il faut l'emmener avec soi. Nous n'avons rien d'autre.

— Tu l'as fait souvent, d'emmener ta famille avec toi ?

— A Tozeur, oui.

— Qu'est-ce qui est plus précieux pour toi, la terre ou la famille ?

— La famille.

La situation des trente familles vraiment *constituées* de Chebika est la même : elles logent dans l'une de ces maisons à demi ruinées dont le toit s'effondre et nul ne fait rien pour les réparer, parce qu'on leur a dit que la reconstruction du village était imminente. Tout se détruit donc lentement. Du moins, par famille constituée, loge-t-on, tant bien que mal, une moyenne de cinq à huit personnes, sans parler des parents de passage, des cousins recueillis, des amis ou des voyageurs. Trente ou trente et une familles ainsi installées et, dans le reste, dix-sept autres formations qu'on n'ose appeler familiales parce qu'elles sont des ruines ou des survivances : ici, la femme est morte et n'a jamais été remplacée, là l'homme partage son toit avec un fils ou un frère. Ou bien il s'agit d'une marchande ambulante qui vend des lacets, du fil, des aiguilles et des bonbons et qui apparaît avec son mulet chaque mois pour quelques jours et en hiver, quelques semaines. Le reste du temps deux vieilles femmes, ses parentes, occupent la masure. Quelques célibataires ou veufs se roulent sur des nattes chaque soir dans un taudis à peine couvert du haut village, mais ils n'y habitent pas vraiment, sauf en hiver.

Que ces familles soient *installées* oblige l'enquêteur à interroger ceux qui sont en mesure de répondre, les pères, sur la situation financière réelle qui leur est faite. Certes, il convient d'éliminer ici les statistiques *nécessairement fausses* concernant le revenu national moyen puisque les gens de Chebika ne participent d'aucune manière à ce « revenu ». Tout au plus peut-on savoir par recoupement de combien *d'argent réel* dispose une famille et combien de billets de dinars lui passe par les mains chaque année. Là, les estimations varient mais il faut remarquer la surprise de ceux à qui nous montrons un billet de cinq dinars [1] et qui n'en ont jamais vu : la plupart des *khammès* et deux propriétaires (du moins à ce qu'ils affirment). L'épicier, la marchande ambulante, que nous avons rencontrée trois fois en deux ans et plus du tout ensuite, savent ce que signifie ce billet bleu et sont même en mesure de rendre la monnaie. Et deux propriétaires aussi qui sont en compte avec les nomades des tentes et un seul *khammès*, celui qui parfois s'occupe de la vente des poivrons à Tozeur. Cela ne veut pas dire que les gens de Chebika ne manipulent pas en un an une somme équivalente à cinq dinars, mais que l'argent leur vient en monnaie ou en billet d'un dinar. De toute manière, l'étude de ces budgets familiaux pose d'étranges problèmes.

— Que te faut-il pour vivre toute une année, toi et ta famille ? demande-t-on à un propriétaire que nous n'avons jamais vu dans l'oasis et toujours au pied de la mosquée.

1. Cinquante francs actuels (au cours officiel, cela va sans dire).

— Beaucoup, trois cents dinars, parfois plus.
— Et tu as cette somme?
— On peut toujours avoir cette somme.
— Tu sais ce que ça représente, trois cents dinars?
— C'est ce qu'il me faut pour vivre.
— Combien donnes-tu alors à ta femme?
— Combien je lui donne?
— Chaque jour, elle a besoin d'argent.
— Je parle avec l'épicier.
— Mais si elle a besoin d'argent?
— Elle a ses bijoux.
— Mais pour la nourriture, les enfants?
— Parfois je lui donne cent millimes, parfois deux cents.
— Par jour?
— Parfois pour un jour.
— Et après ce jour, rien?
— Pourquoi autre chose?
— Et toi, tu as combien?
— Parfois huit cents millimes. Trois dinars quand je vends des poivrons du jardin, un peu plus au moment des dattes.
— Toute l'année?
— Toute l'année.
— Tu n'achètes jamais de vêtements?
— Quels vêtements? Ce bleu, je l'ai eu au chantier de travail, il y a longtemps.
— Et ta femme?
— Elle a ses voiles à elle.
— Alors comment as-tu trois cents dinars par an?
— Je ne les ai pas. J'ai besoin de les dépenser.
Quant à un *khammès*, il est plus ferme encore:
— Par an, il y a ce que je veux. Je veux deux cents dinars parce que tout est cher.
— Mais tu les as?
— Il faut penser au couscous, à la viande, à ce qu'il faut pour le fils et l'école.
— On lui donne les livres.
— Oui, ça on lui donne les livres à l'école.
— Alors?
— Il y a tout le reste.
— Quel reste?
— Ce qui plaît à Dieu.

134

— Mais tu donnes combien par jour?
— Est-ce que je sais? La semoule ou la farine valent cinquante millimes. L'huile aussi est chère, tout est cher.
— Tu as tes deux cents dinars?
— Si j'emprunte, oui.
— A qui empruntes-tu?
— A Ridha, l'épicier.
— Tout le monde emprunte à Ridha.
— Tout le monde, ou à la marchande ambulante.
— Et tout le monde doit de l'argent à Ridha?
— Tout le monde. Bientôt, il n'aura plus d'argent. Parce qu'on ne lui rend pas assez [1].

Quant à cet autre *khammès* qui travaille une terre qui a été celle de son père et qu'il a vendue pour se marier, il compte dans ses évaluations le prix de sa dot et cette parcelle de l'oasis qui ne lui appartient plus. Il y ajoute ce qu'il voudrait posséder pour aller à Tunis, car il doit aller y visiter un médecin pour ses yeux. Presque tous ceux que nous interrogeons nous répondent *non selon ce qu'ils possèdent, mais selon ce qu'ils souhaitent avoir*: le budget optatif remplace toujours le budget réel, non seulement parce que le langage arabe prête à cette extension, mais encore et surtout parce qu'ils n'admettent pas de ne rien posséder. Est-ce la première fois que, sur cette terre, la langue l'emporte sur la réalité? Ici comme dans d'autres cas, la parole sert à masquer une situation qu'on ne veut pas reconnaître.

— Toi, Ridha, tu sais ce qu'ils ont pour vivre?
— Par semaine, deux ou trois cents millimes, un dinar par mois, peut-être deux.
— Tout vient de la terre alors?
— Pour manger, oui. Sauf le sucre, la semoule, le thé, l'huile.
— On vit avec deux dinars par mois? Ça fait plus de vingt dinars par an.
— Certains, oui.
— Pas tous?
— Non, pas tous.
— Et les autres?
— Ils mangent comme ils peuvent, ou ils s'aident.
— Les femmes, que font-elles?

1. A Chebika, une plaisanterie courante et flatteuse consiste à appeler Ridha «*El bank ech châali*», «la banque populaire».

— La cuisine. Elles coupent les dattes empilées, elles écrasent le grain, elles font de la farine.

— Ont-ils vraiment tous deux cents millimes par semaine? Tu les as, toi?

— A peu près.

— Plus?

— Non, pas plus.

Mais personne ne peut dire sur ce point la vérité : des siècles de pillage et de percepteurs d'impôts pillards au temps de l'occupation turque et du gouvernement des beys, la menace d'avoir à payer un tribut, la peur d'être accusé d'usure, tout cela accentue la propension à dissimuler la vérité. Mais y a-t-il vraiment une vérité à ce niveau? Peut-il y en avoir une, quand personne, sauf Ridha, la marchande ambulante et deux propriétaires misérables savent faire un calcul économique valable?

— Oui, je sais, dit la marchande : on met ici [elle désigne des cailloux à gauche] ce qu'on a et à droite ce qu'on doit et on cherche à augmenter ce qu'on a. Quand on a beaucoup, on peut acheter quelque chose.

— Mais tu veux avoir plus que tu as?

— Je n'ai rien, ma sœur, rien de rien. Comment veux-tu que je calcule?

— Ou as-tu appris à compter ainsi?

— Ali était épicier. J'ai été sa femme. Il est mort.

— Et les gens t'achètent beaucoup?

— Jamais beaucoup. Je viens là parce que j'habite cette maison.

Quand on pousse l'analyse au-delà de la « parlerie » et des jeux de mots, on peut estimer que chaque famille de Chebika voit passer chaque année en moyenne une dizaine de dinars seulement, sauf, bien entendu, Ridha et un ou deux propriétaires « qui font le commerce avec les Bédouins ». C'est dire qu'ils vendent à ces derniers pour une quarantaine de dinars annuels de dattes et de poivrons. De toute manière, si l'on peut parler de « l'économie domestique » de Chebika, celle-ci n'est pas comptable en termes de marché mais en termes d'échange ou même de solidarité. Tout se passe comme si les aspects de l'économie monétaire dont on entend parler à la radio n'étaient perçus qu'à la manière des éléments d'un langage, analogue au bavardage quotidien des hommes réunis sous le porche.

Mais l'économie de marché n'est un modèle universel que

136

pour les Européens et pour la classe dirigeante tunisienne. Les hommes de Chebika pensent leurs désirs en langage monétaire, parce que la radio leur a suggéré une certaine attitude devant le *désirable*, celle que les membres de l'administration destourienne ont apprise de l'Occident. De cette opposition entre un langage appris et reçu et une réalité qui ne tend pas à l'économie au sens moderne de ce mot résulte l'ambiguïté de tous les termes employés à Chebika et, par conséquent, cette attitude *optative* devant les budgets: l'argent, presque inconnu et en tout cas limité, est le signe d'un système tout fait dont les experts, les visiteurs européens toujours un peu naïfs, les membres de l'administration nationale font partie. Ce système trouve dans la radio son moyen de communication le plus efficace. Mais ce qu'en conserve par-devers lui l'homme de Chebika est bien plus complexe à saisir : il en prend la part de signification sans détenir le pouvoir matériel de formuler concrètement, réellement, le support réel de ces signes. On devrait dire que les gens vivent dans un monde de paroles, rigoureusement formel, qu'ils élaborent eux-mêmes au contact de la radio et de leur dénuement. Le langage des gens de Chebika ne recoupe aucune réalité et cela isole encore plus le village.

Où donc apprendraient-ils l'économie de marché ? A Chebika, une seule épicerie sur deux survit aujourd'hui, celle de Ridha, et tout ce qu'on y « prend » est généralement rendu sous forme de services. La dette s'épuise dans le jeu des échanges. La marchande ambulante ne vend ses *haïk* ou son fil qu'en échange de nourriture pour les jours qu'elle passe dans le village. Emprunte-t-elle un âne pour aller visiter les Bédouins avec ses baluchons, qu'elle paie en semoule ou en bonbons pour les enfants.

La seule cause de circulation de l'argent est, à vrai dire, le mariage : le vieux Gaddour (qui n'est pas parent de l'*oukil* de la mosquée qui porte le même nom) s'est marié plusieurs fois et chaque fois, il a vendu des palmiers et a porté l'argent à ses beaux-parents. Ces mêmes beaux-parents, d'El-Hamma, nous affirment pourtant qu'Abdallah a simplement donné les terres et qu'il a ajouté cinq billets d'un dinar qu'il s'était procuré par emprunt pour payer le mariage. Noureddine pense qu'il a eu beaucoup d'argent quand il a pu aller à Tamerza chercher sa fiancée, mais que cet argent n'a fait que lui passer par les mains. De la même façon, Ali, qui a marié une fille, a reçu d'un homme de Redeyef une dizaine de dinars en billets, qu'il a dû donner en partie à Ridha qui lui réclamait ce règlement d'une dette depuis cinq ans. Ou bien encore Mohammed a donné de l'argent pour sa seconde femme, Naoua, mais cet argent lui venait d'un marchand de Tozeur qui ne lui avait pas payé depuis deux ans la récolte de piments qu'il lui prenait.

Le chantier de travail (une fois par an et au maximum deux fois) occupe ceux qui ont la chance d'y aller une quinzaine de jours en moyenne par an. Cela représente deux dinars et demi payés en espèces. Bien entendu la vente de certains produits devrait rapporter de l'argent : les dattes, les piments sont achetés par des intermédiaires, les uns pour la coopérative régionale, les autres pour les écouler sur le marché des villes. Mais les prix d'achat sont souvent misérables : en 1965, le kilo de ces piments particulièrement recherchés qui servent à faire l'harissa était acheté cent millimes à Chebika et vendu au marché de Tunis entre six cents et sept cents millimes.

On peut estimer que le village de Chebika ignore l'économie de marché ou même simplement le salariat et les formes d'économie monétaire que nous connaissons, non parce qu'il n'en a aucune idée, au contraire, mais parce qu'il ne peut arriver à atteindre le niveau à partir duquel d'autres lois jouent que celles de l'échange de services et celles de l'emprunt à la petite semaine.

— Mon père n'avait jamais vu un billet, dit le vieil Ali. Jamais. J'ai vu les premiers au temps des Français parce que j'ai travaillé un moment dans un camp et qu'on m'a bien payé. J'ai travaillé aussi pour les Allemands et les Américains. Tout le monde paye mieux que les Tunisiens. J'ai eu ainsi beaucoup d'argent.

— Beaucoup ?

— Oui, peut-être cinquante ou cent dinars, je ne sais plus.

— Qu'en as-tu fait ?

— J'ai pris une autre femme. La mienne était vieille.

— Quand ?

— Avant la loi, avant l'indépendance.

— Maintenant ?

— La vieille est restée. La jeune est morte. Elle avait un enfant dans le ventre qui ne voulait pas sortir. Un jour elle est morte.

— Et à ce moment, tu as eu de l'argent ?

— Oui, beaucoup.

Noureddine est plus confus :

138

— De l'argent? On en a vu. Oui. De toute façon on ne sait pas où il va. Peut-être chez les Bédouins? En tout cas, Dieu ne veut pas qu'il reste à Chebika. Il voyage. On en a ailleurs. Le dinar ne vient pas à Chebika où il n'y a rien à acheter.

Il existe pourtant une forme d'épargne ou de thésaurisation, séculaire parce qu'elle est celle des bijoux que les femmes gardent par-devers elles, qui restent leur propriété tant parce qu'elles les portent tous les jours que parce qu'ils reviennent dans certains cas à leur père, si elles meurent. Ce sont des bijoux bédouins, les fibules, les bracelets de cheville et de mains, les broches, les plaques pour le front ou la poitrine. Ce sont des objets en argent battu que les femmes vendent à bas prix quand elles suivent dans la banlieue d'une ville l'émigration de leur famille où l'on entre brutalement dans l'économie monétaire [1]. Nul n'intervient dans ces tractations. Mais à Chebika, ces bijoux restent aux oreilles ou au cou: jamais à aucun moment de notre séjour, une seule femme n'a tenté de nous vendre un de ces objets.

Cette thésaurisation est significative: la femme est le lieu d'une véritable accumulation, le foyer récepteur d'une richesse dépensée mais inutile et du même coup «socialisée»: elle provoque le don d'une dot à son père et son père ou sa mère lui donne ces bijoux qui restent son bien, qui la distinguent des autres par leur somptuosité ou simplement lui donnent une sorte d'autonomie puisqu'elle en dispose comme elle l'entend et que cette thésaurisation ne concerne qu'elle.

On peut estimer cette accumulation. Naoua possède deux plaques évaluées chacune à Tunis à dix dinars, deux bracelets de cinq dinars, quatre fibules et deux broches de deux et un dinar. Cela fait une accumulation virtuelle de quarante dinars. Ymra possède un plus gros arsenal: cinq plaques dont l'une fort belle agrémentée d'une pierre ancienne malheureusement abîmée, dix bracelets et autant de fibules ou de broches, ce qui représente dans les cent dinars. La vieille femme de l'*oukil* de la mosquée possède, elle, une réserve d'une somme presque équivalente ainsi que trois autres femmes de *khammès*; cela prouve que la possession de ces bijoux n'a rien à voir avec la richesse même des familles, qu'elle constitue un héritage qu'on se passe de mère en fille et qui s'accroît de temps en temps. Les femmes des trente

---

1. Ces intermédiaires revendent ensuite fort cher ces bijoux, souvent admirables, à des amateurs.

familles de Chebika doivent donc disposer ainsi si l'on estime à quarante dinars la moyenne des thésaurisations individuelles de près de mille deux cents dinars qui ne sont jamais investis dans la vie collective ni dans le jeu des échanges, parce qu'ils sont à la fois la parure de la femme et le symbole de son indépendance financière éventuelle. En ce sens les femmes sont plus riches ensemble que la plupart des hommes, mis à part ceux qui font du commerce.

En fait, la seule force motrice de la circulation de l'argent en « grosses » sommes reste le mariage qui active les relations apparemment économiques, mais auxquelles se mêlent de nombreux échanges, comme si le village tout entier éprouvait une impuissance insurmontable à dépasser le système antérieur. Il est vrai que la situation présente n'offre pas au village la moindre possibilité d'entrer dans un autre circuit.

Les relations « économiques » entre groupes et individus prennent donc presque exclusivement la forme de l'échange — échange de biens, de fruits des vergers, de services et de tours d'eau dans l'oasis. Ces échanges constituent la trame vivante de la vie interne du village, celle sur laquelle repose la famille et la vie domestique. Qu'elle prenne la forme de l'échange simple ou qu'elle devienne un aspect de la solidarité active, elle porte sur presque tous les objets et les actions pensables à Chebika.

Qu'échange-t-on? D'un long interrogatoire poursuivi avec cinq *khammès* et deux propriétaires et répété à deux ans de distance, il apparaît que les échanges portent sur les éléments les plus disparates : parmi les objets, nous avons trouvé des voiles de femme, des *cachabyia* ou burnous d'hommes, un poste de radio transistor, un tamis pour la semoule et le couscous, deux houes de *khammès*, une meule à huile, des bouteilles d'huile, du sucre, des cigarettes ; les animaux, eux aussi, entrent dans le circuit, qu'il s'agisse des poules, d'une chèvre, même d'un âne, des parts de viande et des dattes écrasées. Les services sont plus curieux, puisqu'on y trouve un labour de parcelle dans l'oasis, cinq ou six aides fournies au moment de l'accouchement des femmes, des commissions faites à Tozeur, à Tamerza, à El-Hamma, le transport d'un enfant malade jusqu'à Tozeur, plusieurs mesures d'eau dans les parcelles de l'oasis, l'aide pour transporter le corps d'une vieille femme au cimetière. En fait, chaque objet usuel, chaque produit, chaque action de la vie peut entrer dans le circuit de la circulation des échanges : les classifications qui commandent à ces échanges commandent aussi à leur appréciation en équivalence de valeur. Ainsi un tour d'eau dans l'oasis équivaut à une commission exécutée chez un pharmacien de Tozeur, le labour d'une parcelle représente cinq ou six cigarettes, le service rendu par une femme à une autre femme pour l'accouchement à plusieurs mesures d'huile.

La comptabilité de ces échanges est infinie et chaque personne se trouve au milieu d'un réseau complexe de circulation avec tous les autres individus, compte tenu du fait que certains hommes ou chefs de famille totalisent pour eux-mêmes la presque totalité des échanges — en raison de leur disponibilité en argent comme Ridha l'épicier ou de la capacité de leur femme à aider les accouchements, comme c'est le cas de la femme de Mohammed, Naoua. Il existe ainsi quatre foyers de circulation à Chebika : la famille de Ridha, de Mohammed, de Noureddine et de l'*oukil* Si Gaddour. Il faut également remarquer que ce sont aussi à ces hommes que l'on a recours de préférence aux vieux (qui ne jouissent d'aucun prestige de sagesse en raison de leur âge) pour demander des conseils au sujet de l'utilisation des semences, du règlement d'un litige avec les nomades ou de la maladie d'un enfant. Les familles qui occupent le foyer de ces échanges sont aussi celles où l'on se réunit : Noureddine, Mohammed savent qu'en leur absence les femmes se rassemblent dans leurs maisons et en sont satisfaits parce que s'accroît d'autant leur prestige.

Ces échanges généralisés occupent la « parlerie » de tous les gens de Chebika, hommes et femmes, et surtout leur pensée. Presque toute la journée l'esprit travaille sur ces interminables chaînes de services et d'objets prêtés et à rendre, sur la possibilité de régler les différends pour acquérir un nouveau crédit. Certes, c'est à l'étranger que l'on parle le moins de cette circulation qui compose la vie interne du village et n'entre jamais en composition dans la représentation de la vie telle qu'on la donne à voir à l'extérieur.

L'échange sous toutes ses formes revêt deux aspects différents l'un de l'autre — celui de la circulation économique, génératrice d'usure et de dépendance, celui de la solidarité. Le premier de ces aspects définit la vie quotidienne de Chebika et explique l'apparition d'une forme simple d'accumulation qui fait de certains détenteurs de richesse des « représentants masqués » de l'économie monétaire. Le plus remarquable est Ridha l'épicier auprès de qui *tous* les hommes du village sont endettés en raison même des services qu'il a pu rendre, depuis quatre années que son commerce lui a permis d'«aider» ses compatriotes. Mais il ne faudrait pas croire que Ridha est un homme riche : les services rendus (huile, thé, argent prêté sans usure, sucre, etc.) ne sont restitués qu'au terme de nombreuses années et, bien entendu, souvent à perte, dans la mesure où les gens de Chebika continuent à éprouver le besoin de ce qu'ils ont souhaité obtenir en s'endettant pour la première fois. Seulement, détenteur d'une certaine «richesse» qu'il ne peut et ne pourra jamais capitaliser (puisque toute restitution entraîne un nouveau don), Ridha a acquis une mentalité moderne : celle d'un commerçant d'économie monétaire, bien qu'il ne manipule que de faibles sommes (nous les avons estimées à deux ou trois cents dinars pour une année) : il sait que, sous forme de travail sur les terres ou accumulation de services, il finira par constituer un certain fonds, dont il pourra disposer d'une manière indépendante, soit à Tozeur soit à Gafsa, car il ne songe pas à utiliser ses revenus pour entreprendre des investissements dans le village. Ainsi, au milieu de «l'économie de troc» se forme une caste de paysans riches ou semi-riches dont la propriété résulte de la rencontre d'une accumulation de services concentrés en travail et d'une mentalité efficace appliquée à l'enrichissement d'une manière continue (chose peu commune dans le Sud!).

L'autre forme de la circulation est la solidarité, une solidarité ouverte et généreuse dont l'importance frappe à Chebika dans la mesure où cela compense certains aspects de la misère et qui cependant se dégrade d'année en année au point qu'en 1967, au moment où il était question d'instaurer les formes du socialisme d'État destourien dans les campagnes, la force qui aurait pu en supporter le poids dépérissait lentement. C'est que la solidarité est sans objet dans la période d'attente entre la stagnation et le développement et, partant, s'épuise au contact d'une économie monétaire qu'elle côtoie sans y entrer...

Cette solidarité atteint surtout les femmes, et son intensité frappe l'observateur. A vrai dire, l'Islam en séparant radicalement les rôles et les spécialisations de l'homme et de la femme conduit à cette solidarité (cette complicité même) remarquable dans les villes dans tous les milieux. Au point qu'on peut avancer l'hypothèse que le rôle de la femme est devenu, malgré le mépris qui l'affecte *apparemment*, infiniment plus important que celui de l'homme dont elle contrôle en groupe les réactions: la sexualité, l'attachement des enfants et la nourriture. Maîtresse de la reproduction et de la manducation, la femme islamique est devenue dans l'ancienne Tunisie un élément caché mais actif, jamais avoué, de la vie publique.

A Chebika cette complicité est moins efficace mais elle commande en fait à toute la vie psychique et psychologique du village puisque les femmes, qui sont seules durant toute la journée, préparent en commun des décisions qu'elles peuvent suggérer à leurs maris, voire dans certains cas imposer. Ainsi, nous savons que les femmes discutent non seulement de la naissance ou de la non-naissance des enfants, de la nourriture, de la maladie de l'un ou de l'autre mais aussi des mariages futurs qui sont décidés en commun et auxquels les hommes ne s'opposent jamais (sur dix-sept cas, un seul a été repoussé par le mari, dans la famille de Noureddine parce que ce dernier avait une vieille dette à éteindre par un mariage favorable). Cette entente repose surtout sur le fait de l'entraide et de l'échange des services qui tantôt engagent toute la famille (quand Naoua par exemple accouche la femme de Ridha, toute sa maisonnée profite de l'huile et du sucre qui lui viennent en retour) et tantôt seulement les femmes entre elles. Ainsi, au réseau de circulation des familles répond aussi le subtil jeu de la circulation entre les femmes.

— Quand une femme accouche, dit Ymra, nous allons tous la voir et on lui apporte du thé, du sucre, de l'argent.

La jeune accouchée est assise au milieu des chiffons. Sur le ventre de l'enfant, entouré d'un ruban, le bout du cordon ombilical apparaît, monstrueux. La femme est grisâtre, ses tatouages ressortent. L'accouchement est une maladie, on apporte et l'on donne comme autant de services des sortilèges, des mots magiques, du thé. On l'entoure. La présence du groupe des femmes est un don que l'accouchée rendra en allant à son tour plus tard chez une autre accouchée. Même le chant de Naoua est un don, un service rendu naturellement et qui appelle, *comme tout geste fait en public*, une réponse ultérieure. Les femmes ne proposent-elles pas à Naïma, à « Christ », de venir à Tunis les aider quand elles accoucheront à leur tour ? elles vont d'ailleurs de temps en temps aider leurs cousines d'El-Hamma ou de Tamerza.

Il existe même chez les femmes un cas particulier de solidarité au niveau de l'échange des connaissances techniques : c'est celui de la fabrication des poteries. Certaines femmes (généralement jeunes) vont chercher de l'argile dans la montagne sur la route de Redeyef, ce qui représente une bonne journée de marche. Elles transportent ces masses de terre dans des sacs attachés sur leur dos avec des ficelles. Certes, il est très fréquent que les femmes échangent cette argile contre du sucre ou du thé. Mais le plus souvent (nous disent Naoua et Ymra) elles la donnent à celles des femmes qui savent la travailler et la modeler. Ce sont généralement trois femmes Gaddouri qui habitent non loin du porche de la clepsydre. Celles-ci fabriquent ces plats (*tajin*) qui servent à tous les usages culinaires. Ce travail de spécialiste est rigoureusement *bénévole* quand l'argile a été également concédée bénévolement. Ces plats sont ensuite distribués à n'importe quelle famille sans distinction.

— Si elles ont besoin d'œufs ou de volailles, elles viennent en prendre chez moi, dit Ymra la femme de Noureddine.

La marchande ambulante, elle, n'a pas d'âne quand elle vient de Redeyef mais elle descend vers les tentes et El-Hamma avec son baluchon. Les femmes lui prêtent un âne de la maison sans en parler au mari qui est toujours d'accord en ce cas. Quelques rubans récompensent ce service. Une vieille femme aveugle qui n'a plus personne de sa famille, une Gaddouri, a été recueillie par une famille qui n'est pas Gaddouri : on la nourrit, on la fait participer à toutes les fêtes et célébrations. De même, Brahim Imami, vieux et célibataire, quelque peu gâteux aujourd'hui, vit dans une famille et partage la nourriture de tout le groupe sans aucune différence. Plus anecdotiquement, les femmes percent les oreilles des filles de leurs voisines puisqu'une mère ne peut elle-même procéder à cette opération. Ou bien, au moment d'un mariage, la femme de Ridha l'épicier prête ses bijoux d'argent battu qui font partie de sa dot et qui restent sa propriété absolue.

Sur le plan alimentaire ces échanges de solidarité atteignent leur intensité la plus forte, puisqu'il ne se passe un jour où une famille ne demande, à tour de rôle, des œufs ou une volaille à d'autres familles, et cela de telle sorte qu'indépendamment des appartenances familiales les échanges de nourriture affectent tout le village. Et cela autant pour les fêtes que pour la vie de chaque jour.

La nourriture puisqu'elle fait partie de cette action solidaire des femmes sur l'homme est un des socles les plus fermes du cercle de la famille, ce qui rattache l'homme à son existence même, à la nature. Elle est à la fois l'élément le plus intensément échangé — en raison du dénuement et des famines autrefois périodiques, aujourd'hui d'une relative sous-alimentation — le domaine où se manifestent le plus complètement la solidarité entre les femmes et la solidarité entre les groupes.

— Si quelqu'un a besoin de pain ou de farine, il trouve toujours quelqu'un pour lui en donner, dit la femme de l'*oukil*. Celui-là n'a qu'à demander.

Mais c'est la forme simple de l'entraide. La solidarité va plus loin jusqu'à l'élaboration collective des plats, laquelle devient dans tout le Sud un rituel que les femmes apprennent d'autres femmes dans leur enfance comme elles apprennent en même temps à faire les gestes qui favorisent la fécondation. C'est au fond une seule et même activité qui unit toutes les femmes du village dans une même solidarité vivante qui est, contrairement à celle des hommes, continue.

Du grain glané à la saison, moulu et préparé en longues journées alternativement passées chez l'une ou chez l'autre dans une confusion complète de tous les ustensiles de cuisine parce que la propriété des objets s'efface dans ces intenses moments de participation qui sont aussi des moments d'invention verbale et parfois pratiques[1]. Ces grains écrasés dans l'une ou l'autre maison entraînent aussi l'accomplissement de gestes de danse dont l'érotisation est profonde, appliquée même : le balancement des hanches au battement du pilon et selon le même rythme, l'étalement des bras accompagné de l'ondulation de la poitrine ; une femme souvent, en dansant, se dépouille, exhibe ses tatouages et les autres répondent avec le *zaghret* c'est-à-dire les cris de youyou gloussés et stridents. Tout se passe souvent comme si les gestes et les manifestations de la volupté amoureuse, qui sont le plus souvent exclus des rapports sexuels réels, disjoints de leur finalité propre, étaient transposés dans les gestes de la danse ou de la parade, devenus alors symboles.

Ces danses accroissent la participation passionnelle de l'élaboration culinaire, la mouture du couscous puis son séchage où l'on met encore en commun les couvertures et les draps qui

1. Voir pour certaines de ces cérémonies l'amusante description de W. Marçais et Abderrahdam Guiga dans *Textes arabes de Takrouna*, valables surtout pour une région plus septentrionale.

servent pour cela. Quand on roule les semoules mouillées, chaque femme a son plat en bois, son tamis et son couffin dans lequel elle fait ses mélanges. Des filles, presque des enfants, montent les couffins dans les endroits utilisables des toits effondrés ou simplement les étendent par terre dans la cour en éloignant les poules. Aux hommes qui peuvent survenir l'on jette encore en riant une poignée de grains pour les chasser. Mais les journées de préparation de réserves sont peu fréquentes à Chebika, elles portent sur des quantités infimes : du moins sont-elles une élaboration collective intense de cette nourriture qui, elle aussi, est confectionnée de la même manière et avec la même attention tendre et unanime : ragoûts de pois chiche, de viande de chevreau ou de mouton si longuement bouilli qu'elle part en écharpe, couscous, mélanges de légumes cuits mais le tout fortement assaisonné de piment rouge très fort dont certains disent qu'il est destiné à accentuer la sexualité des mâles, d'autres qu'il équilibre les fonctions de l'organisme durant la grande chaleur, d'autres enfin qu'il coupe radicalement la soif. Tout cela à la fois sans doute.

L'essentiel n'est pas là, mais dans la préparation de ces sauces, ragoûts, mélanges divers de viandes bouillies et de légumes également bouillis : les gens de Chebika ignorent la viande grillée non parce qu'ils obéissent à une secrète logique mais parce que la collectivisation de l'acte culinaire et son érotisation par les femmes impliquent la longue préparation dûment cuite et mélangée, longuement mûrie et broyée : la cuisine grillée est toujours *solitaire* et c'est presque toujours une cuisine d'hommes qui sont longtemps isolés : cuisine de montagnards ou de gardiens de troupeaux [1]. La longue préparation des plats cuits et bouillis suggère, au contraire, l'intense participation des femmes entre elles pour la préparation de la nourriture du mâle. Rien n'est moins solitaire que l'homme apparemment seul : quand il descend à l'oasis, quand il part dans la steppe, l'homme de Chebika emporte avec lui dans un couffin ou de petits pots le résultat de cette pieuse, collective et érotique participation des femmes du village, promène avec lui cette vie domestique dont la solidarité est sans doute plus intense que toutes les autres.

1. La cuisine n'est point un langage et ne se réduit pas seulement à des règles : la manducation comme la sexualité sont des *actes* avant d'être transposées dans un système de langage.

L'entraide entre les hommes, elle, porte sur le travail et certains besoins particuliers (tabac, thé). Ici, la solidarité est toujours liée au travail dans la mesure où la générosité d'un service sans retour porte exclusivement sur la vie de l'oasis alors que l'échange normal l'emporte dans les discussions sous le porche et dans l'épicerie. Bien entendu si un sinistre survient (volée de sauterelles, inondation à la suite d'un orage), tous ces *khammès* et les propriétaires assistent et aident la victime sans qu'il soit une seconde question de rendre ce service. De la même manière, si un homme est accidenté, il se trouve toujours un autre homme pour l'emmener à la ville ou aller y chercher des médicaments, même si ce service se traduit par une perte de deux ou trois journées de travail.

Moins intense, moins active, la solidarité masculine ne s'exprime pas, à vrai dire, à ce niveau mais au niveau du langage, de la « parlerie » sur la place du village pendant ce temps de non-travail dont nous verrons qu'il constitue le noyau réel de la collectivité de Chebika.

Qu'il se présente ou non sous la forme de la solidarité, le système des échanges domine la vie intime et familiale de Chebika et constitue en fin de compte la trame de la vie collective : le fait que tout objet ou action puisse devenir un élément de cette circulation étrangère à l'économie monétaire donne une coloration particulière à la réalité de l'existence quotidienne. L'homme et la femme sont ainsi impliqués dans un réseau de prêts et de restitutions qui définissent la trame sociale et *qui ne s'expriment pas nécessairement dans le langage commun.* Sans doute, conscient de son impuissance à modifier la vie du Sud durant les cinq ou dix années à venir, le gouvernement national a-t-il, depuis des années, insisté par la voix de la radio et celle de ses administrateurs sur la nécessité de la solidarité puisqu'il s'avérait impossible à ce moment de faire entrer ces groupes dans le système d'une économie monétaire où le salariat occupe une place prépondérante. Mais la persuasion de l'État joue le rôle d'une justification pour l'homme du village.

— Ils l'ont dit à la radio, dit Ahmed, un jeune *khammès*. Ils ont dit qu'il fallait que chacun aide son frère et son voisin. On a toujours aidé son voisin. Dieu veut qu'on aide son frère et son voisin. On ne peut rien dire sur cela. Puisque le gouvernement le dit, nous le disons aussi. Mais mon père le faisait et mon grand-père aussi. Quand l'un ou l'autre veut que je lui prête ma houe, je la lui prête si je ne travaille pas. S'il veut des œufs, on lui donne des œufs et si j'ai besoin d'œufs, je les lui demande. Nous sommes ainsi...

Cela étant, la solidarité ou le système des échanges de Chebika constitue un tout fermé, solidement clos. Seuls les cousins d'El-Hamma ou de Tamerza bénéficient de ces relations (et cela rarement) : en fait, le système est surtout propre à Chebika et c'est dans l'intimité des maisons du village, le foyer où l'homme va si peu et où, pourtant, il trouve le socle et l'infrastructure de son existence psychique, que s'élabore la vie propre du groupement. Rien ne sort de cette chaude intimité, de cette habituelle participation : elle accentue seulement la parenté des gens du village, contredit à la distinction *abstraite* en familles séparées, souvent opposées les unes aux autres, quand il s'agit de mariage. La solidarité et l'échange ne se situent pas au même plan d'expérience et ne tendent pas à accentuer l'intégration des groupes partiels ni à leur donner une « structure » ; ils visent à la particularisation et à l'affirmation d'une unité propre, originale, qui s'affirme dans le jeu de réciprocités infiniment compliqué par l'enchevêtrement des rapports qui se créent aussi bien dans la vie actuelle qu'ils s'accumulent dans la durée.

Mais cette même solidarité, ces mêmes échanges exercent une bien curieuse fonction : au lieu d'orienter Chebika vers une autre forme d'expérience, ils le figent dans un état, le durcissent dans une situation particulièrement médiocre. L'échange, ici, au contraire de ce qu'il peut être dans une société où il multiplie les relations humaines et crée du prestige, aboutit à séparer et à isoler Chebika du reste du Sud : par toute une part de son expérience sociale, le village défait ce que font les mariages, il sépare et accentue la solitude du groupe en le refermant sur lui-même, en l'occupant exclusivement et en fin de compte en le fermant au reste du monde. L'entraide devient un facteur décisif de dégradation quand elle fait de l'ensemble humain qui la pratique un *ghetto*.

Trois vies

Spontanément, au cours de la longue démarche qui conduit dans le labyrinthe de la vie collective de Chebika, trois personnes nous ont raconté leur vie, une longue existence pour Ahmed et le vieux Gaddour, une moins longue pour Fatma : du moins révèlent-elles, avec toutes ces anecdotes qu'elles charrient dans leur cours, comment s'enchevêtrent les cycles et les clans qui donnent au village sa figure mouvante.

Ahmed ben Ali ben Brahim Gaddour estime qu'il a soixante-dix-huit ans quand nous lui parlons en 1962, puisqu'il est né au moment où les « Fransis » entraient dans la Régence. C'est un grand vieillard maigre et décharné, à fortes moustaches noires qui contredisent sa calvitie presque totale. Ses deux oreilles percées pour des anneaux depuis longtemps perdus sont couvertes de croûtes jaunâtres. Il reste vautré toute la journée dans la poussière soit autour du *gaddous* soit devant la mosquée, jamais près de l'épicerie ; parce que pour aller là-bas, il faut avoir de l'argent et qu'il n'en a pas.

Quand il se redresse un peu pour parler, il essuie à peine la poussière qui couvre ses jambes nues et son burnous, et il nous regarde, presque goguenard ; il sait ce que nous voulons faire et il souhaite que nous parlions de lui. Il attache aux photographies que nous prenons et aux propos que nous enregistrons une importance maniaque : cherche-t-il ainsi à durer, à échapper à la mort qui vient ?

— Mon grand-père était le plus gros propriétaire de Chebika. Il avait beaucoup de palmiers. Il possédait à lui seul onze

149

parcelles dans l'oasis. Toute l'eau était pour lui. Les *khammès* étaient des associés qui travaillaient avec lui et partageaient tout.

Tout le monde enviait son grand-père qui était l'homme le plus important de Chebika et le plus riche aussi. Tout le monde demandait conseil à son grand-père qui était aussi très croyant mais n'avait pu faire le pèlerinage de La Mecque à cause de l'arrivée des «Fransis» à l'âge où il aurait dû entreprendre ce voyage. Lui, Si Ahmed, il est né dans une maison aujourd'hui démolie au-dessus de l'oued et il a vécu comme tous les enfants de son âge. Il se souvient qu'à cette époque les enfants mouraient plus souvent qu'aujourd'hui et il a perdu beaucoup de ses camarades, la plupart sauf un ou deux qui alors ont vécu comme lui très vieux.

Quand il a eu vingt ans, Si Ahmed est allé voir ses cousins d'El-Hamma et il a poussé jusqu'à Tozeur où il n'y avait pas encore de train mais seulement des postes français et des soldats qui parcouraient le pays sur des chameaux. Puis le train a été construit et il a travaillé comme la plupart des gens du pays à la pose des rails en plein désert, puis à la construction de la piste de Gafsa à Tozeur et Nefta. A cette époque il travailla beaucoup, et son père restait avec son grand-père dans l'oasis. Mais lui voulait voir du pays. Le train a été construit et il a vu le train, oui, le premier train dans le Sahara. Tous les Bédouins avaient marché pendant des journées pour voir le train qui arriva à Tozeur précédé d'un escadron de soldats habillés en rouge.

— Ça a été une fête. On nous a distribué de quoi manger. On a campé près du train. Les officiers faisaient jouer du tambour et de la trompette.

— On disait que la vie allait changer et que le train c'était la fin de tout ce qui avait été fait jusque-là. Mais rien n'a changé. Les caravanes sont venues à la gare, c'est tout, et des soldats sont arrivés et aussi des gens qui s'occupaient de la maladie des arbres ou de celle des chameaux. «Tout le monde pensait que la vie allait devenir différente et puis tout est redevenu comme auparavant», sauf qu'il y eut un peu plus de travail à trouver dans des endroits comme Tozeur. Mais seulement pour des jeunes gens qui pouvaient apprendre comment on sert à table ou comment on fait la cuisine qu'aiment les Européens. Ahmed, lui, resta quelque temps à Tozeur avant d'aller à Gafsa par la piste pour voir comment était cette ville dont tout le monde parle dans le Sud.

— Des marchés, beaucoup de marchés. Partout des chameaux, des oranges, tout ce que tu veux, si tu as quelque chose à vendre. Et tout le monde qui achète, des «Fransis», des gens de Tunis. Des marchés.

— Tu n'es jamais retourné à Gafsa?

— Jamais.

— Et c'était avant la guerre.

— La guerre? Yaouled, j'en ai vu des guerres. Tout le monde se bat dans le Sud. Il y en a eu de tout temps des guerres. Tout le monde est venu se battre chez nous et tout le monde est parti.

— La Grande Guerre comme ils disent?

— Une guerre... Enfin, oui, avant ce que tu appelles comme ça. J'ai vu des drapeaux changer du matin au soir dans un village près de Tozeur. Tu te réveilles le matin avec les «Fransis» et le soir ce sont les Italiens ou les Allemands. Le soir tu as un drapeau allemand et le lendemain un autre. Comment s'y reconnaître? A chacun tu dis: «*Mabrouk*», «bienvenue», et il est content. Il faut s'arranger, c'est tout. Maintenant c'est fini, avec l'Habib.

— Mais tu es allé à Gafsa avant la guerre, la première?

— Oui.

— Tu n'es jamais retourné?

— Jamais. Je suis rentré à Chebika et je n'ai jamais quitté Chebika. Mon père était là. Le grand-père était mort. On était la grande maison. Ah, oui, les plus riches et les plus justes, s'il plaît à Dieu.

— Les palmiers produisaient beaucoup?

— Oui, les palmiers produisaient plus que maintenant. Et puis tu vendais les dattes. Avant tu les mangeais ou tu allais au marché à Tozeur: tu veux des dattes, je veux de l'huile. Maintenant on a vendu contre des francs. Mon grand-père et mon père ont été riches, et il a été le cheikh, le cheikh de Chebika.

— Pour les Français...

— Oui, les Français étaient là.

— Et comment as-tu vu les Français, toi?

— Les «Fransis». Quand j'étais jeune, ils étaient bien, quand j'ai été vieux, ils étaient mauvais. Plus j'ai vieilli, plus ils sont devenus méchants.

— Autrefois?

— Très bien. Il y a eu un médecin et un homme pour l'agronomie. Les soldats achetaient. Et les gens qui venaient visiter le pays achetaient. Il paraît que dans le Nord ils ont acheté de la terre. Ici quelle terre veux-tu qu'ils achètent?

Quand le grand-père d'Ahmed mourut, le père semble avoir été l'un des propriétaires les plus riches du village. Alors se déroule une sombre histoire dont il est impossible de dire qu'elle se situe au moment de la jeunesse d'Ahmed ou au moment où son père vieilli allait lui passer les terres, aux alentours de 1938 si l'on tient compte du fait que le père d'Ahmed a été libéré de prison pendant la guerre et qu'ils sont allés le voir une fois à Tozeur avant son transfert vers une prison du Nord d'où il est revenu pour vivoter encore comme le fait aujourd'hui son fils. Pourtant rien n'est clair. Et Ahmed ne peut préciser lui-même:

— Tu vois, un certain Grombi qui était brigadier de gendarmerie durant le Protectorat voulait nuire à mon père. Il voulait être cheikh. Il y a longtemps. Il a enterré dans l'oasis des pots et des tasses avec de la dynamite dedans et puis il les a fait exploser et il a dit que mon père cachait des armes.

— A quel moment?

— Je ne sais plus. Mais il l'a fait. Je me suis marié la première fois en revenant de Gafsa et c'est à ce moment que ça a commencé.

— Mais j'ai entendu parler d'une histoire de ce genre qui a permis à un bonhomme de Tamerza de devenir cheikh. Il ne s'agissait pas d'un temps très long, mais des années juste avant l'indépendance.

— Les gens de Tamerza ont toujours fait cela pour avoir nos terres. Même nos cousins font cela.

— Mais si c'est il y a vingt ans ou dix ans, ce n'est pas à ton premier mariage quand tu avais vingt ou vingt-cinq ans et que tu en as soixante-dix-huit maintenant.

— Il y a eu tout le temps des histoires avec ce Grombi. Il a fait emprisonner mon père et ne l'a rendu après que contre une rançon. Cette rançon, c'était une partie de sa terre. Mon père a cultivé cette terre.

— Tu veux dire que ton père et toi-même êtes devenus *khammès* sur votre propriété et que Grombi était votre propriétaire?

— C'est cela.

— Et ton père a accepté de travailler pour un type qui l'avait dénoncé pour une chose qu'il n'avait pas faite?

— C'est cela.

— N'y a-t-il pas autre chose? Par exemple que Grombi aurait été lésé autrefois par ton père ou ton grand-père.

— Grombi était le fils d'un *khammès* d'ici. C'était un Imami de Tamerza avec de la famille à Chebika.

— Il avait des terres?

— Oui.

— Il les a perdues.

— C'était un ivrogne.

— Un ivrogne, à Chebika?

— Oui, un ivrogne.

Il semble que le père d'Ahmed ait été arrêté deux fois: la première pour peu de temps puisqu'il put donner ses terres en caution, la seconde plus longuement puisqu'il s'est agi d'une condamnation, au moment du second mariage d'Ahmed, « pendant les Allemands ». Il est possible qu'il ait été poursuivi par la haine de Grombi ou que le cheikh du village jusqu'à l'indépendance, le « bonhomme de Tamerza » soit entré en scène, ait dénoncé le père d'Ahmed aux autorités françaises parce qu'il possédait ou stockait des armes (pour qui? cela est impossible à savoir) et l'ait fait envoyer au tribunal militaire. Il est presque certain qu'il ait été libéré au moment de l'invasion de la Tunisie par les armées de l'Axe. Impossible de savoir la raison. En tout cas, quand il est revenu de prison, le père d'Ahmed était sans terre et il était *khammès*. Pourtant c'est à ce moment qu'Ahmed s'est marié pour la seconde fois.

— Où tu as trouvé l'argent de la dot?

— Je l'avais.

— Et tu as choisi ce moment?

— Oui.

Le père est mort, Ahmed est devenu le *khammès* qu'il a toujours été depuis, sauf durant ces quinze ou vingt dernières années. Son père est mort très vieux, lui-même est très âgé. Il a vendu tous les bijoux de ses femmes mortes successivement — ses fils sont morts, eux aussi, et l'un d'entre eux a été tué pendant la guerre. Lui-même, Ahmed, il loge chez l'une de ses filles, Hafsia, qui habite tout à fait à la lisière du village au pied de la colline. Toute la journée, il reste au soleil et, en hiver, se traîne de la mosquée au porche pendant les quelques heures où le soleil se montre. Le reste du temps, il dort.

En 1965, nous avons vu, en arrivant à Chebika, qu'on descendait au cimetière le corps d'un homme roulé dans le drapeau crasseux de la mosquée. Si Tijani nous a dit tout de suite, simplement en voyant les gens qui accompagnaient le corps, qu'il s'agissait d'Ahmed. Il a ajouté, presque en riant, parce que la mort ici n'est pas tragique et qu'Ahmed, tout vieux qu'il était, avait eu le temps de se préparer à rejoindre Dieu :

— Un sacré menteur. Il a raconté des histoires toute sa vie !

Fatma est la femme d'un propriétaire de parcelle. Elle a aujourd'hui entre quarante-cinq et cinquante ans. Son visage est tanné et durci. Ses tatouages paraissent plus nettement sur les pommettes : un cercle et de l'autre côté le palmier de Tanit.

— Je ne travaille pas comme un homme. Les femmes ne travaillent pas comme les hommes.

Elle montre ses bijoux : une fibule en argent battu qui dessine un cercle que traverse une sorte de flèche, une plaque ronde sur laquelle sont gravés les mêmes dessins que sur les tatouages. Ces dessins cristallisent le passé de l'Afrique du Nord, comme si les Bédouins nomades qui les confectionnaient depuis des millénaires disposaient dans ces figures tous les signes de leurs multiples aventures spirituelles, les conversions rapides suivies d'apostasies non moins inopinées : judaïsme, christianisme, hérésies, Islam. Et, plus avant encore, les religions impériales et puniques. La survivance de ces signes ne veut pas dire qu'ils subsistent au-delà des siècles comme des archétypes transmis par on ne sait quel confus « inconscient collectif » qui serait à la vie psychique ce que l'hérédité mécanique serait à la composition de l'organisme vivant ! Cela signifie que des peuples sans écriture et dont le discours parlé est morcelé, atomisé par la dispersion et la vie multiple et dégradante de la steppe constituent avec l'ensemble des signes qu'ils connaissent une espèce de langage que l'on complète de génération en génération comme s'il s'agissait d'une forme unique que l'on créerait peu à peu en obéissant à la préoccupation continue d'achever cette forme dont la fin ne se dévoilerait que dans le temps et au hasard des événements successifs. La clef de cet enchaînement qui se traduit par la composition interne des bijoux et l'association de symboles puniques, romains, chrétiens, berbères et arabes, on peut la trouver dans ces graffiti dessinés au hasard sur des murs des villes du Maghreb et notamment dans la Médina de Tunis. Ces graffiti ne ressemblent point à ceux que l'on voit en Europe qui sont des indications achevées et provocantes, ils obéissent à une curieuse loi de la composition synchronique, comme si des flâneurs successifs, devant ces parois de pierre ou de ciment, avaient, les uns après les autres, complété l'esquisse de leurs devanciers, empli un certain espace et trouvé les lignes principales d'une constellation, d'une figure cachée à l'individu particulier et pourtant réalisable *par tous*, successivement. Et cela, bien entendu, sans intention maîtresse. Par superposition d'effets partiels, rapides, hâtifs, on déchiffre les tableaux d'un jeu qui se combine avec la forme d'un poisson, d'un oiseau qui paraît équilibrer un visage et le semis ordonné de figures mathématiques.

Le décor des plaques bédouines leur est comparable en ce qu'il restitue dans l'immédiat une composition élaborée au cours des siècles et comme une figure unique dont les situations successives de graveurs populaires poursuivraient l'achèvement. Tout se passe comme si ce que nous appelons l'expression populaire (certains donnent encore le nom démodé de *folklore*) était la progressive constitution d'une image correspondant à la logique interne et cachée, indépendante des événements personnels ou historiques, à la cristallisation forcément lente et par approximations superposées ou successives d'un système logiquement organisé, d'un discours constitué en langage de symboles distribués dans un espace (celui de la plaque, du bijou ou du tatouage) et qui réalisât la mentalité collective de ce groupe ou de cet ensemble de groupes dispersés et atomisés.

— J'ai vendu tous mes bijoux, dit Fatma, quand mon premier mari est mort. Je suis retournée alors chez mon père à Tamerza. Ma première fille était mariée ici et elle a pris mon fils avec elle dans la maison qui est à côté de l'épicerie.

La famille de Fatma était nomade. Bien qu'elle ait épousé un Imami, elle suivit le sort des Youssoufia appelés encore ouled Ali qui ne sont pas considérés comme de vrais habitants de Chebika par les gens du village parce que son oncle appartenait à cette famille et qu'il la recueillit après son veuvage. Cela n'a pas duré longtemps : un homme de son âge de Chebika, son mari actuel, un ouled Ali lui aussi mais propriétaire d'une dizaine de palmiers, est venu la chercher à Tamerza. Il n'avait jamais été marié.

— C'est un bon homme. Il travaille beaucoup. Il va souvent à Tozeur pour acheter des médicaments quand il en faut. Il a marié mon fils.

— Celui de ton premier mari.
— Celui-là.
— Où est-il marié?
— A Chebika avec une autre ouled Ali.
— Tu as des enfants avec ton mari?
— On a une fille. Elle est malade.

En effet, le cousinage et l'âge relativement avancé des parents n'ont guère servi la petite Latifa qui semble à moitié aveugle (hérédité lointaine de trachome dont ne paraissaient pas souffrir sa mère ni son père) et qui sait à peine parler. Elle doit avoir douze ans et dort toute la journée [1].

Fatma est ce qu'on appellerait ailleurs « populaire » : c'est-à-dire que sa maison est l'une de celles où se réunissent les femmes durant la journée en remontant de l'oued. Non pas toutes les femmes, mais une bonne dizaine qui sont indistinctement des Imami ou des Gaddouri puisque la ségrégation des ouled Ali (Youssoufia) existe pour les mariages, mais non pour la vie domestique ni pour les échanges. Fatma fait du thé très fort.

— Les femmes viennent. On parle de ce qui se passe dans le village.

Fatma est allée quelquefois à Tozeur tantôt avec son premier mari tantôt avec le second, juchée sur un âne, ou bien à Tamerza par la montagne où elle grimpe comme une chèvre. Partout où elle va, une chienne blanche l'accompagne qui lui sert de gardienne et qui couche devant son lit, une grande chienne blanche aux oreilles coupées pour ne donner aucune prise dans les batailles avec les petits loups de la steppe ou les autres chiens. On a tenté de savoir si Fatma était ce que nous appelons « heureuse », ce qu'elle paraît d'ailleurs avec son dynamisme et son agitation constante, sa bonne humeur et son sourire. Bien entendu le mot *Saïda* n'aurait aucun sens pour elle. Tout au plus évoquerait-il la béatitude mystique. Il faut lui demander si elle envie une autre femme mais elle n'envie personne, si elle aurait souhaité faire autre chose que ce qu'elle a fait mais elle ne peut dire qu'une chose : Dieu l'a voulu ainsi. On lui demande encore si elle a été bien servie par Dieu et là, enfin, elle trouve la réponse :

— Dieu donne à tout le monde quelque chose. Et il donne à

1. La petite est morte en 1966.

ceux qui demandent. Il y a aussi des gens qui demandent à Sidi Soltane. Je n'ai rien demandé à Sidi Soltane. Sidi Soltane ce n'est pas pour moi.

Et elle ajoute cette phrase qui éclaire sans doute le rôle de la magie et du maraboutisme magique:

— Sidi Soltane est pour les malheureux, ceux qui sont déshérités.

— Mais ta fille, Latifa?

— Il y a le médecin de Tozeur.

Cela sans doute est la marque de la supériorité de Fatma sur les autres femmes de Chebika — et sur beaucoup d'hommes: elle estime que la médecine est plus efficace que toutes les magies maraboutiques. Où a-t-elle appris cela? Elle assure qu'elle l'a toujours su et Si Tijani qui la connaît et qui a été infirmier militaire nous a donné la clef: le premier mari de Fatma a travaillé avec lui durant quelque temps au dispensaire de Tozeur comme garçon de salle. De toute manière, Fatma est prête à vivre d'une manière plus moderne que n'importe quelle autre personne de Chebika. Et, chose étrange, elle n'est pas attirée par la ville, comme si elle savait par une intuition claire que ce n'est pas en végétant dans un bidonville de Tunis que l'on vivra comme elle sait déjà vivre.

Celui que nous appelons le vieux Gaddour est un très lointain cousin du Gaddour qui occupe les fonctions d'*oukil* de la mosquée et, parfois, de Sidi Soltane. Lui aussi est mort pendant notre séjour et il appartient à cette génération d'hommes qui ont connu à la fois les débuts de l'occupation française et les premières années de l'indépendance: il est un des témoins de la déchéance de Chebika.

Gaddour s'appelle de son vrai nom Si Mahmoud ben Ali. Ce prénom est d'origine turque et il vient sans doute d'un passé de l'occupation par la Sublime Porte qui fut, deux siècles avant les Français, la puissance coloniale qui domina et marqua profondément la Tunisie. Il ne se souvient ni de l'endroit où il est né (non loin de Chebika sous une tente) ni de son âge et nous lui donnons à peu près quatre-vingts ans.

— Mon père avait une tente et campait avec sa famille, là, sur la place. Mon père est resté longtemps sur cette place. A cette époque, il y avait les caravanes. Souvent des caravanes venaient à Chebika et c'est ainsi que mon père est venu. Mais mon père

157

est un Gaddouri qui a quitté El-Hamma parce qu'il n'y avait plus de place à El-Hamma, là où les Gaddouri aiment à loger. Il est venu ici rejoindre ses cousins, il n'y avait pas de maison mais il y avait du travail et il est devenu le *khammès* du père de Noureddine qui avait à cette époque beaucoup de palmiers.

Il semble que le « vieux Gaddour » (qui est l'oncle de celui que nous appellerons le « soldat maigre » et qui a été au Congo avec les troupes tunisiennes des Nations unies) se soit marié très jeune avec une Gaddouri d'El-Hamma, et son père a donné pour cela dix palmiers. La femme était très bonne : elle lui a fait six fils dont un seul a survécu qui est à El-Hamma, marié, père et grand-père à son tour, *khammès* lui aussi. Les autres sont morts d'une épidémie bien avant la guerre de 1914, une épidémie qui a emporté aussi la mère. Ce fils mérite une mention : il se nommait Abdellah et le vieux Gaddour nous dit qu'il était « beau comme une gazelle ». Il a travaillé durant cinq à six ans à Tozeur pour l'ancien hôtel de la Compagnie Transatlantique qui se trouvait alors dans la rue qui mène de la gare à la délégation du gouvernement (alors la maison du représentant militaire français) sur la gauche, une bâtisse en brique séchée sans étage et où le confort devait être médiocre. Mais c'est l'époque où André Gide et Isabelle Eberhardt fréquentaient le Djérid, erraient de Nefta à Tozeur et à El-Oued. Ce jeune guide Noureddine a promené bien des étrangers, nous assure son père, quand il avait dans les quinze ans et « il plaisait à tout le monde ». Enfin, Abdellah est maintenant lui aussi presque un vieillard : il a soixante ans et c'est même ce qui nous a permis de fixer à quatre-vingts ans l'âge de son père, le « vieux Gaddour ».

— Je me suis remarié et j'ai eu quatre enfants.

— Pas de filles ?

— Si, deux. Elles sont mariées à Chebika.

— Ça fait six.

Mais le « vieux Gaddour » veut nous montrer autre chose : le mur qui entoure le marabout de Sidi Soltane qu'il a construit lui-même, à la demande du gardien, pour protéger le tombeau au moment des grands pèlerinages d'été qui attiraient beaucoup de Bédouins et de gens des villages avoisinants, en ce temps-là.

— C'est très important, Sidi Soltane ? a demandé à ce moment Salah, notre enquêteur, qui, depuis des mois, paraissait se désintéresser de Chebika.

Le « vieux Gaddour » l'a regardé en souriant, lui a dit que

Hadj Sala

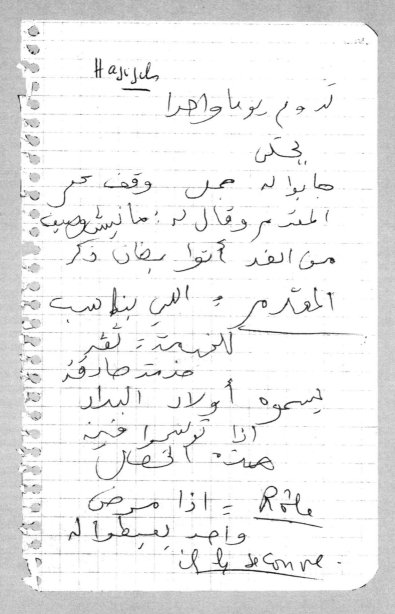

تدوم يوماً واحداً
يبقى
جابوا له جمل وقف حر
المنكر وقال له : ما نيش وسيف
من الغد اتوا بطان ذكر
المعدم ⟵ اللي بيلاسب
لنسبة ← تُثر
خدمت طارقة
ليسمعوه أولاد البلاد
(اذا ترسموا فيه
صنعة الكحل
= اذا مرض Rôle
وأمر يعطوا له
il y décorve.

Sidi Soltane est le trésor de Chebika.

« Sidi Soltane était le trésor de Chebika » et Salah lui a demandé si Sidi Soltane était le plus important de tout ce qu'on pouvait trouver ici. Le « vieux Gaddour » lui a assuré que rien d'autre n'était plus important que Sidi Soltane et que tout venait à Sidi Soltane. De là vient le désir de Salah de commencer cette enquête sur Sidi Soltane qui devait nous entraîner sur des voies sans issue et nous occuperait une année entière...

Mais Salah, alors, s'est tu et le vieux a continué à parler de la vie à cette époque où les caravanes venaient jusqu'à Chebika, au moins pour la fête annuelle de Sidi Soltane, le guérisseur.

— Les Anciens cultivaient la patience, contrairement aux gens d'aujourd'hui. Avant, même si on est réduit à manger l'herbe du désert à défaut de dattes, on ne vend jamais sa brebis. Aujourd'hui, si un individu manque de nourriture pendant deux nuits, il vend son bien pour se dépanner.

De toute manière, la « parlerie » ne permet pas de situer les événements anciens, ne va pas dans le sens d'une connaissance « historique » : chaque précision que nous demandons à Si Gaddour se traduit par une affirmation générale, parfois même gnomique :

— Il y a des choses qui rapprochent l'homme de l'enfer et des choses qui le rapprochent de Dieu. Aujourd'hui, beaucoup de choses le rapprochent de l'enfer.

Autrefois, les échanges étaient plus longuement pratiqués et excluaient tout recours à l'économie monétaire, mais Gaddour exprime cela en moraliste :

— Si deux, ou trois ou quatre personnes se rencontrent et qu'elles discutent sous le signe de la sincérité, Dieu est présent avec eux. Si, au contraire, c'est pour se duper et se mentir mutuellement, Satan se trouve parmi elles. Aujourd'hui on est menteur l'un avec l'autre.

Du moins, se souvient-il qu'il a perdu encore des palmiers en se mariant pour la seconde fois : une quinzaine « parce que la femme était plus chère que la première ».

Gaddour estime que cette seconde femme n'a pas été aussi bonne que la première et il ne nous dit pas pour quelle raison. Seulement, il s'est remarié, c'est-à-dire qu'il est allé chercher à El-Hamma une troisième femme plus jeune qu'il a installée dans la maison où elle a d'abord servi de domestique sous les ordres de la seconde, la plus vieille. Faut-il dire que le sort de ces secondes femmes n'était guère enviable et que, souvent, la polygamie prenait sa source dans la volonté claire et affirmée de la première femme vieillie et désireuse d'avoir une domestique, voire une esclave, pour travailler à sa place, même si cette dernière entretenait avec son mari des relations sexuelles qu'elle-même ne pouvait plus avoir ? Toujours est-il que cette troisième femme est morte, bien qu'elle ait coûté près de dix oliviers ; et les gens d'El-Hamma, les cousins, n'ont rien voulu rendre :

— Les hommes sont devenus mauvais. Nous devons à Dieu l'obéissance et il nous doit la nourriture. Dieu ne lâche jamais sa créature. Aujourd'hui sur vingt « mauvais individus » on ne peut guère compter plus d'un bon.

Après cette troisième femme, Gaddour est devenu le *khammès* de ses propres terres : il lui restait cinq palmiers et il les a donnés pour obtenir une quatrième femme, pendant la guerre. Alors la seconde femme qui était dans la maison est partie chez ses parents où elle vit toujours à El-Hamma :

— Elle ne voulait rien faire, elle était paresseuse et elle ne faisait même plus de couscous.

Gaddour affirme qu'il ne l'a pas répudiée et que la femme est repartie de son plein gré pour son village natal, mais sur cela nous ne saurons rien de vrai. La quatrième femme a été assez bonne bien qu'il n'ait pas eu d'enfant avec elle. Elle a travaillé pour lui tout le temps qu'il était à l'oasis puisque maintenant il était un métayer comme les autres, obligé de rendre des comptes sur la production des palmiers qui avaient été les siens et cela auprès de ses cousins. Au moment de l'indépendance, Si Gaddour est allé avec les gens qui faisaient la guérilla contre les Français dans la montagne. Mais c'était une guerre assez peu meurtrière.

— Il n'y a pas eu de tué. Nous prenions des armes et nous marchions la nuit. Finalement, ils nous ont fait signe de venir pour que nous déposions les armes et il y avait un ami de l'Habib avec les soldats français, parce qu'on avait fait la paix.

Gaddour est rentré au village et il a même touché une sorte de prime pour les combats auxquels il a participé. Avec cela il a acheté cinq palmiers et mis dessus un *khammès* qui lui donne sa nourriture, de sorte qu'il n'est à charge de personne. Ce don lui a appris qu'il était bon de compter avec le nouveau pouvoir, mais personne ne comprend vraiment, comme il le souhaite, la reconnaissance pour Habib Bòurguiba.

— Il y avait le colon et la violence. Aujourd'hui c'est

Bourguiba et ses réformes et l'indépendance... et pourtant les gens manquent de reconnaissance et ne louent pas Dieu pour le bien qu'il nous a permis d'acquérir : la paix et la liberté... C'est qu'aujourd'hui il manque surtout la patience.

De la patience, Si Gaddour en a. Celle des hommes qui ne travaillent plus et qui restent assis ou couchés dans l'un des deux endroits où Chebika vit avec le plus d'intensité : le porche de la clepsydre et l'épicerie. Il a même souvent de l'humour et il plaisante beaucoup avec les autres. Nous l'avons souvent questionné sur toute espèce de choses. Un jour que nous lui parlions encore de sa vie, il s'est mis à rire et il a dit :

— Je n'ai plus rien. Grâce à Dieu, tout est bien : je me suis ruiné à cause des femmes !

Au centre vivant de Chebika

Les hommes sont là, sur la place, les uns au pied de la mosquée ont dessiné dans la poussière un damier et jouent avec des pions (en crottin de cheval et en cailloux de l'oued), les autres sont agglutinés autour de l'épicerie devant laquelle Abdelkader, le « soldat maigre », actionne la machine à coudre et, de l'autre côté sous le porche où s'écoule la clepsydre. La chaleur de midi pèse sur le village. Le vent qui se lève lentement du désert, en bas, décolle de la surface de la steppe des plages de poussière qui volent et retombent.

Les hommes peuvent rester ici, au milieu du village, durant des heures, du matin au soir et une partie de la nuit ; et, selon les saisons, ne pas rentrer chez eux ou ne pas descendre à l'oasis. Oisifs ? Trop fatigués pour travailler ? Chômeurs ? Tout cela ensemble si l'on veut et rien de tout cela : le *temps mort*, le *temps de non-travail* constitue probablement le centre réel du village, son noyau le plus dur. Le labyrinthe des niveaux de l'expérience s'arrête là où l'on dialogue tantôt rapidement, tantôt lentement (un mot toutes les trente ou quarante secondes) dans cette *parlerie* où s'élaborent en fin de compte la plupart des décisions.

Durant cinq ans, à chaque voyage à Chebika, nous avons pris place dans l'un ou l'autre groupe — celui qui s'étend au pied de la mosquée ou devant la baraque qui sert de dépôt à l'ancien épicier est réservé surtout à la sieste ou au sommeil. Nous savons de quoi l'on parle et il y a de grandes différences entre les conversations sous le porche et les conversations de l'épicerie. A l'épicerie on discute exclusivement des affaires avec les

Bédouins de la plaine, du prix de l'huile et du thé, des déplacements aperçus depuis le village, de la qualité des étoffes avec lesquelles sont faits les costumes que répare le «soldat maigre» sur sa machine, du jeu de dames et des pistes de chasse aperçues. Autrefois, avant l'indépendance, les officiers français et des aristocrates tunisiens venaient chasser le mouflon dans cette région de la montagne, campaient à Chebika et, souvent, Si Tijani leur servit de guide. C'est ici, à cet emplacement, où n'était pas encore l'épicerie mais un local où l'on achetait des graines, que les rabatteurs du village engagés pour deux ou trois jours préparaient les chasses.

Sous le porche, on parle de répartition de travail, de partage des graines, de mariages éventuels, on relate les nouvelles (puisque à l'épicerie qui possède la radio on les écoute sans les commenter), on prépare les voyages des uns et des autres et, surtout, l'on discute de la répartition des eaux. S'il n'y a pas à Chebika comme dans les grandes oasis une véritable Bourse des tours d'eau où le temps d'irrigation est mis à l'encan (ce qui permet alors aux grands propriétaires de s'y tailler la meilleure part, fût-ce par personne interposée), Chebika connaît la discussion sur l'échange des parts et la distribution de l'oued.

De toute façon, la discussion sous le porche est plus importante que celle qui s'élabore dans l'épicerie. De temps à autre, Ridha vient lui aussi s'asseoir avec les autres et participe à la conversation, en tant que propriétaire de parcelle, en tant que prêteur ou «banquier» de tout le village. Cette discussion est une «parlerie», au sens précis de ce terme, en ce sens que les mots ne recouvrent pas nécessairement une action éventuelle, ni même une décision, mais se composent entre eux suivant une logique qui est propre à ce discours de place publique: on dirait qu'un espace fictif est proposé à tous les assistants qui doivent en organiser les parties un peu comme l'on emplit les cases d'un jeu de loto, sans tenir compte de la possible efficacité de l'ensemble. D'une de ces conversations enregistrée sous le porche, il est possible de suivre les sinuosités interminables, mais la transcription en pervertit la nature de «parlement» réelle, vivante.

— Il y a trop d'eau pour Noureddine, dit Ali.
— Celle de Dieu, dit Noureddine.
— Les poivrons et les tomates pourrissent à cause des bêtes,

dit Gaddour. Dieu a voulu que les bêtes tuent les plantes pour qu'il ne nourrisse pas tout cela.

— Si tu as des cents et des mille, tu achètes des graines et tu plantes des tomates, dit Ali.

— Quand tu as planté cent, cent, cent (il compte sur les doigts de sa main gauche en fermant successivement chaque doigt à partir du plus petit et en commençant par la gauche) tomates, tu as une récolte et tu achètes un chameau avec ça, dit Mohammed.

— Quand l'eau coule vers chez Noureddine, elle ne coule pas de l'autre côté, dit Ali. De l'autre côté où est la terre sèche qu'il faut arroser. Si j'avais l'eau, tu verrais la récolte.

— Dieu donne la pluie, dit Mohammed.

— L'orage va venir. Le vent de sable s'est levé. L'orage vient après le vent de sable, dit Gaddour.

— Au temps des « Fransis », il y a eu des grandes pluies, dit le vieil Ahmed. Tout a été couvert d'eau. Tout. Partout où tu regardais c'était de l'eau. On flottait. La pluie de ce temps a été forte. Il a plu plusieurs jours.

— Tu n'as pas de grandes pluies, dit Ali.

— Tu as les pluies que Dieu te donne, dit Ahmed.

— Après les graines ont été noyées. On a distribué d'autres graines.

Et l'homme de Tunis (une sorte de mendiant réfugié qui est venu à Chebika par admiration pour Sidi Soltane et y habite depuis plus de trente ans), dit qu'à son avis à Tunis la sécheresse est plus mauvaise et que Chebika a de l'eau.

— Tu sais pas? A Tunis, il y a deux étangs qui tirent toute l'eau. Tu as de la sécheresse.

On peut parler ainsi, sans changer de sujet, durant trois, quatre heures. On se lève alors et l'on part : il ne reste rien de la conversation et d'ailleurs elle n'est pas faite pour rester.

Devant ces hommes qui parlent, dans une anfractuosité creusée dans la pierre qui constitue une sorte de grotte, pend ce qu'on appelle le *gaddous*. C'est une jarre d'une trentaine de centimètres de hauteur pendue à un crochet et que l'on emplit régulièrement avec de l'eau puisée à un bassin. Cette eau s'écoule peu à peu dans le bassin par un trou assez petit dont l'orifice est calculé de telle sorte que la jarre se vide en une dizaine de minutes. Autour du col de la jarre, on a noué un fil en herbe dans lequel on fait un nœud chaque fois qu'on emplit la jarre. Chaque

165

fois que cette jarre a été vidée d'un nombre de fois compté en nœuds qui correspond à la part d'irrigation dans une parcelle, un *khammès* ou un propriétaire se lève, prend sa houe, descend vers les jardins et modifie les murettes des canalisations de sorte qu'il dirige l'eau vers sa parcelle à lui. Ainsi la mesure du temps est aussi une mesure de l'eau et la mesure de l'eau une mesure de la propriété, puisque ces parts d'irrigation sont, en fait, plus importantes que la possession du sol. Tout converge donc ici : l'irrigation, la propriété, le temps et se réunit sous ce porche au milieu des parleries interminables.

Cette concentration est une forme de la densité sociale qui compose le noyau le plus dur de la vie collective du village : tout y aboutit en fait et tout en part. S'il existe quatre montres-bracelets à Chebika, elles sont la propriété de l'épicier et de deux jeunes hommes qui les ont achetées pendant leur service militaire ; mais ils s'en servent peu et seulement quand ils partent en voyage. On mesure donc d'abord le temps au *gaddous* en additionnant les tours d'eau dont chacun connaît le nombre exact de nœuds dans la tige qu'il représente.

Sans doute, vers midi voit-on l'*oukil* de la mosquée jeter son bonnet et compter les pas qui l'en séparent à partir de l'ombre, supputer que le soleil est au zénith ou va se coucher pour dire l'une des prières habituelles, mais il s'agit là d'un autre temps, celui de la religion, lequel est rigide, ne supporte aucune discussion, bien qu'il s'élargisse en été et se rétrécisse en hiver. Le temps mesuré du *gaddous*, au contraire, est un temps qui peut être échangé, discuté, modifié même par les tractations dont il est l'objet constant, des prêts ou des dons dont il subit la manipulation constante. C'est le temps véritable sur lequel repose le village puisqu'il mesure à la fois le travail, la propriété et l'écoulement de la journée. Temps que mesure cette clepsydre que nous avons vue fonctionner chaque jour en été (et qui, en hiver, bien entendu, en raison de l'abondance des eaux de l'ouest ne sert pas).

— Il y en a qui disent que c'est Sidi Soltane notre protecteur qui a inventé le *gaddous* et fixé les parts dans l'oasis, dit Noureddine.

— On le dit aussi de Sidi Châbane, à Tozeur.

— Les saints ont toujours fait cela ; il a dit : partagez vos terres de l'oasis et distribuez l'eau comme ci et comme ça et nous distribuons l'eau comme ci et comme ça.

Ce qu'on appelle le gaddous.

— Un type des tentes est venu avec une montre pour calculer l'eau qu'il devait avoir. On a parlé, parce que la montre ce n'est pas même chose. On ne peut pas donner de l'eau avec le *gaddous* et avec la montre en même temps. Il a fini par laisser le *gaddous* et reprendre sa montre.

— Les Français aussi ont voulu nous donner une montre, mais pourquoi une montre ? Sidi Soltane a fait que l'eau soit l'eau et qu'on s'en serve pour le partage.

Quand les hommes sont réunis là, autour de la clepsydre, la somme des temps de l'irrigation dans l'oasis s'écoule, mais le groupe, à ce moment, vit tout à fait en dehors de cette mesure.

— On aime bien être là auprès du *gaddous*, pas seulement pour partager l'eau mais aussi parce qu'on est tous là. On est ensemble. Même les vieux viennent, dit Noureddine.

— C'est Sidi Soltane qui a inventé ça, reprend l'homme de Tunis, pris par sa dévotion pour le marabout, et dogmatique comme il est toujours. Sidi Soltane a livré trente parcelles dans l'oasis qui sont trente familles. Il a dit à chacun : va mesurer l'eau que Dieu te doit au *gaddous* et vois avec les autres comment se fait le partage.

— C'est notre manière à nous de vivre. Le *gaddous*, dit le vieil Ahmed, je l'ai toujours vu ici. Autrefois on faisait les jarres chez moi. Maintenant, il n'y a plus assez de bonne argile.

— Si, on trouve de l'argile, là-haut, après le «passage du trou», dans un fond.

— Ce n'est pas de la bonne argile. Tu casses tout avec cette argile-là.

La plupart du temps, les hommes s'allongent sur les pierres polies par des générations de paysans, s'asseyent ou s'accroupissent. Ceux qui ne tiennent pas sur les gradins prennent, à terre, cette position de tous les nomades, assis sur le talon de la jambe droite repliée et maintenu sur la jambe gauche tenue à l'angle droit. Il ne se passe rien durant des heures. Certains fument. D'autres psalmodient vaguement un chant. L'eau coule lentement. C'est le seul bruit souvent et, comme le porche est orienté, un léger courant d'air entretient de la fraîcheur. Le « nous-gens-de-Chebika », s'élabore ici dans cette oisiveté, ce non-travail qui pourtant restitue la cohésion du village à l'état pur, confond la trame du langage et la trame de l'existence collective. A l'épicerie, on parle des affaires ou des événements, ici au point de rencontre de la propriété, du partage des eaux, de la mesure du temps, se constitue le discours original de Chebika. L'être même du village se définit dans l'ensemble réuni des hommes détendus qui éprouvent dans leurs membres et leur propre spectacle la réalité sociale du groupement qu'ils constituent. Toutefois, ce «noyau dur» du village ne s'épuise pas dans le discours qui l'accompagne mais qui ne le représente pas adéquatement. Le discours qui s'élabore sous le porche du *gaddous* ne représente pas la vie collective, bien au contraire, dans la plupart des cas, *il la masque*. Pensons à ce que nous avons dit des cercles différents de la vie collective : la chaîne des mariages qui appauvrit le village, ruine l'oasis et accuse la dégradation, la solidarité intime de la vie domestique qui referme le village sur lui-même dans un ghetto, le système du travail qui accentue d'année en année la pauvreté du *khammès* et la ruine du propriétaire. Le langage qu'on tient autour du *gaddous* tient compte sans doute de ces traditions qu'il respecte mais il en retient aussi l'élément corrosif, destructeur. Quand ils sont ainsi rassemblés, les hommes réalisent un équilibre momentané entre les forces négatives qui dissolvent le groupement et l'environnement lointain, la société tunisienne tout entière : tout rapport avec le monde passe par la discussion autour du *gaddous* parce que les hommes s'efforcent par le langage de rétablir un équilibre de plus en plus menacé.

Certains ont été frappés par l'«instinct de mort» ou la «force de destruction» qui paraît dominer la vie des groupes (et parfois celle des sociétés nationales) dans le Maghreb. La *Schadenfreude*, la joie de détruire ce que l'on a acquis péniblement, est fréquente, sans doute, surtout chez les gens de la steppe. On ne peut sans tomber dans le ridicule, affirmer qu'il s'agit de l'hérédité lointaine des nomades pillards hilaliens. Les choses sont plus complexes parce que *ce que nous appelons en Europe des traditions, voire même des structures, sont ici des éléments de continuité ou de fixité qui tendent toutes à la lente mais irrésistible destruction des groupements dont elles constituent l'armature.* Cela montre aussi la naïveté de certains observateurs européens qui, trop souvent, croient avoir atteint une réalité ferme quand il s'agit de ce qui, précisément, entraîne ces groupements vers la mort. Il existe des sociétés qui se condamnent au suicide, c'est-à-dire qui, plongées dans un cosmos ingrat dont elles ne sont jamais arrivées à surmonter les forces, entraînées dans une suite d'événements dispersés sur une terre à la morphologie elle-même

169

dispersée où ils n'arrivent pas à se constituer en une histoire, s'isolent et se referment dans un microcosme qui leur interdit de retrouver avec la nature le lien qui leur redonnerait un dynamisme créateur. Un grand nombre de ces groupements maghrébins, isolés les uns des autres par l'immensité fluide de la steppe ou du désert, fixés sur de rares terres fécondes, se sont ainsi fermés sur eux-mêmes, ne participant à l'humanité générale que par une foi abstraite mais universelle, l'Islam.

Et, à Chebika, tout se passe comme si l'ensemble du système de protection était devenu au cours du temps un instrument d'auto-dégradation dans la mesure où ces réglementations, structures ou traditions, n'étant plus tournées vers la nature ni entraînées dans une histoire, ont fonctionné à vide, sur elles-mêmes, sans autre débouché que leur exclusive répétition. Chebika détruit Chebika dans la mesure où Chebika, pour la première fois, respecte Chebika.

Mais la «parlerie» des non-travailleurs réunis autour du *gaddous* masque cette destruction intérieure. Elle tente, au moins par le langage, de la limiter. Elle essaie aussi de rattacher Chebika à ce qui se passe hors de Chebika, à ce que la radio enseigne du changement économique et social. Elle oriente le village vers l'autre monde où l'on rétablit un contact perdu avec la nature, une nature sans laquelle l'homme n'est qu'un fantôme social caparaçonné de réglementations formelles et vides.

Chebika, vu des tentes de la steppe

Poussé par le souffle opiniâtre du vent, le sable afflue du désert, tantôt en caravane le long des crêtes de pierrailles, tantôt à la manière d'une aile qui couvrirait les bancs de sel. La grande chamelle grise d'Ismaël lève le col d'un mouvement velouté de son poil et aspire l'air qui vient en portant la chaleur opiacée. Elle se baisse jusqu'au ras de terre à côté de ses pieds spongieux où s'éteint le petit chameau au poil mouillé qui râle depuis la veille.

Les autres bêtes du troupeau défilent sur le revers d'une colline de rochers friables que le subit obscurcissement du ciel voilé par le sable prive de sa couleur jaunâtre comme le sang se retire d'un visage; et la lenteur appliquée de la démarche des chameaux et des chèvres se dessine en hiéroglyphes indéchiffrables. L'enfant blanchâtre de la grande chamelle s'enfonce ou se tasse dans le sable, là où la mère enfourne l'extrémité cauteleuse de son museau: elle s'est reposée debout durant toute la nuit, dans le courant d'air gelé qui parcourt alors la terre morte comme si la vaste orbite de l'horizon sans horizon appartenait déjà à la période lointaine où l'homme aura cessé d'habiter là.

Le souffle du petit chameau s'ajoutait au ressassement du vent et, maintenant, seule subsiste la palpitation crépitante d'une grande aile de sable qui recouvre la parcelle de lande pierreuse où la grande bête s'agenouille. Inclinant sa tête de côté, montrant cette attentive et tendre suffisance des chameaux, la mère agenouillée, avant de ramener au sol ses pattes arrière, alors que celles de l'avant sont déjà retournées sur les pierres,

171

lèche la masse de poils maintenant grisâtre. Du moins, s'applique-t-elle à ne pas se dissoudre dans l'étendue sans forme que fait le vent de sable avec les formes plus ou moins permanentes qu'il ne laisse jamais dans l'état où il les a trouvées. Alors, elle ramasse ce qui se conserve pour quelque temps des élancements bruyants de la nuit — le halètement pressé du petit chameau, le clapotement des pas du troupeau qui piétine au matin avant de changer de lieu pour trouver des plants plus frais de cet alfa qui pousse par touffes aux couleurs fades.

Dans la nuit, dégagée avant que se lève ce vent de sable du Sud qui apporte une grande bouffée d'air brûlant répétée d'instant en instant, les contours des autres bêtes se détachent de l'obscurité même, cernée par cette vague auréole que fait la phosphorescence naturelle de l'air.

Mais le petit chameau n'a plus de cerne phosphorescent, puisqu'il s'est couché, sur les genoux d'abord, puis sur le flanc comme seules le font les bêtes qui perdent le souffle. La mère sait très bien ce qui se passe, non que les animaux connaissent la mort mais, dans le désert surtout, ils la perçoivent à distance et s'en détournent.

Maintenant la grande chamelle s'est allongée sur ses quatre pattes écrasées sous elle, le menton sur le petit qui, peu à peu, cesse d'être une chose fiévreuse pour s'identifier aux pierres ou à ce qu'on trouve ici de terre, agglutinée avec du sable ou du sel. Tout à l'heure, le bousier et le scorpion monteront à l'assaut d'une chair que la chaleur peu à peu va ramollir. Bien entendu, dans une semaine ou dans un mois, le troupeau repassera auprès de l'architecture blanche et lavée du squelette dépouillé de sa peau par le grouillement opiniâtre des insectes et la manducation harcelante des chacals et des oiseaux de proie. Ces derniers, déjà, flottent dans la nuit.

L'aile grisâtre qui éteint les couleurs recouvre la steppe, soufflant avec elle l'haleine brûlante du grand désert, plus au sud, qui, depuis Tassili et peut-être Tombouctou, envoie ce rot inlassable, incandescent à force de traîner sur des pierrailles brûlées par un soleil fixe, et du sable dans les crêtes qui s'amasse en vagues, perpétuellement animées d'un tremblement poussiéreux. Depuis le cœur de l'Afrique, il déferle sur cette steppe dont les habitants regardent, eux, vers l'Orient ou l'Asie, suivant ces deux tentations contraires du Sud et de l'Est dont les directions se rencontrent ici en chaque être pensant. Le sable vient par ondées successives, masquant la piste, effaçant les bornes. Derrière la pluie fade du sable, le village de Chebika est encore éclairé d'une lueur vive mais morbide, celle d'une tombe illuminée par l'orage. Et qui peu à peu s'efface, au point que le revers de la montagne se fond dans l'impalpable mélange de poussière.

A travers cette brume faite de parcelles infimes et précipitées par le vent, dans son burnous brun, approche Amor ben Sidi'Abid, le fils d'Ismaël, qui arrive des tentes pour savoir ce qui se passe avec la grande chamelle. Comme durant la période du Ramadan, lorsque l'intérieur du corps doit rester pur, réceptacle exclusif de Dieu, Amor ferme la bouche et baisse son capuchon. Mais si bas que soit fermé son capuchon, il reçoit des grains de sable et doit marcher à reculons ou en biais jusqu'à ce qu'il découvre le chameau déjà durci et la mère, le menton appuyé contre son dos. A quoi bon l'emmener, maintenant? Elle partira ce soir ou demain, d'elle-même, quand l'odeur de vie aura quitté le petit, qu'il sera devenu étranger à l'ordre des choses qu'elle peut mesurer dans sa rumination systématique, et elle n'aura plus qu'à regagner le troupeau qui dessine au loin une sorte d'alphabet mouvant le long des collines.

Quand Amor repart, dos courbé, à l'inverse du vent qui recouvre le sol d'une couche de plus en plus épaisse de sable, il oblique vers la piste qu'on ne voit plus, sauf qu'on sait qu'elle remonte vers Chebika et il nous découvre dans la steppe, stoppés au milieu de cette marée grisâtre.

Il approche de la voiture et nous montre son visage net presque imberbe aux yeux incroyablement durs; quand il apparaît, en criant à travers la capote en toile, Khlil lui demande de monter, ce qu'il fait : peut-il nous aider à retrouver la piste de Chebika et à éviter les crevasses et les ravines ?

Il nous montre les tentes et accepte une cigarette, tassé à l'arrière, guidant le conducteur à petits mots brefs. Khlil le questionne parce qu'il le connaît déjà, l'ayant rencontré au village, dans l'épicerie de Ridha.

— Moi, je suis Amor, des ouled Sidi 'Abid; nous habitons au désert, au bas de Chebika. On voit les tentes, là. Moi, je suis né dans les environs et j'ai vingt-sept ans. Nous nous sommes fixés ici depuis dix ans parce qu'il y a de l'eau à Chebika et qu'on peut cultiver la terre au bord de l'oasis.

Il tend le doigt vers les tentes, trois formes basses, sombres, perdues elles aussi dans la pluie de sable, immobiles tandis que le ciel de sable déferle tout entier au-dessus d'elles, au ras de la terre. Amor tire une cigarette et l'allume en se laissant cahoter comme nous tous:

— Nous habitons le désert.

— C'est-à-dire à combien de kilomètres de Chebika?

— A quatre kilomètres à peu près de Chebika.

— Pourquoi habitez-vous ce coin-là?

— Depuis toujours j'habite ici.

— Es-tu né dans ces tentes, là-bas?

— Oui.

— Y en a-t-il beaucoup qui sont encore là-bas?

— Avant ma naissance mes parents habitaient à un kilomètre et demi de Chebika. Quand je suis revenu du service militaire nous avons creusé un puits là-bas et nous avons commencé à planter un jardin de palmiers. Quand le jardin a été prêt, nous sommes venus nous fixer ici et, depuis, nous ne bougeons plus, c'est-à-dire depuis 1960 jusqu'à maintenant, en 1964.

— Avez-vous des animaux de pâturage?

— Oui.

— Avez-vous un pâtre?

— Non, nous conduisons nous-mêmes le troupeau.

— Donc, vous ne vous éloignez pas de vos tentes, n'est-ce pas?

— Nous nous éloignons d'un kilomètre ou d'un demi-kilomètre, là où il y a de l'herbe.

— Et vous retournez tous les soirs chez vous?

— Oui, mais quand il ne pleut pas, on prend ses provisions et on va loin et on y passe la nuit.

— Combien de nuits passez-vous dehors quand il ne pleut pas?

— Ça dépend, s'il pleut longtemps. On peut y rester une semaine et même un mois. Quand il pleut, l'herbe pousse, on revient à sa tente. S'il ne pleut pas, on reste dehors.

— Quand il ne pleut pas, de quel côté menez-vous les troupeaux?

— Au désert, près d'ici.

— C'est-à-dire à combien de kilomètres de vos tentes?

— Trois kilomètres à peu près d'ici.

— Quand cesse-t-il de pleuvoir?

— C'est variable, ce n'est pas fixe.

— Quand il ne pleut pas, vous partez tous avec vos troupeaux ou bien chacun part-il seul avec le troupeau?

— Ça dépend. Si la famille est nombreuse, trois ou quatre tentes, ils partent tous; si c'est une seule tente, elle part seule, quelquefois nous partons à vingt tentes à la fois, ça dépend.

— A part le troupeau avez-vous une autre source de revenu, qui vous rapporte de l'argent?

— Oui, nous labourons.

— Vous possédez de la terre alors?

— Nous n'avons pas de terrains délimités. La terre, ici, elle appartient à tout le monde, à celui qui veut et peut venir labourer. De l'autre côté: vers Tamerza, il y a une digue. L'eau vient de l'Algérie. Si le gouvernement entretient bien la digue, nous avons de l'eau et nous pouvons planter et labourer, mais si le gouvernement ne l'entretient pas, l'eau s'en va en Algérie et alors nous ne pouvons rien faire. Nous perdons tous, aussi bien celui qui fait les labours et celui qui n'en fait pas, car nous, nous ne pouvons rien faire sans l'eau. En ce moment, ça ne va plus du tout.

— Vous n'avez pas demandé au gouvernement qu'il vous rende l'eau?

— On a demandé beaucoup, souvent mais... Les pierres de la digue sont ramassées là depuis 1959 et on ne l'achève pas.

— Mais qui a ramassé ces pierres?

— C'est le gouvernement, et les gens des chantiers de chômage.

— Pourquoi ne l'a-t-il pas finie?

— Pourquoi veux-tu que je sache? Le gouvernement a fait ramasser les pierres et les gens étaient contents que l'eau reste et n'aille pas en Algérie. Ils espéraient mieux vivre, mais les pierres sont toujours là.

— Et vous n'avez pas demandé pourquoi le gouvernement n'avait pas fini la construction de la digue?

— Non, nous n'avons pas demandé. C'est ainsi!

— Et alors que faites-vous pour cultiver? Supposons qu'il tombe un peu de pluie et que l'eau qui tombe ne soit pas suffisante pour faire pousser les plantes, que faites-vous alors?

— Il y a un petit ruisseau qui revient de temps en temps!

— Et s'il ne revient pas?

— S'il ne revient pas? Eh bien il ne revient pas... on va

travailler quand on le peut aux chantiers de chômage pour deux cents millimes et un kilo et demi de farine, et... en avant!

— Et s'il n'y a pas de chantiers de chômage?

— Nous vendons un peu de notre terre, ou des moutons, ou du blé.

— Avez-vous des dattes?

— Il y a des dattes chez certaines gens, pas chez tout le monde.

— Ceux qui habitent les tentes qui sont là-bas, est-ce qu'ils ont tous des dattes?

— Non, pas tous. Chez nous, sous les tentes, il n'y a que deux familles seulement qui en possèdent.

— Est-ce qu'elles en possèdent beaucoup?

— Non, très peu.

— Comment comptez-vous les palmiers?

— On compte par *hwéza*.

— Combien de palmiers compte-t-on par *hwéza*?

— Dix, onze, quelquefois cent palmiers. Ça dépend de la terre.

— Et comment achetez-vous les palmiers, par *hwéza* ou bien par palmiers?

— Par *hwéza*, et ensuite vous pouvez vendre un demi-*hwéza*, un quart de *hwéza*!

— Si tu es associé avec quelqu'un sur un terrain et tu veux en vendre une partie, est-ce que tu dois en faire un *hwéza* à part?

— Non, mais le jour où on fait la récolte, chacun prend sa part.

— Et vous, n'avez-vous pas de terrains ici?

— Non.

— Et ton père, Ismaël, a-t-il du terrain?

— Non. Mon frère veut en cultiver. Mon père ne veut pas.

— Vivez-vous tous ensemble?

— Oui, dans une seule tente: nous mangeons dans le même plat.

— Vous n'avez pas encore partagé vos biens entre vous?

— Je viens de te le dire, non; on n'a rien partagé du tout.

— Est-ce que le partage est fréquent dans vos familles?

— Oui, bien sûr.

— Et quand partagez-vous vos biens et pourquoi?

— Quand Satan s'en mêle.

— Et quand Satan s'en mêle-t-il?

— Il n'a pas d'horaire fixe, celui-là.

— Quand vous vous disputez entre vous par exemple?

— Oui, par exemple. C'est le cas.

— Et pour quelles raisons vous disputez-vous? Connais-tu quelqu'un qui a partagé ses biens avec son père?

— Celui qui partage avec son père, c'est généralement quelqu'un de marié. Sa femme est enceinte, ou bien il a des enfants. Satan intervient, alors la femme cherche la bagarre. Si le mari aime sa femme et ne veut pas la quitter, il demande le partage. Il amène quelques personnes âgées de son entourage qui disent au père que le fils désire le partage et qu'il renonce à tout. Le père lui donne une tente qu'il va monter plus loin. Le jour même le fils travaille pour son compte et le père pour son compte.

— Après le partage le fils continue-t-il à aller voir ses parents?

— Oui bien sûr, ils continuent à se visiter. Le jour de la mort de son père s'il a des frères, il partage avec eux l'héritage qu'a laissé le père, sinon il garde tout l'héritage jusqu'à sa mort, ses enfants en héritent, et ainsi de suite.

— Est-ce qu'il y a eu ici quelqu'un qui a préféré sa femme à ses parents?

— Celui qui n'aime pas sa femme et préfère rester avec des parents et travailler pour eux, alors il renvoie sa femme. Quand il devient plus vieux, il peut se remarier.

— D'après les gens que tu connais, est-ce que, en général, les maris dont les femmes ne s'entendent pas avec les beaux-parents suivent les épouses ou les parents?

— Les parents ne les retiennent pas, s'ils veulent l'un et l'autre renoncer à leur bénédiction... Mais, en général, le mari choisit de suivre ses parents et de ne pas provoquer leur colère, à moins qu'il soit un vil individu, dans ce cas il suit sa femme.

— Que veux-tu dire par « vil individu »?

— C'est celui qui préfère suivre sa femme, plutôt que ses parents!

Alors, Salah, qui, jusque-là, s'est tu et a écouté en silence en essayant de lutter contre les cahots de la voiture, prend à son tour la parole :

— A ton avis ce n'est pas quelqu'un de bien, celui qui fait cela?

— Ah non, ce n'est pas quelqu'un de bien.

— Est-ce que tu veux te marier?

— Non, je suis célibataire.

— Si tu étais marié et si ta femme n'était pas en bons termes avec tes parents qui suivrais-tu ?

— Si j'aime ma femme, je quitterai mes parents, peut-être... Mais si je préfère ma femme.

— On dit que la femme du lit l'emporte sur la mère [1].

— Non, pourquoi l'emporterait-elle sur la mère ? La femme du lit ne peut pas invoquer les bénédictions du ciel sur le mari, les parents seuls peuvent faire cela, et si elle invoque la colère de Dieu sur le mari, Dieu ne l'écoute pas. La mère peut attirer la colère du ciel sur son fils.

— L'épouse peut aussi quelquefois attirer sur toi la colère de Dieu. Parfois, il l'écoute et cela peut mener à une séparation des lits entre mari et femme.

— Que sais-je moi ! Je ne peux pas te parler de ça, je ne suis pas encore marié. Je crois que si une chose pareille m'arrivait, je choisirais de suivre mes parents, en fin de compte !

— Tu dis comme ça parce que tu n'es pas encore marié.

Quand on regarde vers l'avant de la voiture, les tentes paraissent toujours aussi lointaines dans la pluie de sable. On ne voit plus Chebika. De temps en temps, Amor dit un mot bref et le chauffeur tourne vivement à droite ou à gauche, ralentit parce que les roues avant heurtent une pierre, perd l'alignement des tentes, le retrouve.

Alors, Naïma la jeune étudiante de Tunis, qui, jusque-là, regardait la route de sa place à côté du chauffeur, demande avec vivacité :

— Chez les Bédouins du Nord, si l'épouse et la belle-mère se disputent, le mari prend un bâton et le casse sur le dos de sa femme, avant même de savoir qui a raison et qui a tort.

— C'est juste. L'homme doit prendre le parti de sa mère. Sinon il est considéré comme rebelle et doit alors suivre sa femme.

— Tu m'as dit qu'il arrive que l'épouse se dispute avec sa belle-mère, mais supposons qu'elle s'entende très bien avec sa belle-mère mais qu'elle ne s'entende pas avec le beau-père ; dans ce cas qu'arrive-t-il ? Préférerais-tu ton père ou ta femme ? demande Naïma.

1. Proverbe courant : *El oussada teghlel el ouallada*, « la femme du coussin l'emporte sur celle des enfants ».

— Le père peut tout autant la frapper.

— Mais pourquoi la frapper? Et toi regardes-tu sans rien dire?

— Je ne dis rien, si elle n'est pas obéissante : il a autant le droit de la frapper que moi.

— Et si toi tu veux objecter quelque chose?

— Dans ce cas il faut partager et je dois quitter la tente de mes parents.

— Qu'est-ce qui est plus efficace, quand la mère implore la colère d'Allah ou quand le père l'implore?

— Quand la mère l'implore, car c'est elle qui porte l'enfant neuf mois dans son ventre, ensuite elle l'allaite, le lave, l'élève et tout.

Silence. Au bout d'un moment, Salah montre le village de Chebika :

— Aimerais-tu habiter Chebika? reprend Khlil.

— Si j'avais des revenus à Chebika, oui, j'aimerais bien y habiter, sinon pourquoi habiter Chebika?

— D'après ce que nous avons vu, les habitants de Chebika eux-mêmes n'ont pas de revenus, n'est-ce pas?

— Oui, alors pourquoi veux-tu que j'y aille habiter?

— Comment considérez-vous les habitants de Chebika? Y a-t-il des liens de parenté entre vous?

— Non, ce sont des étrangers.

— Êtes-vous en bons termes avec eux? Sont-ils gentils?

— Oui, ils sont gentils et nous sommes en bons termes avec eux.

— N'y a-t-il jamais eu de malentendus entre vous? Vous ont-ils insulté ou autre?

— Non jamais. On ne les insulte pas et ils ne nous insultent pas.

— Tu sais, il arrive toujours que des voisins se bagarrent entre eux pour une raison ou pour une autre, ça a été toujours ainsi.

— Entre nous il n'y a jamais rien eu.

— Est-ce qu'il y a eu des mariages entre vous et les gens de Chebika?

— Non, eux ne se marient pas chez nous, et nous ne nous marions pas chez eux.

— Comment expliques-tu cela : vous êtes voisins, vous avez des célibataires et eux ont des filles à marier, vous avez des filles à marier et eux ont des célibataires, pourquoi n'y a-t-il pas de mariages entre vous?

— Dieu ne l'a pas voulu.

— Mais c'est souvent nous qui ne voulons pas et ce n'est pas Dieu. Il se peut que moi, par exemple, j'épouse ma cousine parce que je l'aime et je n'épouse pas une étrangère parce que je ne l'aime pas, je dois toujours donner une raison, donne-moi au moins une raison.

— Nous sommes des Bédouins, nous ne nous entendons pas sur plusieurs points avec les citadins, sur les burnous, par exemple, et sur beaucoup de choses. Et puis leurs femmes ne savent pas tisser.

Quand nous arrivons près des tentes, deux chiens blancs sahariens accourent et jappent convulsivement; Amor saute de la Jeep pour les chasser avec des pierres et prévenir le vieil Ismaël de notre arrivée. On descend donc de la voiture dans le crépitement affolé du vent.

Maintenant, on comprend pourquoi les tentes paraissent si basses: elles sont montées dans une sorte de cuvette sèche qui les abrite des grands souffles du vent. Il y en a trois, entourées de ronces entrelacées pour former une haie que ne franchissent ni les chiens ni les chacals. Derrière cette haie s'abritent des poules.

On marche alors en direction du vieillard qui émerge à l'entrée d'une tente, à l'intérieur de cette sorte de cour que délimite la fausse haie. Ismaël s'avance au bras d'un homme jeune mais plus âgé qu'Amor, son frère aîné probablement.

Les deux hommes progressent doucement, car le fils traite le père avec une incroyable douceur, tout à fait étranger au vent de sable et à la difficulté de leur progression. Au fur et à mesure qu'ils avancent, au visage du vieillard levé vers le ciel, à ses mains tendues et hésitantes, on constate qu'il est aveugle. Le souffle du sable l'enveloppe et trousse sa gandoura, éparpille les pans de l'écharpe nouée autour de sa tête, tandis qu'il lance des bénédictions d'accueil. L'on attend donc, suivant cette étiquette qu'il faut respecter même dans le désert, même dans la tourmente. Puis, l'un après l'autre touche en s'inclinant le bout du doigt du vieil Ismaël en portant chaque fois la main à la bouche, geste qu'Ismaël répète lui aussi.

Nous restons là, silencieux, dans le vent qui brasse les étoffes. De la seconde tente, sur la gauche, émerge une femme, plutôt

180

âgée, enturbannée, tatouée, le visage nu et tendu. Elle vient vers nous, tête baissée contre le vent qui gonfle sa robe grenat; mais elle ne cille pas, comme si le vent ne l'atteignait pas. Elle aussi nous adresse sa bénédiction et c'est elle que nous suivons, qui nous entraîne vers sa tente, tandis que le vieil Ismaël, conduit par son fils, marche en parlant tout seul, assure qu'il est heureux de nous accueillir et que nous apportons avec nous le bien de Dieu.

Sitôt passé l'entrée de la tente, la cessation du vent et le calme subit détendent, comme une drogue. Au point qu'on entre au-dessous de cette toile, épaisse comme un tapis, comme dans un abri où la durée n'aurait pas la même contexture que dehors dans la fluidité mouvante de la steppe. La tente est un tapis épais monté sur des poteaux et retenu par des cordes attachées à des pieux enfoncés dans la pierraille. Celle-ci est partagée en deux par une sorte de mur fait de ballots pleins de graines et des entassements de tapis roulés. Du côté droit par rapport à l'entrée — celui qui nous est interdit — deux jeunes filles à moitié cachées tissent à un métier de haute lisse; de l'autre côté, sur des tapis, nous nous installons. Le vent et le sable attaquent l'abri d'étoffe, délimitant cette région calme presque maternellement protégée. Et, malgré l'assombrissement du ciel par la grande aile de sable, il fait clair.

Le vieil Ismaël est entré derrière nous et, s'appuyant sur son gros bâton, maintenant abandonné par son fils aîné qui range deux ou trois tapis pour nous faire place, il dodeline de la tête; ses yeux blancs regardent sans les voir la tente, le métier à tisser, la femme et les jeunes filles de l'autre côté, puis il cherche les visages au son des voix. Salah et Khlil lui ont expliqué déjà ce que nous faisions. Le nom de Chebika le fait rire, on ne sait pourquoi: à cause de l'accent du Nord ou, simplement, parce qu'il ne prend pas Chebika pour un endroit important[1].

Le frère aîné s'appelle Noureddine et c'est lui qui installe les invités, apporte d'autres coussins. Pour finir, il s'assied à côté de Khlil tout en se raclant la gorge. Amor apparaît avec un verre unique et une théière brûlante. On emplit le verre et on se passe le verre que l'on secoue fortement après avoir bu. De la conversation que Si Tijani entreprend avec Ismaël, émerge une

---

1. Il nous dira: « En principe, les étrangers ne sont pas reçus sous la même tente que les femmes, mais c'est une faveur que nous vous faisons et puis les temps ont changé. »

longue complainte sur les difficultés de ravitaillement et les ennuis que provoque le fait d'être installé définitivement dans un périmètre fixe.

— Autrefois, le déplacement était de chaque saison, et, du moins, il y avait les marchés où l'on pouvait toujours trouver le moyen d'échanger ce qu'on avait trouvé ailleurs, parce que les gens qui restaient en place étaient alors riches, pas tous, mais la plupart étaient des propriétaires qui venaient parler avec les Bédouins pour savoir ce qu'ils pourraient leur acheter en fait de tapis, de parfums, de chameaux, de toutes ces sortes de choses qu'on transporte.

Ismaël ne s'arrête pas de parler. Ses yeux ouverts regardent vers le fond de la tente, yeux blancs mais présents, comme s'ils ne nous voyaient pas nous mais au-delà de la tente, une autre réalité. Tijani aime beaucoup ce vieil Ismaël qu'il a connu durant sa propre enfance, aux environs de Tamerza ou de Nefta, dans ces grands rassemblements de caravanes qui ont disparu avec la guerre de 1914, les premières automobiles et le train.

Le vieil Ismaël parle de tout librement. C'est ce qu'on appelle la « sagesse des vieillards ». Cela signifie qu'ils ont acquis ce que les jeunes, enfermés dans les prescriptions communes et le respect des règles, ne peuvent jamais montrer : une pensée qui n'a pas besoin de l'approbation du groupe. Aussi affirme-t-il, que « très profond est le trou où s'entassent les choses passées, les choses qu'ont vécues les gens qui ne sont pas sédentaires comme ceux de Chebika ou de Tozeur, les gens qui ont leur tente pour suivre les bonnes pluies ». Autrefois, l'homme qui conduisait le troupeau rassemblant toutes les bêtes que lui confiaient dix ou vingt familles savait qu'il ne devait jamais revenir deux fois sur le même emplacement de steppe, parce que la dent des chameaux et des moutons y dispersait, pendant le pâturage, des graines qui devaient repousser pour rétablir l'ordre de Dieu entre les plantes, même dans le désert. Mais où donc est maintenant ce qu'on savait ainsi, puisque tout cela ne sert plus, alors que pourtant, ces choses survivent quelque part et continuent à servir ? Lui-même, Ismaël, il se souvient des grands camions français à vingt roues qui parcouraient les pistes au moment de l'autre guerre : ils allaient très lentement et tombaient souvent en panne. On les regardait passer et les enfants couraient. Mais le père de son père, lui, savait ce qu'il aurait fallu faire en ce cas, puisqu'il avait pratiqué le *jaïch*, ce pillage plus ou moins rituel, qu'il entourait les caravanes en panne (à l'époque où il n'y avait pas de voiture à essence) et demandait très poliment aux voyageurs de lui donner des armes et un peu d'argent.

Ismaël rit et, quand on lui parle, il prend la main de son interlocuteur et la serre avec la sèche affection des vieillards qu'accroît la cordialité des gens qui vivent sous la tente. Puis il boit son thé à petits coups. Le silence revient, juste assez pour constater que le vent est tombé, que la lumière reparaît, puisque la grande couverture de sable portée par le vent a passé au-dessus de nous et s'est déplacée vers le nord, Gafsa et cette partie de la steppe qui remonte vers Kasserine et la Dorsale. Quand il a bu, Ismaël rit encore, mais pour lui seul, en regardant au-delà de nous ce point fixe. Puis il nous dit que nous lui plaisons parce que nous avons ramené son fils Amor, que nous sommes des gens respectueux de Dieu et que nous sommes ses amis.

Le silence revient encore, que peuple seulement le cliquetis du métier à tisser manipulé sagement par les deux filles tandis que la mère s'agite — et nous savons ce qu'elle fait dans le fouillis grouillant de l'autre côté de la tente : elle nous prépare une poule et des œufs que nous devrons emporter. Mais Khlil, lui, a commencé à parler avec Noureddine.

— Raconte-nous un peu. Pour le mariage, ton frère nous a dit que les gens de Chebika ne vous conviennent pas, pourquoi ?

— Nous sommes des nomades et eux sont des sédentaires. Je vais vous préparer une autre tasse de thé, ensuite j'irai moi-même à Chebika.

Le silence retombe, encore une fois.

— Vous vous ennuyez déjà avec nous, vous voulez partir ?

— Non, non, on ne s'ennuie pas.

— Tu viens de dire que les gens de Chebika ne vous conviennent pas parce qu'ils sont des sédentaires. Tu m'as dit aussi qu'il y a près de dix ans que tu es établi ici, donc tu n'es plus nomade.

— Les femmes des villes, les femmes de Chebika ne peuvent pas travailler autant que nos femmes.

— Et tu considères Chebika comme ville...! Quelle est la tâche de la femme chez vous ?

— Chez nous la femme tisse le *klim*, les couvertures, la tente et remplace les vieilles cordes par de neuves, et beaucoup d'autres tâches que la citadine ne peut pas faire.

— Et la femme de Chebika ne peut pas faire cela ?

— Non, elle ne peut travailler que dans les maisons, elle ne supporte pas le travail dur qu'exige la vie au désert.

— N'y a-t-il pas d'autres raisons que celle-ci? A part que la vie est différente, n'y a-t-il pas d'autres motifs qui vous empêchent de vous marier entre vous?

— Non c'est la seule raison. C'est seulement pour le travail, que nous ne pouvons pas épouser une citadine. Ne peut épouser une citadine qu'un homme qui a une maison bâtie et qui est fixé à Chebika ou une autre ville semblable.

— Mais toi aussi tu t'es fixé.

— Oui je me suis fixé mais quand même je ne prendrais pas femme parmi elles. Je ne prends pas une femme qui ne sait pas travailler dans les champs ou rapporter de l'eau pour l'arrosage.

— Je n'ai pas encore compris, parce que les femmes de Chebika font exactement cela, elles aussi! Est-ce que vraiment il n'y a pas d'autres raisons qui vous empêchent de vous marier avec des femmes de Chebika, une querelle par exemple; car j'ai entendu dire qu'il y a eu des querelles entre eux et vous.

— Non, non, pas de querelle!

— Depuis que tu es ici tu n'as jamais entendu parler de querelle entre les gens de Chebika et ceux de Tamerza par exemple?

— Laisse les gens de Tamerza de côté! Citadins pour citadins, c'est la même chose! Depuis que je suis dans la région je n'ai jamais entendu dire qu'il y ait une querelle ou un malentendu entre les gens de Chebika et les nomades d'ici.

— Tu veux me faire croire qu'il n'y a jamais eu de querelle?

— Il n'y a pas eu de grande affaire, il n'y a jamais eu de sang versé.

— Que veux-tu dire par grande affaire?

— Une grande affaire se joue à coups de rasoirs, avec des armes ou des bâtons. Je n'ai jamais entendu parler d'une telle affaire.

— C'était alors des bagarres à mains nues?

— A mains nues, oui, il y en a eu.

— Donc il n'y a eu que de petites bagarres qui n'ont pas dégénéré?

— C'est bien ça.

Mais il n'en dira pas davantage. Il hausse les épaules. Il regarde de l'autre côté de la tente. Sa mère lui crie quelque chose que nous ne comprenons pas. Il se lève et sort. Amor le remplace

184

au milieu de nous et Tijani se lève pour ouvrir la toile qui ferme la tente : le soleil est là, plus dur, plus net qu'auparavant dans un ciel lavé par le sable. La clarté est si précise que Chebika apparaît au loin, rapproché, au point qu'on discerne les enfants qui courent sur la place et le vieux Gaddour qui se traîne le long du mur, tandis que l'épicier passe de son pas rapide, se dirigeant vers la mosquée. D'ici, en miniature, à travers l'entrée de la tente, Chebika s'encadre au milieu des tapis d'un ocre sombre et des gandouras claires.

Amor nous dit que son frère Noureddine va sans doute partir se marier de l'autre côté de la route nationale de Gafsa à Tozeur et qu'il ira vivre là-bas avec sa nouvelle famille qui possède des palmiers dans l'oasis de Degache : on célébrera les noces en même temps que celles de sa sœur, Latifa, qui se marie avec Hassan, un homme d'une tente voisine, et on les rapprochera de celles-là pour faire un ensemble et l'on construira peut-être une maison en pierre, ici, au milieu du désert.

— Et l'autre sœur ?

L'autre sœur s'appelle Fatma. Amor ne veut pas en parler. Elle paraît différente. Personne ne peut nous le dire. Tijani nous glisse à l'oreille que Fatma ne se marie pas parce qu'elle est « malade des fièvres ».

— Et toi, Amor, que vas-tu faire ?

Il détourne la tête. Il ne veut pas parler de ses projets.

— Ton père m'a dit que tu voulais aller travailler dans les mines de Redeyef.

— Oui, j'irai peut-être travailler dans les mines. J'aime la ville. Ça me plairait d'aller travailler là-bas.

— Tu n'aimes pas la vie ici ?

— Si. Ce n'est pas cela. J'ai fait mon service militaire.

Nous devons comprendre. Amor est fier d'avoir fait ce service militaire qui l'a conduit à Sousse dont il se souvient encore après quelques années. Mais il ne partira que lorsque Noureddine et sa sœur seront mariés. A ce moment, Hassan deviendra le chef de la famille et il faudrait travailler avec lui. Amor ne dit rien de plus.

Noureddine revient alors et, quand il l'entend approcher, avec cette perspicacité des aveugles chez qui l'ouïe ou l'odorat ont remplacé la vue, le vieil Ismaël commence un long discours pour dire que le couscous qu'on nous a préparé, il est heureux de le partager avec nous. On pose les plats sur les tapis et Khlil interroge Amor.

— C'est ce que vous mangez tous les jours ? C'est mieux qu'à Chebika.

— Ici au désert nous mangeons du couscous, du pain et du potage, de la viande.

— C'est la nourriture habituelle.

— C'est ce que nous mangeons habituellement. Du couscous le soir et du pain dans la journée.

— Pourquoi ne mange-t-on pas plus de viande dans la région ? Autrefois, en mangeait-on davantage ?

— Il n'y en a pas. On tue soi-même quand on peut.

— Que faites-vous pour manger de la viande ?

— Celui qui a du bétail en tue et en mange.

— Est-ce qu'on en mange souvent ?

— Quand on en a envie, mais surtout à l'occasion de la fête.

A la fête les gens de Chebika achètent la viande du dehors ou bien ils égorgent quelques-unes de leurs bêtes. Les nomades font de même.

— Mais les gens de Chebika achètent la viande chez vous lors de la fête de Sidi Soltane ?

— Oui, lors de la fête de Sidi Soltane ils achètent la viande chez nous.

— Et vous, vous ne faites pas la fête ? On nous a dit que même les gens qui n'habitent pas Chebika font la fête.

— Non, ceux qui la font ce sont seulement les gens qui ont promis quelque chose à Sidi Soltane, un mouton, ou autre chose, et qui ont vu leurs souhaits exaucés. Les nomades n'ont pas de date fixe pour la fête.

Le couscous est fortement épicé et l'on y trouve quelques morceaux de viande, de chèvre sans doute. On regarde Chebika par l'ouverture de la tente. Quelqu'un prononce son nom et le vieil Ismaël s'arrête de manger :

— J'ai bien connu Chebika autrefois quand Chebika était un village riche, enfin quand tous les gens de Chebika étaient des propriétaires qui vivaient bien et qui achetaient des choses aux gens de la steppe. A ce moment on allait souvent à la fête de Sidi Soltane qui était un saint très vénéré et des confréries venaient de très loin qui dansaient toute la nuit autour du marabout. A ce moment, Chebika n'était pas un tas de ruines ou le nid de scorpions d'aujourd'hui : les gens étaient fiers et ils n'auraient pas travaillé comme ils le font aujourd'hui pour des gens de la steppe ou les Bédouins. Pourquoi les gens de Chebika n'ont-ils pas su rester comme ils étaient et pourquoi sont-ils devenus des métayers des gens d'El-Hamma et de partout ? Ici, dans le désert quand un homme se marie, les deux familles se rapprochent ou se renforcent en s'aidant. Chez eux, on donne en échange de la femme des bouts de terre. Sans doute, les gens de Chebika ne savent-ils pas comment on peut s'arranger avec ce qu'il faut et ce qu'il ne faut pas faire, en ce monde. Quand on est un nomade comme nous, on apprend à accomplir diverses actions qui ne dérangent personne et sans prendre le conseil de quiconque, car on ne sait jamais où l'on en est avec ce qui est interdit — sans parler de ce que veut la loi et ce que désire le gouvernement. Pourtant, les gens de Chebika restent là-haut dans leur trou et ne savent pas du tout comment on vit pour honorer convenablement Dieu.

Ce qui ne veut pas seulement dire que l'existence est une manière de prière, car il existe une subtilité dans le peuple de sorte qu'on apprend à vivre (surtout dans le Sud) de telle manière que le genre de vie qu'on mène honore par son succès ou son bonheur la création de Dieu. Mais ce dont nous parlons le plus souvent — et cela parce que Ismaël s'oppose ainsi plus nettement encore aux gens de Chebika — c'est de généalogie et de familles.

— Nous venons de plus bas, dit Ismaël, de plus bas que Chebika ou Tamerza. On appelle l'Algérie aujourd'hui cette région, mais pour mon grand-père et le père de mon grand-père, c'était un pays où nous étions seuls alors, avec nos familles. Nous venions seulement aux marchés de Nefta ou de Tozeur. Maintenant, on ne peut plus passer car il y a la guerre et, avant, il y avait des douaniers français. On passait quand même, la nuit, à travers les chotts. On passait du sel et du tabac, parce qu'il y avait une différence de prix. Maintenant, on ne passe plus rien parce qu'on ne voyage plus.

— Tu regrettes le temps où tu voyageais, Ismaël?

— Il y a un temps pour voyager. Je suis trop vieux. Il faut qu'un homme voyage pour accroître ses amis. Pas comme l'ont toujours fait les gens de Chebika qui sont devenus pauvres parce qu'ils n'ont jamais voulu voyager. Nous, nous allons ici et là, tantôt dans un endroit et tantôt dans un autre. Avec les tentes. Souvent seul.

— Tu as beaucoup voyagé seul!

— Moi? Oui, sur mon cheval parce que je me déplaçais de-ci et de-là. Mon père ne voulait pas que je sois recensé pour le service militaire des Français et je me suis déplacé tout le temps. Et toi, tu es d'ici? Non, je suis d'El-Oued. Et toi, tu es de là? Non, je suis de Tozeur!

Il y a un silence, Ismaël mâchonne sa cigarette.

— L'armée. Il y a des gens comme Tijani qui y sont allés, et ils y ont appris des choses. C'est très bon pour Tijani. Il m'a raconté. Il a été emmené par les Français jusqu'auprès de La Mecque, au Liban où il y a des Arabes comme nous et qui vivent sous les tentes. Il a appris le métier d'infirmier et celui de travailleur des routes. Il a vu Marseille et Tunis.

— Et ton père était comme toi, avec une tente et des chameaux?

— Oui, moins de chameaux que je n'en ai, mais des chevaux en plus parce qu'il n'y avait pas de route à ce moment. Nous sommes des Sidi'Abid et notre famille est la plus grande famille du désert. On trouve partout des cousins parce que autrefois on partageait plus que maintenant où il y a un grand danger à partager ce qu'on a puisqu'on devient plus pauvre. Quand les enfants veulent partir, qu'ils partent, il faut qu'ils aient une part de chameaux ou de chèvres. Les Sidi'Abid de cette région sont des Sidi'Abid qui descendent d'Ali et il y a eu cinq frères d'Ali qui se sont mariés: Mohammed, Bechir, Mourad, Salah et Mohsen. Ils sont tous des Sidi'Abid et, avant Ali et ses frères (car il était le plus vieux), il y avait Mohammed qui avait une tente lui aussi, mais en remontant on va jusqu'à Sidi'Abid et à celui qui était un cousin du Prophète et qui est venu ici avec les Hilaliens.

— Vous êtes des Hilaliens?

— Nous venons de là-bas (il montre la direction de La Mecque), comme eux. Et les Sidi'Abid se sont mariés avec les Sidi'Abid du Sahara, mais Mohammed avait eu des oncles qui s'étaient mariés avec des familles de Libye...

Encore une fois nous retrouvons ces longues généalogies, pesantes constructions verbales transmises de génération en génération et qui rattachent avec une candeur orgueilleuse le misérable d'aujourd'hui à ces tribus expédiées au XIIe siècle par le sultan d'Égypte (tant pour se délivrer des pillards qui détruisaient son propre territoire que pour gêner son vassal d'Ifryqa, devenu trop indépendant à son gré). Comment y trouver une semence de vérité? Ce sont des systèmes de classification élaborés avec la même fermeté et la même logique que les classifications qui commandent à la transhumance, au choix des pâturages, à tous ces faits naturels qu'il faut ordonner et comprendre pour qu'une famille survive et conserve sa place dans la confusion fluide du désert — et du Maghreb. D'ailleurs, n'avons-nous pas constaté que les Sidi'Abid étaient un nom, un simple nom que se donnaient à eux-mêmes des Bédouins de la steppe désertique et du Sahara, non en raison d'une descendance réelle, mais pour se rattacher à une dénomination connue et prendre par là une sorte d'assurance contre l'anarchie du Sud.

La parole — surtout quand elle concerne la généalogie — cherche à composer un réel, son réel, en se rationalisant, en trouvant sa logique dans la cohérence apparente du système qu'elle propose en énumérant ces mariages et ces chaînes de descendance ou d'appartenance. Faut-il rappeler que les hommes du Sud ne se contentent jamais de la succession dans le temps, mais enveloppent l'individu également dans la trame des parentés simultanées?

Comment en serait-il autrement? La famille des Sidi'Abid n'a d'existence que par la construction de ce système qui ne repose sur aucune réalité parce que, depuis des années et peut-être des siècles, cette famille, cet *arch*, a cessé vraiment d'exister comme telle. Dans cette région, en tout cas, et sous les tentes, la construction logique n'a d'existence que verbale, tout comme à Chebika. Mais sa fonction n'est pas de rattacher le village à d'autres villages et de confirmer les formes de la topographie ou de l'économie des échanges. Elle consiste à aider le groupe fragmentaire implicitement conscient de sa solitude et de sa faiblesse, à trouver dans une forme logique une confirmation de son existence: protection contre l'anéantissement et la dissolution dans l'étendue et la durée sans chronologie. Différente de la généalogie dégradée des gens de Chebika, la généalogie des nomades ne constitue pas un effort pour trouver un terrain fixe. Comme le disait le vieil Ismaël: «Nos parents, même ceux que nous n'avons jamais vus et que nous ne pouvons pas voir, c'est là notre fortune.»

Il ne manque pas de cas, d'ailleurs, où l'on peut dans une certaine mesure acquérir par échange une généalogie, où l'arbre de famille est négociable et négocié. Tel jeune homme erre durant des années de famille en famille qui, soudain, exhibe un long réseau de généalogies qu'il a acquises par la protection d'un vieillard ou parce qu'il s'est intégré dans un groupe. Ces généalogies sous la tente sont des mots, vraiment, au sens étymologique, des «mythes»: on «les parle», non parce qu'il s'agit d'une réalité que l'on immobilise pour la comprendre, mais parce qu'il faut occuper ce vide qui, autrement, s'étendrait entre les hommes. Dans la steppe désertique, les femmes portent des tatouages, ce sont des passeports de reconnaissance. Elles se rattachent ainsi à un nom familial très large que désigne ce signe, souvent fragile, mais qui est à la fois une protection et une signalisation. Ces tatouages sont déjà un langage et une communication: ils parlent de la famille et des filiations, ils renvoient à une appartenance, à des solidarités qui n'existent plus aujourd'hui mais qui, dans ce monde intermédiaire où rien n'a été fait encore, sont autant de jalons où les hommes accrochent une théorie du changement auquel ils se préparent ainsi.

Il existe ainsi d'autres moyens de recréer cette solidarité qui n'a plus d'assise réelle dans la vie. Au mythe de la généalogie répondent les mythes des aventures que relatent les poètes qui, encore aujourd'hui, vont de village en village ou de campement en campement, s'installent quelques jours et débitent ces longues suites de chants souvent sans les comprendre parce qu'ils les ont appris par cœur d'un maître qui lui-même les avait acquis de la même manière et comme un moyen de gagner sa vie. Les poètes font le récit d'actions qui, au mythe généalogique, répondent par le mythe de la «grande époque de gloire» ou, simplement, en fournissant au groupe un langage où ce dernier vienne déposer ses sensations présentes pour les nommer et les éprouver réellement à travers ce langage qui relate des actions exemplaires. Ce que l'on appelle l'art épique n'est probablement, dans le cadre de sociétés patriarcales nomades ou sédentaires, que ce support perpétuellement renouvelé par des «diseurs» d'un contexte verbal où l'homme projette son existence pour la vivre et, pour ainsi dire, s'y manifester. Toute dégradée que soit dans la Tunisie actuelle cette formulation poétique et chantée, on ne peut contester qu'elle joue un rôle important que n'a pas encore détruit la radio (qui pourtant reprend certains de ces chants, mais «stylisés» c'est-à-dire dégradés par l'intervention de quelques clercs).

190

Ismaël nous a expliqué un de ces thèmes épiques. Il nous en a même chanté le début, de sa voix cassée et nasillarde:

Je l'ai serrée, elle a devancé les autres chevaux
Je lui ai fait mal, ô malheureux que je suis
Sa sueur qui coulait a mouillé la selle et la poussière de la route.

C'est une histoire qu'on raconte sur les nomades. Dans le temps d'autrefois lorsqu'un homme tombait amoureux d'une femme d'une autre tribu ou d'une autre région, il ne pouvait pas l'épouser car ses parents préféraient la marier à un de ses cousins ou du moins à quelqu'un de sa tribu. Alors l'amoureux se mettait d'accord avec sa bien-aimée pour se voir la nuit en cachette. La nuit quand tout le monde dort, il s'approche discrètement de sa tente. Et, doucement, sans faire de bruit, elle quitte sa tente, rejoint son amant et ils vont s'aimer dans un endroit lointain, à l'abri des regards curieux.

«... L'auteur de la chanson que je viens de chanter fut un grand chevalier arabe. Un soir alors qu'il était venu voir sa bien-aimée, les gens de la tribu l'ont aperçu. Ils se sont lancés à sa poursuite. Sa jument courait si vite qu'ils n'ont pas pu le rattraper. Mais ils se sont juré de le tuer. Sa bien-aimée, qui a entendu les siens jurer la mort de son amoureux, a voulu le prévenir. Elle a chargé une de ses amies de porter son message. En le cherchant, l'amie est tombée sur un vieil homme à qui elle a demandé où elle pouvait trouver le chevalier en question. Le vieillard, qui était précisément le père du chevalier, lui a confirmé que la personne qu'elle cherchait ne se trouvait pas ici. Elle l'a chargé de transmettre au chevalier le message de son amie.

«Quand son fils est revenu, le vieillard lui a laissé entendre, au cours d'une conversation, le danger qu'il courait. Alors le chevalier s'est mis à raconter, en chantant, son aventure amoureuse: "Je l'ai serrée", c'est-à-dire la jument, "elle a devancé les autres chevaux, sa sueur a mouillé la selle et la poussière de la route." Elle a tellement couru que sa sueur a mouillé la route et a rendu la poussière comme la *béssissa* [1], mais la *béssissa* est douce; comprenez-vous le jeu de mots? Cette

1. Un mets oriental très sucré fait avec de la semoule, de l'huile, du sucre et un peu d'eau.

191

douceur rappelle la douceur de la femme aimée. Il y a plusieurs éléments de comparaison, la terre, la nature qui va avec ce genre de chose et qui représente la femme. Trois éléments : lui, la femme, la terre qui travaille avec eux. On chante cette chanson la nuit dans le désert en s'accompagnant du *nay*, la flûte de roseau... »

Ismaël nous reparlera de Chebika, plus tard, quand nous reviendrons le voir, des mois plus tard, en été cette fois, au moment où ses deux fils seront occupés au battage du blé que l'on pratique à côté de l'oasis en faisant galoper en rond un cheval qui tire une sorte de chariot à roulettes dont le poids écrase les grains. Amor était assis dans le chariot et il gloussait pour faire courir son cheval. Les femmes piaulaient en riant tout autour. L'autre frère amenait les bottes de grain. Ismaël s'était fait conduire jusqu'à cet endroit, pour entendre les voix de ceux qui travaillaient sur cette aire au pied de l'oasis et dans la terre apparemment désertique. Au point qu'il était impossible de croire que du blé puisse germer dans cette poussière. Mais c'est lui qui avait eu l'idée de semer et de planter dans cet endroit, voici assez longtemps, quand il voyait encore et qu'il avait compris que les eaux de l'oued, après avoir traversé l'oasis de Chebika, se perdaient ici, à peu de profondeur dans une terre désertique, en surface.

Il a pris alors le bras de l'un d'entre nous et il a montré avec son bâton la direction du village, puis il nous a dit « que les gens de Chebika n'avaient pas encore compris ce qu'il savait lui, qu'on pouvait cultiver tout ce qu'on voulait dans le désert, mais qu'il fallait sortir de l'oasis et venir ici ; que ces gens-là, en somme, ils avaient oublié tout ce qu'ils savaient et qu'ils ne se souvenaient même plus de ce qu'il fallait faire pour cultiver la terre. Mais le gouvernement, s'il aidait quelqu'un, aiderait Chebika parce qu'on se méfiait des nomades, même quand ils étaient fixés comme lui depuis des années dans cet endroit... ».

Puis il nous a promis de nous emmener à l'intérieur du désert, vers le chott, où il avait trouvé, voici des années, une terre noire et humide qui pouvait bien être de ce pétrole dont on parle tant. Il en a parlé souvent à des étrangers, mais personne ne s'est intéressé à cette terre, même ceux qui sont allés la voir...

Nous revenons d'ailleurs régulièrement puisque nous sommes en compte avec Ismaël : il nous a donné une chienne blanche de cette race kabyle, blanche, à crinière, qui ressemble aux chiens esquimaux, «afin que nous pensions à lui quand nous retournons à Tunis». Nous lui avons rapporté de l'huile et du sucre. Il nous a donné un mouton et des œufs. L'échange n'est pas seulement une politesse, cela crée un lien, nous engage les uns les autres en nous associant à la même action réciproque qui nous entraîne les uns les autres à communiquer autrement qu'avec des poules, des œufs ou de l'huile; ce qui émerge si malaisément d'ordinaire des relations entre deux groupes étrangers s'installent entre nous.

Les gens de Chebika se sont moqués de lui en lui disant qu'il avait trouvé des étrangers pour le ravitailler, mais ils ne pouvaient rien dire, parce que nous leur apportions à eux aussi de l'huile et du sucre. Mais, de toute manière, ils n'aiment pas les « gens des tentes » et ils ont souvent réussi à nous retenir très tard au village quand ils savaient que nous rentrions vers Tozeur et que nous voulions, sur le chemin du retour, passer par la tente d'Ismaël. D'ailleurs, Ismaël nous a invités à cette époque au mariage de ses fils.

Puis, une autre fois, en arrivant à Chebika, le vieil Ali est venu dire à Tijani qu'Ismaël était mort et que tout était changé sous les tentes. Et cette fois, nous n'étions plus descendus dans le Sud durant quelques mois. Nous sommes allés aussitôt vers les tentes. Et les gens de Chebika haussaient les épaules parce que nous attachions de l'importance à des personnes qui n'en valaient pas la peine.

Nous avons retrouvé la tente qui s'était déplacée de quelques mètres vers l'est. Il n'y avait personne autour des tentes, et nous appelions quand la vieille est sortie et nous a vus. Il faisait très chaud ce jour-là; même les chiens dormaient, écrasés par le soleil. Elle nous a fait signe d'entrer directement chez elle.

Rester sous la tente, c'est mettre entre parenthèses une partie de la vie qu'on mène: en été, il y fait frais en raison des pores de la toile qui laissent passer l'air et provoquent même une sorte de ventilation. Il suffit de s'abandonner sur deux ou trois couches de tapis et de laisser les membres prendre la forme de la terre qui est en dessous. La mère s'agitait beaucoup en parlant, elle racontait qu'un matin le vieil Ismaël ne s'était pas réveillé et qu'on l'avait enterré à Chebika, que son premier fils était parti de l'autre côté de la route, à Degache, et que le mari de Latifa, Hassan, était le maître maintenant, qu'il avait même fait construire une bâtisse.

Nous avions vu, en arrivant, cette construction carrée et basse, dotée d'une porte en bois. Les pierres sont scellées entre elles par un ciment en sable et le toit est composé de tôles ondulées disposées obliquement. Quand Hassan est venu nous chercher chez sa belle-mère, il nous a emmenés dans cette maison. Nous n'avons pas joué avec lui au jeu des échanges. Hassan est un homme pressé et, surtout, il compte. Il accumule le prix de ses bêtes et des grains qu'il vend. Nous l'avons vu travailler quand il rangeait ses bottes de paille : les yeux fermés, dur, absent à tout ce qui n'est pas ce travail. Une autre espèce d'homme que le vieil Ismaël et que les deux frères. Il nous a dit qu'Amor travaillait comme il l'avait toujours voulu dans les mines et qu'il revenait les voir pour les aider de temps en temps.

Parce qu'un orage menaçait, nous nous sommes tous mis au travail pour ranger le blé épars en bottes puis amasser ces bottes dans un pailler consolidé avec des pierres. La vieille nous regardait de l'entrée de sa tente. A côté d'elle, il y avait la fille qui ne s'était pas mariée à cause de sa maladie, Fatma.

Cette fois-là, Hassan nous a donné la moitié d'un mouton, mais ce n'était pas un don, c'était un remerciement pour le travail que nous avions fait pour lui. Il n'a d'ailleurs enveloppé ce cadeau d'aucun cérémonial et l'a fait simplement porter dans la voiture.

Nous sommes revenus nous asseoir dans la maison en pierre et Hassan nous a parlé de Chebika et des gens qui y habitent. Il est plus radical encore que le vieil Ismaël :

— A ton avis, les gens de Chebika pour qu'ils vivent mieux, est-ce qu'ils doivent attendre ici l'aide du gouvernement ou bien doivent-ils quitter Chebika et aller ailleurs ?

— Ils ne quitteront pas Chebika.

— Pourquoi ?

— Ils n'aiment que cette région.

— Tu veux dire qu'ils aiment Chebika malgré la misère ?

— Ils n'aiment pas la quitter.

— Ont-ils eu l'occasion de travailler ailleurs ?

— Non.

— Alors pourquoi dis-tu qu'ils n'aimeraient pas quitter Chebika ?

— Même s'ils en ont l'occasion, ils ne quitteront pas Chebika.

— S'ils avaient un frère, des parents à Tunis, quitteraient-ils Chebika ?

— Ils n'ont personne de chez eux à Tunis ; si, peut-être un ou deux.

— A ton avis doivent-ils quitter Chebika ou bien recevoir une aide du gouvernement et rester ici pour améliorer le sort du pays ? Qu'est-ce qui est le mieux : partir ailleurs, à Kasserine, à Redeyef, à Bizerte ou bien rester ici ?

— A mon avis ils doivent aller travailler ailleurs et devenir riches. Ils ne doivent pas rester ici. Mais ils ne voudront pas s'en aller.

— Est-ce de la paresse ou de l'incapacité ?

— C'est pareil, pour moi.

— Vous êtes là à quatre ou cinq kilomètres de Chebika ; est-ce que vous ne désirez pas que Chebika devienne beaucoup mieux, et plus riche, elle qui est maintenant si pauvre ?

— De toute façon quand quelqu'un habite une région, il aimerait que cette région devienne la meilleure de toutes, peut-être que si Chebika devient riche nous en profiterons aussi.

— Toi tu es extérieur à Chebika. Si on vient te dire : « Nous ne savons plus quoi faire, le pays est très pauvre », que conseilles-tu pour que le pays s'améliore et devienne un peu plus riche ?

— Que les gens travaillent.

— Pourquoi ? Ils ne travaillent pas ?

— Si, mais...

— Si, par exemple, le gouverneur vient et te dit : « Les gens de Chebika ne vivent pas bien. » C'est connu d'ailleurs et il y a beaucoup de pauvres...

— Oui il y en a beaucoup, beaucoup. Tous sont pauvres.

— Si on te demande : « Que faut-il faire pour que la situation s'améliore dans les palmiers ? »

— Le gouvernement leur donnera une subvention !

— Que veut dire : une subvention ?

— De l'argent, c'est-à-dire un prêt, le gouvernement doit les aider mais eux, ils doivent travailler.

— L'argent que leur donnera le gouvernement, comment doivent-ils l'utiliser, selon toi ?

— Pour acheter du matériel et de la nourriture.

— Quel genre de matériel ?

— De la nourriture surtout.

— S'ils achètent de la nourriture, leur situation deviendra meilleure ?

— Oui, de la nourriture. Mais aussi, ils doivent travailler.

195

Au fond Chebika ne l'intéresse pas vraiment : il peut y devenir propriétaire comme beaucoup d'étrangers, en achetant des terres dans l'oasis que les gens du village lui cultivent. Mais il ne fait cela que parce que la possession de palmiers est un signe de propriété et confère une sorte de prestige.

— En fait, dit Khlil, ils ont colonisé Chebika.

Car les gens de la steppe possèdent dans l'oasis une part importante des parcelles, soit directement soit par personne interposée. Cette part est de plus en plus grande et les nomades des tentes sont en train d'évincer peu à peu leurs propriétaires de Tamerza. En fait, depuis deux ans, les gens de Tamerza, inquiets des rumeurs de « socialisation » et de l'annonce que les terres dans le Sahel et le Nord ont été mises en coopératives, ont tendance à se débarrasser de parcelles qu'ils possédaient en dehors de Tamerza. Dans la plupart des cas, ce sont des nomades qui ont pris en charge ces terres.

Et, parmi les quatre petits propriétaires de Chebika, les seuls qui avaient gardé depuis de longues générations la possession de leur parcelle (autrefois bien entendu plus vastes), deux d'entre eux viennent d'entrer dans la clientèle des nomades en acceptant que ces derniers fournissent les graines et les plants contre une moitié du produit de la terre et l'achat certain du reste. Certes, ces minuscules terres sont encore appelées le « jardin de Bechir » ou le « paradis de Noureddine », mais ceux qui les possèdent ne travaillent déjà plus pour eux-mêmes... Les nomades acquièrent ces terres non par les moyens de l'épicier (éternel prêteur endetté) mais en fournissant des bêtes pour un mariage ou une fête, en emmenant paître, mêlés à leur troupeau, un chameau ou des chèvres, en semant même du blé au nom de l'un ou de l'autre habitant du village dans les terres qu'ils entreprennent de défricher au pied de l'oasis. Il est évident que l'homme de Chebika ne peut rendre aucun des services qu'on lui fournit : il y perd la possession de fait d'une terre qu'il continue à conserver nominalement, pour des raisons de prestige, sur laquelle il paie des impôts, ce qui accroît évidemment sa dette auprès du Bédouin. Et le jour où, à l'occasion d'un mariage ou d'une mort, le nomade excipe de ses droits, la terre passe définitivement dans l'héritage des étrangers.

— Même l'épicier, dit Khlil, a une petite terre de dix palmiers qui est tombée dans la propriété d'Ismaël, tout simplement parce que l'épicier ne veut pas apurer ses comptes ni présenter des affaires nettes et qu'il préfère les multiples combinaisons et marchandages.

Donc il a demandé à Ismaël une partie de son blé qu'il revend au village et dont il fait du pain qu'il revend aussi, mais il a préféré ne pas rembourser directement à Ismaël depuis trois ou quatre ans, sans doute pour ne pas montrer l'ampleur des affaires qu'il fait et parce que c'est la coutume à Chebika de procéder ainsi. Une partie de ces parcelles sont devenues la propriété de fait d'Ismaël. La seule différence est que l'épicier, qui a d'autres ressources, fait travailler sur cette parcelle un homme de Chebika qui, d'autre part, lui doit de l'huile, du sucre et du thé. De toute manière, ces rapports de dépendance sont compliqués et ils s'enchaînent les uns les autres.

Cet enchaînement même, cette confusion entretenue (et qui paraît à certains économistes la marque d'un esprit primitif ou non encore élaboré), n'est-il pas une défense soigneusement constituée contre la rapide dissolution des habitudes traditionnelles par l'économie de marché, laquelle intervenant brutalement mais sans avoir créé (dans cette région du moins) le milieu technique et les conditions d'une société moderne, abandonne le groupe à la détresse et à la misère — celle des bidonvilles ou des quartiers suburbains.

En tout cas, tout dédaigné qu'il soit par Chebika, le campement des tentes ronge lentement Chebika. Dédaigné, le village travaille pour les tentes qu'il dédaigne. Tout le monde feint de l'ignorer et c'est la règle : un organisme social nouveau s'est constitué qui échange les services et les dettes entre le désert et le sédentaire. Le nomade n'est plus un nomade ou ne se déplace que de quelques lieues, mais ce déplacement suffit à donner à son existence un dynamisme propre, le même qu'il exerce en cultivant le désert lui-même. Le sédentaire n'est plus un homme appartenant à un groupe autonome dont il a gardé pourtant les fiertés et les prétentions. Le nomade conquiert la propriété du sédentaire, non seulement parce que le nomadisme d'autrefois lui a donné au départ plus de fortune et plus d'énergie et qu'il s'engage dans ce mouvement avec un avantage sur l'habitant de Chebika, mais aussi parce que Chebika se donne lentement aux gens des tentes, parce qu'il ne croit plus tout à fait en sa propre existence.

On pourrait penser que les relations matrimoniales suivent sur ce point l'échange des services (même si ce dernier tend à créer un lien de domination nouveau) ; il n'en est rien. L'homme des tentes dédaigne Chebika et c'est sa résistance à lui qui empêche la création de liens nouveaux. Car, bien entendu, l'absence de cousinage réel est secondaire : il est aisé d'inventer de tels liens s'ils n'existent pas, au terme de longues discussions...

Mais deux célibataires de Chebika (un Imami et un Gaddouri) ont cherché à savoir s'ils pouvaient envisager un mariage avec Fatma, la « fille malade des fièvres ». Le vieil Ismaël avait déjà débouté ces deux demandeurs. Hassan, l'héritier, a sur ce point une attitude aussi ferme que celle de son beau-père, si ses raisons en sont radicalement différentes.

Hassan parle peu. Quand le vieil Ismaël vivait, on discutait de généalogie sous la tente. A côté de nous, le cliquetis régulier du métier à tisser entraînait vers le sommeil. Seules, les voix de Khlil et du vieillard occupaient le silence, le vide surtout. Quand nous avons tenté de faire parler Hassan, il nous a demandé sèchement si nous étions envoyés par le gouverneur. Lui, il veut faire son travail et rien de plus. Quand il aura amassé une certaine somme, il ira faire quelques voyages à Gabès ou peut-être à Tunis, parce qu'il faut penser à l'éducation des enfants qu'il aura, et l'on ne peut plus vivre aujourd'hui comme autrefois : « Les enfants, quand on leur paie des études, cela rapporte toujours quelque chose. » Peut-être n'ira-t-il pas jusqu'à Tunis, seulement jusqu'à Gabès. Peu importe : il gardera la maison ici et y mettra son frère ou le mari de la sœur de sa femme, si cette dernière réussit à se marier, il cultivera ses champs. Mais il ne souhaite pas avoir toujours Chebika devant les yeux.

Un des nôtres, pourtant, a réussi à demander des nouvelles de « la jeune fille, malade des fièvres » : on songeait à la marier, nous dit-on, et un fiancé est venu d'une tente assez proche dans la plaine, un cousin, cela va sans dire. Il n'a bien entendu pas vu la jeune fille mais il a parlé avec le frère :

— Que fait-on quand on souffre du bras, *inch' Allah*, et qu'il n'y a pas de médecin? doit-on aller à la ville ou faire des promesses au saint comme le font les femmes? Aller à la ville coûte cher et qui s'occupera des bêtes pendant ce temps? De plus, aller à Tozeur est difficile. Quand on part à pied, il faut compter deux jours et, bien entendu, si l'on n'a pas la chance d'être reçu tout de suite au dispensaire, il faut attendre un ou deux jours de plus. S'il y a une voiture, il faut emmener au moins trois personnes et les voitures qui passent par ici sont généralement chargées. Il y a bien aussi le dispensaire automobile, mais il ne vient pour ainsi dire que tous les ans. Oui, tout cela est dur et il est difficile de se soigner quand on est malade.

Le cousin prétendant a offert un mouton et il a donné aussi un tapis à fleurs qu'on a déployé pour nous sur la pierraille du désert devant les tentes pendant qu'Amor, très excité, galopait à toute vitesse en long et en large sur un petit cheval, comme pour une fantaisie. Enfin le prétendant est reparti sans parler de sa demande ni à Ismaël ni au fiancé de Latifa, Hassan, qu'il a pourtant rencontré quelques jours plus tard.

Après ce prétendant qui n'a plus fait parler de lui, les deux hommes de Chebika se sont manifestés, et il faut croire que Hassan n'y attache aucune importance, puisqu'il nous en a parlé pour nous dire, comme s'il avait reçu une injure, que ces deux hommes s'étaient approchés de lui « pour discuter d'un mariage et que lui, avait tout de suite expliqué que cela ne lui plaisait pas ».

Fatma, elle, reste devant son métier de haute lisse, agenouillée, paisible. Elle a (nous l'avons aperçue de temps en temps) un beau visage calme, légèrement tatoué sur la joue droite. Elle sourit. Rien ne fait présager ses crises, qui sont brutales : elle se roule par terre en poussant des cris.

Maintenant, quand la fille voit entrer Hassan, le nouveau maître de la famille, elle a un geste rapide des épaules et continue à tisser, prenant le fil de la main gauche et de la droite le passant devant la trame tendue de haut en bas, fil qu'elle tasse ensuite avec un peigne en fer. Elle a sans doute vu le prétendant et n'en a rien dit à personne. Elle attend. Cela aussi nous le savons, elle attend, c'est-à-dire que tous les gestes qu'elle fait sont dirigés vers ce qui devrait arriver un jour et qui doit incarner ce qui, pour elle, est le point rayonnant de sa vie (comme de toute femme bédouine) : mûrir dans son ventre un enfant mâle, préparer le couscous du mari et parler avec les autres femmes mariées comme une égale.

Au temps du vieil Ismaël, on parlait de la fille, librement, et il nous disait qu'elle était une bonne tisseuse, une bonne cuisinière et qu'elle avait seulement des fièvres de temps en temps ; autrefois, dans tout le Sud, des filles de ce genre étaient une source de fortune pour leur famille, parce qu'elles prédisaient l'avenir et étaient toujours capables de soigner des maladies. On les appelait des voyantes et elles n'étaient pourtant pas des sorcières, parce que les sorcières ne voient pas Dieu alors que les femmes comme elles étaient toujours dans la confidence d'Allah. Elles ne se mariaient jamais et l'on venait les consulter de très loin, pour partager un héritage, diviser une terre ou préparer un mariage, jamais pour des choses viles. «Mais tout a changé, sans que la vie change, disait le vieil Ismaël. On est comme avant et la fille ne peut plus être ce qu'elle aurait été, parce que les autorités ne veulent plus qu'on fasse le médecin, même quand il n'y a pas de médecin.»

La jeune fille reste à tisser la laine, prépare le couscous des enfants ou des femmes; elle n'a pas le droit d'attirer la bénédiction de Dieu sur ses frères qui la protègent et la nourrissent. Ils la détestent sans le savoir mais, si elle recevait une injure, ils seraient prêts à mourir pour elle. Elle ne compte pas en fait, dans cette affaire. Tout le monde ici obéit à des ordres cachés que personne ne formule et qui sont pourtant les ordres.

Les sociétés sans écriture ne sont-elles pas plus formalistes et rigoristes que les autres? C'est possible: personne ici ne songerait à accorder de l'importance aux émotions qui résultent des rapports humains directement ressentis d'être à être. Plus encore sous les tentes que dans le village de Chebika, l'homme de la steppe vit sous le regard de Dieu et ne transige pas, car la fixité de ce regard inconcevable qui pèse sur chacun de nos gestes accentue l'abstraction qui commande à la vie de chaque jour. On ne se détermine pas à agir parce qu'on est attiré et concerné ou ému par un autre homme ou une autre femme, mais parce que le rôle qu'on joue vous commande cette action. Et ce rôle nous est défini, contrôlé, par un scénario qui semble avoir été mis au point en dehors de toute existence particulière. Jamais plus qu'ici la vie n'est un théâtre, mais un théâtre où les personnages sont définis par des prescriptions qui ne supportent aucune hésitation, aucune transgression. Sans doute parce que ces prescriptions ne sont jamais représentées clairement et qu'on n'aime pas les représenter pour elles-mêmes.

Cela veut dire qu'on choisira toujours le rôle plutôt que la vie et que l'existence s'accroche nécessairement à l'autorité de la «soumission» plus qu'à l'expérience mouvante et «l'anarchie du clair-obscur» de la vie quotidienne.

Enfermée qu'elle est dans son rôle d'attente et l'attente d'un autre rôle qu'elle ne jouera peut-être jamais, la jeune Fatma a changé durant deux années: elle s'est durcie et, le plus souvent, quand nous sommes revenus, elle était couchée. Les femmes de notre groupe qui avaient facilement accès à la tente nous dirent qu'elle ne parlait pas et regardait constamment les enfants de sa sœur aînée. Pour une femme comme elle qui a appris depuis son enfance que son être de femme consiste à avoir des enfants mâles, sa stérilité l'annihile ou simplement la dissout. Puis Hassan, peu à peu lancé qu'il est dans l'expansion de ce domaine improvisé et sans frontière installé au milieu de la steppe, a lentement découvert que le mariage de sa belle-sœur serait une gêne. Il l'a dit à Si Tijani : cela gâterait ses affaires puisqu'il faudrait parler de dot, de partage et qu'il ne peut plus en ce moment distraire un dinar de l'entreprise qu'il met sur pied, fût-ce pour une cérémonie de mariage.

Alors, peu à peu, Hassan est revenu au rêve de son beau-père Ismaël, et il a songé, en parlant avec sa belle-mère (qui l'a confié à Tijani en qui elle a une grande confiance) qu'il serait intéressant de demander à Fatma d'exercer les qualités exceptionnelles que lui confère son état de «malade des fièvres». Comme le disait le vieil Ismaël : « Puisqu'une fille comme Fatma est malade des fièvres, c'est que Dieu l'a désignée pour interpréter sa volonté et nous dire ce qu'il faut faire et ne pas faire, puisqu'elle a été désignée, il faut qu'elle acquière aussi les dons particuliers des filles de son genre. »

On ne sait pas très bien comment les choses se sont passées ni comment Fatma a accepté ce rôle que lui a fait jouer sa maladie et sa particularité qui, en l'isolant du groupe, en fait une «exclue de la horde», mais douée de pouvoirs spéciaux : à force d'être regardée de cette manière, à force de subir le poids de l'attente de tous ceux qui l'entourent, a-t-elle retrouvé spontanément les manières des voyantes ou des sorcières si communes au Maghreb ? Sa mère et son beau-frère lui ont-ils fait rencontrer une vieille femme déjà initiée dans quelque village de la montagne ou quelque campement du Djérid ? D'autre part, Hassan, au cours de ses déplacements fréquents, a-t-il fait savoir autour de lui que Fatma était disposée maintenant à parler avec tous ceux qui le voudraient des problèmes de l'avenir ? Toujours est-il qu'à l'un de nos retours nous avons croisé deux femmes qui sortaient de la tente et repartaient à travers le désert vers d'autres tentes. L'homme de Chebika que nous ramenions de Tozeur au village nous a dit alors qu'il y avait là une fille que tout le monde venait consulter pour ses affaires ou, par exemple, pour savoir si oui ou non un couple réussirait à obtenir le fils qu'il souhaitait, ou bien si la maladie qui rongeait un vieillard devait être soignée par un médecin ou guérie sur place.

— Oui, nous a dit un Bédouin, on va voir la fille d'Ismaël parce qu'elle sait des choses que nous voulons savoir, mais ça intéresse surtout les femmes.

— Tu n'y vas jamais, toi-même?

— Jamais, bien entendu.

— Et si ta femme y allait, que ferais-tu?

— C'est son affaire à elle.

C'est un peu ce que tout le monde nous a dit. Quand nous sommes retournés sous les tentes, on nous a reçus comme autrefois. Dans la partie réservée aux femmes on n'entendait plus le cliquetis du métier à tisser mais seulement un murmure de voix. En effet, il y avait une vieille accroupie à côté de Fatma et de sa mère. Fatma n'a pas changé, elle a grossi, mais elle montre toujours, quand on la regarde à la dérobée, un regard égaré, absent. Au bout d'un moment, Hassan est entré sous la tente avec nous et il s'est assis. Après bien des hésitations, on lui a demandé pour quelle raison, en fin de compte, avec tous les célibataires qui se trouvaient à Chebika, les gens des tentes ne voulaient pas d'eux pour leurs femmes.

— Chebika, vous me parlez tout le temps de Chebika... Mais ce sont des gens pauvres, là-bas. Ils ne se déplacent jamais. Seul celui qui se déplace a de l'argent et il peut l'augmenter. Les gens de Chebika ne savent rien faire. Dieu n'a pas voulu qu'ils se servent de ce qu'ils possèdent. Nous, nous comptons sur Dieu. Que voulez-vous que nous allions chercher là-bas?

III

LE « NOYAU DE L'ÊTRE »

Salah

« Nos enquêteurs, dit Khlil, sont issus, tout à fait pour Salah, à peu de chose près pour les autres, du même milieu que celui qu'ils étudient. Les deux facteurs de mutation ont été la ville et les études... Et quand on cherche un peu plus loin, on constate que, pour nous tous, étudiants, l'habitant de ce village de Chebika et même le Bédouin est généalogiquement tout proche : un grand-père ou un arrière-grand-père pour la plupart d'entre nous, un père pour Salah. Salah lui-même a été berger dans la région de Kasserine. Son père est parti pour Tunis, mais lui est resté aux portes de la ville que Salah a réussi à franchir... »

Cela n'est pas sans incidence sur l'enquête et surtout le rapport de l'enquêteur et de l'enquêté. « D'ordinaire, les étudiants, dit encore Khlil, se comportent comme s'ils ne savaient pas ce qu'est une paysannerie retardée ou comme s'ils l'avaient oublié depuis longtemps. Ils étudient même l'ethnologie des Noirs et des Indiens. Il y a des enquêteurs maghrébins au Musée de l'Homme à Paris qui se sentent aussi lointains des groupes qu'ils examinent que peuvent s'en sentir des Français ou des Américains. Il semble toutefois que cette distance soit fausse quand il s'agit des nôtres. Enfin qu'elle est masquée par les idées que nous avons apprises à l'école. Même dans nos propres pays nous devenons souvent des étrangers qui « observent » les mœurs, comme s'il ne s'agissait pas d'habitudes encore toutes proches. Mais nous le cachons, nous le refusons. En fait, il me semble que plus l'enquêteur est impliqué dans l'enquête, plus le rapport est au début problématique, j'en fais l'expérience tous

205

les jours. Être impliqué, pour nous, c'est aller droit au fait sans se tromper parce qu'on sait d'avance, pas toujours consciemment, ce que les signes ou les symptômes que nous constatons signifient. Donc, nous courons le risque de pouvoir comprendre, mais aussi celui de pouvoir choquer ceux que nous interrogeons bien plus que vous autres, Européens...»

Cela, sans doute, a déterminé la relation de Salah et du village de Chebika. Dès son premier contact, dès le premier jour, dit encore Khlil, parcourant cette partie de Chebika qui est adossée à la montagne, il est tombé sur trois hommes affairés autour d'un jeune chameau qu'ils égorgeaient pour un sacrifice, lui ayant ouvert le cou tout vif pour que le sang coule jusqu'au bout:

— Que faites-vous là? Pourquoi tuer cette bête pendant qu'elle est jeune? C'est un gaspillage illicite.

Les trois hommes ont regardé Salah, son visage osseux de Bédouin tout semblable au leur, son carnet maladroitement tenu à la main et ses lunettes cerclées de fer, surtout ses lunettes. Ils ne lui parleront plus jamais et ne lui répondront plus avant de longs mois, lorsque Salah sera devenu le plus passionné de nos chercheurs. Et, ce jour-là, un des hommes a levé la tête et il a fini par dire à Salah qui l'avait appelé «frère»: «Laisse-nous!» comme on dit à un étranger. Salah a dévalé la côte et il est revenu près de la voiture. Il m'a dit «que ces gens étaient des sauvages et que nous perdions notre temps et que nous étions tout à fait stupides de nous préoccuper de ce village; il connaissait ce genre d'hommes qui égorgent des chameaux encore jeunes et c'est justement le type d'homme dont il faut se débarrasser le plus vite possible; qu'étaient les habitants de Chebika? des mendiants, des paresseux qui n'avaient même pas le courage d'aller à la ville pour travailler».

Khlil dit aussi qu'avec Salah ils sont restés un moment devant la voiture en pleine chaleur, puis qu'ils ont descendu le sentier qui rejoint les gorges de l'oued où nous avons pris l'habitude de camper au milieu des éboulis, entre les pierres, au-dessus de la source dont on entend le continuel écoulement, grandi sans doute par l'écho du cirque des montagnes. Pendant un an Salah n'a plus voulu participer à l'enquête, sinon pour lire des ouvrages ou interroger sèchement, mécaniquement.

A vrai dire, dès le début, Salah est noyé: il a trouvé à l'Université, à Tunis, un poste de bibliothécaire et il passe ses journées à lire, entre les cours. Le soir, il quitte la faculté et gagne

206

l'avenue Bourguiba avec ses ficus épais qui, en été, font une ombre bleue. Il entre dans l'un de ces petits cafés européens que les Tunisiens ne fréquentaient jamais avant l'Indépendance. Il y rejoint ses amis et, particulièrement, Ali, un sociologue, maigre et chauve, pourvu d'une barbiche. A cause de cela, Ali aime qu'on le surnomme «Lénine». On boit quelques cafés (jamais d'alcool). Salah n'a guère d'argent pour payer. Mais il échange ses consommations contre de menus services. Un plan de dissertation, une traduction de l'arabe classique. Salah est un des garçons les plus doués de la faculté et il le sait.

La soirée s'achève le plus souvent chez Ali qui loge dans une chambre minuscule tendue de tissus bariolés, de chiffons cousus les uns avec les autres ; un peu partout traînent des livres disparates empruntés à toutes les bibliothèques de la ville et des instruments de musique.

A deux ou à quatre, les hommes fredonnent des séquences du *Malouf* ou des chants bédouins, plus nasillards. Parfois, sur un tourne-disque acheté sur le marché aux puces de Bab Souika, Ali fait passer un disque. Parfois, il s'agit de Saliha qui fut la plus remarquable de toutes les chanteuses bédouines : venue de la campagne à l'occasion des fêtes de Ramadan elle est restée à la ville ; elle composait elle-même ses poèmes, inspirés des grands thèmes de la poésie nomade et mourut peu après l'Indépendance.

Les garçons se balancent d'avant en arrière. Ils psalmodient les nouba du *Malouf*, ces chants dont on pense qu'ils prolongent la nostalgie des Arabes andalous chassés d'Espagne au moment de la «reconquête». Le *Malouf* est un interminable chant d'amour, un long psaume érotique.

Quand la nuit est très avancée, Salah quitte la chambre d'Ali. Il traverse les ruelles de la vieille ville, à cette heure entièrement fermée. Dans les ruelles vides brille seulement la coupole verdâtre des tombeaux, les *tourbet*. De temps à autre, souple sur ses semelles de caoutchouc, passe un gardien, sa longue matraque en caoutchouc à la main.

Quand il a longé le bâtiment moderne de l'Université, Salah retrouve l'odeur de marécage et de saumure qui envahit tout le temps Melassine. L'ancien bidonville est aujourd'hui en partie détruit et certains de ses habitants sont relogés dans des maisonnettes plus confortables, sur la route de Bizerte, derrière le Bardo. Mais il reste encore beaucoup de maisons défoncées parce que de nouveaux arrivants remplacent sans cesse ceux qui se sont déjà casés.

Chez Salah, tout le monde dort. Il n'a qu'à soulever le loquet de la porte, entrer dans la pièce étroite et fumeuse, s'installer sur une natte sous laquelle sont roulées des couvertures militaires et prêter l'oreille au ronflement de la famille avant de s'endormir. La seule différence avec les gens de Chebika réside sans doute en ce que Salah sait qu'il possède le moyen de se rendre égal (sinon supérieur) aux gens de la ville moderne et qu'il lui suffit d'attendre encore un ou deux ans avant de tirer parti de ses avantages.

On comprend que Salah repousse énergiquement tout ce qui lui rappelle les années de son enfance avec sa famille dans un village des environs de Kasserine (bien avant que l'on y construise l'usine de cellulose). Il s'efforce surtout de penser à tout ce qui lui arrivera bientôt.

Quand il est revenu pour la première fois de Chebika, il n'a pas caché son hostilité : ce village était la part qu'il souhaitait supprimer de son existence et nous l'y ramenions. Pourtant, il n'a jamais pu dire qu'il ne voulait pas participer à l'enquête ; il suivait les autres enquêteurs, même pour rester dans un coin à parler avec le chauffeur ou à lire un livre. Puis Si Tijani l'a pris en affection et il s'est mis peu à peu à «réfléchir au Sud», c'est-à-dire à cette «bédouinité» dont il est sorti et qu'il n'aime pas, puisqu'il veut lui échapper pour devenir un homme comme les autres dans la nouvelle classe dirigeante où ses diplômes lui donneront le droit d'entrer.

Il a dit et répété à Ali ou à Khlil qu'il venait avec nous seulement pour ne pas manquer une occasion de voir du pays et de changer d'air. En fait, il lisait tout ce qu'il pouvait trouver sur le Sud dans les bibliothèques. Surtout les livres de Berque et de Massignon. Un jour, il nous a dit que l'on ne pouvait pas comprendre Chebika si nous ne nous souvenions pas que, dans tous les pays musulmans, la vie religieuse était aussi importante que la vie laïque et que nous ne pourrions jamais connaître l'expérience réelle des gens de Chebika si nous ne cherchions pas dans le sacré ou la magie le véritable centre de gravité du village. Cela était d'autant plus surprenant que Salah, en même temps, se donnait pour délibérément *moderniste* et traitait le passé en grand mépris, ne respectait aucune des prescriptions du Rama-

208

dan et fumait pendant le « mois sacré » dans les souks de la vieille ville de Tunis dont la plupart des habitants ont gardé le respect traditionnel. Mais cette opposition ne le troublait nullement. Peu à peu Salah s'est à nouveau intéressé à Chebika, parce qu'il voulait nous prouver que l'existence du village reposait sur une infrastructure sacrée, un foyer magique ou religieux rayonnant dont Sidi Soltane était le signe apparent. Et, il s'est mis à réfléchir à l'enquête, à se demander pourquoi le village perdu du Sud (méprisé par tous les administrateurs et politiciens) exerçait sur ses camarades et les Européens une fascination singulière. Il écouta un jour Jacques Berque dire à l'Université, lors d'une conférence, que les pays indépendants du Maghreb ne pouvaient sans se corrompre faire fi de la bédouinité qui constituait les assises et la source de l'authenticité du peuple et de la nation moderniste, ce que les savants appellent en arabe classique : *l'açala*. Il a réfléchi à cela longuement et peu à peu nous avons repris avec lui un dialogue qui s'est terminé par son retour à Chebika — pour y prouver que la source de toute vie collective se trouvait dans le culte à Sidi Soltane.

— Oui, mes parents sont des paysans misérables du centre-est du pays, nous dit-il à ce moment. Cultivateurs quand je suis né, ils étaient auparavant des nomades fixés dans les villages et ils pratiquaient la transhumance pendant les périodes de sécheresse. Citadins et semi-nomades, c'est peut-être par là qu'ils se rapprochent des gens de Chebika. Mais ils en diffèrent pourtant sur un point : ces gens émigrent actuellement en masse vers la ville pour chercher du travail.

— Avez-vous gardé des relations avec ceux qui sont restés sur place ?

— Mes parents me rendent souvent visite à Tunis surtout en cas de maladie, pour se faire soigner. Les rapports sont assez suivis, en fait.

— Et la première fois que vous êtes allés à Chebika ?

— Ce qui m'a frappé d'abord, c'est la forme et la couleur des maisons. Une harmonie saisissante avec le sable tout autour. Mais ce qui m'a touché le plus, c'est à la fois la méfiance de ces gens à notre égard et en même temps leur air accueillant. Ce qui m'a aussi surpris, c'est l'oisiveté complète des gens âgés.

— Il paraît que votre premier contact a été difficile...

— Ils se méfiaient de nous.

— Et vous aussi, un peu d'eux ?

— Oui et non. Ils se méfiaient surtout de nous et je ne pouvais deviner par quel sujet commencer la conversation et de quelle manière la prendre. On pouvait difficilement poser des questions touchant soit à la banalité quelconque soit à la magie ou aux croyances profondes du groupe. Il fallait d'abord pénétrer la mentalité du groupe pour poser la moindre question. Ou bien ils réagissaient en riant ou en refusant de parler... J'ai sympathisé un jour avec un garçon de vingt-quatre ans. On est devenus amis parce que, par hasard, je lui ai posé des questions qui étaient prévues par notre travail d'enquête ce jour-là sur son prochain mariage. L'intérêt que je portais à ses problèmes fit qu'il n'hésita pas à m'informer sur d'autres problèmes avec une grande franchise. Ce jeune vit avec son père et il l'aide à travailler. Il est allé sur un chantier et il compte épouser une de ses cousines.

— Mais tout ce qu'il vous a dit, vous le saviez déjà, implicitement ou non...

— Implicitement, peut-être. J'ai aussi sympathisé avec le vieil Ismaël, l'homme des tentes. J'ai eu aussi un autre vieux pour ami, celui qui s'est fait construire en face de la mosquée une sorte de dépôt : c'est un ancien épicier qui a été ruiné pendant les batailles de l'indépendance et qui s'en tire en faisant faire de petits travaux de vannerie aux femmes du village. Il les vend ensuite à la ville par l'entremise des gardes nationaux ou de gens de passage.

— Mais avez-vous, vous particulièrement, rencontré des résistances à vos questions ?

— Oui, et c'est cela qui m'a conduit à m'intéresser à Sidi Soltane. Chaque fois que j'en parlais, on prétendait ne pas le connaître. Il a fallu du temps, parce que l'enquêteur est toujours pour eux un étranger, surtout les étrangers comme nous : nous venons de la ville et, d'une manière ou d'une autre, nous représentons le gouvernement, enfin l'autorité qui émane de la ville. Ce sont deux choses qui suscitent des conduites de refus chez les paysans, aussi bien chez ceux de Chebika que ceux de la région où je suis né. Ça ne date pas d'hier, ni de l'indépendance, ou de la colonisation, sans doute de l'époque des beys et de celle des Turcs, plus ancienne. Depuis des siècles, la campagne est encadrée et surveillée par la ville. Et puis, certaines questions portent sur des choses d'évidence, pour les paysans interrogés, et elles semblent inviter ces derniers à changer

210

d'attitude à l'égard de choses rituelles donc à regarder, à questionner eux-mêmes. Attitude à laquelle on n'est forcément pas habitué.

— Mais les gens de Chebika, comment vous ont-ils vus?

— Comme les citadins qui représentent le pouvoir.

— Mais ils savaient que vous, vous veniez de pays semblables au leur.

— Ils le savaient, je le leur ai dit. Mais je suis un citadin pour eux. Le citadin représente le pouvoir. Observer veut dire aussi pour eux souvent se moquer. Je pense aussi que la plupart de ces gens nous envient bien qu'ils semblent très contents d'être à Chebika et qu'ils ne souhaitent pas le quitter au contraire de paysans que j'ai connus dans mon enfance. Mais ils savent que leurs enfants seront comme nous. Oui, c'est peut-être cela qui les a décidés finalement à s'ouvrir à nous avec confiance. Mais je sais qu'ils nous cachent toujours quelque chose. Quelque chose qu'ils se réservent pour eux seuls, comme s'il s'agissait du seul bien qui leur reste à eux qui sont vraiment déshérités. C'est pour cela que j'ai été amené à m'intéresser au marabout de Sidi Soltane, parce que j'ai eu la conviction que c'était là que la résistance était la plus forte. N'est-ce pas là ce que nous appelons en théologie le « noyau dur de la création et de l'être », le *halk*?...

Le gardien du tombeau

Salah s'est donc approché du tombeau de Sidi Soltane avec l'*oukil* Gaddour qui en assure apparemment la garde. Gaddour a frappé plusieurs fois le mur d'enceinte avec sa canne puis il a franchi l'entrée qui perce la murette entourant le marabout proprement dit. Tous deux se sont perchés sur la porte basse pour apercevoir le dais du saint, les étoffes, le drapeau vert fané et quelques vases vides.

— Pourquoi la porte est-elle si basse? demande Salah.

— C'est mieux, à cause du vent, de la poussière, des bêtes.

— Depuis combien d'années Sidi Soltane est-il ici?

— Plus de cent ans. Mon oncle Ibrahim qui en a eu cent dix l'a trouvé déjà sur place.

— Oui, mais n'as-tu pas entendu des histoires sur lui? Sur les offrandes qu'on lui a faites, sur ceux qui désiraient être enterrés dans son enceinte et qui lui léguaient le revenu de leurs palmiers.

— De leurs palmiers de Chebika?

— Oui, de Chebika. Celui qui désire être enterré dans son enceinte ne dit-il pas: «Je consacre tel champ à Sidi Soltane»?

— Si...

— Qui alors se charge de percevoir les revenus de ce champ et de s'en assurer la garde?

— Avant c'était celui qui présidait la prière de la mosquée, maintenant c'est l'administration des *Habous* [1], c'est cette admi-

---

1. Société d'État dépendant d'un ministère qui gère *tous* les biens religieux tunisiens, dits *habous*, consacrés à des saints.

nistration qui a tout pris en main, elle a vendu une partie à ceux qui désiraient en acheter et elle gère le reste.

— Si l'on offre quelque chose à Sidi Soltane, est-ce toi qui le prends?

— Eh oui, si un visiteur apporte, cent, cinquante, ou même vingt millimes, je les prends, je lui offre à déjeuner et à dîner. Vous savez, on n'offre plus ni chameaux ni béliers.

— Est-ce qu'autrefois on offrait plus que maintenant?

— Depuis que je suis ici, on offre cent, cinquante, ou vingt millimes, c'est tout.

— Qui perçoit cet argent?

— C'est moi, et quand quelqu'un vient ici c'est moi qui me charge de le nourrir.

— Supposons que tu es un visiteur qui vient pour une offrande, où vas-tu manger? Qui offrira à déjeuner et à dîner?

— Si vous venez ici pour visiter Sidi Soltane, supposons que vous n'avez rien apporté. Moi, je dois vous offrir à déjeuner et à dîner.

— Dans le passé, supposons un visiteur qui apporte un mouton ou un bélier, et ne reste pas toute la journée et ne mange pas...

— Alors il donne son offrande au responsable puisque c'est lui qui reçoit les visiteurs qui viennent les mains vides et qu'il les nourrit à leur faim. Il n'y a pas de règle. Un visiteur apporte; un autre vient les mains vides, ça dépend, il n'y a pas de règle, on offre à manger à tous les visiteurs.

— D'où viennent les visiteurs?

— Des différentes tribus de la région, de Sidi Oubeid, de Tamerza...

— Et de Redeyef?

— Non, jamais.

— D'El-Hamma?

— L'autre jour, une femme d'El-Hamma est venue, elle a offert un agneau et a fait une offrande.

— Qu'est-ce qu'elle avait demandé à Sidi Soltane?

— Elle n'en a rien dit.

— Que demandent généralement les femmes à Sidi Soltane?

— Elles veulent avoir un enfant. Elles ont un enfant malade.

— Si une femme a un fils malade qu'est-ce qu'elle demande à Sidi Soltane?

— Elle dit si mon fils est guéri je t'offre ça, ou bien si elle

213

désire se marier ou même si son mari ne l'aime pas elle dit : Sidi Soltane fais que mon mari m'aime et je t'offre un bélier ! Ou bien, Sidi Soltane donne-moi un enfant et je t'apporte une chèvre, etc.

— Quelles sont les bonnes actions accomplies par Sidi Soltane, quelles sont les histoires qu'on raconte sur lui ?

— Je ne l'ai pas connu vivant, mes ancêtres non plus ne l'ont pas connu vivant.

— Oui, c'est vrai, mais nous non plus nous n'avons pas connu le Prophète mais nous connaissons toutes ses actions.

— Ah ! cela n'est pas pareil, car ce sont des miracles qu'a accomplis le Prophète, ce n'est pas pareil. Ici on raconte d'une génération à l'autre que telle personne a demandé à Sidi Soltane que son fils soit guéri ; qu'elle lui a apporté un mouton quand son fils a été guéri ; qu'unetelle a eu un enfant et qu'alors elle a apporté du pain à Sidi Soltane. C'est cela qu'on raconte.

— Mais quelles sont ses actions les plus connues ? Par exemple dans certaines régions il y a un *saint* qui s'appelle Sidi El Bechir. Il est connu parce qu'il a diminué la valeur de la dot. Dans mon pays, Sidi El Bechir est très connu pour ça. Si une femme, un père ou une mère, demande une dot supérieure à 69 millimes, Sidi El Bechir la punit, il la maudit, et effectivement il la maudit. Est-ce que Sidi Soltane n'a pas une histoire pareille qui soit particulièrement connue ?

— Je t'ai raconté tout ce que je connais sur lui. Je ne peux rien te dire d'autre.

Salah n'ignore pas que Gaddour en sait plus long et qu'il ne veut pas en parler. C'est Mohammed, d'ailleurs, qui lui a dit tout à l'heure que si Gaddour recueillait les offrandes pour Sidi Soltane, il n'était pas en fait le gardien du tombeau et qu'il travaillait pour quelqu'un d'autre. Mohammed a assuré qu'il ne connaissait pas ce «quelqu'un d'autre» et que d'ailleurs, «il existait des choses qu'on dit et des choses que l'on ne dit pas». Puis il a bredouillé quelques mots sur les esprits, les *djouns* qui n'aiment pas le sel et qui remontent jusqu'aux montagnes, jusqu'à Chebika que Sidi Soltane protège alors très efficacement. Les gens de la plaine, en bas, sont moins heureux, et souvent leurs troupeaux sont attaqués par ces esprits qui remontent des chotts en certaines saisons.

— Nous, à Chebika, nous sommes protégés par Sidi Soltane.

Mais d'autres gens n'ont pas été plus bavards. Ainsi celui-ci, qui s'occupait du *gaddous*, tout seul, un après-midi très chaud et qui fumait cigarette sur cigarette. Salah réussit à l'intéresser à des choses qui apparemment lui paraissaient évidentes comme le jour ou la nuit.

— Est-ce que Sidi Soltane est vraiment connu comme grand *saint* dans toute la région?

— Oui, et il n'y a que lui dans cette région.

— Et son histoire, tu la connais?

— Non.

— Pourquoi non?

— Non je n'y connais rien, laisse-moi tranquille.

— Raconte-nous un peu sa vie, les miracles qu'il a accomplis, et les actions qui ont fait que les gens l'appellent saint.

— J'ai toujours entendu dire que Sidi Soltane nous est utile, c'est tout.

— On dit que Sidi Soltane est «l'homme de la preuve» pourquoi? Le sais-tu?

— Parce qu'il a une très grande foi, et celui qui lui obéit et lui rend visite, il exauce ses vœux.

— Qu'est-ce que cela veut dire: «L'homme de la preuve»?

— Il a bon esprit et il réalise les souhaits qu'on lui demande.

— Aucun de vous ici n'a jamais rien demandé à Sidi Soltane, toi, ton père...?

— Ni mon père ni moi n'avons jamais rien demandé.

— Pourquoi?

— On dit: «Protège-moi contre tout, éloigne de moi la maladie.» S'il le fait on lui apporte ce qu'on lui a promis, soit du couscous, soit un agneau soit un mouton. On les fait cuire et on appelle les gens de son entourage pour manger. C'est ça la *waada*, la promesse à Sidi Soltane.

— L'histoire de Sidi Soltane est connue, un petit vieux nous l'a racontée.

— Oui, il est vieux, il doit la connaître.

— Mais tout le monde sait ici ce qui est arrivé à Sidi Soltane. Le vieux me l'a dit: le jour de sa mort, il a demandé qu'on le mette sur un chameau et qu'on laisse la bête aller où elle voudrait. Quand le chameau s'arrêterait, c'est en cet endroit qu'il faudrait l'enterrer. Et la bête s'est arrêtée à Chebika.

— Peut-être... Il est possible qu'un vieillard soit au courant de ces choses, pas moi.

— Comment se fait-il que tu ne saches pas cela?

— C'est comme ça: on ne connaît pas l'histoire. C'est tout.

215

— Pourquoi?

— On ne l'a pas apprise. On ne s'est pas demandé pourquoi Sidi Soltane est venu jusqu'ici ni comment il voyageait...

Pourtant, Sidi Soltane prend forme. Une image qu'on tourne et retourne chez les gens de Chebika. Les uns affirment qu'il s'agit d'un Algérien de Tébessa. D'autres pensent que Sidi Soltane est bien plus ancien que cela et qu'il a fait des choses qu'on ne peut pas dire aujourd'hui. Tout cela désigne un être caché. Il entraîne aussi des gestes dont personne ne veut parler, parce qu'il s'agit des femmes qui viennent danser ou des filles que l'on voue à la dévotion du saint. On a donc interrogé les femmes. Elles ont parlé abondamment à Naïma ou à Mounira :

— Sidi Soltane, dit l'une d'entre elles, nous appartient, il est un saint pour les femmes et il vient des montagnes du centre du pays plus sûrement qu'il vient du Maroc ou de La Mecque.

Car tous les marabouts viennent plus ou moins du Maroc en passant par La Mecque.

— Quand les femmes viennent pour la grande fête, peuvent-elles entrer ici?

— Oui, bien sûr!

— Récitent-elles les versets du Coran comme les hommes?

— Non, elles font des *youyou*. Elles invoquent Sidi Soltane.

— Les enfants peuvent-ils entrer ici?

— Les enfants oui, mais pas les adolescents.

— On est adolescent à partir de quel âge?

— A partir de dix ans.

— Et après, à partir de quel âge peuvent-ils de nouveau entrer ici?

— Quand ils sont plus grands.

— Le garçon une fois marié, a-t-il le droit d'y entrer?

— Pas en même temps que les femmes.

— Si l'adolescent fait une *offrande*, peut-il entrer ici?

— Oui, si on fait une *offrande*, tout le monde peut y entrer.

— Même les jeunes filles?

— Les jeunes filles, surtout.

— Connais-tu quelque chose sur la vie de Sidi Soltane, ses bonnes actions...

— Non, je ne sais rien, je n'ai rien entendu sur lui.

— Pourquoi l'a-t-on appelé saint?

— Je ne sais pas.

— Le gardien du tombeau peut-il nous renseigner sur lui?

Sidi Soltane

Garde de Sidi Sultane.

سيدي سلطان

تقديم الحال ــ ٠٠ جاء مع لعبة
من العرب ــ صاحب عائلة
في نقطة ــ السيارة ←
ابن عم الولي في الجامع قرأ ٠٠
بسم ضيم السر (جامع)
ولده في ليلة ٠ جاجا أن
أول عائلة كانت تخدم فيه
كان السيد ويكون

أعماله :
يقوم بموسم في ليلة 27 رمضان
وليمة ــ اكل لجميع الحاضرين

La garde du tombeau du saint.

— Oui, bien sûr!

— Et quand on a demandé à cette femme de désigner le gardien du tombeau, elle a ri, caché sa bouche avec la main et a disparu. Salah a recommencé, plusieurs semaines plus tard, avec les hommes étendus sous le porche où est installée la clepsydre. Il s'est vautré avec les autres dans la poussière, car il ne tient plus du tout comme autrefois à la propreté de son costume. Long et maigre comme il est au milieu des types en gandoura, avec ses longues dents et ses yeux égarés, il parle maintenant un autre langage. Ceux qui lui parlent se grattent le nez, les oreilles, regardent le garçon dont rien ne les distingue en somme et qui les questionne sur ce que tout le monde sait, mais ce que tout le monde sait est tellement simple qu'on ne sait pas le dire. Et peut-être que cette simplicité doit être l'indication d'un secret à garder.

En fait, comme nous le dira un jour Mohammed: «En répondant à vos questions on finit par se dire qu'on sait quelque chose.» Inlassablement, Salah répète ces questions qui deviennent bientôt des constatations parce que tout le monde approuve et qu'il a trouvé ce moyen pour prolonger la discussion, suivre la piste de ce saint aimé des femmes.

— Est-ce lui qui a demandé à être enterré ici ou bien est-ce vous qui l'avez enterré ici? Enfin, vos ancêtres?

— Je n'en sais rien. Comment se fait-il qu'il soit enterré ici... je ne peux rien te dire.

Un autre homme élève alors la voix, sans bouger:

— On n'a rien entendu sur lui. Et puis on n'a rien lu sur lui. Vous savez les gens ne savent ni lire ni écrire.

— Tout ce qu'on connaît sur lui c'est qu'il a passé ici sur son chemin pour La Mecque, il est mort ici, alors on l'a enterré ici, et depuis tout le monde l'appelle Sidi Soltane. Les gens de ce temps-là l'ont vu de leurs propres yeux accomplir des actions qui les ont incités à l'appeler *saint*.

— Qu'ont-ils vu de lui?

— Allez donc leur demander ce qu'ils ont vu! Mais sans doute, eux, ont-ils eu des raisons pour l'appeler un saint. Moi par exemple je n'ai pas vu mon grand-père, il est mort depuis longtemps. Mais il a raconté beaucoup de choses à mon père, et mon père me les a racontées, je vais les raconter à mon fils ainsi de suite, c'est ainsi qu'une légende est transmise.

— Mais, es-tu sûr qu'ils ont vu Sidi Soltane accomplir de bonnes actions?

— Oui, j'en suis sûr, sinon ils ne l'auraient pas appelé «Saint».

— Pourquoi ne s'est-il pas marié? Pourquoi n'a-t-il pas d'enfants?

— Il venait de La Mecque, il ne pensait pas au mariage. Comme il se trouvait à Chebika, il s'est fixé à Chebika. D'autres hommes se sont installés autour de Salah. Quand ils ont entendu qu'on parlait de Sidi Soltane, ils ont voulu s'en aller, mais Salah les a retenus et finalement, ils n'étaient pas mécontents de rester.

— Nous espérons revenir vous voir pour la prochaine fête de Sidi Soltane, dit Salah. Faites-vous la fête tous les ans?

— Oui, tous les ans.

— Y a-t-il des visiteurs qui viennent pour la fête de l'extérieur?

— Non, seulement de la région, ils viennent dîner et c'est tout. On vient, on fait la cuisine, on mange le couscous et la viande puis chacun va de son côté, c'est tout.

— On dîne avec ce qu'on a apporté avec soi.

— Vous, vous dînerez de toute façon, avec ou sans fête, que vous ayez apporté des provisions ou non.

Salah sait qu'il ne s'agit pas d'une promesse en l'air, que l'hospitalité de Chebika a un sens. Il sait aussi qu'il ne faut pas en parler, remercier seulement dans les formes. Puis il se tourne vers un autre.

— La famille qui célèbre la fête fait la cuisine ici et chacun rentre chez soi.

— Le repas a-t-il lieu à Sidi Soltane?

— Non chacun emporte sa part et va dîner chez soi. Chacun dans un récipient à part correspondant au nombre de personnes dont se compose sa famille. Les familles ne sont pas égales: il y en a une qui compte huit personnes, une autre dix personnes, une troisième deux personnes. Elles ne sont pas pareilles. Ensuite on fait cuire tout cela dans un récipient et puis on l'emporte chez soi pour le manger en famille.

— Est-ce que vous tuez seulement des moutons? Vous n'égorgez pas de brebis?

— Non seulement des moutons. Ni brebis ni chèvres.

— Pourquoi?

219

— Sidi Soltane n'aime pas cela. Il préfère le mouton mâle, seulement le mouton mâle.
— Et pas de bélier?
— Si, un bélier, ça peut aller.
— Combien de bêtes égorgez-vous?
— Ça dépend de leur taille, sept, huit, six, ça dépend. Si les bêtes sont grosses on en tue cinq.
— D'habitude, qui est celui qui tue?
— Parfois, Abdel Aziz. Parfois, Mokkadem. Parfois Abdel Mejid; tous les vieux savent faire le boucher. Les jeunes ne savent pas, ils n'aiment pas faire le boucher.
— La fête commence-t-elle de bon matin?
— Oui, dès l'aube.
— Que faites-vous lors de la fête? raconte-moi.
— Qu'est-ce qu'on fait? Rien, on tue les bêtes, on appelle les gens et on distribue la viande. Puis au revoir et merci! C'est tout.

De temps en temps, la conversation tombe, mais ce n'est plus Salah qui parle à nouveau de Sidi Soltane, c'est un des hommes de Chebika allongé sur le sol. Visiblement, nul n'a jamais parlé de cela ici, sauf pour évoquer des réglementations ou des prescriptions plus ou moins parées d'antiquité vénérable. Mais évoquer banalement ces choses est neuf, donc excitant.

Quand le silence revient, Salah tire sur sa cigarette, regarde les visages burinés et souriants, les yeux vifs où passe très rapidement un éclair de méfiance. Un ou deux autres hommes viennent s'asseoir, et même l'épicier qui rôde par là constate qu'on parle de Sidi Soltane et s'en va. Non sans dire un mot à un petit vieux couché dans la poussière, presque entièrement au soleil. Salah ne sait pas ce que l'épicier a dit à ce type, mais l'un d'entre nous l'a entendu, lui:
— Ils sont hors de la volonté de Dieu.

Bientôt les hommes commencent à s'animer: discuter de Sidi Soltane les touche tous, bien qu'ils ne se soient jamais expliqués là-dessus.
— Tu sais, dit l'un d'entre eux à Salah, dans un sens, Sidi Soltane a été une source de richesse pour Chebika, mais autrefois, quand il y avait des caravanes, des voyages. Maintenant, seuls les pauvres montent jusque-là.
— Les hommes surtout viennent à Sidi Soltane?
— Non! surtout des femmes. Elles entrent, elles font des *youyou*. Elles tournent autour de la tombe et brûlent de l'encens.

220

Entre-temps la viande cuit au-dehors. Celle qui a terminé sa cuisine rentre chez elle.

— Elles ne font pas la cuisine chez elles?

— Non, elles la font ici puis l'emportent à la maison pour la manger.

— Après le repas que faites-vous? Vous, les hommes, vous ne vous rassemblez pas, vous ne récitez pas le Coran par exemple?

— Non, les hommes ne se rassemblent plus. Pendant la fête, on prend le déjeuner, on fait la prière à la mosquée, puis nous venons jusqu'ici en récitant la *Burda* (texte religieux) et nous rentrons.

— Qui récite la *Burda*, les vieux? demande Salah.

— Tous ceux qui la savent. Ceux qui ne la savent pas accompagnent les autres, on arrive ici, on récite *Al Fatiha* (la première sourate du Coran) et on rentre.

— Qui sont ceux qui font des offrandes à Sidi Soltane?

— Ceux qui en ont besoin.

— Les nomades en font-ils?

— Oui. Ceux qui ont promis à Sidi Soltane une casserole pleine de quelque chose viennent ici, font la cuisine, distribuent la nourriture aux gens du pays et rentrent.

— Et pour la fête elle-même, cela ne se passe pas ainsi, je ne sais pas.

— Non... Pour cela on promet une chèvre et deux moutons, deux guelba [1] de quelque chose et deux moutons, un dinar, deux ou même quatre. Si par exemple on veut prendre ton fils pour le service militaire, tu dis: Sidi Soltane empêche-le de partir et je te promets mille, six, sept mille; ou bien alors le fils est malade et l'on dit: Sidi Soltane, guéris-le et je te donne ça et ça. Ou bien fais revenir mes enfants sains et saufs, ou bien inspire-moi, ou bien ouvre-moi le chemin.

— Que veut dire «ouvre-moi le chemin»?

— Quand tu as un projet quelconque, ou bien que tu es en train de choisir une femme ou bien si tes enfants sont absents.

— Est-ce que tu lui as promis quelque chose quand tes enfants étaient absents?

— Oui, je lui ai promis des *aalam* (tissus, petits drapeaux)...! Mais l'un promet des *aalam*, un autre de l'argent avec lequel on

1. Le *guelba* est une mesure de plusieurs kilos.

221

achète de l'encens. Ou bien, on répare le mur s'il s'abîme, ou bien on achète de nouvelles couvertures pour couvrir Sidi Soltane.

— Où as-tu acheté tes *aalam* et combien?

— A Redeyef pour six dinars.

Celui qui vient de parler se lève, fait signe à Salah et ils dévalent vers le marabout en traversant la place vide. L'homme ouvre la porte basse et montre les drapeaux, les soieries, les bouts de chiffon.

— Il y a beaucoup de choses, c'est la richesse du saint.

— Tous ces *aalam* sont des ex-voto?

— Oui.

— Des gens de Chebika seulement ou d'ailleurs aussi?

— De partout : tu vois, il y a un bol ancien. Ça, c'est un œuf d'autruche cassé.

— Le fils pour lequel tu as fait un vœu est-il revenu?

— Oui. Il était au Congo, là-bas au-delà de la mer du côté de l'Amérique. Il m'a manqué, alors j'ai fait un vœu. Il y en a même qui ont prétendu qu'il était mort, alors, je me suis frappé le visage comme ça, comme ça. J'ai fait un vœu. Dieu me l'a ramené. Il m'est revenu, il m'a ramené de l'argent. Je l'ai marié avec cet argent. Il est maintenant avec moi et se porte bien, Dieu merci!

— Tu n'as fait de vœu qu'une seule fois dans ta vie?

— J'ai promis à Sidi Soltane une pleine casserole, un mouton et les *aalam*, une casserole et un mouton, tout ça à la fois pour le retour de ce fils. J'ai tué les deux moutons que j'ai achetés chacun deux dinars et j'ai appelé les gens du village pour les manger.

— Tu ne les as pas égorgés ici?

— Non, chez moi! Les gens les ont mangés avec moi.

— Que font les gens qui ont une demande à faire quand ils viennent ici?

— Ils se roulent par terre, se renversent sur les piliers. Ceux qui les savent récitent des sourates du Coran.

— Debout ou assis?

— Assis, debout, c'est pareil.

— Devant la porte ou à l'intérieur, qu'est-ce qui est le mieux?

— On dit qu'à l'intérieur c'est mieux.

— Tu rentres avant ou après avoir égorgé les moutons?

— On égorge, on donne à manger, puis on vient ici.

— Et que fais-tu alors?

— Je viens pour finir ce que j'ai à dire à Sidi Soltane.

— Que lui dis-tu par exemple?

— Sidi Soltane, garde mes enfants sains et saufs et tu auras ça et ça.

— Quand tu fais un vœu, tu en parles aux autres?

— J'en ai parlé seulement après que mon fils fut revenu.

— Avant qu'il n'arrive tu n'en as parlé à personne, même pas à tes enfants?

— Je ne l'ai dit à personne, mais ce n'est pas obligatoire, je peux en parler si je veux.

— Suppose que tu viennes ici après une fête, explique-moi exactement ce que tu dois faire.

— Je rentre, je récite la première sourate du Coran et puis je dis: «Je te salue Sidi Soltane», ensuite je récite la deuxième sourate onze fois; puis je dis: «Sidi Soltane, je suis venu te voir en solliciteur, renvoie-moi débiteur. Sidi Soltane, donne-moi ce que je désire.» Je récite encore une fois la première sourate et je rentre chez moi.

— Tu ne passes pas la nuit ici?

— Non, mais ceux qui le désirent le peuvent.

— Qu'est-ce que c'est que ces poteries?

— Celles-ci servent d'encensoirs, celles-là de chandeliers. Le responsable les allume tous les jeudis et vendredis. Ce sont des ex-voto. Ici, il y a des pots, c'est pour brûler l'encens.

— Pour venir ici, il faut en informer à l'avance le responsable ou bien peut-on venir directement?

— On vient, on dépose l'encens et on repart. Seul, le gardien du tombeau est au courant. Si on veut, on peut déposer un dinar, on laisse cinquante ou deux cents, ou de l'encens, et on repart.

— Il se peut que quelqu'un d'autre l'apprenne quand même.

— Non, seulement le gardien du tombeau.

— On ne peut entrer ici que si on a une offrande à faire, n'est-ce pas?

— Oui, seul le responsable peut entrer ici sans avoir d'offrande à faire.

Ils se relèvent, de penchés qu'ils étaient par la minuscule ouverture. L'homme est fier de Sidi Soltane qui l'a exaucé à propos de son fils. Il touche la pierre du marabout comme il ferait du col d'une bête. Ils font une fois encore le tour du tombeau, avisent des inscriptions plus ou moins effacées sur la porte et sur la pierre. Salah n'ignore pas que l'homme ne sait pas

lire et qu'il va lui répondre en chantant ce qu'il a appris autrefois et non ce qui est écrit, quand il lui demande :
— Lis-moi ça.
— Je le sais tout seul, je ne lis pas.
— Tu as appris cette *Burda* quand tu étais gosse ?
— Oui.
— Qui l'a inscrite ici ?
— C'est Kittani, l'homme qui nous vend les tissus à Tozeur ou à Gafsa.
— Qu'est-ce que ce rouge et ce blanc ?
— De la décoration.
— Cette porte est très ancienne.
— Elle est tombée plusieurs fois et on la remet en place. C'est aussi une manière de faire un vœu : nous payerons une nouvelle porte au saint.
— Qu'est-ce qui est écrit là ?
— Une autre prière.
— La porte a besoin d'être réparée.
— Oui, mais le gardien n'a pas assez d'argent, et il n'y a pas d'offrandes ces temps-ci.
— Ce pilier, c'est du bois de palmier ?
— Non du bois d'arbre fruitier de l'oasis. Un menuisier de Tamerza a fait ça.
— Et personne d'autre ne sait quelque chose sur Sidi Soltane ?
— Peut-être. Peut-être le vieux Gaddour. Il est de la même famille. Ou Sidi Bechir qui vient de Tunis et qui habite avec nous depuis le temps où mon père était un jeune homme. Un célibataire, un homme sage et honnête qui ne possède rien et qui est venu ici à cause de Sidi Soltane pour vivre auprès de lui. Mais il ne vous aime pas à cause de vos questions.
Ils remontent vers le porche où coule la clepsydre.
— Célibataire, divorcé... il n'aime pas parler aux gens, il se contente d'être seul, il parle très rarement avec nous.
— Comment vit-il alors ?
— Il vit chez Sidi Amine qui le nourrit et qui, lui, a une famille.
— Les siens ne lui envoient pas de quoi vivre ?
— Les siens sont à Tunis. S'il en a encore. Il n'a personne ici.
— Depuis quand est-il ici ?
— Ça fait maintenant dix-huit ou vingt ans.

— Sans se marier? Vous refusez sans doute de lui donner une femme.

— C'est lui qui n'a pas demandé.

— S'il voulait épouser une de vos femmes, vous la lui accorderiez?

— Oui, pourquoi pas?

— Mais, il n'a pas d'argent, je suppose?

— Il n'a pas d'argent. C'est un homme sage qui vient ici pour vivre dans la compagnie du saint.

— Il n'a rien, ni palmiers ni terrain?

— Non il n'a rien.

L'homme est là-bas, à l'écart, comme tout à l'heure, lorsqu'il a parlé à l'épicier. Celui qui a accompagné Salah continue sa route parce que Gaddour, le muezzin, a fait signe à Salah et lui demande une cigarette. Salah s'arrête un instant devant la mosquée. De loin, le célibataire venu autrefois de Tunis le regarde fixement. En contrebas, derrière l'école, il se fait un mouvement de bêtes dans les campements des tentes. Hors cela, tout est immobile dans la chaleur.

— Tu vois, Gaddour, je n'arrive pas à comprendre que tu sois à la fois le gardien de la mosquée et le responsable de Sidi Soltane.

— Je ne suis pas le responsable. Je remplace le responsable.

— Pourquoi deux responsables alors?

— Je ne sais pas.

— Tu sais autre chose sur Sidi Soltane que ce que me racontent les autres. Essaie de me comprendre: je ne veux pas t'espionner. Je veux seulement savoir si ce que vous appelez un grand saint, un marabout qui a fait du bien, est né ou natif de la région ou de très loin, s'il est vraiment très important pour vous et s'il a joué un grand rôle autrefois pour vous.

— Il vient de loin, comme les autres. Il revenait de La Mecque quand il est mort.

— Oui, mais il y a des gens qui ont fait des saints avec des gens qui étaient allés à La Mecque mais qui étaient bien de leur pays. D'autres avec des étrangers ou même des étrangères...

— Ça, je ne sais rien. Il n'est pas notre ancêtre, en tout cas.

— Un vieux m'a dit qu'il l'était.

— Non, un autre saint qui s'appelle Sidi bou Ali qui lui est à l'ouest vers l'Algérie. De l'autre côté de la frontière. Avant la guerre, on pouvait aller le voir jusqu'à Tébessa. Maintenant ce

225

n'est plus possible. Il paraît que beaucoup de familles de Chebika viennent de là-bas.

Le muezzin tire sur sa cigarette en regardant Salah avec amusement :

— Un seul homme ici te parlera s'il le veut. On te l'a dit déjà. C'est le célibataire, Si Bechir, qui vient de Tunis et qui sait des choses.

— Il a appartenu à une confrérie ?

A la manière dont Gaddour tourne la tête quand il parle des « confréries », on peut comprendre qu'il s'agit là d'un aspect de la vie religieuse dont on ne parle pas. Largement distribués dans tout le Maghreb, et surtout dans le Sud, ces rassemblements mystiques aux allures de sociétés secrètes ont joué un rôle important. Dans ce monde d'extrême dispersion où la « densité sociale » n'existe pas, la cohésion sacrée remplace l'intégration dans un milieu social homogène. Qu'elles soient autant de survivances du passé religieux et particulariste d'un Maghreb dont les historiens, de Gautier à Ch. A. Julien, ont dit le singulier penchant pour les attitudes non orthodoxes (« le Maghreb, terre d'hérésies »), qu'elles constituent des réactions à la colonisation turque ou à l'extrême anarchie qui accompagne le gouvernement des beys nationaux dont le pouvoir débordait à peine le cadre des villes et des *henchir*, ces grands domaines concédés à la loyauté des vassaux, qu'elles aient même été, au début de la pénétration européenne, l'équivalent de ces « mutuelles » que Georges Balandier a observées en Afrique noire et que l'homme colonisé y ait trouvé refuge et compensation, le fait est que ces sectes mystiques ont fini par être « manipulées » par d'intelligents « officiers des affaires indigènes » français depuis la fin du XIXᵉ siècle, et qu'elles ont constitué un élément non négligeable de la stabilisation coloniale. Dans certains cas du moins, car toutes ces confréries, surtout dans le Sud, n'ont pas été intégrées au système français si le mouvement maraboutique, dans le reste du pays, s'y laissait souvent compromettre, presque toujours innocemment.

Ces confréries, cependant, constituaient des solidarités attirantes et souvent fascinantes pour l'homme tunisien qui y retrouvait, au cours de célébrations mystiques dont les tombeaux des saints étaient le foyer, une cohésion spirituelle et morale que la vie dégradée des villes et des campagnes ne pouvait lui apporter. Isabelle Eberhardt, l'aventurière anarchiste russe venue au Maghreb comme on entre en religion à la fin du siècle dernier, devint membre d'une de ces confréries, celle des Qadiriya dont elle fréquenta les *zaouïya* (qui sont des sortes de cloîtres) autour d'El-Oued, vers 1900-1901 [1]. C'est à cette appartenance qu'elle doit sans doute l'attentat qui faillit lui coûter la vie et qui, en tout cas, entraîna son expulsion par les autorités françaises, dans ce village de Bahima, sur la route d'El-Oued à Nefta. L'homme qui avait manqué de la tuer avec un sabre en fer rouillé appartenait lui-même à la confrérie des Tijanya (à laquelle notre ami Si Tijani doit son nom, et peut-être plus que son nom, son prestige dans tout le Djérid, car nous n'avons jamais su la nature de ses rapports véritables avec cette association dispersée dans les oasis, les tentes et les villages). Mais d'autres anecdotes, moins connues, marquent la vie et la rivalité de ces grandes sectes mystiques.

Toujours est-il qu'au moment où le jeune leader *laïc* Habib Bourguiba entreprit d'établir l'infrastructure de son mouvement politique, le « Néo-Destour », à l'extérieur des villes où, jusque-là, tous les partis tunisiens s'étaient étiolés, il se heurta évidemment à ces confréries et aux diverses formes du maraboutisme. A lui qui suggère une appartenance d'un type neuf parce que politique, la confrérie oppose la paternité sacrée et mystique. De cette opposition est née une rivalité qui n'est pas éteinte dix ans après l'indépendance, car l'homme maghrébin, perdu sur une terre le plus souvent ingrate, cherche, au-delà des groupements familiaux qui ne constituent plus de véritables liaisons des modes de participation enrichissants et souvent affectifs. La politique liée au mouvement de libération constituait une de ces appartenances ; mais comme il est naturel, en raison de l'affaissement de l'exaltation nationale qui suivit la victoire, et parce que les « mots d'ordre » de « socialisme » touchaient peu des hommes plus ou moins arrachés à leurs assises, on a pu constater une relative résurrection des anciennes fraternités qui même réduites à un échange de signes sans efficacité, une simple « reconnaissance en mémoire du passé », restent dangereuses aux yeux du pouvoir chez qui elles éveillent toujours de mauvais

1. Isabelle Eberhardt, in *la Dépêche algérienne* du 4 juin 1901, reproduit p. 334-337, par Victor Barrucand, en note du livre posthume de la jeune femme : *Dans l'ombre chaude de l'Islam*, Charpentier et Fasquelle, Paris, 1917.

souvenirs. On conçoit que la radio et les propos des gardes nationaux ou des administrateurs locaux aient entraîné chez les gens de Chebika une sorte de culpabilité à parler de ces choses et pour tout dire, créé les conditions d'une forme de clandestinité sans contenu!

Aussi le mot seul de Salah entraîne-t-il le silence chez Gaddour, bien qu'il sache qu'à la fête de Sidi Soltane (nous allons l'apprendre par une jeune fille, Rima), certains éléments des confréries se rassemblent encore pour danser en commun. Le silence aurait été définitif si Salah n'avait aperçu à ce moment une femme enveloppée d'une grande *baouta* noire se diriger vers le tombeau de Sidi Soltane et disparaître par la porte ménagée dans la murette.

— A propos de quoi font-elles des vœux?

— Comme les hommes, c'est pareil.

— Ta femme a fait des vœux, elle aussi?

— Non, elle n'avait pas de raisons. Elle avait un fils qui est parti pour Tunis et il est mort dans un accident de voiture. Mais ce n'était pas mon fils. Elle l'a eu d'un autre homme de Tamerza. Elle ne fait plus de vœux.

— Et alors, qui a pris les affaires de son fils mort?

— C'était un accident. L'indemnité a été de douze cents dinars.

— Tant que ça! qui les a touchés?

— Il n'y avait plus de père, mais il a des frères.

— Combien a touché sa mère, enfin ta femme actuelle?

— Elle a eu cent soixante-dix dinars.

— Est-ce qu'elle te les a donnés?

— Elle ne me les a pas tous donnés. Elle les garde pour ses enfants.

— Qu'a-t-elle acheté avec?

— Jusqu'à maintenant rien.

— Elle les garde en réserve?

— Ils ne sont pas sur elle. Elle les garde chez ses frères à Tamerza.

— Pourquoi elle ne te les a pas donnés?

— En vérité elle ne m'en prive pas. Quand j'en ai besoin elle m'en donne.

— Est-ce que tu as acheté quelque chose avec l'argent qu'elle t'a donné?

— Elle m'a donné dix dinars lors du mariage de mon fils à

228

moi, ensuite elle m'a donné encore dix dinars. Je les ai mangés. Chaque fois que j'en ai besoin elle m'en donne.

— Est-ce qu'elle n'a pas acheté de palmiers avec?

— Non.

On aperçoit la tête de la femme derrière la murette. Gaddour hausse les épaules. Il se tourne vers Salah, et de lui-même, revient à Sidi Soltane:

— Peut-être le saint est-il d'origine algérienne. Les gens disent ça.

— Y a-t-il longtemps qu'il est ici?

— Ceux qui ont dépassé la centaine l'ont déjà trouvé ici.

— Que racontent-ils sur lui?

— Ils l'appellent Sidi Soltane Ben Slimi, descendant de Slim.

— D'où sont-ils venus ces descendants de Slim?

— Je ne sais rien sur lui. Moi, je le connais comme *vély*, comme saint enterré dans ce «bâtiment», c'est tout.

— A-t-il laissé des parents à Chebika?

— Non?

— Vivait-il seul?

— C'est ça, seul.

— A quelle époque célébrez-vous sa fête?

— En été.

— A quel moment, en été?

— Quand on veut bien s'en occuper. Quand on a terminé la récolte, quand on trouve le bétail et qu'on peut l'acheter.

— Qui se charge de cet achat?

— N'importe qui! Celui qui achète, achète pour tout le monde. On tue les bêtes et puis on se partage la viande. Mais nous payons en automne.

— Vous payez à crédit?

— Oui, on paie à crédit.

— Chez qui?

— Chez Oubeid ou bien chez Alhaman, ceux qui ont du bétail. Que Dieu ou Sidi Soltane inspire parce qu'ils nous vendent à crédit!

— Ils attendent alors jusqu'à la récolte des dattes?

— On a toujours quelque chose à la récolte des dattes. Nous vendons les dattes et remboursons le bétail. Quelquefois ils demandent des dattes à la place de l'argent ou bien une partie en dattes et le reste en espèces, ça dépend.

— Quel jour faites-vous la fête?

— En général, c'est le vendredi.

— Est-ce qu'il y a beaucoup de gens qui viennent du dehors pour y assister?

— Seulement ceux dont le chemin mène jusqu'ici.

Tous les deux se mettent à rire comme des complices. Le muezzin tire Salah par la manche et lui montre le célibataire vautré dans la poussière.

— Celui-là, il sait beaucoup plus de choses que nous.

Et ils remontent tous les deux à travers la place, croisant Naoua, la femme de Mohammed, enfermée dans sa robe noire. Elle se hâte et deux ou trois bambins tout nus courent derrière elle. Elle paraît très affairée et pousse très vite le portail de sa maison. Le vieil Ali, l'ami de Mohammed, descend de l'épicerie en fumant. Il regarde la voiture qui stationne au soleil et dans laquelle le chauffeur dort, étalé, les pieds à travers la portière.

— Vous venez, vous venez... Et vous restez juste assez pour que nous parlions, dit le muezzin. Comme si ce que nous faisons ici était autrement que ce que vous voyez à Tunis. Moi, je sais bien que ce n'est pas différent, sauf la pauvreté, bien entendu, parce que nous sommes très pauvres.

— Justement. C'est ce que nous voulons : montrer que vous êtes des Tunisiens comme les autres et qu'il faut vous aider plus que les autres parce que vous avez plus envie que les autres de changer tout cela.

Il montre les maisons écroulées, le village rôti par le soleil. Le muezzin rit, hausse les épaules, accompagne Salah jusqu'au célibataire auprès duquel il s'étend, dos contre le mur :

— Et toi Si Bechir, qu'est-ce qui t'a amené jusqu'ici?

— La volonté de Dieu.

— Es-tu venu en visiteur ou avec l'intention de te fixer ici?

— J'y suis venu en visiteur, puis je m'y suis fixé.

— Avant de venir as-tu entendu parler de Chebika?

— J'avais un ami qui travaillait ici. Il est mort maintenant.

— Et cet ami, qu'est-ce qu'il était venu faire ici?

— Il était propriétaire. Il venait à Tunis, dans mon quartier de la rue du Pacha.

— Et toi, as-tu acheté quelque chose pour toi?

— Non, rien. Je suis venu en visiteur.

— Tu n'as pas acheté de terrain?

— Non.

— Alors pourquoi restes-tu ici, Sidi Bechir?

230

— La volonté de Dieu m'a attiré ici.

— Est-ce le pays qui t'a plu, ou bien ce sont les gens?

— La volonté de Dieu m'a placé ici malgré moi.

— Malgré toi? Tu aurais donc préféré partir d'ici?

— Oui, j'aurais aimé quitter ici, mais j'y suis lié.

— Qu'est-ce qui te lie ici?

— La mosquée, et Sidi Soltane, mon patron.

— Tu veux dire que s'il n'y avait pas la mosquée tu serais parti d'ici?

— Oui. Nous sommes des gens qui ne reconnaissons que la volonté de Dieu. Vous à la ville, vous ne reconnaissez que la raison et l'opinion. Pour nous il n'y a que la volonté de Dieu. C'est elle qui gouverne la terre et la mer.

— Et nous, c'est peut-être la volonté de Dieu qui nous a amenés ici?

— Non, ce sont vos recherches qui vous ont amenés ici.

— Tu veux dire que nous sommes hors de l'influence de la volonté de Dieu?

— Vous êtes inévitablement sous la volonté de Dieu. Mais vous êtes en train de vous détruire par votre propre raison!

— Comment le sais-tu?

— Par votre allure, vos paroles, votre conversation. Je vous suis depuis longtemps.

— Est-ce que cela suffit pour vous montrer que nous ne reconnaissons pas la volonté de Dieu? Sais-tu qu'un musulman ne doit pas soupçonner un autre musulman, qu'il doit être sûr avant de le condamner. Comment sais-tu que nous n'avons pas la foi?

— Je l'ai vu à travers votre conversation.

(Salah hésite. Il ne sait plus que dire.)

— Connais-tu des gens du quartier de la rue du Pacha à Tunis?

— Je connais beaucoup de gens, là.

— Qui connais-tu?

— Ceux que je connais n'y sont plus.

— Que faisait ton père?

— Il était paysan.

— Quand tu es venu ici, tu étais encore très jeune?

— Non, j'avais quarante ans.

— As-tu des enfants?

— Je ne suis pas marié.

231

— Tu ne t'es pas marié à Tunis non plus?

— Non, je n'ai connu personne. Et puis, vraiment vous avez des questions insupportables, vous me faites sortir l'âme avec vos questions.

— Mais c'est normal, quand on vient dans un endroit qu'on ne connaît pas on pose des questions aux gens qu'on rencontre. Si tu allais à Tozeur est-ce que tu ne poserais pas de questions aux gens?

— Oui, mais pas comme vous le faites.

Il attend un instant, puis il assure que depuis bientôt deux ans que nous venons, les questions que nous posons gênent tous ceux à qui nous les adressons. Jusqu'ici, les gens fréquentaient le marabout sans se demander si ce qu'ils faisaient était bien ou mal et maintenant ils se disent que peut-être il y a quelque chose d'autre qu'ils ne savent pas et que les gens de la ville peuvent leur apprendre. Quand on pose des questions à des gens on demande seulement s'ils savent ce qui est arrivé à untel ou untel, jamais sur ce qu'ils font avec leurs mains ou avec leurs pieds quand ils marchent ou qu'ils travaillent. Lui, Bechir, il est venu ici à Chebika parce qu'il voulait vivre auprès de Sidi Soltane mais il aurait bien voulu s'en aller, depuis que l'on ne permet plus aux gens de sa sorte de vivre comme ils le veulent et qu'il faut toujours expliquer ce qu'on fait à des gens qui ne comprennent pas. Autrefois, quand il est arrivé ici, on se réunissait et l'on pratiquait tout ce que demandait le saint sans que l'on vienne vous regarder. Aujourd'hui cela n'était plus possible. Mais maintenant, puisqu'il tenait tant à le savoir, il lui dirait où il peut rencontrer le gardien du tombeau...

— Qui est ce gardien?

— Un certain Omar Ibn Ramdan. Il n'est pas là en ce moment. Vous le verrez dans un mois quand vous reviendrez.

— Peut-on parler avec lui?

Bechir rit, se roule dans la poussière:

— C'est un très vieux. Son terrain est là-bas, et il vit tout seul près de la «Source blanche».

La révolte de Rima

Transparente, agitée par le vent léger qui descend le long du couloir de rochers depuis la source jusqu'à l'oasis, l'eau de la rivière emplit le seau de Rima. C'est un seau en matière plastique jaune que son oncle a ramené de Tozeur voilà plus d'un an et qui, depuis, a pris une couleur foncée. Son oncle dit qu'il faut éviter de l'approcher du feu, mais qu'on peut le laisser tomber, même du haut du village dans le ravin.

Rima a mis les deux pieds dans l'eau et elle regarde les minuscules poissons butiner ses chevilles. Si la plante de ses pieds est déjà cornée depuis le temps qu'elle piétine sans souliers comme les autres femmes de Chebika dans la pierraille, du moins ses chevilles et ses doigts ont-ils encore une forme. Chez Ymra, par exemple, la tante qui l'a recueillie, la semelle de corne contourne les parois latérales du pied et compose une sorte de soulier de peau qui aplatit les orteils. Rima suit des yeux une sangsue qui approche de son pied gauche et s'y attache. Quand elle sent que la chose minuscule l'a piquée, elle l'arrache avec ses doigts et la jette sur le sable où elle se tortille.

De l'autre côté de ses jambes écartées, le seau renversé dans l'eau s'emplit et se vide tour à tour selon la rapidité du courant. Sur les berges de l'étroit ruisseau, les grenouilles la regardent derrière leurs yeux globuleux qui ressemblent aux lunettes que portent sur la figure les gens de l'extérieur, les étrangers. Personne, à Chebika, ne possède d'instrument de ce genre. Si quelqu'un ne voit plus ce que tout le monde doit voir pour se diriger, aller à la mosquée ou à l'oasis, pour reconnaître la disposition des lieux dans le village, la place des lits dans la maison — on dit qu'il est aveugle. Et cela, même si l'on y voit encore un peu.

Mais il n'y a plus rien à faire, puisque les choses sont ainsi nommées et qu'elles sont ainsi nommées parce que l'on s'y conforme depuis des générations. On devient alors «l'aveugle», et autour de vous quelque chose se creuse comme une pierre dans le lit de la rivière finit, en tournant sur elle-même, par faire un trou rond où elle loge seule et où elle continue à tourner. Vous êtes «l'aveugle». On vous prend le bras dans les ruelles qui descendent vers les boutiques de l'épicier. On partage pour vous tout ce qui est à partager.

Ainsi, elle-même, Rima, elle est «l'orpheline», la seule de Chebika de son âge, en ce moment, une très jeune. Ymra l'a élevée. Les autres filles sortent quand elles ont sept ou huit ans sous la conduite de leurs frères. Elle, elle n'a pas de frère, et elle ne sort pas, voilà tout. Les autres filles parlent de ce que sera leur mariage. Elle ne parle jamais de cela. Elle fait ce qu'il est admis de faire et, pour le reste, Ymra lui assure qu'il suffit de consentir des offrandes à Sidi Soltane parce que Sidi Soltane est un saint qui répond aux prières des femmes. Rima a appris d'elle que Sidi Soltane était, en réalité, une femme, qu'on avait changé son nom voici des années et des années, qu'il venait des montagnes plus à l'est et qu'il n'était pas un «sidi».

Mais elle fait ce qu'elle doit faire et que font toutes les femmes: elle dort avec les autres dans la maison d'Ymra, pile le grain, prépare les plats pour le couscous ou les brouets. Plats qu'elle ne confectionne jamais complètement cependant parce que seule une femme mariée peut apporter un plat qu'elle a achevé elle-même à son mari. Mais elle lave le linge dans la rivière et va l'étaler dans les rochers.

Le seau s'est renversé. Elle le reprend et se remet en marche en remontant vers Chebika. Ses pieds nus s'emplissent de poussière. Elle voit au-dessus d'elle à droite la paroi de la montagne presque à pic au-dessus de laquelle est construit Chebika. La paroi s'est creusée en grottes où logent des ânes qui travaillent dans l'oasis. Plus loin commencent ces gradins de pierres entassées en carré et retenues par des grillages en fer que les gens d'ici ont montés voici longtemps, au moment où le village a été envahi par des ouvriers et des hommes de la ville. Eux, les enfants, suivaient les camions, regardaient bouillir les grosses marmites et couraient dans tous les sens. On ne sait pas au juste ce qui marque vraiment ni ce dont on se souvient. Cela reste, on ne sait comment, à cause de l'agitation et du changement que le chantier a entraîné dans la vie commune du village. Quand les ouvriers sont partis, personne n'a cru qu'ils s'en allaient réellement. On attend leur retour.

Rima remonte jusqu'à la place, baisse la tête pour que les hommes ne la regardent pas, tourne à droite, passe en arrière du porche où est installée la clepsydre, traverse la petite place où il y a toujours un âne qui cherche des grains, prend une ruelle à droite qui grimpe en serpentant entre les murailles écroulées et les charpentes en bois de palmier déchiquetées par l'érosion et le temps. Elle pousse la porte de la maison d'Ymra.

L'on entre d'abord dans un premier appentis où sont entassés les outils de travail dans l'oasis, le collier des ânes et un métier à tisser qui ne sert plus, car la laine est chère. Cinq ou six femmes sont assises par terre, au milieu des poules qui picorent dans la poussière de la cour, de l'autre côté de l'appentis. Au centre de cette cour, Rima découvre deux femmes qui ne sont pas de Chebika qui ne portent pas de *haïk*, c'est-à-dire de voile noir ou grenat, mais des robes. L'une des deux a même de grands cheveux blonds d'une couleur que l'on n'obtiendra jamais avec le henné. Les femmes, justement, parlent des cheveux blonds. Comment la nature peut-elle faire cette couleur-là?

Rima pose son seau et s'assied avec les autres femmes dans cette cour qui sépare l'appentis de l'entrée du corps de la maison proprement dite. Elle tire, elle aussi, sur les cheveux blonds de la femme étrangère: les cheveux tiennent au crâne, et tout le monde rit. La compagne de cette femme blonde parle arabe, mais il faut faire un effort pour comprendre qu'il s'agit d'une Tunisienne. Elle les appelle «mes sœurs», mais comment peut-elle être vraiment du pays? Elle écrit parfois sur un carnet, parce qu'elle est venue, dit-elle, pour mieux connaître la vie des gens de Chebika et en parler à la ville. Elle demande, en prenant les outils les uns après les autres, à quoi sert ce que toute femme de Chebika connaît depuis son enfance[1].

La Tunisienne se penche sur les objets, sans souci des femmes qui lui palpent le ventre pour savoir si elle n'a pas d'enfant (une fille de son âge devrait depuis longtemps être mère), elle regarde les outils et les objets comme s'ils étaient des choses précieuses et tout à fait inconnues d'elle. Pourtant, comment vivre sans ces choses qui paraissent étonner si fortement cette prétendue Tunisienne?

Bien sûr, on sait, en écoutant le poste de radio (que le mari d'Ymra a acheté puis emmailloté dans une étoffe violette à pompons) que les gens de Tunis et de Sfax peuvent prendre des voitures comme ils le veulent et que les femmes qui travaillent dans les usines ou les bureaux ne portent pas de voile. Cela n'est pas étonnant : les femmes bédouines, elles non plus, ne portent pas de voile. Une femme à Chebika fait ce qu'elle a à faire sans se soucier du voile : l'insigne du tatouage suffit. Certes, une jeune fille non encore mariée ne se montre pas beaucoup, enfin montre qu'elle ne se montre pas. Le voile évidemment, c'est pour les riches des villes qui peuvent aller dans les rues. Elle-même, Rima, n'a jamais vu de ces voiles blancs, même à Tozeur où elle est allée deux fois. Que les femmes de Tunis ne portent plus de voile, cela ne veut pas dire grand-chose pour elle. C'est autre chose, quand il s'agit d'aller en voiture ou d'entrer dans un cinéma.

Il y a eu une fois une séance de cinéma à Chebika : des médecins qui sont venus avec un camion et qui ont étalé sur le mur extérieur de la mosquée une grande toile blanche, attendant la nuit pour que leur projection devienne très nette. Beaucoup d'hommes du pays avaient déjà vu du cinéma, mais aucune femme. Aussi, ont-ils expliqué qu'il existait dans les villes des maisons où il n'y avait que des chaises et une toile blanche de ce genre. On écoute. Tout le monde est disposé à tout admettre et à tout comprendre : voici des années que les gens d'ici savent

1. « Nous avions déjà remarqué, rapportent à la fois Naïma et sa compagne, une jeune fille nommée Rima qui faisait de fréquentes visites à Sidi Soltane et que nous avons retrouvée dans la maison des ouled Imami. C'est une orpheline qui travaille comme les autres mais n'est associée à rien. Elle vit sans doute tout à fait en marge parce qu'elle n'a plus de lien de parenté avec quiconque. »

que tout est possible et qu'il suffit d'expliquer pour savoir de quoi il s'agit vraiment. A la nuit tombée tout le monde est donc allé voir les grosses figures animées et écouter une voix très forte qui expliquait comment on lutte contre la maladie des yeux, et qu'il faut chasser les mouches ou prendre des gouttes. Ça n'a pas duré très longtemps, la nuit est revenue et l'on a attendu la suite. Mais il n'y a pas eu de suite. Les médecins ont plié bagage et le camion est parti dans la nuit.

Oui, le cinéma, c'est parfaitement facile à comprendre. Mais il doit y avoir autre chose. C'est ce qu'elle demande à Naïma la jeune Tunisienne, tandis que les autres femmes touchent maintenant le ventre de l'Européenne pour savoir si elle aura des enfants. L'Européenne rit. Naïma leur dit que la vie en ville est difficile et qu'il faut travailler beaucoup, même lorsqu'on n'en a pas envie. Surtout, il ne faut jamais être en retard : l'heure c'est l'heure. Mais Rima veut savoir aussi si les femmes de la ville ont une vie différente et ce qu'elles font toute la journée. Naïma lui assure que les femmes de la ville travaillent d'une autre manière qu'on le fait à Chebika et qu'elles finissent par avoir un peu d'argent en faisant la cuisine ou le lavage pour des gens riches. Les femmes se voient-elles entre elles ? Peuvent-elles aller là où elles le veulent ? Naïma assure qu'une femme, en ville, peut sortir et aller dans les boutiques si elle a de l'argent, simplement pour regarder ce qu'on y vend.

Quand on en a fini de palper les cheveux et le ventre de l'Européenne, on prépare le thé, puis on va chercher des œufs pour les offrir aux étrangères ; les femmes offrent des œufs parce que la poule est leur propriété personnelle et que toute la cuisine se fait avec des œufs. Pendant ce temps, Naïma et l'étrangère blonde photographient et dessinent une pierre énorme qui a toujours été là et qui est un pressoir pour l'huile. Elles ont distribué des bonbons aux enfants et ont demandé comment on se servait des plats accrochés au pilier en bois de palmier. Les mouches s'agglutinent autour des visiteuses comme si elles les préféraient aux autres femmes, mais ce doit être parce que les étrangères ont sur elles des parfums qui ne sont pas d'ici.

Si les femmes de la ville se lèvent et marchent, elles font de grands pas et ne bougent jamais ni les épaules ni les hanches. On dirait que leurs os sont soudés. Elles ne porteraient certainement pas une cruche sur la tête. Elles sont toujours en mouvement sans que l'on puisse savoir si cela est nécessaire. Elles parlent très vite aussi, entre elles et même en arabe, quand la jeune Tunisienne s'adresse à ses «sœurs».

Naïma et celle que les autres femmes ont surnommée «Christ» partiront [1]. Demain, Rima ira chercher de l'eau, le matin, elle remontera dans la cour pour soigner les poules et laver les plats avec lesquels Ymra prépare le repas des hommes; elle lavera aussi à la fontaine les quelques lingeries de la famille puisque c'est elle qui en a la charge. Durant l'après-midi, elle restera à la maison, assise dans la cour, jambes croisées sous elle, observant le groupe des enfants qui ne dorment jamais, rampent autour du feu, prennent des casseroles pour les frapper contre des pierres, traînent leur ventre dans la cendre et piaulent d'une manière pressante, continue. Il est entendu qu'elle ne fait pas de sieste tandis que la famille se roule dans les couvertures ou simplement à l'ombre des murs.

Le calme vient à Chebika, massif, épais. Les poules même cessent de caqueter et de s'agiter: elles se tassent dans la cendre et tournent tout autour d'elles leur petite tête de serpent. Elle attend donc, mais rien ne vient. Son rôle est d'être l'orpheline comme celui d'un autre est d'être aveugle. Elle espère qu'un homme, orphelin comme elle, viendra la chercher. Mais cela n'arrivera jamais parce que tous les hommes appartiennent à des familles constituées et que les cousins se mêlent entre eux, très régulièrement. Elle n'est la cousine de personne puisque les survivants de sa famille sont partis pour les mines ou même plus loin et que nul n'a jamais eu de nouvelles d'eux. Il faudrait imaginer qu'un homme sans femme arrive au village pour s'y fixer, mais cela n'est guère probable parce que Chebika est très pauvre.

Et même si cela se produisait, il n'aurait aucune chance de s'intéresser à elle qui est la plus pauvre de toutes et qui ne lui apporterait aucune alliance solide. Ce sont là des choses auxquelles elle songe constamment, mais toutes les femmes pensent à ces choses.

Pourtant, durant l'heure de la sieste, voici quelques mois, il

1. «Cette Rima, dit Naïma, est une jolie fille qui paraît nerveuse. Son état d'orpheline la rejette en dehors de tout ce qui se passe à Chebika: mariages, fêtes (où elle occupe les plus mauvaises places). Elle paraît sentir que cela n'est pas juste.»

est arrivé quelque chose. Le fils d'Ymra va à l'école, en bas auprès du cimetière. Mais il reste généralement l'après-midi avec les autres enfants, couché sur le ventre et ses livres dans un sac à côté de lui. Un jour, il a montré ces livres à Rima et lui a appris comment on reconnaissait les signes pour lire. Elle a été étonnée que le garçon de la famille lui parle autrement que pour lui donner des ordres; elle a appris, plus tard, que l'école n'était pas un privilège mais une obligation, que l'instituteur disait très souvent que les élèves devaient essayer d'apprendre à lire et à écrire autour d'eux (en réalité, personne n'y avait jamais songé, sauf ce petit Bechir).

Lire est une activité impensable parmi les autres activités qu'elle répète chaque jour à Chebika. Qui donc ici sait lire et à quoi sert de lire? Les enfants... Mais il est entendu que cela fait partie d'un autre monde, que personne ne verra jamais sans doute, en tout cas un monde qui est projeté très loin dans le vague. L'épicier lit et écrit pour faire ses comptes. Un ou deux vieux lisent le journal parce qu'ils ont appris à lire autrefois dans l'armée française, ainsi que les gardes nationaux, parce que ces derniers viennent de la ville. L'écriture, d'ailleurs, c'est une chose qui va avec la ville. A la campagne, on communique autrement, sans doute plus facilement ou plus rapidement: un tatouage, un signe de la main, un geste de la hanche, et l'on est compris ou comprise. L'école conduit à tout ce qui n'est plus Chebika.

Mais lire? Elle a découvert peu à peu les signes. Pas tous, certains. Puis, après un gros effort qu'elle a fait elle-même en cachette, en prenant les livres de classe de Bechir, presque tous les signes. Bechir a fait le reste et elle a su déchiffrer une ou plusieurs phrases, compter avec des chiffres.

Elle est sans doute la seule des femmes à savoir lire. Mais que pouvait-elle lire en dehors des livres de classe du petit Bechir, pendant la sieste? Le journal? Il faudrait entrer dans une maison réservée aux hommes comme l'épicerie, pour en trouver un — et encore se demanderait-on ce qu'elle veut en faire. Il lui est arrivé d'en obtenir pourtant des bouts, en prenant des emballages autour du sucre ou du thé. Mais de toute manière elle se cache pour cela. Même le petit Bechir n'a dit à personne qu'elle savait lire: peut-être en doute-t-il lui-même...

Dans le livre de Bechir, elle a appris que la Tunisie était un pays et que ce pays n'avait pas toujours été le même. Elle n'aurait pas imaginé cela, pensant qu'il suffisait d'être parent des gens d'El-Hamma ou de Redeyef pour être ce que l'on est. Elle sut aussi que les hommes et les femmes dont elle descendait étaient venus, voici des siècles, de l'Est, en caravane. Depuis cette époque on faisait chaque jour sa prière en se prosternant dans cette direction. Elle sut aussi qu'il y a des croyants qu'on appelle Turcs et d'autres qui sont des « infidèles ». Mais tout cela est brouillé. Plus encore lorsqu'elle lit dans l'ouvrage, non sans peine, que le *raïs*, le président Bourguiba qu'ils appellent ici « Habib », veut changer la Tunisie. Elle ne voit pas du tout ce que cela veut dire sinon qu'on ira en voiture et qu'on pourra entrer dans des boutiques sans demander la permission à personne, qu'on aura de l'argent.

Si Habib a même dit : « Un pays moderne comme les autres. » Les autres ? Là, elle bute. Elle n'avance plus. Elle sait ce qu'est une ville, puisqu'elle a vu Tozeur et elle imagine Tunis un peu plus vaste. Mais Tozeur n'a que des maisons basses, et on dit qu'à la ville les gens habitent parfois très haut dans les étages. Alors elle suppose quelque chose de très brillant et de vague. Mais les autres pays ? Où sont-ils ?

Elle porte les *haïk* dans un couffin tissé par Ymra. Elle lave ces étoffes colorées dans la rivière en frottant longuement pour enlever les taches. Ce ne sont jamais des taches qui restent accrochées à l'étoffe. Les autres femmes s'installent à côté d'elle. Elle entend parler de l'épicier qui a acheté un âne et qui est allé à Tozeur pour rapporter de l'huile et du sucre. La femme de l'*oukil*, le gardien de Sidi Soltane, raconte qu'un Bédouin est venu pour faire une offrande, qu'il n'avait rien à manger et qu'on l'a nourri pendant deux jours ; il voulait demander à Sidi Soltane un garçon, car sa femme est stérile. Le gardien du tombeau lui a conseillé de revenir avec sa femme, car qu'est-ce que peut faire Sidi Soltane à distance, surtout avec les femmes ?

Une autre habitante de Chebika parle des étrangers qui sont venus et viennent régulièrement : elle assure que la fille venue de Tunis doit être malheureuse de se trouver seule avec des étrangers et avec tous ces hommes qui sont dans la voiture. Venir de si loin, se séparer des siens, voilà qui est difficile et pénible. Tout cela pour voir les gens de Chebika... Le paysage, d'accord, mais les gens ? Ce n'est pas suffisant. Ils doivent penser à autre chose. Elle, la femme de Chebika, estime qu'ils

240

cherchent des gens pour travailler sur les chantiers ou dans les mines et qu'ils entrent dans les familles pour savoir s'il y aura beaucoup d'enfants. Une autre pense seulement qu'il n'y a rien à faire et que ces gens viendront de plus en plus pour s'installer eux-mêmes à Chebika parce que le pays leur plaît; ils ouvriront des cafés comme à Tozeur et des touristes viendront. N'a-t-on pas dit à la radio que les étrangers venaient de plus en plus en Tunisie pour admirer le pays et pour présenter leurs respects au *raïs* Habib. La Tunisie était admirée dans le monde entier, disait la radio. On disait aussi qu'il fallait être aimable avec ces étrangers qui devaient circuler où ils voulaient sans être dérangés. D'ailleurs tout le monde comprenait que c'était l'intérêt de tout le monde. Et la femme pensait aussi que les gens de Chebika sauraient bien profiter du peu d'argent qu'ils dépenseraient.

Une autre femme est d'avis que les étrangers et les Tunisiens qui viennent dans la grande voiture ont entendu parler de Chebika à Tunis et qu'ils voulaient connaître les gens de cette région, simplement parce que ces gens sont intéressants. Comme on va voir des parents qu'on n'a pas rencontrés depuis longtemps simplement pour apprendre ce qui leur est arrivé.

Rima ne parle jamais en lavant. Elle écoute les autres femmes commenter les choses qui sont survenues dans les foyers ou dans l'oasis. L'événement ne dépasse guère ces limites et il faut des faits vraiment nouveaux pour que la conversation déborde vers la plaine ou le désert. Ce sont les hommes seuls qui parlent de cela.

D'ailleurs que dirait-elle? Quel poids peuvent avoir les paroles d'une fille qui n'a pas de lignée? Pour que les mots soient entendus, il faut qu'ils soient appuyés par une certaine autorité. Quand Mourad, le mari d'Ymra parle, tout le monde écoute et se tait, même s'il raconte des histoires de bornage auxquelles personne ne comprend rien. Il parle d'ailleurs très lentement et les mots paraissent se préparer dans sa bouche comme des petites choses sucées. Si la mère parle en l'absence du mari, ses paroles sont des mots rapides, des ordres ou des actes à faire sur-le-champ, qu'il ne faut pas oublier.

Mais elle? Sur quels mots s'appuierait-elle? Et puis, il y a des gens auxquels on n'adresse jamais la parole: les hommes, bien sûr, tous les hommes, ensuite certaines femmes d'une autre famille que la sienne. Sauf si l'on est ensemble au lavoir, et encore faut-il qu'on vous invite à parler, vous, une jeune fille, et à participer aux plaisanteries sur le ventre de la femme de l'épicier ou les ruses de Naoua.

Ce qui change tout, ce sont les enfants des écoles. Depuis qu'elle a lu et relu ce livre du petit Bechir, elle sait qu'il existe quelque part des choses différentes de celles qu'on trouve ici et qu'on peut faire ce qui paraît interdit ou simplement en dehors de toute vraisemblance. Elle a distinctement prononcé dans ses rêves les mots de *Dar el Islam*, la « maison de l'Islam » qui, selon le livre, désigne ou a désigné autrefois toute la terre qui était à l'abri de forteresses édifiées au bord de la mer contre les infidèles. Le mot aussi de *mourhabitin* — ces chevaliers-moines combattants de la foi qui habitaient ces forteresses — la tourmente, car le pouvoir des mots lus est plus fort que celui des mots entendus. Autour de ces mots, il y a eu parfois, durant le demi-sommeil, une vague lueur puis une grande maison blanche au toit en coupole. Elle pense qu'elle marche le long de cette maison. Cette promenade, elle l'a refaite plusieurs fois depuis et elle croit savoir maintenant ce que signifie « marcher dans une ville », suivre des maisons sans rencontrer de campagne et chausser des souliers, comme les hommes.

D'autres mots sont plus difficiles. Mais la grande muraille à coupole revient avec ses chevaliers-moines qu'elle imagine tout à fait semblables aux gardes nationaux avec leurs gros pistolets, seulement montés sur des chevaux ou mieux, puisque les chevaux, après tout, c'est monnaie courante dans le désert, sur de grandes voitures brillantes. Toutefois, c'est à la muraille blanche et calme qu'elle revient sans cesse dès qu'elle s'étend sur les nattes avec, à côté d'elle, le chien de la maison qui ronfle paisiblement.

Les enfants qui vont à l'école n'ont pas seulement des livres. Ils parlent entre eux tout à fait librement, et on se demande comment des filles et des garçons peuvent faire pour que les règles et les habitudes soient ainsi détruites sans qu'il ne se passe rien. Ils parlent de Tunis comme s'ils la connaissaient parce que leur instituteur le fait ainsi. Et même de villes plus lointaines.

La fille aînée de l'épicier vient parfois à la maison pour aider Bechir à faire ses devoirs. La famille s'écarte : personne ne comprend de quoi parlent les enfants qui, à vrai dire, ne restent pas longtemps sérieux, et, très vite, reprennent leurs jeux. Cela suffit pourtant pour créer une sorte de région de la vie où personne d'autre que les enfants et l'instituteur ne pénètre.

Et c'est cela surtout qui est surprenant : que garçons et filles, en parlant, paraissent partager la même préoccupation — chose impensable entre les hommes et les femmes de Chebika. Cela rend même parfois les enfants presque distants ou supérieurs, en tout cas différents. Rima ne réfléchit pas plus loin, parce que tout se ferme devant elle comme une porte qui supprime le jour dans une pièce sombre.

Ainsi se déroule l'année, car la succession des jours et des nuits n'est point perceptible en elle-même : aucun événement ne masque le passage d'un jour à l'autre et l'on est bien certain que chaque geste entraîne tous les autres qui, en se répétant, composent la chaîne des choses qui vont de soi et dont personne ne discute puisqu'elles vont justement « de soi ». Quand a commencé la préparation de la fête de Sidi Soltane que l'on célèbre tous les ans après les moissons, en été, on a pu constater quelques jours plus tôt que l'eau s'est raréfiée dans l'oued. Rima a dû aller avec Leïla jusqu'à la source elle-même au pied de la montagne, dans cette sorte de cirque où galopent parfois des bouquetins. Il faut piétiner dans la boue marneuse d'une couleur violet foncé. Comme cela arrive chaque fois, elles ont enlevé leurs robes pour se baigner dans le bassin. L'eau est tiède, mais elle paraît fraîche là où elle coule. Les grenouilles sautent dans la boue. Rima et Leïla s'étalent dans le bassin, ouvrent les bras et les jambes, écoutent les oiseaux piailler dans les rochers. Les filles du village font souvent cela et certaines, même, s'arrangent pour que les garçons auxquels on a promis de les marier rôdent à ce moment dans le voisinage.

Quand elles ont pataugé un moment, Rima et Leïla sortent à quatre pattes parce que les boues marneuses glissent sous leurs pieds, s'ébrouent au soleil, emplissent leur seau, lavent leurs écharpes, attendent que le soleil sèche l'eau sur leur peau, ce qu'il fait très vite en laissant une pellicule collante et irritante. Elles reprennent leurs robes faites de pièces d'étoffe enroulées, rient aux éclats parce qu'elles se sont éclaboussées et remontent au village.

La fête de Sidi Soltane sera meilleure cette année parce que quatre familles de Bédouins venues de la plaine ont apporté des moutons qui seront partagés pendant le repas sacré. On dit que ces gens demandent eux aussi des enfants. On dit aussi que le gardien du tombeau est monté de la « Source blanche » jusqu'au village et qu'il est entré chez Ymra, une nuit. Rima ne l'a pas vu : les femmes étaient couchées, il est resté dans la cour avec les hommes. Il a dit de sa voix éraillée et monotone que Sidi Soltane ne pouvait plus faire ce qu'il faisait autrefois, que les gens ne croyaient plus comme autrefois ; d'ailleurs Sidi Soltane aimait surtout aider les femmes quand elles faisaient des offrandes. Un homme prétendait même autrefois que Sidi Soltane était une femme, une femme très puissante qui venait de l'Ouest, des montagnes, et qui, autrefois, aurait été une reine. Cela paraît tout à fait lointain et surprenant, mais c'est un vieux qui le dit. Rima pense que le gardien du tombeau est lui aussi bien vieux, à cause de sa parole lente et de sa toux continuelle. « Peut-être Sidi Soltane donnera-t-il un enfant à ceux qui le demandent, peut-être pas, on ne peut pas savoir. »

Le lendemain, Rima, au lavoir, dit aux autres femmes quand on parle de la fête :

— Peut-être Sidi Soltane donnera-t-il un enfant à ceux qui le demandent, peut-être pas.

Les autres femmes la regardent. Leïla et Naoua haussent les épaules. Jamais aucune jeune fille n'a émis un jugement de ce genre. Cela, des vieilles femmes peuvent le faire, et encore dans certaines conditions. Mais Rima est une orpheline : ça ne veut rien dire. On reprend le travail sans écouter.

En fait, il s'agit d'un vœu et d'une offrande. Le jour venu, quand toutes les femmes sont installées autour de la murette qui entoure le marabout proprement dit, on tire de la gorge des youyou qui témoignent autant pour la joie que pour la prière. Rima est derrière les autres. Du côté opposé, le surveillant de Sidi Soltane, Gaddour, avec un couteau, coupe la gorge de trois moutons qu'on lui a apportés. Le gardien du tombeau est de l'autre côté : Rima ne le voit pas.

Au soleil, la flaque de sang sèche très vite. Elle disparaît dans le sable. Quand les bêtes sont étendues les unes à côté des autres, Si Gaddour s'accroupit et essuie la lame du couteau dans la laine d'un des moutons qu'il a tués. Il surveille le soubresaut des bêtes qui tardent à rendre le dernier soupir et qui émettent une sorte de grognement mouillé de plus en plus pressé, jusqu'à ce que l'immobilité s'empare d'elles et les étire comme le ferait une main. A ce moment, tout le sang a coulé de leur corps.

Après cela, les femmes psalmodient une prière que Rima a entendue chaque fois qu'elle a assisté à la fête de Sidi Soltane, même quand il n'y a pas trois moutons à partager entre tous les gens du village. En priant, les femmes se dandinent d'avant en arrière et Rima ne peut pas ne pas en faire autant, bien qu'elle se dise qu'il existe certainement des endroits où il suffit de demander à un marabout ce que l'on souhaite d'obtenir sans faire toutes ces choses. Elle, cependant, n'attend rien. C'est ce *rien* qui bloque ses idées et la gêne comme si elle avait un caillot de sang dans la tête. Mais cette gêne, elle l'éprouve aussi dans l'accomplissement des gestes de chaque jour. Assise sur ses talons, elle tressaute pourtant d'avant en arrière comme le font les autres femmes lorsque la psalmodie recommence et cela dure un long moment.

Autour du marabout proprement dit, à l'intérieur du mur qui délimite la courette étroite qui entoure le tombeau, un ou deux hommes sont installés qui frappent en cadence sur la peau d'un tambourin en terre cuite, en forme de sablier. Les sons désignent les crispations du dos et de la nuque — ce qu'il faut faire et répéter pour balancer le corps d'avant en arrière ou, simplement, esquisser le mouvement, désigner par une ondulation du haut du corps le geste qui vous occupe, et ainsi le lancer pour ainsi dire vers les autres qui vous le rendent de la même manière.

Dans le groupe, les femmes agenouillées les plus éloignées du marabout se soulèvent à peine sur leurs talons, tandis que, plus on approche du centre, plus le geste se précise, se dessine complètement et aboutit à ce que fait cette femme au premier rang qui s'est dressée à demi sur ses jambes et se prosterne d'avant en arrière, imprimant une rotation à la partie supérieure de son corps et fermant les yeux.

L'odeur de la viande que l'on grille de l'autre côté du marabout, à l'abri du vent chaud, arrive lentement par bouffées qui pèsent au ras du sol comme si elles étaient lourdes.

Comme chaque année, à ce moment, deux ou trois hommes inconnus que conduit le gardien de Sidi Soltane sortent du tombeau et font de grands gestes en remuant les bras. Ils sont vêtus de gandouras blanches et portent chacun une bougie allumée. Ils font le tour du marabout et passent si près des femmes qu'ils doivent enjamber celles du premier rang. De l'autre côté, ils commencent à psalmodier un chant et reviennent vers l'avant du tombeau. Ils ont l'air de tâtonner et de ne pas savoir ce qu'ils vont faire, puis ils se mettent sur un rang et reculent en s'inclinant d'avant en arrière, reviennent vers le tombeau en continuant ce geste du buste, ce qui ne les empêche pas de tenir très droit le lumignon allumé. Le gardien leur fait face, avance et recule avec eux. Rima ne sait combien de temps tout cela dure, mais certainement assez longtemps. Bientôt on ne voit plus très bien ce que font les trois hommes qui paraissent tourner sur place. D'ailleurs Rima éprouve à ce moment un sentiment qui s'est accentué d'année en année jusqu'à ce qu'elle en parle à nos enquêteurs : elle est certaine d'avoir déjà vu et connu ce genre de cérémonie, certes répété une fois l'an, mais à cette heure même, c'est toute la distance entre les deux bouts de l'année qui s'efface.

Aussi longtemps qu'elle demeure dans la même position au milieu des femmes qui répètent certains des mots que psalmodient les trois hommes en blanc, Rima constate que rien ne se passe et qu'elle peut aussi bien être une des vieilles femmes qui se balancent devant elle. Alors «elle tourne comme si elle tombait dans l'oued du haut du village», mais en restant sur place.

Elle n'a plus envie de rester là où elle est, dans ce groupe de femmes agenouillées. Ni même à Chebika. Les femmes se balancent d'avant en arrière. Rima sait que rien d'autre ne se produira et que tout se répétera l'an prochain exactement de la même manière [1]. Parce que cela a été déjà dit et fait et depuis longtemps, bien avant le jour où elle a commencé de s'asseoir devant le marabout avec les femmes pour un *zarda*, une fête. Effectivement, comme tous les ans, on lui fait passer le même morceau de viande mouillé de sauce et elle le mange comme elle

1. «Elle semble savoir que sa vie n'est pas juste, note Naïma, notre enquêteur, que les filles de Bédouins dans la plaine vivent autrement qu'elle. On dirait que ses parents ont été employés, sous les tentes, à certains travaux, car elle paraît connaître la manière de vivre des Bédouins. Pour le reste, elle ne demande rien, elle dit seulement qu'elle

le fait chaque année en se penchant sur le sol pour ne pas salir sa robe. Autour d'elle les femmes font le même bruit de mâchoire. Mais la viande est en grande partie enveloppée dans de vieux journaux et emportée dans les maisons. Oui, comme chaque année, Rima attribue à Sidi Soltane cette inspiration que tout se répète à Chebika et qu'il lui faut partir.

Quand Rima a dit devant les autres femmes qu'elle ne voulait pas rester à Chebika et qu'elle voulait partir avec nous jusqu'à Tunis pour vivre comme les femmes de la ville, les autres commères se sont fâchées. Elles ont repoussé Rima à

croit avoir déjà vu tout ce qu'elle voit et que chaque fête de Sidi Soltane lui donne cette assurance. Maintenant elle veut quitter le village à cause de cette répétition. Son intelligence est tout à fait remarquable et elle souffre sans doute de ne pouvoir s'en servir comme elle le voudrait. Elle dit qu'elle a découvert que le fait de lire donnait des rêves et qu'elle a aussi l'idée, depuis ce temps, que tout ce qui se passe à Chebika ressemble à ce qu'elle rêve durant la nuit. Elle a écouté, bien sûr, la radio et elle a pressenti que dans les villes on vivait, surtout les femmes, d'une manière différente de celle de Chebika. Elle dit que les gens de Chebika ne changeraient pas leur vie, même s'il y avait des usines comme à Metlaoui, qu'ils pensent tous que leur manière de vivre est la seule possible et qu'ils refusent de penser à la manière dont vivront leurs enfants bien qu'ils supposent que leur existence ne sera pas comme la leur. Rima dit aussi que les gens de Chebika estiment qu'ils vivent plus mal que leurs parents et que Chebika n'est plus ce qu'il a été, qu'on y est pauvre et qu'on n'y respecte plus vraiment Dieu ni les marabouts. Leurs parents faisaient de plus belles fêtes. »
« Nous avons parlé avec Rima, dit Naïma, seule d'abord puis avec les autres femmes. Seule, elle nous a dit qu'elle détestait Sidi Soltane qui ne l'avait jamais aidée et qui n'avait accompli aucun des vœux qu'elle avait formulés. Bien sûr, elle lui avait donné peu de chose : deux ou trois bouts d'étoffe qu'elle a trouvés, du pain, enfin des petites choses comme en donnent les gens très pauvres, mais Sidi Soltane n'aime pas, sans doute, les gens qui donnent très peu et il ne l'a jamais aidée. Et puis, c'est autour du marabout qu'elle a su, pour la première fois, que tout recommençait et qu'elle ne sortirait jamais de cela si elle restait dans le village. Elle a dit aussi qu'elle voulait aller à Tunis, qu'il fallait savoir qu'elle lisait des livres et qu'elle ne pouvait pas se servir de cela en demeurant avec les autres femmes. Mais comment partirait-elle ? Personne ne voudrait l'emmener : elle n'a pas d'argent et elle ne peut, seule, traverser les quarante ou cinquante kilomètres de désert jusqu'à une ville. Quand elle serait dans une ville, que ferait-elle ? Elle mendierait ? Il faudrait un homme avec elle, un frère aîné par exemple, mais elle n'a pas de frère aîné... »

coups de coude et ces coups de coude font très mal parce que les os sont très pointus. Elles ont dit toutes ensemble en criant très fort qu'une telle chose était impossible, qu'une fille comme Rima ne pouvait absolument pas quitter Chebika, qu'elle leur appartenait et qu'elle ne partirait jamais. Elles ont dit, en se radoucissant, qu'une pareille chose serait un affront pour tout le village qui nous avait toujours accueillis en amis. «Nous n'avions pas le droit de faire cela. Nous étions en visite et nous ne pouvions emmener les femmes de cette manière. D'ailleurs tout le monde savait ici que Rima n'était pas en bonne santé et qu'elle ne savait pas du tout ce qu'elle faisait ni ce qu'elle disait.»

«Rima, continue Naïma, s'est pelotonnée sur elle-même dans un coin de la cour tandis que les femmes disaient qu'elles allaient prévenir les hommes et que si nous voulions l'enlever, ceux-ci, et surtout le frère d'Ymra, arrêteraient notre voiture, l'empêcheraient de partir et la casseraient en la jetant dans le ravin. Après tout Ymra avait le droit de garder cette fille qu'elle nourrissait depuis des années pour qu'elle travaille jusqu'à ce qu'elle trouve un mari. Elle lui couperait plutôt les cheveux afin qu'elle ne parte pas [1].

Mais si nous faisions le geste de l'emmener avec nous, il nous arriverait malheur. Les femmes demanderaient à Sidi Soltane de nous punir et nous ne parviendrions jamais à Tozeur. Rima n'échapperait pas au village car Sidi Soltane a toujours exaucé les femmes de Chebika. Alors les femmes, comme pour nous détourner de notre projet — à supposer que nous ayons accepté la demande de Rima — se sont mises à nous cajoler, à nous offrir des œufs et des sucreries. Elles ont voulu aussi nous faire de la musique. Rima restait dans son coin, immobile, le visage figé

---

1. Les mœurs sont plus complexes que les lois et les règles. On trouve parfois dans certaines familles riches de la campagne de jeunes Bédouines «louées» ou «achetées» à leurs familles et nourries à la maison contre les services domestiques qu'elles accomplissent. Ce genre de contrat tacite prévoit que la fille redeviendra libre à son mariage. Aussi, pour décourager les éventuels prétendants et éviter ainsi qu'elle ne parte trop tôt, prend-on l'habitude de lui raser complètement la tête, puisque les cheveux sont en Islam, comme dans presque tous les pays méditerranéens, un symbole érotique puissant. Il est vrai que, le plus souvent, le maître de la maison se réserve pour son usage personnel ces petites filles dont on ne peut dire ni qu'elles sont tout à fait des esclaves ni qu'elles sont tout à fait libres.

comme les Bédouines ont le visage figé quand elles sont déçues, ou tristes. Nous évitions de la regarder pour ne pas donner prise aux soupçons. Nous avons remarqué qu'elle chantonnait avec les autres. Puis elle s'est mise à rire et à plaisanter avec les autres femmes, comme si de rien n'était, comme si tout le monde s'était livré à une bonne plaisanterie sans importance. Pendant tout le temps que la danse a duré, elle a montré un visage gai et a claqué dans ses mains en cadence, comme les autres.

«Puis, dit Naïma, quand tout a été terminé, nous sommes revenues vers la voiture pour rendre compte de notre travail et nous n'avons plus jamais revu Rima [1].»

1. Un an et demi plus tard, en 1964, nous avons pu obtenir des nouvelles de la jeune fille. Personne ne semblait se souvenir d'elle. Enfin, une vieille femme des Gaddouri nous a assuré qu'elle s'était fait piquer par un scorpion en lavant le linge dans l'oued et qu'elle était partie à Tozeur pour se faire soigner. Un vieux nous a dit au contraire qu'après la piqûre elle devait être morte, car qui peut résister sans soins à une telle piqûre? Cela était le plus vraisemblable. D'autres dont l'épicier estiment qu'elle a été malade longtemps et que nul n'a pu la sauver, même pas Sidi Soltane qu'Ymra, pourtant, est venue souvent prier en faveur de la jeune fille. De toute manière, il est plus simple de penser qu'elle est morte aux alentours de 1964, avant la fête de Sidi Soltane, dont elle seule nous avait raconté le rituel.

La « *Source blanche* »

Au débouché à droite de cette sorte de place qui s'étend devant le village et descend vers le désert, on aperçoit en bas, assez loin, au-delà de trois ou quatre ravins de pierrailles, une touffe d'oasis crasseuse : c'est la « Source blanche » où habite le vieil Omar qui est le gardien du tombeau et le seul responsable de Sidi Soltane. Depuis que l'on nous a dit son nom, tout le monde parle de lui, mais personne ne sait comment il vit. Il paraît qu'autrefois il menait une existence plus brillante, venait souvent au village et participait à des offrandes et à des fêtes plus fréquentes. La disparition des caravanes avec la guerre 1914, la lente sédentarisation des nomades, la fermeture de la frontière algérienne [1], tout cela a stoppé le commerce incessant des hommes, des pèlerinages et des croyances dans cette région du Sud. Aussi, maintenant, Omar est un *khammès* comme tout le monde. Seulement, il vit à l'écart.

Omar vient parfois à Chebika la nuit. Comme il marche difficilement, son pas traîne sur les cailloux de la place et des ruelles. On ne sait ce qu'il cherche ni chez qui il se rend. On soupçonne qu'il frappe chez l'épicier pour acheter du ravitaillement. Mais personne n'a très envie de le rencontrer durant la

1. La fin de la guerre d'Algérie n'a pas modifié les conditions frontalières. Après les mines, les lignes établies entre des pays « frères » sont aussi infranchissables souvent. Ajoutons la compétition pour la possession du pétrole qui accroche les pays à des frontières jadis fixées par la puissance coloniale.

250

nuit, car il fait un peu peur. Si Tijani nous a prévenus, maintenant que nous sommes sur la piste : on dit d'Omar qu'il est sorcier et qu'il détourne à son profit la force bénéfique de Sidi Soltane. Personne n'a confirmé ouvertement ce propos.

Quand nous nous sommes mis en route pour la «Source blanche», nous avons constaté qu'elle était bien plus éloignée de Chebika qu'elle ne le paraissait : il faut descendre trois ravins successifs au milieu de roches éboulées d'assez grande taille, remonter, redescendre à nouveau, contourner une falaise et traverser un déversoir de pierres tombées de la montagne et roulées par les eaux d'une source folle qui n'apparaît qu'en hiver, pour quelques heures. Le jardin de palmiers est plus vaste qu'on aurait pu le supposer de loin. La poussière apportée par le vent a sali les feuillages comme elle ne le fait jamais à Chebika, et c'est sans doute une affaire d'exposition. Les palmiers sont dispersés et la minuscule oasis est étriquée et peu ombragée. On y sent aussi une désagréable odeur de moisissure qui vient de ce que la chaleur a pompé trop vite une eau bourbeuse.

Le gardien du tombeau est là, assis sur une pierre, au milieu de son champ. Il nous regarde venir. Il sait fort bien que nous venons et ce que nous venons lui demander. A côté de lui s'est accroupi un jeune garçon qu'on voit souvent traîner à Chebika et qui doit lui servir d'espion et de messager.

Omar n'est pas si vieux qu'on nous l'a dit, il est simplement usé. Mais son rôle est celui d'un vieillard et tout le monde lui a déjà imposé ce personnage. Il doit avoir dans les cinquante ans et ne cache guère, en ce moment, un œil farouche, hostile en tout cas. Salah va seul vers lui et Khlil les rejoindra tout à l'heure.

Omar dit d'abord à Salah «qu'il travaille comme tout le monde et qu'il ne sait pas grand-chose de ce qui se passe». Surtout, il regarde avec inquiétude vers les Européens, mais il sera, paraît-il, rassuré quand on lui aura dit qu'il s'agit vraiment d'Européens : il paraît redouter surtout les Tunisiens de la ville qui sont habillés comme nous le sommes.

Pendant que nous attendons à l'écart et que le vent se met à souffler apportant encore un peu plus de poussière sur les palmiers, Salah tente de surmonter la mauvaise humeur d'Omar. Ils s'installent contre une touffe de jeunes palmiers et, dos au vent, se laissent aller à quelques considérations théologiques. C'est-à-dire que Salah écoute une sorte de leçon débitée sur un ton agressif et dur :

251

— Il y a quatre faits, dit Omar, qui nous éloignent de Dieu et nous rapprochent de l'enfer. Ces faits sont : Je suis et nous sommes, je possède et nous possédons. Il ne faut pas que je le dise, j'ai faim et je n'ai pas faim, ou bien que mon père fut Untel et mon grand-père était Untel. L'homme ne possède rien, tout revient à Allah. C'est lui qui nous aide dans la pauvreté et dans la prospérité.

— Les gens de Chebika possédaient autrefois leur terre. Ils ne possèdent plus rien. Est-ce que la vie est maintenant meilleure ?

— Les gens d'avant avaient plus de patience que ceux de maintenant. Jadis on ne vendait pas sa terre même si on était obligé de manger de l'herbe dans le désert, on ne vendait ni palmiers ni chèvres. Les gens de maintenant, s'ils restent deux nuits sans manger, vendent terre et palmiers. Les nomades avaient de la patience.

— Si quelqu'un reste deux nuits sans manger, est-ce que les siens ne l'aident pas ?

— Personne n'aide personne, il n'y a plus de confiance. Dieu a dit : s'il y a deux, trois ou quatre personnes qui se fréquentent sur une base de sincérité, Dieu leur vient en aide, et s'il y a deux personnes qui se fréquentent sans sincérité et sur la base du mensonge, c'est Satan qui les aveugle. L'homme moderne change de caractère plusieurs fois par jour. Il n'y a plus de vérité, il n'y a plus de confiance. Dieu nous assure la nourriture et nous l'adorons. Il a dit : «J'ai créé l'homme, adorez-moi.» Nous ne sommes pas éternels, Dieu fait mourir et fait vivre qui il veut.

— Tu crois donc qu'il n'y a plus de confiance à l'heure actuelle ?

— Oui, parmi mille personnes on ne trouve qu'une seule qui soit digne de notre confiance. Jadis quand quelqu'un n'était pas digne de confiance, les gens l'évitaient. Comment veux-tu que les choses marchent maintenant si sur vingt personnes tu en trouves à peine une de bien. Ça ne peut pas aller comme ça.

— La jeunesse actuelle est aussi comme les autres ?

— Un jour le prophète Mahomet était assis avec son cousin Ali. Le prophète a dit à Ali : «Viens on va rendre visite à ma petite fille.» Alors Ali lui a dit : «Laisse tomber, mon cousin.» Alors Mahomet lui a dit : «Tu as tort, Ali, celui qui n'oublie pas ses parents, Dieu l'aide, et celui qui néglige ses parents et les membres de sa famille, Dieu le laisse tomber.»

— Que veulent dire ces paroles ?

— Ça veut dire qu'il n'y a plus de vérité, ni de confiance, selon moi.

— Surtout parmi les jeunes, n'est-ce pas?

— C'est un signe de l'époque, qu'on soit jeune ou vieux c'est pareil.

— Tu veux dire qu'il n'y a plus de confiance, qu'on ne remercie plus Dieu?

— C'est ça. Avant on n'insistait pas autant sur l'argent, l'argent n'avait pas une telle importance. Avant on avait de la patience, on supportait tout et on remerciait Dieu pour tout, la pauvreté aussi bien que la prospérité car ils savaient que Dieu est capable de tout.

Il y a eu un silence, puis Omar s'est retourné et s'est intéressé encore une fois à nous. Salah a dû le rassurer: nous ne sommes ni des gens de la police, ni des gens du gouvernement, ni des percepteurs chargés de prendre de l'argent. Nous voulons seulement nous renseigner et aider Chebika. Salah a poursuivi en lui disant où il est né et ce que faisaient ses parents.

— Autrefois, il y avait des gens qui allaient de pays en pays, seulement pour savoir et enrichir leurs connaissances telles que Dieu les leur avait données. Nous les recevions bien.

— Nous ne sommes pas tout à fait comme eux, mais tu devrais faire comme si nous étions pareils à eux. Nous aussi nous nous intéressons à tout ce qui est fait de grand au nom de Dieu.

— Mais toi, dit Omar, tu ne crois pas comme les anciens. Tu t'es détourné de la lumière de Dieu.

— Ce que je voulais savoir concerne Sidi Soltane, le noyau sacré du village.

— Il n'y a plus rien à savoir sur Sidi Soltane. Il n'y a plus rien à savoir, dit Omar. Personne ne comprend plus Sidi Soltane et je crois même qu'il n'y a rien dans le tombeau. Autrefois, oui, Sidi Soltane a été le cœur du village, maintenant, plus rien. Il n'y a plus de noyau, plus rien, des paroles.

Salah laisse passer un peu de temps. Omar tousse, demande une cigarette, l'allume, garde encore le silence. Il répète qu'il n'y a plus de centre, de *halk*, de noyau au village, plus de socle sur lequel on s'appuie. Enfin Salah reprend la parole:

— On a demandé partout qu'on nous raconte la vraie histoire de Sidi Soltane, mais personne n'a pu nous renseigner sur lui.

— Sidi Soltane vient de Sakiet Al-Hamra, il est descendant de Al Hassan et d'Al Hussein (eux-mêmes descendants du

Prophète). Il était parti pour La Mecque, il a passé par ici, il est mort ici. On a trouvé un papier sur lui.

— Qu'est-ce qui était écrit sur le papier ?

— Je ne peux pas vous le dire, mon grand-père est mort à quatre-vingts ans, mon père est mort à quatre-vingt-six ans et moi, j'ai maintenant soixante-quatre ans et aucun d'eux ne savait rien sur Sidi Soltane dont nous sommes les gardiens. J'ai entendu dire, mais je ne l'ai pas vu, que Sidi Soltane, juste avant de mourir, a demandé qu'on mette son cadavre sur le dos de son chameau en disant : là où il s'accroupira vous m'enterrerez. Le chameau s'est accroupi à cet endroit et l'eau a jailli. On appelle cette source «*Ein El Naka*» («la source de la chamelle»). On a entendu dire que Sidi Soltane avait fait de bonnes actions, il y a des visiteurs qui viennent le voir, on lui apporte des malades qui se lavent dans son eau et qui guérissent.

— Y a t-il des gens qui guérissent ?

— Oui. Et puis il y en a d'autres qui lui demandent par exemple que leurs enfants ne partent pas au service militaire, etc. C'est tout ce qu'on connaît sur Sidi Soltane. Ah ! je me rappelle encore un de ses miracles. Tous les ans, on lui fait une *zarda*. Mon père a apporté une fois un bouc châtré et, tout d'un coup, le bouc a pris la fuite et on n'a pas pu le rattraper. C'est pourquoi on dit que Sidi Soltane n'accepte pas les bêtes châtrées, et depuis on ne lui offre plus que des moutons mâles, c'est devenu une habitude. On raconte, mais je n'ai rien vu de mes propres yeux, qu'il a réalisé beaucoup de bonnes actions, qu'il était très pieux... C'est le destin qui l'a amené ici, on l'a enterré ici. Nous ne savons pas s'il est venu seul ou avec sa famille, s'il était de passage ou pas, nous ne savons rien sur lui, on ne l'a pas connu de son vivant. Même mon oncle Ibrahim qui était le doyen de Chebika, Ibrahim Al Kadoury.

— Qui est actuellement le responsable de Sidi Soltane ?

— C'est moi.

— Et avant toi ?

— Mon père, et avant lui le père de mon grand-père.

Salah n'ignore pas que la réalité est fugitive, surtout dans la conscience des gens, que l'on n'aime pas parler à Chebika d'une certaine période qui a été glorieuse et qu'il y a des chances pour que Sidi Soltane ait été le représentant d'une période de puissance ou de guerre qui pourrait se situer voici plus de cent cinquante ans, lorsque la vie du Sud était autonome et tournée vers la circulation des caravanes. Après ce que lui a dit Omar, il ne peut que constater que le «noyau dur», le *halk* qu'il a cru trouver dans Sidi Soltane, ne correspond plus à rien. Du moins aujourd'hui.

Quand on y pense d'un peu près, la personne même du saint s'efface au profit du mot qui le désigne: Sidi est le nom d'un seigneur, d'un maître, mais Soltane dérive du mot arabe *solta* qui désigne la domination, la puissance. En fait, «*Soltane*» n'est rien d'autre que «celui qui peut». Qu'il puisse exaucer les vœux, les prières. Tout se passe comme si la dénomination l'emportait ici sur la présence. A quoi bon chercher un personnage réel, historiquement défini, comme l'a cru un moment Salah (qui espérait y trouver un chef de guerre très ancien ou un rebelle à la colonisation française). Comme un autre saint du Djérid, Sidi Chabâane signifie «Seigneur le Repu», désignation assez compréhensible dans une contrée où la faim endémique et permanente fait de son contraire un état presque mystiquement valorisé, Sidi Soltane désigne l'efficacité en soi, le pouvoir dont les individus du village peuvent s'emparer selon certaines règles pour leur usage propre. Certes, la religion islamique est autre chose que ces pratiques magiques, mais elle ne peut les ignorer; souvent même comme c'est le cas à Chebika, elle se confond avec elles et les desservants de la mosquée et de Sidi Soltane se sont associés.

En fait, cette désignation de «soltane» n'est pas éloignée de celle que Marcel Mauss empruntait au langage des Mélanésiens pour désigner cette «catégorie de la conscience collective», «force et valeur» constitutive d'un milieu et d'une action définie, le «mana». S'il est vrai, comme le dit également Marcel Mauss, qu'«en magie comme en religion comme en linguistique, ce sont les idées inconscientes qui aboutissent [1]», la désignation de cette puissance collective à l'état pur, personnalisée dans un personnage symbolique dont le contenu est finalement aussi pauvre que celui de tous les autres marabouts, répond à cette volonté commune de «classer les choses» et d'utiliser la substance sociale pour régler les relations entre les hommes.

Pourtant, dans ces régions qui ignorent ce que nous appelons l'histoire — ou qui ne la découvrent actuellement que par le biais

---

1. Esquisse d'une théorie de la magie, in *Sociologie et anthropologie*, p. 109.

de la radio — l'impact des événements collectifs qui affectent les nations et les ensembles de nations se déposent comme autant de couches sédimentaires dans la conscience collective ou les implicites représentations de la vie commune du village. Jacques Berque a souvent noté combien, durant la phase de colonisation, la vie maghrébine s'était à tous ses niveaux, en profondeur, repliée sur ses bases et rétractée pour ainsi dire en profondeur. Les pages qu'il consacre à ce repli dans *le Maghreb entre deux guerres*[1] sont d'autant plus frappantes qu'elles correspondent *encore* à une réalité vivante, indiscutablement repérable pour chaque administrateur national formé sur des valeurs techniques occidentales et des principes de gouvernements « modernes ». Devant les efforts de la classe politique pour entraîner les zones les plus éloignées de la ville dans le circuit du changement économique ou administratif ou psychologique systématique, le village, la famille, souvent se replient, se rétractent sur leur intimité. D'où vient souvent le désarroi de l'administrateur local, condamné à pratiquer, tout comme certains de ses prédécesseurs européens, l'« administration directe », pour ne pas dire la coercition. Au cours de notre enquête de cinq ans, de multiples exemples de ce désarroi nous ont été offerts à Chebika et dans le Djérid.

Là, cependant, quelque chose se fait jour. Le gardien du tombeau nous dit, de son ton rageur, « qu'il ne reste rien du passé et que nul ne se souvient, même pas les vieux, même pas lui ». Que sont ces fameuses « traditions » dont on parle comme d'une excuse ou une justification ? « Sidi Soltane n'est plus grand-chose parce que nous ne sommes plus rien », dit justement Omar. Qu'est-il ? Une vague efficacité magique dont on tient compte au milieu d'une vie qui se répète avec une désespérante monotonie et qui ne laisse place à aucune révolte. Car partir (pour un homme puisqu'une femme ne peut *seule* quitter Chebika comme l'a montré Rima), c'est échanger le village contre une situation aussi médiocre à Gafsa ou à Tunis, dans un bidonville. L'indépendance, pas plus que le colonialisme ou l'assistance économique étrangère, n'entraîne *rapidement* l'apparition d'un milieu nouveau, du moins pour la génération des hommes et des femmes qui ont plus de trente ans. Même de l'autre côté de la

1. Chapitre 1, Ire partie : Dispute pour les bases.

frontière, là où se sont installés les pétroliers, la vie des gens comme ceux de Chebika n'a pas été changée : ils sont partis, simplement, vers le faubourg des villes ou dans d'autres villages. Seuls quelques-uns se sont engagés comme journaliers [1]. Mais l'état dans lequel ils se trouvent ne saurait être caractérisé par la tradition. De même que Sidi Soltane ne constitue ce noyau du village qu'au moment où le village existe réellement comme entité vivante et, autrement, ne survit que par des mots imprécis, ce qu'on appelle la tradition s'efface dans la situation dégradée des villages ou des oasis du Sud, et, plus généralement, dans toutes les campagnes du Maghreb, dix années ou presque après l'accès à l'indépendance. Et ce terme même de *tradition*, l'analyse le met en cause, puisqu'elle ne peut rien isoler quand elle cherche à cerner les réalités qu'implique ce mot (et que les administrateurs nationaux feignent de traiter comme une réalité pour excuser ou justifier la lenteur des changements qu'ils annoncent mais ne sont pas en mesure de réaliser). Si le culte de Sidi Soltane était encore un vrai culte, si l'efficacité qu'implique l'existence du marabout avait été *aujourd'hui* également réelle, alors on aurait pu justifier *à la fois* la réalité de cette constante inscrite en filigrane à travers la succession des générations qu'on appelle une tradition et l'importance de cet aspect théocratique ou plus généralement sacré dont P. Massignon parle à propos des sociétés islamiques. Mais Omar le répète avec violence à Salah : «Il n'y a plus rien. Il n'y a plus rien. Quand les gens viennent, on les laisse faire une offrande, pourquoi pas? Mais Sidi Soltane ne répond plus jamais. Les habitudes se sont perdues. Tous les liens sont dissous. On fait des gestes, et après?» Et il ajoute, non sans colère : «La radio a tout tué.»

La radio, oui, on y reviendra. Mais surtout le poids successif de l'administration arbitraire et anarchique du régime beylical, de l'administration coloniale et de l'administration moderne qui annonce que tout est changé quand elle n'a encore fourni aucune véritable «structure d'accueil». De ce qui a pu être un refuge au temps de la présence étrangère, il subsiste seulement l'abri mais plus rien de ce qui justifiait cet abri.

Pourquoi, dès lors, parler de tradition? Les sociétés humaines,

1. Comme ces Ouled Naïl dont E. Dermenghem a donné une saisissante description dans *le Pays d'Abel* (l'Espèce humaine, Gallimard).

à quelque échelle qu'elles se présentent, ne sont jamais dominées par une histoire ou une tradition, mais commandées par la composition interne des milieux, la forme mouvante qui constitue *momentanément* leur existence. Si l'on admet que les éléments *diachroniques* désignent une loi de distribution des faits et de leur cause dans la succession à un temps unique assimilable au devenir des philosophes et que les éléments *synchroniques* définissent la constitution actuelle de tous les aspects qui composent une structure, il faudrait dire que la réalité vivante d'un groupement étroit comme est Chebika dépend moins de l'existence d'éléments diachroniques que de sa composition synchronique actuelle. Et ce terme de tradition perd toute signification puisqu'il ne désigne pas l'existence réelle d'une constante ou d'un déterminisme agissant du passé vers le présent, mais seulement les traces, les rêveries, les croyances contemporaines propres à quelques-uns dans un ensemble dont elles ne sont que des composantes momentanées et diversement accentuées.

C'est assurément un pauvre système que celui qui constitue la réalité collective de Chebika, mais si misérable et dégradé soit-il, c'est « ce système qui constitue la vie collective : la cohésion des aspects du présent (famille, travail, attente, espoirs, magie, religion) commande à tout ce qui ressortit à la vie consciente ou implicite, fût-ce aux aspects du passé. Et de tradition, dans cet ensemble, on ne peut parler que par rapport à la destructuration qui affecte aujourd'hui toutes ces formes constituées plus ou moins solidement au moment où le Maghreb a subi l'impact de l'étranger. Tout se passe dans le monde présent comme si les structures dégradées et fragiles se défaisaient sans que l'homme puisse, pour s'appuyer, trouver un terrain solide dans un passé ou une tradition qui ne sont que des mots vides de sens.

IV

LE FACE-A-FACE

Chebika dans le Sud, le Sud dans Chebika

Le Sud? Oui. Une ruine. Depuis l'invasion des Hilaliens qui détruisirent les puits et coupèrent les arbres, depuis le xie siècle, le Sud est entré dans la misère comme on entre en religion. Neuf siècles de lente dégradation et l'abandon aux nomades qui, au milieu de la saharisation croissante, cherchent à construire chacun pour soi une médiocre culture. La colonisation française a changé peu de chose ici: les mines de phosphate et de fer n'apportèrent rien à la région, le train quelques touristes, l'armée quelques clients. Chebika est, à ce jour, un exemple: celui d'une communauté qui, au-delà de la lente et patiente catastrophe, malgré les traditions qui la rongent et accentuent sa dégradation, affirme une volonté de vivre que nul n'utilise encore, aujourd'hui...

En 1956, la jeune indépendance tunisienne cherche à «faire quelque chose pour le Sud»: on crée à l'image de l'Italie où il existe une «Cassa del Mezzogiorno» une «Caisse du Centre et du Sud», mais c'est une de ces institutions fantômes qui n'apparaissent que sur le papier. Seulement, on a parlé de tout cela à la radio; les gens de Chebika savent qu'on veut faire quelque chose pour eux: entre ce qui est et ce qui veut être, la distinction est malaisée à faire pour une langue qui ne fait guère de différence entre le vœu et l'action réelle.

— Pour nous, c'est comme le train, a dit le vieux Ahmed.
— Quel train?
— Le train des «Fransis» qui est venu jusqu'à Tozeur. Nous

sommes allés le voir. On a attendu ce qui allait se passer. On a attendu.

— Qu'est-ce qui a changé?

— Rien. Dieu ne change pas, les hommes changent. «Oui, la voie directe est la voie de Dieu et il nous est ordonné d'obéir au maître du monde.»

— Dieu permet le changement aussi.

— Oui, mais pas les hommes.

Pourtant, durant les premières années de l'indépendance, une sorte de fièvre a traversé le Sud. A ce moment Salah ben Youssef, le compagnon de Bourguiba, l'homme du Sud, n'avait pas encore rompu avec la Tunisie de l'«autonomie interne». Quand il parlait à la radio, tout le monde ici reconnaissait sa voix. Pourtant, lui non plus n'a rien fait :

— Lui aussi a fait comme les autres. A la ville il a parlé et il s'est querellé. Il a fait comme les autres, dit Ahmed.

Car pendant la même période, les nouveaux et souvent jeunes dirigeants découvraient que ce Sud ne trouverait pas la solution de ses problèmes dans une création administrative verbale; les multiples experts internationaux qui conseillaient le pays allèrent dans le même sens: on pouvait modifier l'état dégradé des villages des steppes du centre; il était possible d'améliorer la vie du Sahel, du cap Bon, des grands ensembles ruraux (la Medjerda, Enfida), mais le Sud posait d'insurmontables problèmes. Ce Sud, sur lequel n'existait *aucune* étude régionale d'ensemble qui ne soit pas un recueil de graphiques abstraits ou de chiffres stériles et auquel les ouvrages de géographie ne consacrent que quelques pages.

C'est bien plus tard, vers 1965, que l'on a décidé d'affronter le problème en créant une région économique nationale en joignant Gafsa, Medenine à Sfax et Gabès dans un cadre autonome et unique de développement. Laissons de côté l'extrême Sud de Borj Bourguiba, territoire militaire où jaillit maintenant du pétrole; reste la région qui nous intéresse et pour laquelle les premières vraies études économiques ont été entreprises à partir de 1962. Encore s'agit-il d'analyses qui ne tiennent aucun compte des réalités collectives et des modes de groupements qui constituent la trame sociale et les capacités humaines réelles de ce pays. Du moins, d'approximation en approximation, a-t-on élaboré un plan des urgences dans lequel Chebika devrait, d'ici une dizaine d'années, trouver un certain équilibre pour autant que le pays réalisera les investissements prévus, ce qui évidemment n'a rien d'inévitable.

La première de ces urgences est celle de l'eau, bien entendu ; 150 millimètres de pluie par an dans le Cherb, 90 dans le Djérid, 100 dans le Nefzaoua ne permettent aucune régularité dans les récoltes : une seule sur cinq en moyenne peut être considérée comme à peu près bonne. Certes, l'eau est partout, mais il faut partout forer, souvent profondément ou utiliser plus activement les sources actuelles.

Sur ce point, la situation de Chebika est satisfaisante en raison de la source et des canalisations qui y ont été faites. Outre que la position du village l'expose à recevoir la plupart des orages d'été bien que l'on manque de réservoirs pour capitaliser cette eau. Mais après quelques arrangements partiels, les terres au-delà de l'oasis, que seuls les Bédouins cultivent en ce moment, pourraient devenir remarquablement et régulièrement fertiles.

La pauvreté des sols est plus grave. Dans tout le Sud, les terres gypseuses (le *deb-deb* des nomades) font une croûte que balaie l'érosion du vent. Les oasis sont évidemment plus productives mais elles manquent impérieusement d'engrais riches pour compenser l'intense travail d'une terre dont on tire beaucoup depuis de nombreuses années. Cela, Chebika le sait et le réclame, car tout le monde sait ici que l'on peut améliorer la terre avec des engrais.

— Le plus grave, nous dit un administrateur du Plan, c'est le problème humain : la sous-alimentation, l'obéissance à des coutumes absurdes, la paresse d'étendre ces terres cultivables pour fuir et chercher fortune dans le Nord : les périmètres irrigués qui ont été étendus dans de grandes proportions n'attirent pas assez de nomades ou d'habitants de villages ruinés. Si nous achevons tous les barrages prévus, celui de l'oued Djir près de Gabès ou de Sidi Rich près de Gafsa qui irriguera deux mille hectares, si nous réussissons notre politique de « jessours » pour canaliser les eaux de ruissellement, nous allons ouvrir des régions de culture nouvelles. Mais qui en profitera, si ces hommes n'arrivent pas à s'adapter à des conditions nouvelles ?

Par là d'ailleurs on attend aussi l'amélioration d'un cheptel qui concerne actuellement deux millions d'hectares de pâturages dont la moitié à peine peut être considérée comme bonne. On y compte trois cent mille moutons et chèvres, trois cent mille chameaux, mais on peut aisément tripler ce chiffre, en évitant les

Vu par un des hommes, le village, objet d'intérêt pour l'administration.

concentrations des bêtes qui détériorent la flore et en équipant des points d'eau. Du moins, la stabilisation du cheptel donnerait-elle une certaine régularité à cette région.

Là aussi, Chebika est disposé à admettre ces transformations pour peu qu'on lui en prépare les voies : les nomades fixés au bas de la montagne peuvent très vite organiser des échanges systématiques qui permettraient d'utiliser plus rationnellement les pâturages du pied de la falaise et des oueds perdus.

La reconversion des oasis est plus malaisée à concevoir en raison du régime de la propriété foncière et de l'imbrication des parcelles, de la possession de palmiers dont certains ont plusieurs maîtres, du moins à Chebika. Toutefois, la création d'une oasis moderne, plantée géométriquement, en prolongement de l'ancien verger, est un rêve admis par la plupart des hommes qui se réunissent autour du *gaddous*.

— On nous a promis une oasis nouvelle.

— Plantée d'arbres neufs et un ici, un là, comme au jeu de dames. Les arbres ne se gênent pas et tu as juste assez d'ombre pour les poivrons si tu en veux.

— Où placer cette oasis ?

— Là, en bas, derrière la piste qui monte jusqu'ici, au bout de la gorge. Et puis de l'autre côté, là où vit le gardien de Sidi Soltane. L'eau peut être amenée là. Il faut creuser seulement.

— On doit tous travailler dans cette oasis en gardant nos jardins dans les vergers.

— Tu n'auras plus de partage d'eau à faire. L'eau coulera pour tous. Maintenant les canalisations sont toutes détruites déjà. Quand on a fait le canal de la source, on n'a pas réparé les canaux de l'oasis. L'eau est arrivée plus vite dans l'oasis et, bien sûr, elle a abîmé les canaux.

— Et puis il faudra planter de nouveaux dattiers. Il n'y a pas de *degla* à dattes molles dans le village, seulement la mauvaise espèce. Il faut des *degla* qui se vendent mieux à l'étranger.

La reconversion a commencé depuis 1965, silencieusement, dans les grandes oasis, à Gafsa, à Gabès. Pas encore à Tozeur, ni à Degache, ni à Nefta-Ni, à plus forte raison à Chebika. Groupés en coopératives de service, les agriculteurs achètent tous ensemble l'eau et les produits agricoles, mais il n'existe pas de coopérative de production ce qui fausse peut-être le système. Enfin, s'il faut émonder la forêt et détruire des palmiers qui s'étouffent les uns les autres — le chiffre optimum est de cent vingt arbres par hectare alors qu'on en compte de sept cents à huit cents parce que chaque génération en a ajouté, par prestige, de nouveaux — on ne peut demander sans contrepartie à un petit propriétaire de sacrifier d'un coup les deux tiers de sa propriété. On a chiffré le prix de cette reconversion pour l'État : trois millions de dinars pour mille hectares.

— Nous sommes des gens du Djérid. Si l'on fait quelque chose pour le Djérid, nous le ferons aussi, dit Ali.

— Plutôt que d'aller travailler en ville, si Dieu le veut, c'est ici que nous deviendrons riches.

— Riche, tu ne le seras jamais, dit le vieux Gaddour. Tu ne peux pas être riche. Personne ne peut être riche ici.

— Qui le sait? Dieu le sait? Si le gouvernement veut nous aider, on fera l'oasis en bas.

— Il y aura les impôts. Et tout le reste.

— Nous sommes des gens du Djérid. On ne fera pas de choses sans nous aider.

Mais le Sud est devenu un objet d'intérêt pour l'administration. Seulement il est malheureux que cette administration ne dispose pas actuellement d'hommes et de femmes capables de conseiller et d'aider les gens des multiples groupements au moment de la phase la plus dure, celle qui correspond au changement lui-même. Nous n'avons jamais dissimulé ce fait aux responsables nationaux : *s'il ne se trouve pas de jeunes Tunisiens formés à l'Université et diplômés pour aller s'enraciner dans les villages et les oasis du Sud durant une période d'un ou deux ans, afin d'aider ces hommes à s'adapter à la vie sociale nouvelle, le changement amorcé n'aura aucun sens.* L'administration seule ne peut venir à bout de ce travail et sera condamnée à plus ou moins longue échéance à user de la coercition, donc à détruire socialement ce qu'elle cherche à faire économiquement. Le fait est qu'au cours de quatre ans d'enquête, nos jeunes sociologues de Tunisie ont perdu l'assurance optimiste que leur avait apprise la classe dirigeante urbaine (et qui fait partie de la mentalité propre à cette caste politique) et perçu la différence entre la parole politique et la réalité sociale.

L'enquêteur modifié par l'enquête

La troisième année de notre travail à Chebika, vers minuit, le soir d'une de nos arrivées à Tozeur où nous passions toujours la nuit qui précédait notre visite à Chebika, l'une de nos enquêteuses, et la plus douée, N., a fait une crise de nerfs. On est venu nous chercher. La jeune fille était calme à ce moment et nous sommes restés avec elle pour la rassurer.

— Comprenez : c'est une fille qui n'a *jamais* quitté ses sœurs. Cette enquête est une aventure tout à fait nouvelle pour elle. Chaque fois qu'elle désire nous accompagner, elle doit soutenir un véritable combat avec ses parents. Le père est un fonctionnaire assez important et la mère une brave femme, très compréhensive. Ils sont disposés à tout ce qui peut « ouvrir les yeux » de leur fille comme ils disent et, surtout, disposés à en faire une jeune femme moderne : ils l'enverront à Paris toute seule pour qu'elle connaisse l'étranger et complète ses études dans les meilleures conditions. Ce sont des gens très bien. Comme tous les gens du Sahel, ils sont plus modernes que tous les autres Tunisiens.

Les gens du Sahel, entre Sousse et Sfax, on les connaît : les deux tiers des dirigeants du pays sont nés dans cette région où les hommes pratiquent de père en fils le même métier depuis des générations — artisans, tisserands de Moknine ou de Ksar-Hellal, pêcheurs de Mahdia, paysans de ces petits champs cultivés depuis plus de mille ans — ce qui n'est pas sans rappeler l'Attique. Ces Sahéliens (auxquels il faut ajouter les habitants des îles Kerkenna où est né Ferhat Hached le syndicaliste assassiné par des terroristes avant l'indépendance) sont hommes d'administration et de labeur continu : à la steppe sans rivage et sans durée, aux bourgeois des villes, ils opposent les vertus d'une continuité bornée dans l'espace, du travail régulier et du calcul économique, fût-il sommaire. L'indépendance tunisienne est « fille de l'olivier », dit Jacques Berque, de l'olivier du Sahel : n'est-ce pas à Ksar-Hellal, en 1934, que le jeune avocat monestirien Bourguiba fonde le Néo-Destour par une froide journée d'un Ramadan d'hiver ? Et c'est aussi le Sahel qui fournit les cadres de l'indépendance, les plus solides, sinon les plus héroïques, à la différence de ces classes moyennes de Tunis, toujours hésitantes entre l'intégration à la vie française et une revendication violente, sans stratégie politique. C'est avec l'aide du Sahel que Bourguiba s'impose à son principal concurrent, Salah ben Youssef, au cours d'un congrès « historique ». Salah ben Youssef, l'homme du Sud, l'exact musulman admirateur de Nasser et qui ne conçoit l'indépendance que dans l'hostilité à l'Europe et la restauration de valeurs traditionnelles, qui peut-être n'existent que dans sa tête d'intellectuel islamique. Et justement, au pouvoir, le Sahel (et le cap Bon) l'emporte dans la nation et l'État : fils de paysans, de pêcheurs, d'artisans, mais tous opposés fanatiquement au Bédouin, à l'homme de la steppe et des villages qui surviennent, applaudissent mais ne s'organisent pas.

Le père de N. est un Sahélien, un homme de l'indépendance, un « cadre ». Il admet parfaitement que sa fille mène l'existence des filles modernes mais ces expéditions dans le Sud l'inquiètent.

— Au début, me dit un des amis de N., il a été frappé et heureux de l'intérêt que la fille portait à son pays et au Sud, qu'il ne connaît pas lui-même comme l'ignorent aussi la plupart des cadres supérieurs et moyens ; ensuite, lorsque N. lui a dit qu'il ne fallait pas négliger les gens du Sud ni les laisser dans l'état où ils se trouvaient éventuellement, mais vivre avec eux pour les aider à surmonter leurs incroyables difficultés, le père est devenu inquiet. Il a pensé que sa fille s'égarait et que nous nous égarions tous en nous attachant à ce « nid de scorpions » dont N. parlait tout le temps comme d'un lieu d'asile. Non que le père de N. fût le moins du monde hostile à ce que nous tentions, au contraire, mais, comme pour tous les Tunisiens urbanisés de son genre, il estimait que la vie de sa fille trouverait son milieu favorable en dehors de ce monde perdu du Sud sans lequel finalement s'était faite l'indépendance du pays. De là naquirent certaines tensions dans la famille de N. qui s'accentuaient chaque fois que nous descendions vers Chebika. Tension qui ne se manifestait pas réellement mais simplement qui plaçait la jeune fille dans une situation nerveuse délicate en raison même de cette complicité et de cette tendresse qui caractérisent très souvent dans les villes tunisiennes les relations du père et de la fille aînée. Parce qu'elle sentait combien son père n'approuvait pas complètement cette vocation momentanée (même au nom de la science), elle se sentait en désaccord avec elle-même. Sa brève crise, aggravée par la panique des garçons, ses camarades de travail peu habitués aux émotions des jeunes filles, résultait de cet inconfort. Ce fut là sa seule manifestation; elle imprima en N. la marque de Chebika, et, ensuite, tout redevint calme.

De toute manière, N. est maintenant, quand nous la retrouvons, détendue et souriante. Elle écoute même avec attention un ami de Salah qui lui chante un poème bédouin en s'accompagnant sur un tambourin. Comme toutes les filles de sa génération, la vie publique à laquelle elle est mêlée l'affronte à des émotions nouvelles, inconnues de sa mère (qui pourtant a fait des études et travaille comme institutrice). La rencontre avec le Sud et Chebika lui découvre brutalement que sa génération n'est pas (ne doit pas être) une génération calme, « que le pays ne peut pas être vraiment indépendant, aussi longtemps que des gens comme ceux de Chebika n'ont pas atteint à un niveau mental suffisant ». C'est elle qui le dit. Mais il n'y a jamais eu en Tunisie (ni dans aucun pays islamique) de courant comparable à celui que les Russes ont appelé *narodniki* à la fin du siècle dernier : un retour au peuple, une volonté délibérée de quitter sa classe pour vivre avec les paysans en les éduquant. Ce prosélytisme social est inconnu de l'Islam. On le conçoit mais on ne peut lui donner ni fondement conceptuel ni expression pratique. N. sait que Khlil ou Salah pensent en ce moment comme elle et, parce que son esprit n'est pas encore émoussé par les habitudes et les diverses adaptations à une classe dirigeante cristallisée et sclérosée, qu'elle ne se sent pas encore une héritière mais, comme son père qu'elle admire, une militante, elle se sait à la fois propriétaire d'un privilège et d'un devoir. De ce devoir, elle ne formule que des aspects occasionnels, mais c'est une force assez grande pour l'entraîner avec nous et s'intéresser à Chebika au point d'être auprès des femmes du village et des tentes notre meilleur enquêteur: elle ne se renseigne pas seulement, elle veut que chaque renseignement soit utilisable par le pouvoir pour modifier Chebika et le Sud. N. n'est qu'un exemple (le plus frappant sans doute) de l'action exercée par Chebika sur la conscience des enquêteurs tunisiens, gens des villes dont les origines sont parfois campagnardes mais (sauf Salah et Khlil) jamais bédouines. Au cours de multiples discussions — alors que nous venions au village depuis plus de trois ans, que nous y avions des activités et des habitudes certes, mais sans cesse renouvelées, parce que la relation sociale, dans le Sud, demande à être restaurée sans cesse pour ne pas s'effriter ou sombrer dans l'oubli — nous avons pu mesurer l'ampleur de cette action sur tous ceux qui avaient participé à l'enquête.

De nos quinze collaborateurs tunisiens au cours de ces cinq années, pas un n'avait dépassé la ligne de la Dorsale, sauf la fille d'un médecin de Tunis, et c'était pour aller en voiture, en touriste, à Djerba et à Tozeur dans un hôtel. Or, sur les quinze étudiants et étudiantes, dix étaient fils de paysans à la génération de leurs grands-parents, ce qui donne une idée de l'ampleur de la rénovation réalisée après l'indépendance. Mais, sauf Salah, Khlil et N., aucun d'entre eux n'avait gardé de relation avec la campagne. Et encore N. écrivait-elle ou voyait-elle des parents, pêcheurs dans l'île de Kerkenna, qui avaient déjà franchi la frontière de la modernité.

Quant aux lieux de campagne que cette équipe a pu connaître (mis à part Khlil, dont un oncle possède une terre à Zaghouan, et Salah, bien entendu) ce sont tous des lieux de vacances ou de promenade dans le cap Bon ou dans le Sahel. Aucun d'entre eux ne va à la campagne par intérêt social. Au contraire, comme cela est fréquent pour tous les cadres dirigeants ou les « bourgeois », ils fuient la nature et la redoutent, même.

Bien entendu la première découverte du village a été une surprise pour la plupart d'entre eux. D'autres garçons et filles sont venus au début mais ont été effrayés par le désert, et ce qu'on leur disait sur les scorpions ou les serpents. Plus profondément, personne ne fait acte de difficulté à établir ou à entretenir des rapports avec les gens du village: au contraire, malgré la pauvreté du langage des *khammès* de Chebika, aucune mésentente n'a jamais été remarquée et cela vient aussi de ce que l'arabisation de ces régions a été profonde et complète, alors que plus à l'ouest, dans les montagnes algériennes, la langue kabyle est demeurée vivante.

Quand on parle de résistances, ce sont celles-là mêmes de l'analyse : difficultés à connaître la véritable démographie, à calculer les budgets familiaux ou à connaître Sidi Soltane. Pour le reste, le village va au-devant de l'enquêteur et, souvent, c'est ce dernier qui se dérobe.

« Après un an, je ne pouvais plus dire à mes interlocuteurs que nous pouvions faire quelque chose pour eux, puisque nous savions qu'ils ne devaient rien attendre avant de longues années.»
« Il m'a semblé difficile de les bercer d'espoir, mais je ne pouvais pas non plus les enfermer dans leur misère.»
« Nous savions qu'ils ne devaient rien attendre avant des années et ils attendaient tout. A Tunis, nous avons parlé d'eux et à Tunis on s'est moqué de nous : les économistes et les élèves de l'École d'administration nous ont ri au nez et nous ont dit que ces gens ne comptaient pas beaucoup. Que pouvions-nous dire à ces gens? Ils ont appris beaucoup de choses par nous et ils disent que nous les avons aidés à comprendre leur situation, mais j'ai eu le sentiment, souvent, de les avoir trompés.»

Un mouvement de transformation éventuel s'est opéré dans le groupe des enquêteurs au contact de Chebika. Il est normal que l'enquêté subisse l'influence de l'enquête, normal aussi que l'enquêteur s'adapte à la situation qu'il examine, mais beaucoup moins habituel que l'enquêteur subisse l'influence directe de l'enquête.

Cette influence constitue ici une véritable érosion : les jeunes étudiants tunisiens définissent leur propre image à travers des normes reçues de l'étranger (modernité, efficacité, pragmatisme) et des attitudes propres à l'État issu de l'indépendance (centralisme, développement volontaire et systématique, valeur de l'éducation). Certes, ces valeurs ne sont pas affectées en elles-mêmes : elles sont simplement atteintes dans la mesure où elles constituent le système applicable à tout le pays. Jamais avant de venir dans le Sud, non en touriste mais en analyste, un seul jeune Tunisien n'a pu songer que les idées générales qui ont cours à Tunis et qui servent à cimenter l'unité de la classe dirigeante pourraient ne pas être valables pour tout le pays. La bonne conscience parfois naïve, mais toujours disponible, de ces jeunes gens est ici mise à l'épreuve : non qu'ils doutent des possibilités de changement, mais la présence et l'existence des gens de Chebika leur apprennent deux choses non négligeables: la première est qu'«il faut que l'État comprenne qu'on ne gouverne pas dans le Sud comme dans le Nord et que la formation que nous recevons est trop abstraite», la seconde que l'on «ne peut pas ne pas être responsables de ces hommes qui font partie de nous». C'est-à-dire que Chebika oblige l'étudiant prêt à entrer dans la classe dirigeante avec des arrière-pensées (qu'il oubliera sans doute un jour quand il sera intégré à cette classe dont le pouvoir d'absorption est considérable). Mais ces arrière-pensées sont en ce moment d'autant plus importantes qu'elles lui rappellent que l'être même de la nation maghrébine qu'est la Tunisie ne peut se constituer privé de l'apport de ces gens qu'on ne saurait, sans importance, considérer comme des marginaux.

Cette action de l'enquêté sur l'enquêteur ne s'est pas faite d'un seul coup; elle a été insidieuse et lente. Elle s'est décomposée, aussi, en mouvements différents et souvent contraires, qui témoignent de la transformation des croyances et du changement des attitudes: contestation du rôle de l'administration, au niveau des cadres moyens, à agir efficacement dans une région où elle apporte ces préjugés centralistes et urbains, reconnaissance de la difficulté de négliger l'existence de communautés réelles solidement constituées, même si ces dernières sont en ce moment dégradées, exaltation du rôle de pionnier (qu'aucun d'entre eux n'est en mesure de jouer pour le moment parce que si le Sud était pour l'instituteur ou l'administrateur civil ou militaire colonial français une aventure, il est pour le Tunisien entièrement orienté vers la ville, un éloignement), reconnaissance de la réalité d'un monde irréductible qui trouve dans le paupérisme une solidité et une garantie de durée.

— Je préfère discuter avec les gens de Chebika plutôt qu'avec les gens de la vieille ville de Tunis, dit une jeune fille, Mounira, parce que ces derniers sont spontanés et plus sincères. A la ville, il faut tromper, ici non. Mais ils sont trompés eux-mêmes. Ils m'ont appris des choses que je ne pouvais pas savoir sur nos traditions et sur nous-mêmes.

— Que vous ne saviez absolument pas?

— Je me sens plus tunisienne, maintenant. Ils croient que je suis très riche parce que je vis en ville et que je suis habillée à l'européenne, que j'ai un crayon et des appareils. Ils m'ont

272

demandé de leur donner des bas, des vêtements qu'ils voulaient me payer, pour être comme moi.

— Les mots sont plus vrais à Chebika, dit un de nos enquêteurs, Ridha. En ville, on peut dire n'importe quoi, le langage n'a pas d'importance, au fond. Mais là-bas chaque mot est pris dans tout son sens et il faut faire attention à ce que l'on dit. Pas seulement, nous, mais la radio et le gouvernement. A Chebika, aucune réponse n'est sténotypée, alors que toutes les enquêtes auxquelles j'ai participé en ville donnent des idées toutes faites. C'est probablement nécessaire. Sans doute les gens de Chebika n'ont-ils rien à perdre en parlant selon leur cœur.

— Regardez, dit Badra, les femmes à Chebika n'insistent jamais sur leurs malheurs. En ville vous ne pouvez pas parler avec une femme du peuple sans qu'elle cherche à vous apitoyer.

— Cela ne vient-il pas de ce que les gens de Chebika ne comparent pas leur situation avec celle des autres?

— Non. Ils sont installés dans cet état qu'ils savent être misérable, mais ils en ont fait une sorte de situation ou de culture, le mot est mauvais, alors qu'à la ville il faut vivre comme tout le monde, se noyer dans l'ensemble. Alors, on proteste pour dire qu'on existe personnellement. Ces gens n'ont rien à cacher, la misère n'est pas honteuse comme elle l'est à la ville où tout le monde se compare à tout le monde.

— Ils ne nous envient pas, dit Naïma. Ils voudraient que je leur donne mes vêtements, ma bague, mes cheveux, mais aucune des femmes, je pense, ne voudrait être moi.

— Les femmes ici, dit Badra, n'insistent jamais sur leurs malheurs. Elles le constatent toutes sans honte, parlent des enfants morts, des maladies. Sans doute y a-t-il quelque chose de plus pénible que la misère, c'est l'habitude à la misère. Elles en parlent avec gaieté comme d'une chose qui ne les concerne pas.

— C'est justement ce qui les oppose aux gens des villes, dit Khlil. En ville tu ne rencontres pas un seul homme ou une seule femme qui ne cherche à utiliser sa misère pour obtenir quelque chose. A Chebika, et dans le Sud en général, la misère n'est pas un instrument de comparaison, bien que les gens sachent parfaitement à quoi s'en tenir sur la vie des autres hommes et sur ce qu'ils devraient avoir déjà pour obtenir des chances égales à celles des autres.

— Dans la ville, la simple densité sociale rend inévitable

l'exhibitionnisme de la misère, dans la mesure où, confusément, les gens qui vivent dans les bidonvilles ou ce qui en reste savent qu'ils sont une injure permanente pour le gouvernement qui revendique l'élévation systématique du niveau de vie et l'extinction du paupérisme. C'est une sorte de chantage qu'ils savent pratiquer habilement et qui est, comme la plèbe romaine, un mal des sociétés urbaines ou des ports de la Méditerranée. La misère devient à la ville un objet d'échange et de commerce. Personne ne peut éviter cela : le gouvernement destourien est probablement le seul gouvernement d'Afrique qui se soit attaché à changer radicalement la vie dégradée des masses rurales ou urbanisées. Les mesures qu'il a prises sont moins spectaculaires que certaines instructions démagogiques inapplicables comme l'interdiction de mendier ou de cirer les chaussures, mais elles existent réellement. Cependant le vrai problème n'est pas dans le choix des options, car les intentions des hommes du pouvoir sont nettes : supprimer la misère pour ne laisser aucun terrain favorable au développement d'idées révolutionnaires ou subversives. Il est dans le moyen d'application : aucun cadre technique tunisien n'admet aujourd'hui de quitter la ville pour aller s'enraciner à Chebika, par exemple, pour aider Chebika à trouver en lui-même des moyens de modifier son milieu et son destin actuel. Lequel d'entre ces jeunes gens consentirait réellement à passer un an dans le village, en vivant comme ses habitants, en travaillant avec eux mais en les assistant chaque jour par une présence, un conseil, un avis déterminé ?

— Est-ce souhaitable ? demande Mounira. Peut-être dans la mesure où nous avons pu leur apporter la vision schématique et artificielle d'un monde meilleur. Mais ils n'ont que trop conscience de l'existence de ce monde-là, ils n'ont que trop conscience aussi de leur extrême délaissement. Alors, peut-être le fait qu'on s'intéresse enfin à eux leur est-il bénéfique ? Comment le savoir ? Notre venue n'est qu'un moment de leur attente. D'ailleurs pourquoi aider quelqu'un en particulier ? Il faut atteindre tout le monde. Une « aide » particulière ne serait que néfaste et prendrait l'allure d'un paternalisme charitable qui ne manquerait pas d'augmenter encore le sentiment de délaissement par rapport à la réalité sociale du pays.

— Certes, mais il ne s'agit pas d'aider quelqu'un en particulier, mais de savoir si vous ou quelques autres étudiantes tunisiennes pourvues de diplômes accepteriez de partir en avant-garde et de quitter Tunis pour travailler dans ces régions, dans le cadre d'un plan général d'intervention dans le Sud.

— Notre attitude serait toujours celle d'ethnologues, c'est-à-dire d'étrangers. Ils nous regarderaient comme des gens qui s'intéressent à ce qu'ils sont pour les maintenir dans cette situation.

— Sans doute, dit un autre, mais il faudrait des moyens d'action réels. Par exemple, que le gouverneur nous donne un droit qui ne soit pas consultatif, au même titre que les gens du parti. Ce qui tue les conseillers ou les experts, c'est qu'on les laisse parler poliment et qu'ensuite le parti ou l'administration font ce qu'ils veulent.

— Mais pensez-vous que votre présence, en trois années, ait pu les aider déjà en quelque sorte?

— Ils le disent tous. Mais ils ne parlent pas toujours comme ils le voudraient, dit un des étudiants...

— Pratiquement non, dit une fille, puisqu'elle leur aurait attiré des ennuis: les représentants de l'autorité leur ont reproché de nous avoir si amplement informés. Elle leur serait utile, par contre, dans la mesure où elle leur aurait permis de se livrer et donc de se libérer. L'idée qu'il y a des gens qui s'intéressent à leur sort les aidera peut-être à vivre.

— De toute manière, dit Badra, les mots sont souvent dangereux. Une question posée maladroitement, ou d'un ton inapproprié peut tout gâcher. Le ton «questionnaire», par exemple, les fige immédiatement. Le mieux, il me semble, est de les orienter nous-mêmes vers les questions dans la conversation. Ils demandent, nous répondons et, par là, nous avons acquis le droit de demander à notre tour. Manifester une ignorance naïve devant les instruments et ustensiles est le meilleur moyen pour obtenir qu'on vous éclaire sur leur fonctionnement et leur usage : ici l'insuffisance de la langue parlée est précieuse car les femmes, par exemple, miment leurs rapports avec les objets pour nous faire comprendre leur usage. Dites qu'une modeste pièce d'étoffe est très belle ; on vous en montre tout de suite d'autres, plus belles encore.

— Ce n'est pas avec des mots qu'on change le destin des gens, dit Ridha, ce n'est pas avec la radio seulement : il faut venir ici et s'intéresser à eux de près. Je suis d'accord. Seulement ce serait un scandale à Tunis: nous aussi nous avons une manière de

Chebika qui nous retient, le groupe social auquel nous appartenons et qui ne nous laisse pas très libres malgré les apparences. — D'ailleurs, ne nous y trompons pas. Nous avons changé certaines idées de ces gens, ils le disent tous mais qu'allons-nous mettre à la place? Leur misère a une solidité, ils se sont installés dans une sorte de système.

— Vous voulez dire qu'il existe une sorte de culture de la misère, douée d'une forte cohérence et qui manifeste de l'adaptation d'hommes pour qui les traditions sont lettre morte à une situation où rien ne se passe et qui reste misérable?

Presque tous et toutes estiment qu'ils ne voient plus tout à fait leur pays de la même manière depuis qu'ils ont vécu à Chebika parce qu'ils ont découvert que l'être authentique de leur société islamique particulière se chargeait de significations nouvelles, inconnues d'eux. En ce sens, le village les a modifiés et ils admettent que l'image qu'ils se font (comme tous les intellectuels, politiciens, administrateurs, techniciens tunisiens) de l'homme tunisien doit être changée. Toutefois, la modification de l'image qu'on se fait de l'homme de la société à laquelle on appartient, surtout durant l'âge de la formation, n'est pas une simple accommodation. C'est un changement plus radical qui entraîne la rupture sur un certain point de l'armature constituant l'image de l'idéal et de la vie présente. Une telle image se définit à Tunis autour des quelques stéréotypes politico-économiques qui justifient à la fois les slogans du parti destourien et l'idée générale du développement, tel que l'admettent tous les intellectuels du Tiers Monde: opposition entre des traditions éculées maintenues par le colonialisme, organisation d'un régime de la répartition des revenus et des biens plus équitable que celui de la période de domination, croissance inévitable du niveau de vie à la mesure des efforts apparents des organismes d'État, nationalisme lié à la reconnaissance de l'Islam comme civilisation plus que comme religion, nécessité d'une promotion de cadres supérieurs hautement qualifiés, et d'une généralisation de l'éducation de base par la lutte contre l'analphabétisme et la multiplication des écoles. Vision optimiste des choses qui entraîne au niveau de la classe dirigeante et de ses futurs membres encore jeunes une bonne conscience aveugle quant aux moyens utilisés (« il faut changer de force la vie des campagnes », disait Salah au début de son séjour) et aux perspectives réelles.

C'est cette vision optimiste que l'enracinement momentané

dans le village de Chebika a altérée et corrodée : *la bonne conscience optimiste se heurte au poids du paupérisme lequel ne peut plus se cacher sous la dénomination de « traditions rétrogrades en voie de disparition », puisque l'on découvre que ce paupérisme résulte de l'écart entre les chances départies à l'homme officiellement et l'absence de toute chance accordée à plus d'un million d'hommes du Sud.* A ce Sud, d'ailleurs, d'autres études et d'autres fréquentations ont adjoint l'ensemble des hommes de la steppe pour autant qu'ils sont loin encore d'être « casés » dans des terres ou pourvus de métiers.

Nous en étions là (printemps 1964) quand Jacques Berque a défini devant des cadres et des étudiants réunis à la Faculté des Lettres le principe de l'*authenticité maghrébine*, fondement selon lui de tout courant d'innovation dans les jeunes nations d'Afrique du Nord. J. Berque évoque l'*açâla*, cette base vivante de la réalité collective et individuelle au Maghreb, laquelle, au-delà de la religion et des lois, repose sur une attitude globale liée à l'existence d'un ensemble de valeurs idéales et de relations humaines ordonnées par une logique cohérente encore qu'inaperçue et fondées sur les rapports entre une culture et une nature. Évoquant le Bédouin ou le nomade qui accourt à la ville pour trouver du travail, Jacques Berque note que les bidonvilles jouent un rôle déterminant dans l'initiation de l'homme de l'intérieur : islamisation orthodoxe qui se traduit souvent par une pratique et une fréquentation religieuses jusque-là inconnues, voilage des femmes qui témoigne de l'accession dans une catégorie sociale urbaine apparemment « respectable », découverte du travail et des horaires fixes mais aussi des services publics (hôpitaux, dispensaires, etc.). L'homme de l'intérieur fait son apprentissage de la vie moderne dans le faubourg des villes.

Certes, au cours de cet apprentissage, il arrive que se dissolvent et se dispersent certaines des attitudes qui caractérisaient la vie bédouine, qualités presque mystiques souvent du rapport de l'homme avec ce monde et les grandes directions de la foi, des relations des hommes entre eux et de cette participation à la vie qui paraît irréductible à toute autre. « Ce fut, dit Berque, l'une des contradictions de l'ère coloniale, que beaucoup de valeurs se sauvegardèrent dans la détérioration. Le symbole algérien de la Casbah, ce repaire — selon nous — de mauvais garçons, de filles de joie et d'un "lumpenprolétariat",

277

et qui devient dans la lutte pour l'indépendance, un âpre foyer de valeurs nationales, est significatif.» C'est là, non moins que dans l'*açâla*, que l'homme de l'intérieur avait trouvé l'une de ses cachettes : «intérieur» géographique, social, moral. Après tout, n'employait-on pas en Afrique du Nord, pour désigner ces réserves, le terme d'intérieur? Mais ce qui fut une contradiction de l'ère coloniale risque aussi d'en être une de l'ère nationale. Trop souvent, en effet, la classe dirigeante se comporte comme si l'authenticité des groupements de la steppe était un aspect de leur arriération à rejeter, au lieu d'un élément positif et actif susceptible d'être intégré à des synthèses modernes originales... «Craignez, ajoute Berque, d'éloigner l'homme de l'intérieur, et de le pervertir ou d'éliminer l'authenticité qu'il garde sans quoi votre authenticité serait vide, et vous auriez reconquis l'affirmation nationale sans lui trouver de contenu.»

Cette prise de position n'a pas manqué de surprendre certains techniciens, plus pressés de rendre la Tunisie comparable à l'Occident que de susciter justement les synthèses sociales sans lesquelles le développement n'a qu'un sens verbal et abstrait. Rappeler l'existence d'un contenu concret, existence collective non pas traditionnelle mais au niveau de la situation présente, cela signifie intégrer cette personnalité bédouine à la métamorphose présente. Mais cela exige de traiter les Bédouins non comme les fossiles survivants de sociétés mortes mais comme des groupements ayant constitué des synthèses provisoires et intermédiaires. Peu d'hommes politiques ou de techniciens sont disposés à faire cet effort dans la mesure où leur formation occidentale (les notions d'indépendance nationale et de développement économique sont occidentales) les détourne de tout ce qui évoque pour eux ce qu'ils croient être un passé renié. Mais l'erreur consiste justement à regarder cette culture de transition, née du paupérisme et de l'attente, comme un élément du passé. Franz Fanon n'y voyait-il pas, en opposition aux classes dirigeantes nationalistes, le seul ferment capable de modifier les structures globales figées[1]?

Que l'intervention de Berque ait touché ou non, elle venait à son heure. Elle aida la plupart des enquêteurs à comprendre pour quelles raisons les gens de Chebika les avaient si profon-

---

1. *Les Damnés de la terre* et *l'An 1 de la Révolution algérienne* (Maspéro).

dément touchés: ils constituent une part de leur existence tunisienne; cela ils ne l'avaient jamais pensé ni même imaginé, se contentant de réprimer simplement l'idée qu'ils s'en formaient au hasard d'éventuelles promenades touristiques. Mais l'idée qu'ils fussent eux-mêmes impliqués dans cette culture du paupérisme ne leur vint qu'à ce moment, non comme une revendication contre le changement mais, au contraire, comme un doute au sujet de la capacité de l'administration à modifier réellement des structures qu'elle éloignait dans un passé confus et mythique pour en conjurer la prégnance très actuelle. Sur cette authenticité, cette *açâla*, les enquêteurs ne sont pas tombés d'accord. Cela va de soi dans la mesure où cette idée conteste d'autres idées, reçues ou non, jamais mises en question.

— On ne peut pas parler d'authenticité, dit un des jeunes hommes, parce que la misère prime tout à Chebika: l'absence de moyens de subsistance déforme tout ce que ces gens pouvaient avoir d'original. Ce sont d'ailleurs des anxieux et ils m'ont rendu anxieux, moi aussi.

Plus ferme est une jeune femme, Jawida:

— Le maintien des traditions n'est jamais une preuve d'arriération, mais le fait que ces traditions ou traits culturels n'ont pas encore été remplacés par d'autres. Une culture avec ses croyances, ses techniques, ses coutumes, ses traditions forme un tout. Ce tout doit être appréhendé par la société qui l'élabore peu à peu. Les traditions représentent certaines valeurs, souvent essentielles; celles-là disparaîtront lorsque celles-ci seront remplacées par des valeurs nouvelles. Il s'agit justement de les leur proposer.

— Mais au nom de quoi leur proposer quelque chose? Au nom de quoi, puisque ce développement que vous défendez est ce qu'on appelait au siècle dernier en Europe une «religion du progrès», et que cela correspond assez peu aux formes de l'attente réelle des gens du village.

— Peut-on parler d'un genre de vie plus authentique? On est authentique avec soi-même et avec les autres. A moins que l'on ne pense au contact avec la Nature qui, elle, est plus ou moins authentique. Les Chébikiens, certes, participent, communient avec une nature sèche et rude. Peut-être est-ce là leur authenticité. Mais celle-ci dépend du degré de participation réel au milieu. Le titi parisien ou le moine tibétain peuvent être aussi authentiques que le Chébikien.

— Il ne s'agit pas ici des Tibétains ni des enfants de Paris, mais des gens de Chebika qui sont des hommes dont vous portez la responsabilité. On a trop tôt fait de parler de «folklore» qui est le nom que les ignorants donnent à l'authenticité, pour la déformer.

— Mais imaginez la vie de Chebika si vous le pouvez dans quelques années, dit Khlil. N'oubliez pas que nous sommes en Tunisie. Dans le cas d'un développement rapide, il ne peut s'agir en ce moment que d'une transformation touristique parce que nous ne pouvons rien faire d'autre... Imaginez qu'on ouvre un café touristique dans le village comme l'a suggéré je ne sais quel responsable au tourisme : la transformation serait brutale mais ces gens ne seraient choqués que superficiellement. Un café ne peut changer une mentalité en la remplaçant valablement. Mais il peut susciter une détérioration des valeurs, préalable de la détérioration du groupe. On viendrait de Tozeur boire un thé à Chebika comme on va de Tunis à Sidi Bou Saïd[1]. Les petits Chébikiens délaisseraient l'école pour cirer les chaussures et vendre des cartes postales, des roses des sables, des grenouilles et des «sourires-de-petit-indigène-authentique». Des tables multicolores autour de Sidi Soltane et une machine à sous dans le *gaddous*. Pourquoi pas? Mais donnons d'abord aux Chébikiens la possibilité de se réaliser en tant qu'hommes dans cette nature qui fait partie d'eux. Donnons-leur la possibilité de choisir les valeurs qui les réaliseront, les transformeront.

— Moi, dit Badra, je crois que c'est une preuve d'authenticité. Que la dégradation de la situation économique n'ait pas entraîné celle des valeurs de la communauté est un signe de bonne santé sociale. Et le développement doit, au lieu de l'ignorer, s'appuyer sur ce centre de vitalité.

Quant à Ridha, lui, il adopte une position plus nuancée. Sans doute parce qu'il est historien et qu'il éprouve quelque difficulté à s'adapter à l'analyse sociale qui se préoccupe moins du devenir que des ensembles «actuels».

— Cette authenticité est en train de subir une dure et cruelle épreuve contre les déterminations géographiques et économiques. Cristallisées et figées, ces valeurs deviennent un élément de blocage. L'authenticité devient positive à partir du moment où

1. Village célèbre de la banlieue de Tunis où vécurent André Gide, Paul Klee, H. de Montherlant et de nombreux artistes et journalistes.

elle se réalise dans le développement. Or les habitants de Chebika subissent des éléments partiels de développement (radio, moyens de communication...) qui mettent en branle toute leur organisation sociale, sans que cette incursion soit accompagnée d'une transformation réelle de leur genre de vie. « Ainsi les jeunes à force d'écouter la radio rêvent de la ville et de ses lumières et ne veulent plus travailler les terres », me fait remarquer notre informateur, Si Tijani. Je crois que le genre de vie des habitants de Chebika est faussement authentique dans la mesure où il illustre l'échec d'un système. Authentique et faussement authentique semblent deux propositions contradictoires, mais elles illustrent bien la réalité sociale dans sa complexité.

De toute manière, quelque chose a varié chez ces jeunes gens, qui les atteint dans l'image qu'ils se font de la Tunisie et dans leur propre image, celle d'hommes qu'on ne peut ni reléguer dans l'oubli, ni éliminer du présent de l'existence sociale. Ce que leur a dit Berque les inquiète ; ils y verraient presque une contradiction de son « progressisme ». Et pourtant, ils voient bien les arguments négatifs de sa formule : que serait une histoire vidée d'identité ? N'est-ce pas dérisoire d'assimiler en fait tout progrès à l'européanisme, parce qu'on assimile en droit le spécifique au traditionnel ? Y a-t-il d'autre issue pour un peuple que de « dénaturer sa culture, et de reculturer sa nature » ?

Ces chercheurs tunisiens, trois ans à Chebika, n'ont pas seulement aiguisé leur tact à l'enquête et leurs nerfs d'observateurs mais les ont changés sur ce point essentiel qui est la réalité actuelle de leur pays, trop facilement transformable, « de loin », quand on vit dans la ville. Chebika les ronge peu à peu et, s'ils y reviennent, c'est avec une sorte d'inquiétude, si jamais ils ont voulu échapper au Maghreb par la culture européenne et l'intégration à une classe dirigeante européanisée, ils sentent que ce serait trahir.

— Je ne sais pas ce que m'a fait ce village. J'y pense maintenant sans cesse, dit une de nos enquêteuses : les bidonvilles de Tunis sont très lamentables mais on sait quand ils cesseront d'exister. La ville est privilégiée. Tandis que le Sud ne se transformera pas si nous ne nous donnons pas du mal pour cela. Chebika est comme l'image de notre responsabilité : on dirait que le social est la frontière au-delà de laquelle la politique s'arrête...

Les yaouled

On les a appelés les « enfants », les *yaouled* dès le premier jour. Et durant les deux premières années, les gens de Chebika les ont vus comme des visiteurs curieux qui venaient les regarder. Or, dans ce pays, « regarder c'est voler » et nos enquêteurs ont été tenus à l'écart. Sauf les filles, comme Naïma ou même la jeune Française qu'ils appelaient « Christ » qui fut extrêmement populaire durant toutes les années de notre travail au village et qui reste encore sous ce nom comme une « femme aux cheveux blonds et aux yeux clairs qui n'avait pas d'enfant à l'âge où d'autres femmes sont déjà plusieurs fois mères ». Mais la complicité entre les femmes est plus forte que celle des hommes et les après-midi passés dans les maisons ont été durant ces premières années plus fécondes en résultats que les discussions des hommes entre eux.

— Ce sont des enfants de Tunis, dit Naoua. Ils regardent, ils regardent, ils ne savent pas ce qu'ils voient. Nous sommes là, comme s'ils ne savaient pas ce que nous faisons.

— Ils croient qu'ils ne connaissaient pas cela ?

— Ils le connaissaient, bien sûr, comment leur mère fait-elle la cuisine ? Seulement, ils sont dans leur travail et ils ne pensent pas encore à se marier, à avoir des enfants.

— A Tunis, c'est une ville.

— Une ville, ça veut dire quoi ?

— C'est une grande chose. Beaucoup de maisons, beaucoup de choses différentes. On circule en voiture. On entend de la musique.

282

— Et les enfants, ces *yaouled*?
— Ce sont des enfants, ils ne savent rien.
Deux ans plus tard, nous avons interrogé à nouveau Naoua et de la même manière, sur les mêmes questions :
— Ce sont des gens qui nous veulent du bien. Ils ont parlé de nous à Tunis. Nous savons cela.
— Qui vous l'a dit ?
— Des gens de Tozeur : ils sont venus nous dire que nous ne devions pas parler comme nous parlions avec vous, que nous devions donner une meilleure idée de la Tunisie.
— Qui a dit cela ?
— Un représentant du gouverneur. Ils nous priveront de distribution de semoule et de graines si nous parlons mal, peut-être.
— Que veulent-ils faire ?
— Ce que je t'ai dit. Mais nous n'avons pas besoin de leur semoule, cette année.
— Leurs graines ne poussent pas, dit une autre femme en riant.
— Alors ces *yaouled*?
— Ils ont été bien avec nous. Ils nous disent ce qui est et nous leur disons ce qui est. Nous sommes des gens avec qui on peut parler.
— Et ce gouverneur ?
Naoua ne répond pas. Elle regarde Salah qui croise sur la place Naïma qui photographie une nouvelle fois le porche de l'épicerie. Puis elle rassemble ses voiles et disparaît vers la mosquée et sa maison dont le portail branlant ouvre tout à côté.
— C'est vrai ? le gouverneur a demandé qu'on ne nous réponde plus ?
— Il a demandé que l'on ne donne pas une mauvaise image de la Tunisie.
— Et vous devez cacher votre misère parce que c'est un devoir national ?
D'autres l'ont dit : sinon le gouverneur de Gafsa (quelque peu lointain) du moins un vague employé du délégué de Tozeur est intervenu au moins deux fois pendant ces cinq années et toujours pour persuader ces gens de Chebika de ne pas parler n'importe comment. Les gens de Chebika nous l'ont dit, cela va sans dire, et même pour nous expliquer qu'ils ne nous parleraient plus. Nous avons laissé passer quelques mois avant de revenir. Quand

nous nous sommes retrouvés à Chebika, tout était comme auparavant. Mais l'on n'appelait plus les enquêteurs des *yaouled*, ils étaient maintenant : « Ceux qui viennent savoir ce qui se passe dans le Sud », et à cette variation dans les attitudes a répondu aussi un changement dans l'expression elle-même : les gens de Chebika ont rationalisé leurs réponses dans la mesure où ils ont cessé de se prendre pour des objets de curiosité pour devenir sujets d'une connaissance et d'une réflexion sur eux-mêmes.

— Nous savons maintenant ce que vous faites et cela nous aidera nous-mêmes, dit Ali. Nous avons donc besoin de parler avec vous. Nous sommes contents de parler. Les jeunes gens nous aident.

— Les jeunes filles ne sont pas habillées comme doivent l'être les femmes. Elles parlent et elles rient ensemble. On ne comprend pas toujours ce qu'elles disent. Mais elles vont chez les femmes et les femmes les aiment bien.

Peu à peu le village a regardé les enquêteurs d'une manière différente, dans la mesure où ils ont senti que l'intérêt que leur portaient des jeunes gens avait, lui aussi, varié et que cet intérêt débordait la simple curiosité : d'objets ils sont devenus sujets participants d'une action commune dont ils entrevoient le sens et surtout les prolongements en dehors de Chebika. Aussi ont-ils pris à part les enquêteurs, non pour montrer leur misère comme ils le faisaient tous durant les premiers mois de notre arrivée, mais pour expliquer leur situation sous le regard de témoins attentifs.

— Ce sont des enfants, mais ils veulent notre bien et nous voulons qu'ils sachent ce que nous pouvons faire et que, si nous n'avons pas un millime à dépenser un jour, nous avons bien d'autres choses que cela. Eux disent qu'ils veulent venir à Chebika pour travailler avec nous et nous aider. Ils ne le feront pas, parce que personne ne fait cela, mais ils veulent que nous devenions aussi des gens comme eux tous. Ils posaient des questions qui nous irritaient. Maintenant nous leur posons, nous, des questions sur ce que nous devons faire et ils se renseignent à Tunis avant de nous répondre.

— Oui, dit Mohammed, on vit autrement, parce qu'on regarde comment on vit.

V

LA RÉOUVERTURE
DES PORTES DE L'EFFORT

L'avenir

Dès le premier jour, ces gens de Chebika nous ont montré leur école. Elle a été construite vers 1960. C'est une bâtisse sommaire, cubique, sans étage, qui jouxte le cimetière. Des deux salles de classe, une seule est occupée, puisqu'il n'y a qu'un seul instituteur. L'autre sert de débarras.

A notre premier voyage, les deux vieux — Ali et Gaddour — nous ont emmenés devant le préau. Ils ont touché la pierre : ils ont montré à l'intérieur, pendant la leçon du maître, les enfants qui écoutaient mal, tournaient la tête dans tous les sens, pinçaient leurs voisins. Mais ils étaient à l'école, ils apprenaient cependant la géographie et l'histoire de leur pays et, bien entendu, aussi à lire et à écrire, en arabe et en français. Le maître est habillé d'une chemise et d'un pantalon et il se démène au tableau devant une carte de la Tunisie. La chaleur pèse lourdement. Les trente enfants, eux, s'agitent sans arrêt, avec l'opiniâtre étourderie des petits Maghrébins. En majorité, ils viennent de Chebika, surtout les garçons, puisque, sur les huit filles assises au premier rang, il y a les deux enfants de l'épicier seulement, les autres habitent les tentes, comme douze autres de leurs compagnons. Ceux « d'en bas » franchissent à pied cinq ou six kilomètres chaque jour à travers la steppe et ce sont cependant les plus assidus.

— Nous avons une école et aussi un *Kouttab* (école où l'on enseigne le Coran), dit Gaddour.

— Est-ce que tout le monde envoie ses enfants à l'école?

— Oui, s'ils ont l'âge légal.

nombre d'élèves

~~378~~ élèves . (443-4)

{ 39 chihits
{ 39 alentours

- fille de l'épicière   ] 2 fils
                                   4 l'année

1 an.   ] 1 année
                                   4

collète
curs qui ont leurs au légume
suvs en avois vont es
prude à l'aori.
toute vorte ande cluée qui
tous mt l'churés

L'école, l'avenir.

— Avant, vous n'aviez pas d'école, n'est-ce pas?
— Non!
— Pourquoi envoie-t-on ses enfants à l'école?
— Pour gagner de l'argent. On dit : j'envoie mon fils à l'école, il deviendra instituteur. Il gagnera de l'argent et il se mariera.
— Tes enfants, tu les as envoyés à l'école?
— Je suis bien obligé. De toute façon, ils gagnent toujours à aller à l'école.
— Ceux qui sortent de l'école restent-ils à Chebika ou bien quittent-ils le village?
— Je ne peux pas te dire. En tout cas, la science c'est la science de Dieu, et elle se divise en deux : la science occulte et la science visible. La science occulte c'est Dieu qui l'a cachée. Elle se divise en cinq dont la législation, la bonté, la pluie et les « esprits », les *djnonn*. La science visible se divise en quatre dont la politique, la bonté et la science de Satan. La science de Satan se divise en quatre : la science de Satan, la politique de la philosophie, la géométrie et l'industrie. Mais ces sciences existent en Europe seulement.
— Alors la science de Satan comprend la géométrie et la philosophie?
— L'industrie et la géométrie sont pour les renégats. Nous avons la loi. Quant aux Juifs, ils ont tout. Les Juifs ont deux livres.
— A ton avis, ceux qui ont fini leur école, doivent-ils rester ici ou bien doivent-ils quitter Chebika?
— S'ils peuvent partir, qu'ils partent.
Toutefois l'école est la grande affaire de Chebika, ainsi que la radio. Parce que le changement social est là, matériel, tangible. On le mesure chaque jour à la frontière qui sépare les parents de cette nouvelle génération qui sait lire et écrire et qui, bien souvent, vers les quinze ans, conquiert sans lutte, dans les maisons où l'on en trouve, la manipulation exclusive du poste de radio.
Ce n'est pas une mince conquête : aucun homme jeune, parmi les dix-huit habitants de Chebika qui ont fait leur service militaire et qui disposent tous personnellement d'un transistor, ne renoncerait au droit exclusif de tourner le bouton du poste et de choisir les émissions. Mais il s'agit là de la première génération éduquée de Chebika. La seconde, celle des garçons de douze à quinze ans, elle, a commencé à conquérir le contrôle

du poste dans quatre ou cinq familles dont les pères ont acheté des appareils — en raison de cette autorité, non reconnue mais certaine, de ceux qui savent lire, écrire et peuvent expliquer certaines des choses qui se passent à Tunis ou à Sfax. Ces explications ne sont pas en elles-mêmes exhaustives, elles répètent souvent la parole de l'instituteur, et sont du genre: « Bourguiba demande aux gens du Sahel de lui faire confiance parce qu'il veut que la Tunisie soit riche et prospère », ou bien: « Nous devons nous préparer à de grands changements. » Du moins sont-elles différentes de celles que donnent les représentants de l'administration ou les gardes nationaux.

Ainsi l'école relaie la radio. Mais la vraie matrice du changement reste l'école, non seulement parce qu'elle apporte la possession d'un savoir jusque-là rigoureusement réservé à la minuscule élite des sages ou des savants, plus ou moins rattachés à la théologie, mais aussi parce qu'elle *intègre* Chebika dans un ensemble, un tout vivant qui est la Tunisie (et plus seulement le Sud). Même en ignorant ce qu'est la Tunisie en elle-même, l'enfant la perçoit désormais comme une forme générale dans laquelle il est inclus et cette forme, matérialisée par la carte qu'il dessine ensuite sur le sable de la place, modifie l'ensemble de ses représentations.

Des quinze hommes mûrs, pères de famille mais illettrés, un seul projette sa propre situation individuelle dans le contexte représentable de la Tunisie — ce long triangle dont la pointe plonge dans le Sahara et la base, inversée, avec les deux têtes de Bizerte et du cap Bon regarde vers la Sicile. Et cela parce que lui-même a été plusieurs fois à Tunis. Mais tous les enfants scolarisés et *tous* les garçons qui ont fait leur service militaire voient leur situation personnelle à Chebika dans cette grande forme dessinée, animée par la radio. Leur centre de gravité personnel n'est plus dans le Sud ni à Chebika, mais là où se situe le foyer lumineux de la vie collective, telle qu'ils la découvrent à l'école et par la confirmation quotidienne de l'information parlée, à Tunis. C'est là une modification importante de la perception de l'homme dans *son* monde, acquise par le langage scolaire et radiophonique, langage constitué en signes, en images, en idées qui le rattache à un univers réel mais inconnu et d'autant plus fascinant. Ce savoir désormais implicite ne doit rien au village lui-même et constitue l'ébauche d'une conscience larvaire encore, mais bouleversante.

Deux images de l'enfance s'affrontent ici, dans l'étroit cercle de Chebika (comme elles s'affrontent aujourd'hui dans tout le Maghreb) — celle que définit la fréquentation cantonale et les perspectives religieuses, celle, tout à fait abstraite, qui replace l'être individuel dans le contexte géographique dessiné. De l'étendue cantonale nous savons, pour l'avoir souvent fait décrire, qu'elle englobe El-Hamma, Tozeur au sud, Tamerza et Redeyf au nord, qu'elle se heurte à la montagne qu'elle ne franchit pas, mais s'élargit jusqu'à l'Algérie au-delà de la frontière. Sur ce périmètre expérimental, que définit la marche ou le déplacement occasionnel sur les Jeeps de la garde nationale, se plaque le grand vecteur dessinant la direction de La Mecque, lequel oriente toute cette étendue vers l'Orient en l'y rattachant expressément. Tunis là-dedans n'est qu'une image lointaine, confondue avec celle du pouvoir coercitif, de la pression exercée par l'administration centrale, depuis les Turcs.

L'étendue géographique est, elle, tout à fait abstraite puisque même les jeunes hommes qui ont pu aller à Tunis ou à Bizerte pour leur service militaire sont incapables de dessiner leur parcours sur la carte, incapables de situer les villes, même Chebika ; comme pour les illettrés, les notions de nord et de sud et de topologie abstraite leur sont étrangères. Du moins, chez eux, les dimensions mystiques sont-elles moins définies que chez leurs aînés.

Quant aux enfants qui vont à l'école, leur insertion dans un espace dominé par la topologie abstraite de la carte est définitive : ils situent Chebika au sud et Tunis au nord, ils savent placer les villes et connaissent les routes par lesquelles on gagne la capitale. La polarisation de cet espace est celle-là même que leur inculque l'école et elle témoigne de leur intégration à un monde européen qu'ils adoptent tous sans aucune hésitation. D'où vient sans doute la supériorité qu'ils témoignent parfois vis-à-vis de leurs aînés : ils sont persuadés de se situer dans le seul monde valable. L'univers des illettrés leur est étranger.

On peut imaginer qu'une frontière se creuse entre ces deux perceptions du monde qui pourtant coexistent sans difficulté : les aînés, tout illettrés qu'ils soient, définissent le monde dans lequel vivent les jeunes et officiellement encore le contrôlent. Les jeunes ne se sentent de ce fait ni brimés ni gênés, ils sont simplement étrangers par toute une part d'eux-mêmes à l'univers collectif représenté au village qu'ils continuent à reconnaître comme

291

celui dans lequel se joue leur existence quotidienne. L'autre est seulement «en attente», espace de réserve dans la mesure où il implique une intégration à la société nationale, intégration non encore inscrite dans les faits. On aurait tort, cependant, de négliger l'importance de cette opposition dans les années à venir, surtout si la transformation du Sud ne suit pas celle du Centre et du Nord. Les «oubliés» deviennent alors des frustrés.

A la fin de la classe, les enfants bondissent de leur place, ouvrent la porte, sortent, courent avec leur sac à la main à travers le cimetière, remontent vers le village et, en été, descendent vers l'oued pour chasser des bestioles ou patauger dans l'eau. La loi tunisienne est d'une grande fermeté de principe: la scolarisation doit être poussée le plus loin possible et il est indiscutable que la politique éducative du Néo-Destour constitue une des réussites frappantes d'un pays où la plupart des enfants témoignent d'une extraordinaire vivacité d'intelligence et d'une grande disponibilité. Pour le moment, l'école n'est pas seulement une distraction, elle nourrit des rêves de «montée sociale» et de «transfert de classe», et, en attendant, de fuite ou de départ:

— Comment t'appelles-tu? demandons-nous à un enfant de quinze ans.

— Ali Bou Asmin.

— En quelle classe es-tu?

— En troisième année.

— Qu'aimerais-tu devenir quand tu seras grand? Paysan, épicier ou instituteur?

— Instituteur. Pour sortir de Chebika et aller à Sfax comme le maître.

— Et toi, que veux-tu devenir? demande-t-on au fils de l'épicier.

— N'importe quoi. Mais je ne veux pas travailler dans l'oasis.

— Tu aimerais devenir charretier par exemple?

— Non, certainement pas cela.

— Aimerais-tu devenir le responsable de Sidi Soltane, par exemple?

— Non! Je ne veux pas travailler à Chebika.

— Pourquoi? Tu n'aimes pas Chebika?

— Non, je ne l'aime pas.

— Et toi que veux-tu devenir? demandons-nous au fils d'Ymra.

292

— Instituteur.
— Où aimerais-tu enseigner quand tu seras instituteur?
— Pas à Chebika.
— Aimerais-tu enseigner à Tozeur? à Tunis?
— C'est ça. Dans une ville.
— Mais, vous voulez tous devenir instituteurs!
— Non, moi je veux devenir directeur d'école.
— Où?
— A Gafsa.
— Et toi tu es une fille, comment t'appelles-tu?
— Rima.
— Est-ce que tu travailles bien à l'école?
— Oui.
— Qu'aimerais-tu devenir quand tu seras grande?
— Infirmière.
— A Chebika ou en dehors?
— En dehors.

De toute manière, les enfants échappent déjà à Chebika. Quant à ce qu'ils peuvent faire de leurs connaissances nouvelles, c'est une autre histoire.

Au temps du Protectorat, l'école ou le lycée (pour ceux qui pouvaient y accéder — gens de Tunis ou du Sahel) était un puissant moteur de mobilité sociale qui prenait le relais des modes d'éducation traditionnels ou organisés par des aristocrates, comme cette Khaldounia dans la vieille Medina de Tunis. Bourguiba, Ben Salah, Messadi, Masmoudi, tous les leaders de l'indépendance ont été projetés par l'école laïque française dans une élite ancienne qu'ils ont transformée comme ils ont transformé aussi le vieux parti de l'indépendance. Élite fantôme, parce que, malgré l'école, la classe dirigeante dans la Tunisie du Protectorat, reste celle de l'administrateur civil, du militaire ou du colon. Mais quelle revanche pour le jeune fils de paysan ou de pêcheur du Sahel que de revenir de Paris nanti de diplômes que le colon ou l'adjudant étrangers qui tiennent localement le « haut du pavé » ne pourront jamais obtenir ni pour eux ni pour leurs enfants! Or, l'ordre colonial l'emporte, et cette élite en friche nourrit les cadres du Néo-Destour, cimente le parti de son ressentiment justifié. De ces contradictions entre la conquête de la Tunisie par le gouvernement que présida Jules Ferry et la politique scolaire du ministre de l'Instruction publique Jules Ferry, naissent à la longue des conflits qui activent l'organisation d'un mouvement nationaliste cohérent et compétent et accentuent à la fois la «mauvaise conscience» du «prépondérant» lequel ne sait plus justifier sa position ni son droit. Après l'indépendance, la Tunisie nationaliste se souvient de la leçon, mais la renverse : contre la classe des bourgeois ou aristocrates (traditionnels, *baldi* de Tunis ou de Sfax) elle fomente systématiquement l'apparition d'une classe sociale qui doit tout à l'école de l'État. Ce «transfert de classe» contrôlé assimile à l'élite politique nationale un nombre sans cesse plus grand de techniciens, d'universitaires ou de diplômés dont notre enquêteur Salah est l'exemple le plus frappant. Mais il reste la masse des autres, des demi-lettrés, des demi-savants. A ceux-là, le nouvel État propose peu de chose parce que le rythme de l'industrialisation dans un pays essentiellement agricole, malgré de notables efforts, ne peut pas suivre le rythme de la scolarisation.

On peut donc imaginer que la proportion des «élus» de Chebika sera la même que dans le reste du pays où jusqu'ici cinq à six pour cent des enfants scolarisés ont chance de faire des études supérieures (proportion qui tend à s'abaisser en raison de l'afflux de nouveaux enfants à l'école primaire). Et quant au reste, compte tenu de la situation du Sud, il y a peu de chance qu'il trouve des débouchés à la mesure réelle de ses capacités, et il grossira la masse sans cesse grandissante des demi-savants — dont les uns oublieront simplement ce qu'ils ont appris faute de points d'application à leur savoir et les autres s'enfermeront dans une aigreur et une frustration non négligeables.

Dans la situation présente, l'école de Chebika est surtout utilisée comme un moyen de parvenir à une stabilité et à une sécurité que la précarité de la vie du Sud (rendue plus sensible depuis une dizaine d'années par la connaissance de la société globale et de ce qu'elle offre à ceux qui disposent d'une certaine somme de chances) exige comme une compensation dans cette période de mutations affirmées mais non encore réalisées.

Ainsi, sur les trente familles de Chebika, il *n'est pas un* père qui ne souhaite que son fils — ou que sa fille — devienne *fonctionnaire* : la fonction publique est un mythe qui commence en Tunisie avec l'école. Un seul d'entre eux souhaite en plus que ses enfants conservent la terre, mais pour la cultiver «en grand, comme les ingénieurs». Il est vrai que c'est Ridha l'épicier. Encore, destine-t-il un de ses autres fils au commerce et, bien renseigné, parle de l'école des Hautes Études commerciales.

Tous les autres estiment que «l'école c'est de l'argent», que «c'est la vie assurée» et que le traitement fixe et mensuel d'un fonctionnaire ou d'un employé, prolongé par la retraite, est un idéal en lui-même digne d'efforts pour être atteint, qui justifie que l'on s'asseye plusieurs heures durant dans une salle comme aucun homme de Chebika n'aurait jamais songé à le faire autrefois.

Il faut comprendre l'homme de Chebika ou des tentes: gens de la steppe, ils savent que la vie est incertaine, soumise aux lois d'une nature qui sécrète à la fois la sécheresse et la famine; la régularité d'un argent que l'on obtient après avoir acquis un droit par un diplôme, *une fois pour toutes*, est un rêve raisonnable et cette aurore de rationalisation constitue un élément important de la disponibilité du Sud à accepter ce mouvement. La projection du père sur l'avenir du fils implique la certitude de voir survivre l'enfant (ce qui est déjà aussi un progrès important) mais aussi de le voir vivre *installé* solidement dans un bureau. L'attente d'une génération sur l'autre constitue un enchaînement logique et social d'ordre chronologique et *historique*, très différent en lui-même des enchaînements anciens, liés à la structure du groupement dans un cosmos imprévisible.

Quand il s'est détourné de Sidi Soltane et qu'il a renoncé à chercher dans la religion ou la magie le centre moteur de Chebika, Salah s'est attaché à l'école:

— Les parents attendent plus que les enfants. Les enfants savent qu'ils auront le genre de vie que décrit leur livre.

— Du moins, ils l'espèrent...

— Ils savent qu'ils auront ce genre de vie. Mais les pères, eux, attendent que tout se transforme pour que cette promesse se réalise complètement. Le passé est une dimension importante dans la vie du groupe et la conscience que ce dernier prend de lui-même. Mais il rencontre aussi justement l'avenir, le futur. L'école représente cet avenir, la manière dont les enfants vont aider cet avenir à se faire.

Un autre chercheur, Ridha, nous dit:

— Les gens ne se représentent pas du tout ce qui peut se passer ni ce qui va se passer: ils estiment que l'école fera tout cela comme par la vertu d'une baguette magique. Les enfants savent qu'ils s'insèrent dans un monde qui est celui des livres que le ministère de l'Éducation nationale met entre leurs mains par le truchement de l'instituteur; les parents sont certains que l'éducation, le fait de savoir lire ou écrire suffisent à tout et qu'il n'est besoin de rien d'autre.

L'école est une ouverture. Elle se suffit à elle-même et la plupart des enfants se sentent pris dans l'engrenage, même s'ils continuent par ailleurs à vivre comme tous les autres enfants de Chebika, ceux qui ne vont pas à l'école. Salah a interrogé un jeune homme de dix-sept ans qui passe pour « bien doué » qui a fini ses classes et qui doit partir en ville pour suivre les cours de ce qu'on appelle en Tunisie « l'enseignement moyen » qui forme de petits spécialistes : Almassy.

Almassy ne doute pas que tout lui soit possible. Non certes de devenir ministre ou docteur comme l'imaginent certains enfants, mais technicien en agronomie, par exemple, ou spécialiste du cadastre car il a vu faire des relevés de plans à Tozeur. Il estime qu'il ne faut pas tant s'éloigner de Chebika où sa famille habitera toujours, qu'il lui convient de travailler à quelque distance, afin de revenir souvent pour surveiller la terre de l'oasis (son père est un des quatre petits propriétaires) et s'occuper de ses parents âgés. Dans cinq ou six ans, pense-t-il, la situation aura beaucoup changé, parce que presque tout le monde saura lire et écrire et aura appris un métier.

Almassy n'est pas le seul à estimer que le changement qu'on va voir survenir ne l'éloignera pas du village. Au contraire des enfants qui pensent *tous* qu'il faut quitter Chebika, il croit, avec la plupart de ceux qui ont fait le service militaire, qu'il convient de s'implanter et d'obtenir une aide de l'État. Tous estiment que, jusque-là, personne n'a jamais aidé le village, parce que le village était habité par des ignares, mais que tout doit changer très vite, maintenant.

A vrai dire, une nuance s'insinue dans les propos d'Almassy : pour lui, les problèmes de l'indépendance comptent assez peu et il montre une grande indifférence vis-à-vis de ce que ses aînés appellent les « événements ». Il rejette tout cela dans un passé très lointain qui ne le concerne pas et estime « que les choses qui sont actuellement ont toujours été, que les techniciens étrangers qui travaillent dans le cadre de la coopération viennent en Tunisie parce qu'ils y trouvent une vie meilleure que dans leur pays ». Il ne croit pas qu'il y ait de différence fondamentale entre la Tunisie et les États-Unis, par exemple, puisqu'il a appris à l'école que tous les pays indépendants étaient égaux et que son pays disposait du même nombre de voix que les autres à ce qu'il

nomme (on ne sait pourquoi) le «Tribunal des Nations unies».
Aussi, croit-il qu'il est tout à fait normal de devenir un technicien
ou un ingénieur et qu'ainsi il sera comme tout le monde. Les
«autres» (ses parents et amis du village) sont dans un état de
pauvreté parce qu'ils sont «bêtes» et «n'ont jamais voulu
apprendre à lire ni à écrire».
Quelles que soient ces différences, l'école est l'instrument
d'une construction quasi permanente du futur, non seulement
parce que, pour tous les gens de plus de vingt-cinq ans, elle crée
un fossé infranchissable entre ces générations, mais surtout
parce qu'elle rend «naturel» et «normal» ce qui passe souvent
pour «monstrueux» aux yeux des vieux que l'on n'écoute plus:
attacher plus d'importance à l'école qu'à la régularité des
prières, admettre que les femmes travaillent comme les hommes
et qu'on se marie comme on le désire. Cette version de la vie qui
doit être *normale*, elle est construite à partir d'indices empruntés
à l'information présente puisque l'on est entré dans un mécanisme qui conduit à considérer comme *déjà accompli* ce que les
livres donnent pour l'image de la vie moderne. L'école n'est donc
un facteur de changement que pour ceux qui n'y vont pas, qui
y envoient leurs enfants — essentiellement les hommes qui ont
connu la période de colonisation, subi le choc de l'indépendance
en y participant ou non et perçu que la vie qu'ils menaient après
leurs parents ne serait plus jamais celle de leurs enfants.
  Mais l'école n'est pas la seule matrice du changement. Il faut
y ajouter le service militaire. De la dizaine de jeunes hommes qui
l'ont fait et auxquels nous avons parlé — non sans peine parce
qu'ils ne s'intéressent pas du tout à l'enquête et nous évitent sans
donner de raisons — la plupart souhaitent que Chebika se
transforme très vite. Eux, ils ont connu la Tunisie, surtout les
casernes du Nord d'où ils ne sont guère sortis. Du moins savent-
ils ce qu'est une ville et une organisation. Sans doute est-ce le
principe même de la discipline et de la vie organisée subies pour
la première fois qui leur a donné cette méfiance, puisque l'armée
ne les a pas rendus xénophobes, au contraire, et ils nous disent
chaque fois qu'ils nous parlent que «les étrangers font du bien
au pays quand ils travaillent comme nous le faisons». Encore
une fois, il s'agit de cette *peur des mots* ou plus précisément de
cette peur devant l'absence de concepts et cette crainte de ne pas
connaître les termes à employer qui les gênent quand ils se
trouvent en présence de gens qui manient avec une apparente

facilité ces idées qu'ils ignorent. Ce qu'ils savent toutefois, c'est que Chebika doit se transformer et, comme le reste de la Tunisie, «entrer dans le progrès». Ils n'expliquent guère ce qu'ils appellent «entrer dans le progrès» et désignent le plus souvent l'hygiène ou l'amélioration du travail dans l'oasis. Eux-mêmes, cependant, travaillent comme tous les *khammès*, mais ils sont certains que l'administration les orientera pour trouver de meilleures conditions. Sans doute s'agit-il d'une différence de génération, car aucun d'eux n'imagine de quitter Chebika. Il est vrai que certains d'entre eux ont rapporté un petit pécule de l'armée avec lequel ils souhaitent devenir propriétaires : quelques-uns, déjà, ont acheté un, deux palmiers qu'ils cultivent pour leur propre compte.

Mais ces garçons qui ont effectué un service militaire dans une caserne où ils ont appris les règles de l'organisation, de l'hygiène et de la vie en commun avec d'autres Tunisiens qui ne sont pas leurs parents (chose tout à fait neuve) se sentent surtout intégrés à une communauté en tant que gens de Chebika ; ils ne sont pas, comme leurs cadets, projetés par l'école hors du village, sans doute parce qu'ils ont une expérience plus ou moins vague mais réelle du reste de la Tunisie et qu'ils mesurent d'autant mieux ce qu'ils peuvent à ce qui est. Du moins, eux aussi admettent-ils que le changement est inéluctable et normal, qu'il ne fait violence à aucune tradition «puisqu'il n'interdit pas de faire Ramadan ni de respecter ses parents». Ils pensent aussi que le parti et le gouvernement sont là pour régler des problèmes auxquels, eux, ne connaissent rien. Combien de temps dure cette passivité acquise avec la discipline militaire ?

Certains d'entre eux ont cependant une expérience plus vaste que celle de la Tunisie. Ce sont deux soldats du contingent qui se sont retrouvés au Congo. Vers 1962-1963, en effet, au moment des événements du Congo, la Tunisie envoya un contingent de troupes qui, sous le drapeau des Nations unies, joua un rôle non négligeable. Certains des soldats qui furent ainsi expédiés au centre de l'Afrique, venaient directement des régions du Sud et ne connaissaient rien d'autre, hormis les murs d'une caserne de Tunis ou de Bir Bou Rekba. Et cela pour une période de six mois à un an.

Nous avons mis de longs mois avant de connaître ces soldats du corps expéditionnaire et un plus long temps encore pour qu'ils acceptent de parler. Non qu'ils se fussent cachés ou qu'ils

298

aient pensé détenir des secrets militaires, mais simplement, ils hésitaient à parler, sans doute, comme c'est toujours le cas parce qu'ils ne trouvent pas les mots qui correspondent à leur expérience, et en raison surtout de la nouveauté de cette dernière.

Celui que nous avons questionné est Abdelkader, l'homme qui travaille sur la machine à coudre devant l'épicerie. Il est timide et effacé — comme si le déracinement momentané avait troublé en lui les fonctions les plus simples du langage. A cause de son aspect, nous l'avons appelé le « soldat maigre ». Il a fini par répondre aux questions de l'un d'entre nous.

— C'est moi qui suis allé au Congo. J'y suis resté onze mois, j'ai des ohoses à raconter. Il faut des heures et des heures pour vous dire tout ce que j'ai à dire. Ici, moi, je ne possède rien. Je suis pauvre, j'aimerais bien trouver du travail.

— Depuis que tu es là, tu n'as plus quitté Chebika?

— Non.

— As-tu vu des paysans là-bas?

— Non, les paysans sont en Tunisie, je n'en ai pas vu là-bas, au Congo. C'est très différent d'ici, le Congo. Les hommes ne sont pas comme ils sont ici. Il n'y a pas de paysans pour ainsi dire, puis il y a la pluie. Il pleut comme il ne pleut jamais à Chebika ni à Tunis. Le Congo, ce n'est pas du tout un pays comme ici : il n'y a pas de paysans, il y a des arbres et puis de l'eau, beaucoup plus d'eau qu'ici, de l'eau partout. Bien sûr il y a de grandes régions où l'on marche pendant des heures, avec simplement des arbres ici et là, et rien d'autre. On ne sait pas du tout comment les gens retrouvent leur chemin.

— Il y a la forêt?

— Oui, la forêt.

— Tu ne veux pas parler de la forêt?

— Je ne sais pas.

— Tu ne l'as pas aimée? elle t'a fait peur.

— Peur, je ne sais pas. Ça ne ressemble à rien d'ici. Avant, à la caserne, on nous a expliqué. Et puis ce n'est pas la même chose. Il y a des feuilles partout, partout. J'ai même vu ça pendant la nuit, quand je dormais et j'étais avec ces feuilles pleines d'eau.

— Et les gens?

— Il y a des gens là, dans les feuilles.

— Quelle espèce de gens?

— Des gens. Je ne sais pas dire quelle espèce de gens. Des gens qui n'ont pas un Dieu comme nous. Ils ont des villages comme ici, mais construits aussi avec des feuilles. Certains sont très grands. Les femmes ne se cachent pas. Ils font beaucoup plus de bruit que nous. Ils s'appellent les uns les autres avec des tambours, mais ça aussi on l'a fait autrefois ici au temps de la guerre.

— Tu aurais aimé vivre avec eux?

— Ça, je ne sais pas. Pour vivre là-bas il faut être de là-bas, c'est tout. Ce sont des gens comme nous. Comme nous autrefois quand il y avait les batailles entre les villages. Nous, on allait pour qu'ils ne se battent pas entre eux.

— Pour empêcher le *jaïch*, en somme?

— Enfin, une sorte de *jaïch*. Je crois qu'ils ne se demandent pas si un homme est un homme.

— Que veux-tu dire par là?

— Ça; qu'ils ont affaire à des hommes, mais qu'il faut être du village pour être un homme comme nous.

— Pour toi, tout le monde est un homme?

— Tous les croyants, oui.

— Simplement?

— Et tous ceux qui peuvent voir Dieu, même si c'est le Dieu des chrétiens.

— Et eux?

— Je ne sais pas. Et puis ils vivent dans la forêt. Tu me vois vivre dans la forêt? Où mettrais-tu les chameaux? Et puis tu ne dormirais pas la nuit. Les feuilles poussent partout, très vite. Après ça, je n'ai plus rien à dire.

Après cette aventure, le soldat est revenu dans une caserne à Bizerte, puis il a terminé son temps. Enfin, il est rentré au village depuis près d'un an.

— Pourquoi es-tu revenu à Chebika?

— C'est mon pays.

— Qu'as-tu comme travail ici?

— Ça dépend de ce que je trouve. Tous les jours j'ai un travail différent.

— N'as-tu pas un travail fixe?

— Non, je travaille un jour au chantier de chômage, un autre jour aux champs. Si quelqu'un me demande de l'aider je le fais. Si je n'ai rien je m'allonge près du mur, et je dors.

— Comment imagines-tu le développement de Chebika?

— Le développement de Chebika?
— Ici, oui.
— Ici, le pays est très, très pauvre.
— Comment voyais-tu Chebika quand tu étais au Congo?
— Je l'imaginais comme étant l'âme du monde. La Tunisie est mon âme, ma vie, la poussière en Tunisie est pour moi plus précieuse que tout l'or du Congo.
— Es-tu retourné à Chebika, définitivement?
— Non je suis en congé, je suis encore à l'armée, pas loin d'ici.
— Dis-moi un peu quel genre de travail fais-tu?
— C'est un travail à la journée, par exemple je coupe le bois, je cueille les dattes dans l'oasis et, s'il n'y a rien, je reste assis.
— Tu m'as dit que le pays est pauvre. Aimerais-tu que Chebika devienne plus prospère?
— Bien sûr, j'aimerais voir à Chebika tout ce que j'ai vu à Tunis, la capitale.
— A ton avis que faut-il faire pour que la situation s'améliore ici?
— Les moyens susceptibles d'améliorer la situation à Chebika sont dans les mains de Tunis et pas dans les miennes!
— Comment imagines-tu Chebika, plus tard?
— Je l'imagine avec beaucoup de maisons, beaucoup de moyens de transport, de voitures, de cinémas. J'aimerais voir s'améliorer l'habillement, la nourriture, et surtout, je voudrais voir beaucoup de maisons construites autrement qu'aujourd'hui.
— Mais à ton avis que faut-il faire pour réaliser tout cela?
— L'amélioration ne peut venir que de Tunis, il faut qu'à Tunis on commence à penser qu'il y a un pays désert au sud, et qu'ils se décident à entreprendre des constructions, à y créer du travail, etc.
— Donc à ton avis Chebika ne peut pas se développer et améliorer son sort seul sans l'aide de Tunis.
— Non, Chebika ne peut pas se développer seul.
— Pourquoi?
— A cause de la pauvreté, Chebika est pauvre.
— Donc tu crois qu'il lui faut une aide?
— Oui il faut que le gouvernement l'aide.
— Comment imagines-tu Chebika d'ici dix ans?
— Je crois que d'ici dix ans Chebika aura le temps de s'améliorer. Elle sera mieux dans dix ans.

— En quoi consistera ce mieux ?

— Dans les constructions, dans l'habillement, dans la nourriture, dans les possibilités de travail. A ce moment-là le travail ne sera pas à la journée mais continu. Pas un mois, oui et un mois, non, comme maintenant. Il faut que tout le monde ait le même régime.

— Que veux-tu dire par « même régime » ?

— C'est-à-dire que tout le monde trouve du travail, et non pas qu'untel trouve du travail et que tel autre reste en chômage. Tout le monde aimerait à travailler d'une façon continue.

Tous ne viennent pas d'aussi loin ; mais qu'ils se réunissent sous le porche, dans l'épicerie, qu'ils soient jeunes ou vieux, les gens de Chebika, lorsqu'ils ne se lamentent pas sur leur misère présente, parlent de leurs rêveries du futur : tout les y conduit, la radio, les journaux qu'ils peuvent se faire lire, les représentants de l'administration. Le mot de « demain » a pris la valeur mythique d'une réalisation globale à côté de celui qu'il a toujours et qui renvoie à plus tard la solution d'un problème urgent, comme dans tous les pays méditerranéens.

Cela tient à l'armature idéologique du Néo-Destour qui a remplacé le thème de l'indépendance nationale par celui de *développement*. De ce développement, l'on parle comme d'un combat contre les traditions mortes, les idées anciennes, mais aussi comme d'un moyen de changer de vie. Toutefois, non sans une certaine sagesse, les dirigeants qui n'ignorent pas que la transformation de la nation en pays industriel est, immédiatement, plus hypothétique que réelle, affirment qu'il vaut mieux « changer les esprits avant de bouleverser les institutions ». Créer une structure nouvelle sans que les hommes aient été mentalement préparés à s'y adapter, parce qu'ils tiennent de trop près aux solidarités et habitudes « traditionnelles » est une erreur que le parti affirme ne pas vouloir commettre. Changer les esprits suppose donc essentiellement modifier les relations des hommes avec l'avenir, les engager dans un mouvement acceptable et accepté, briser les traditions.

Nous avons dit combien ce terme de tradition nous paraissait suspect et quelle difficulté l'on éprouve à cerner les réalités qui en seraient le symptôme : dans la réalité *présente* où tous les éléments qui composent les groupements s'affrontent et se combinent entre eux, dessinant ces figures provisoires et fragiles qui caractérisent les structures, il n'existe point d'autre marque

302

d'un passé continu que certaines prescriptions rapportées par la parole (et respectées dans la mesure où celui qui les émet jouit d'un assez grand prestige) ou certaines affirmations verbales concernant la permanence d'un ordre prétendument ancien. Ce terme même de tradition risque de ne désigner qu'une simple justification d'ordre administratif ou politique : parce que les groupements ruraux éprouvent parfois d'insurmontables difficultés non seulement à s'adapter à des conditions de vie dont on a décidé à *leur place* qu'elles devaient être les leurs, mais aussi à concevoir les relations humaines qu'entraînent ces changements. Seulement, les « modes de vie nouveaux » (comme à Sidi Bou Zid, unité de développement qui à bien des égards est une réussite) sont ceux qui ont été imaginés par des administrateurs urbains : fixer le nomade de la steppe pour créer une classe de paysans, cela suppose diverses options économiques, techniques ou administratives qui entraînent elles-mêmes des applications pratiques entièrement conçues en dehors du milieu humain qu'elles prétendent modifier. Construire des villages de rassemblement pour les nomades n'est trop souvent qu'un « exercice de style » pour un architecte local ou étranger ; au nord des Matmatas, ou sur la route de Gafsa à Kasserine, on rencontre ainsi des ensembles d'une grande laideur : cubes de ciment tous les uns à côté des autres, alignements géométriques, sortes de H.L.M. de la steppe qui négligent aussi bien les formes de l'habitat nomade que celles de l'habitat méditerranéen. Ainsi, par exemple, cet élément fondamental de la maison dont le modèle se trouve dans toute cette « aire culturelle » — le patio ou la cour dans laquelle les femmes lavent le linge, font la cuisine et créent leur univers proprement féminin — a *systématiquement* été oublié. D'autre part, les meubles qu'on impose à ces nouveaux habitants — chaises, tables, etc. — sont généralement aussi peu convenables que possible. Dans certaines « unités de développement » les nomades récemment fixés se servent de la chaise comme table et continuent à s'installer sur les nattes, par terre.

Cela n'est qu'un symptôme. Mais la vie économique abonde en traits de ce genre : à Sidi Bou Zid, l'on s'étonne que les nomades installés et disposant de terres cultivables s'obstinent à produire des tomates ou d'autres fruits dont ils pensent réaliser sur-le-champ les bénéfices au lieu de pratiquer des cultures à long terme ; ailleurs, dans le Nord, l'expérience des coopératives rurales s'est étiolée parce que leurs membres n'ont pas montré une confiance inébranlable dans ces organismes (mais dans certains cas les coopératives ont été prises en main par des fonctionnaires ou d'anciens propriétaires locaux). L'administrateur urbain s'en prend à la résistance des traditions. Mais il ne s'agit pas d'une résistance organisée qui cherche à défendre un principe séculaire ou simplement acquis à la génération précédente (comme cela arrive dans les pays où existe une paysannerie établie et comme c'est partiellement le cas en Tunisie dans la région du Sahel, entre Sousse et Sfax). Dans le présent étalé où ces groupements jouent leur vie, rien ne représente le passé. Mais, au moment d'entrer dans le « no man's land » économique et social où les entraîne l'administration, ces groupements subissent à leur manière l'effet de ce qui est l'inévitable ambiguïté d'un pays qui veut créer les conditions de développement, mais ne peut, en quelques années (à supposer qu'il le puisse jamais), industrialiser et créer un « nouveau milieu technique » dans les campagnes. On peut modifier assurément les esprits et les préparer au changement, mais il faut admettre qu'on ne peut y parvenir que si l'on fournit en même temps aux hommes que l'on déracine les structures d'accueil *désirables* où ils s'accomplissent plus aisément. Or, l'on peut entraîner des groupements dans des entreprises diverses, même contraires à ce qu'ils définissent habituellement comme leur « intérêt » mais jamais dans les entreprises qui n'accroissent pas l'intensité des rapports humains: *la richesse et l'intensité des participations sociales peut toujours remplacer l'intérêt économique.*

Experts, économistes et administrateurs parlent de « freins au développement », mais ce sont des mots et des justifications pour faire admettre la lenteur *inévitable* du rythme du développement; parce que les groupements que l'on appelle « traditionnels » entrent dans un univers exclusivement *verbal* — celui qui résulte de l'écart entre une administration qui souhaite bouleverser les structures globales de la société et les moyens réels dont elle dispose, lesquels ne lui permettent que des réajustements de faible amplitude et sans réelle profondeur; et, comme il faut s'y attendre, les hommes de cette administration compensent cette lenteur des transformations par une accentuation de l'idéologie et de la doctrine dont Chebika comme les autres groupements subit le choc incompréhensible, le plus souvent. Ces groupements cherchent alors un *abri* dans certaines conduites psychologiques et sociales sélectionnées parmi leurs habitudes (lesquelles ne sont pas forcément anciennes et jamais en tout cas séculaires) qu'elles cristallisent et durcissent. Le pouvoir y détecte une « résistance » qu'il cherche à vaincre, le paysan découvre dans le pouvoir une force de coercition qu'il reconnaît et *nomme* — celle de la ville cherchant à organiser la steppe. Ce drame se joue dans tous les jeunes pays africains avec plus ou moins d'intensité. Il résulte de cette confusion qui s'est établie entre indépendance, développement et industrialisation, un malentendu qui a laissé croire que la colonisation n'était pas seulement une exploitation sommaire des marchés et des produits mais aussi un frein à « l'inévitable modernisation ». Intervenir dans les campagnes pour les moderniser, cela est raisonnable, mais assimiler cette réorganisation à une « réforme agraire » c'est un abus de langage auquel les groupements intéressés ne sont pas insensibles puisqu'on ne leur fournit pas une chance de participation plus riche ni plus nouvelle : les fameuses résistances sont la projection dans la vie rurale des difficultés des jeunes administrations à accomplir un ambitieux programme sans disposer des moyens réels de le réaliser.

Mais à Chebika, pour le moment, les dangers de cristallisation en « résistance au changement » sont très faibles, parce que le village qui a entretenu des rapports de mariage, d'échange de propriété et de services avec El-Hamma, Tamerza, Redeyef ou les nomades, est avide de participations nouvelles et que l'on ne sépare pas encore pour le moment le bonheur collectif, l'existence de Chebika en tant que foyer social et l'enrichissement. L'école, le service militaire, la radio ont jeté le village entier vers un futur dont il ne se représente aucun élément, sauf quelques symptômes.

L'impact du changement dans le village est profond, mais il n'est pas encore conceptualisé parce que, si l'on peut *imaginer* la vie à la ville ou dans l'usine, on sait aussi par expérience directe que la vie dans les quartiers suburbains n'a rien d'exaltant pour un rural du Sud. Cela, assurément, est propre à Chebika et surprenait Salah dont la famille, en grande partie, a quitté les landes désolées de Kasserine pour le bidonville tunisien. Cette croyance est propre à Chebika et à certains villages du Sud qui estiment que le lieu qu'ils occupent peut être un foyer de développement collectif.

Cette idée collective fait partie de *toute* représentation de l'avenir, chez tous les hommes du village, chez la plupart des femmes mais non des enfants. Sur les chefs de trente familles interrogées, pas un n'hésite sur ce point : « Le gouvernement doit développer Chebika sur place », puisque « nous sommes comme tous ceux qui peuvent devenir riches en travaillant si on nous donne les moyens ». D'ailleurs pourquoi « aller à l'étranger, puisque nous pouvons enrichir l'oasis, construire des barrages pour avoir tout le temps de l'eau et rebâtir le village ». « A Tozeur, ils ne veulent pas faire ce qu'on leur dit dans l'oasis pour la moderniser, mais nous, nous sommes prêts à le faire si on nous aide, parce que nous voulons vraiment vivre bien. » « Je ne veux pas que la famille s'en aille : si je suis riche nous irons nous promener à Tunis ou à Sfax, peut-être aurons-nous une voiture pour circuler et une bonne route jusqu'à Tozeur. »

— Avant ce service militaire, nous dit le « soldat maigre », je voulais, comme tous les autres à l'école, aller à Tunis. Quand j'ai vu Tunis et la vie qu'on y mène, j'ai pensé que je ne voulais pas être comme ça. Ce sont des gens qui ne vivent pas. C'est Tijani qui le dit : on ne vit pas à Tunis, on court, on meurt. Maintenant je veux rester ici et je veux que le gouvernement me donne ce qu'il doit me donner pour que j'aie la terre que je veux. J'écoute la radio.

Curieusement, les femmes sont les plus impatientes, surtout les jeunes, entre vingt et quarante ans : elles ne veulent pas que leurs enfants vivent à Chebika « puisqu'on vit autrement en Tunisie maintenant », aussi « les hommes doivent-ils faire ce qu'il faut pour cela ». Bien qu'elles ne souhaitent pas, dans l'ensemble, quitter le pays, elles admettent parfaitement que les « fils, les garçons partent ailleurs s'il n'y a rien ici ». En quatre ans, d'ailleurs, de grands changements sont apparus et celles qui, vers 1960 ou 1962, s'opposaient au départ de Rima estiment « qu'on peut aller n'importe où l'on aura une maison et du travail » puisque rien n'est changé et « qu'on peut faire le Ramadan ». Ce qu'il faut, c'est ne pas continuer à vivre comme on le fait ici. Sans doute en quelques années, les enfants de l'école ont-ils profondément marqué la vie des familles et surtout la conscience des femmes, puisque la référence à l'école est chez elle continue et constante : « Le fils sait comment cela se passe à Tunis », ou bien : « On sait qu'on va, nous aussi, vivre comme les gens des autres villes. »

Certes l'enseignement coranique à Chebika n'est plus très

développé. Du moins tout le monde en sait-il assez pour trouver dans une religion qui imprègne plus profondément l'existence que toutes les autres un dynamisme bien peu conforme à ce que les observateurs d'autrefois voyaient ou croyaient voir dans l'Islam. Mais comme on l'a dit déjà souvent, l'Islam est une religion autant qu'une civilisation, l'une et l'autre sensibles au changement, mais inertes durant ces périodes de dégradation dont Ibn Haldoun avait commencé l'analyse, dynamiques lorsque le mouvement affecte la vie collective dans son ensemble. Que « Allah efface et confirme ce qu'Il veut » (XIII, 39) peut s'appliquer parfaitement à ce qu'on a appelé le retour au dynamisme et à l'efficacité, *fath al ijtihad*, « la réouverture des portes de l'effort ». La perception du futur comme l'avènement d'une réalité collective nouvelle et complètement imprévisible mais plus acceptable en soi que ne l'est la permanence de la situation présente ne résulte pas seulement d'un dégoût de la misère : elle est un élément propre au dynamisme latent que contient cet « électron social » qu'est Chebika. Déjà l'homme n'y trouve plus dans l'état actuel son centre de gravité, il le cherche dans une projection vers l'avenir qu'un gouvernement avisé devrait utiliser comme foyer de transformations sociales réelles. L'école est la matrice de ce futur en gestation.

Chebika devant Chebika

— Maintenant, nous parlons, dit le jeune Ali. Nous parlons entre nous et *nous parlons de tout*, parce que vos questions nous ont dérangés.

Ali nous emmène au-dessous du village, en bas, en remontant le cours de l'oued vers sa source, près de l'eau courante, là où les femmes lavent de grandes voiles mauves et rouges. On traverse le courant en sautant, et Tijani qui nous précède effectue tous les mouvements avec cette élégance un peu lourde que lui donnent à la fois son costume et son âge ; mais son pied est sûr et, s'il peine un peu, il éclate en même temps d'un grand rire de gorge, en s'appuyant sur sa canne.

— On parle, continue Ali, on parle parce que au début on ne savait que faire ni penser avec vous. Pas avec vous, l'Européen, parce que vous êtes là comme un voyageur et que nous sommes contents de vous recevoir. Mais les autres, les Tunisiens. Ils nous ont questionnés, comme s'ils venaient comme vous, d'un autre pays. Ils ne savaient pas ce que nous savons tous. Rien. On a cru qu'ils se moquaient de nous. Après, on a vu qu'ils ne respectaient pas Dieu et pourtant, ils étaient musulmans comme nous.

Nous passons avant la première cascade, celle qui sort du cirque de montagnes où se trouve la source. Tijani donne un coup de sa canne dans l'eau de la vasque naturelle pour effrayer les grenouilles. Ali continue sa marche ; il nous dit que les premières questions ont indigné les gens du village, qu'on a cependant continué à bien nous recevoir à cause de nous, les étrangers, parce que les étrangers, s'il plaît à Dieu, ont toujours été bien reçus à Chebika. Mais des garçons comme Salah, ils l'ont haï dès le premier jour parce qu'il faisait semblant de ne rien savoir alors qu'il était un homme comme leur fils. Quelle différence ? Seulement, il savait lire et écrire mais ce n'était pas une raison pour dire qu'on ne savait plus comment on prend l'heure de la prière en jetant un bonnet par terre ni qu'on joue aux dames avec des crottes de chameau durcies et des pierres quand on n'a rien d'autre. Pourtant, quand nous partions, dans le village, on répétait les questions en restant étendu à côté de la clepsydre sous le porche. D'abord en riant, on disait : Salah m'a demandé pourquoi on égorgeait un chameau comme ci ou comme ça, ou bien Khlil nous a dit que nous devions lui dire combien de billets de cinq dinars on voyait passer par an. On répétait la question en imitant celui qui l'avait posée, en se moquant de lui. Et puis la question était là : des mots qui appellent des mots, mais les mots, ils ne les avaient pas, eux, comme ces jeunes gens qui les interrogeaient. Ils se répétaient ces questions jusqu'à ce qu'elles ne soient plus des questions. Mais simplement des mots comme les autres. Tout cela a duré jusqu'au moment où, un jour (Ali ne sait pas quand) Salah leur a dit que lui, l'étudiant de Tunis, avait tout à apprendre des gens de Chebika, qu'il comprenait qu'il avait laissé de côté des choses plus importantes que de lire ou d'écrire, des choses qu'ils savaient et qu'il avait, lui, perdues.

On arrive dans le cirque, on grimpe le long d'un raidillon de pierres friables et l'on s'accroche comme on peut, aux pierres un peu grosses qui tiennent encore, et Tijani enfonce sa canne dans cette terre meuble, toujours prête à glisser, rongée par le vent. Ali a repéré un nid de bouquetins et veut nous montrer une caverne où les gens autrefois se réfugiaient, au temps des guérillas. Lui, il monte sans paraître prendre appui sur le sol, de ce pas égal et rapide des gens du Sud qui franchissent des distances incroyables. Pendant ce temps, les oiseaux s'envolent vers les cimes, de gros oiseaux lourds qui reprennent appui sur la terre en courant très vite sur leurs pattes.

En marchant de son pas hâtif, Ali nous rapporte que les hommes ont tenu de longues réunions pour parler de ce qu'on gagnait vraiment ainsi que pour discuter de ces mariages qui ont rendu Chebika plus pauvre. On a parlé aussi de la vie et de ce que nous avions pu dire à une jeune fille pour qu'elle veuille quitter Chebika, et l'épicier, Ridha, était d'avis qu'elle aurait dû partir avec nous puisque de toute façon elle avait été piquée par un scorpion.

Quand nous nous arrêtons au sommet de la colline, que nous nous asseyons en rond pour fumer, nous regardons le cirque des pierres desséchées et rougeâtres, la touffe triangulaire de l'oued qui suit la rencontre des deux montagnes abruptes. Une légère fumée monte de Chebika, mais on ne voit pas le village. Ali sort de son pantalon un journal que nous reconnaissons : il s'agit de *Afrique Action*[1].

Quelques jours plus tôt, nous y avons publié des photographies de Chebika et un texte, pour attirer l'attention des pouvoirs publics tunisiens sur la détresse des gens du Sud. Quelqu'un est venu jusqu'ici depuis Tozeur avec ce journal et l'a montré. Personne ne sait ce qu'on y lit et tout le monde a été étonné : on avait pensé que notre passage ne serait pas, si long fût-il, plus efficace que celui des gens, techniciens ou autres, qui traversent Chebika régulièrement sans que cela entraîne de résultat notable.

Ridha, le jour où le journal est arrivé, a entrepris de traduire une partie du texte. Même traduit, la plupart des choses échappaient, assure Ali qui tire le journal de sa veste, l'ouvre et cherche la page où sont les photographies du village. L'article parle, sans doute, de la misère de Chebika, mais insiste aussi sur l'attente du changement qui emplit le Sud. Ridha l'épicier n'a rien dit de tout cela dans sa traduction plus ou moins approchée du français et Ali nous tend le journal et demande une explication. Mais il regarde encore les photographies, agite le journal comme s'il adressait un signe à Chebika. Il dit : « C'est nous ! c'est nous ! », regarde encore les photographies avec l'attention de ceux qui n'ont pas l'habitude de se voir représenter en image, retrouve le vieux Gaddour (aujourd'hui mort) sur l'une des plus anciennes vues que nous avons prises, puis les enfants. Il rit doucement, il nous assure que maintenant tout va bien et que les gens du village comprennent bien qu'ils sont de Chebika, que Chebika est là, et que tout le monde doit savoir à Tunis ce qu'est Chebika.

On se lève et l'on repart. En fait ce n'est pas au nid de bouquetins qu'il nous conduit, mais de l'autre côté des mon-

1. Aujourd'hui *Jeune Afrique*, hebdomadaire tunisien de langue française.

tagnes desséchées, là où il n'y a aucun sentier, sauf la marque du passage d'un chasseur comme est Ali. Tijani fume paisiblement en montant, comme si le mouvement de ses jambes était indépendant du reste de son corps; il mesure aussi les traces ici et là; ce sont celles de serpents.

Enfin Ali nous montre quelque chose qui dépasse au-dessus de la cime des montagnes: trois ou quatre armatures en fer qui brillent au soleil. Il nous explique que «les Américains» se sont installés là, au milieu de la montagne dans un endroit absolument désert, pour entreprendre de creuser le sol afin de trouver du pétrole. Ils ont tracé — très vite — une route qui rejoint, de l'autre côté, Redeyef; ils se sont construit des baraquements. On ne les voit pas. On ne les entend pas. Ils sont là. Deux ou trois hommes du village sont allés rôder autour du camp. Mais il y a tout juste une dizaine d'hommes en costume ciré qui travaillent autour de machines brillantes. Rien d'autre. On n'a pas besoin d'embauche. On n'achète rien, parce que tout vient en camion sur la piste construite à la hâte. On ne vend rien, non plus. Un homme de Tamerza a aperçu le chantier, la nuit, et ce dernier était violemment illuminé. Ali est impressionné: il n'a jamais vu une chose pareille, un chantier aussi vaste construit aussi rapidement, un si petit nombre d'hommes pour faire marcher d'aussi grosses machines. Le silence surtout le frappe et aussi le fait que le chantier est une île dans la montagne.

Pourtant, on a beaucoup discuté de cela à Chebika et l'on se dit que, si l'on trouve du pétrole dans la région, tout se passera comme de l'autre côté de la frontière, en Algérie, où les habitants ont cessé de vivre comme les gens d'ici, habitent des maisons avec l'électricité et travaillent pour des salaires qui, en un mois, sont à peu près ce que le village entier voit passer entre ses mains en un an.

Mais comment voit-il ce changement? Ali, lui, a une idée là-dessus. Il a été à Sfax une fois avant la construction de l'huilerie moderne et il y avait des maisons en paille ou en planches sur le marais. Puis l'usine a été installée, on a détruit les maisons, mais les gens qui y habitaient ont pu se loger autrement, parce qu'ils se sont mis à travailler soit à l'usine soit dans des magasins ou des ateliers qui sont apparus tout autour de l'usine. Tout a été changé. Il a vu cela et il estime que ce sera la même chose à Chebika. On restera ici, il y aura des maisons neuves à la place des anciennes, l'électricité comme à Tozeur et une route pour aller en ville. On restera à Chebika parce que rien n'est mieux que Chebika, mais tout changera : il y aura une belle mosquée et le tombeau de Sidi Soltane sera repeint et restauré.

Nous regardons les installations de forage — brillantes d'aluminium au-dessus de la rocaille noire. Quelques oiseaux s'égaillent et Ali prend le chemin du retour. En marchant, il nous dit qu'on a beaucoup parlé de tout cela à Chebika et qu'on ne parle plus de ce qui changera dans la vie si l'on trouve vraiment du pétrole. Il sort à nouveau le journal et nous nous installons dans des anfractuosités pour lui traduire l'article : il sait que l'on y décrit le village, qu'on y parle du vieux Gaddour et de Si Tijani ; et il est question aussi de tout ce dont les gens du pays ont besoin en priorité ; fumure pour les terres, semences, dispensaire, route. Il approuve. C'est une chose qu'il a apprise depuis quelques années, assure plus tard Tijani, que déclarer publiquement ce dont on a besoin est une affaire nécessaire si l'on veut obtenir un avantage quelconque. Il est heureux que l'on parle des besoins de Chebika.

En descendant, Ali continue à parler :

— Cette chose du journal a fait parler tout le monde beaucoup de temps depuis qu'il est arrivé ici.

— Mais comment pouvait-on en parler puisqu'on ne savait pas ce qu'il y avait dedans ?

— Comment cela ? On savait qu'il s'agissait de Chebika, de nous, qu'il était question de nous tous. Nous avons surtout besoin de savoir qu'on parle de nous.

— Et comment les gens ont-ils vu cet article ? quel effet cela leur a-t-il produit ?

— La lecture. Rien. Savoir qu'on parlait de Chebika à Tunis et partout où va ce journal, le monde entier sans doute.

— Pas le monde entier.

— Mais nous, nous ne savons pas tous les endroits où il y a des hommes. Quand on dit aux gens, il y a des hommes là, c'est une bonne chose.

Nous approchons du village.

— Et le pétrole ; si ce pétrole venait, comment vois-tu ce qui se passerait ?

— Le pétrole ? On serait tous riches. J'ouvre mon champ et je dis au gouvernement : viens, achète mon champ, il y a du pétrole dedans. J'achèterai une terre ailleurs et je pourrai construire une maison.

312

— Penses-tu, dit un de nos enquêteurs, le dessous de la terre ne t'appartient pas, il appartient au gouvernement.

— Oui. Mais il te donnerait quelque chose pour le dessus du dessous.

— Pas autant que tu le crois. Si ce pétrole venait, tu aurais à peine de quoi acheter une terre ailleurs.

— Ce n'est pas ainsi, dit un autre de nos collaborateurs occasionnels (l'ami de Salah que ses amis nomment « Lénine ») en se tournant vers l'étudiant qui vient de parler: si on trouve beaucoup de pétrole, nous n'aurons pas d'argent mais notre niveau de vie sera tel que nous irons passer nos week-ends à New York.

A cela, personne ne répond. Enfin l'un des étudiants risque une objection:

— Est-ce que ça ne dépend pas de la répartition de la richesse?

— La répartition, quelle importance avec cette abondance? Comme au Texas. Tous milliardaires. Non parce que nous aurons le pétrole nous-mêmes mais parce que le pétrole enrichit tout le monde.

— Pas le Texas, le Koweït.

— C'est le Koweït que je voulais dire. Au Koweït, ils vivent sous la tente deux mois par an pour ne pas perdre l'habitude et le reste du temps ils habitent des palaces qu'ils se sont fait construire.

Tijani a traduit cette conversation (qui a lieu en français) à Ali qui rit silencieusement en marchant et qui finit par dire à Tijani:

— Ils savent des choses en ville. Nous, on aurait un village neuf et l'électricité ce serait une bonne chose.

— Qu'est-ce qui est le plus important, demande un enquêteur, qu'on parle de Chebika dans le journal ou qu'on trouve du pétrole?

— Qu'on parle de Chebika, dit Ali.

— Vous n'imaginez pas l'effet de cet article, me dit un autre enquêteur. Ils ne l'ont pas lu mais ils en ont parlé comme d'un fait. Sous le porche où se trouve le *gaddous* pendant que vous étiez dans la montagne, nous avons discuté de tout cela: « Ce n'est pas une question de parler ou de ne pas parler, disent-ils, c'est de savoir qu'on n'est plus un endroit que personne ne connaît. Les autres voient Chebika, même sur cette image. C'est déjà comme s'ils étaient venus jusqu'ici. Les gens qui viennent

313

et prennent des photographies, on ne sait pas ce qu'ils en font. Ils les gardent chez eux. Mais là, c'est sur un journal. C'est-à-dire que le gouverneur de Gafsa et ses amis de Tozeur sauront que les autres nous connaissent. On ne peut plus parler aux gens de la même manière.»

— Pensent-ils que c'est un bien?

— Un bien, oui. Ils disent que le village ne peut plus aller comme avant. J'ai la conviction que cet article les a transformés et qu'ils se sont mis à se dire qu'ils devaient se comporter comme on attendait qu'ils se comportent. En votre absence, j'ai assisté à une discussion avec des gens des tentes: pour la première fois, les hommes de Chebika ont fait montre de fermeté et comme il s'agissait de faire paître des chèvres avec les chameaux, on a dit aux bergers de la plaine qu'il était possible de trouver des gens pour garder les bêtes au village si les gens de la plaine demandaient des droits de pâturage trop forts. D'autre part, il m'a semblé qu'on était devenu, comment dire, plus rigoureux dans la manière de vivre ensemble, de représenter, je dis représenter les différents rôles du village. Tout ce qui nous avait frappés voici quatre ans, le fait que les gens de Chebika ne croyaient à rien et ne respectaient plus rien, qu'ils allaient à vau-l'eau n'est plus vrai. En six mois il y a eu des progrès considérables et l'article du journal est un élément de ce changement: ils veulent y ressembler. Ça leur importe plus que le pétrole.

Concernant le forage, Ali n'avait pas tort: sur trente *khammès* questionnés, vingt-huit estiment que «c'est moins important qu'on en trouve du pétrole que de parler de Chebika», parce que «parler de Chebika, c'est parler de créatures, et cela est favorable à Dieu». Le pétrole est une bonne chose et «comme le dit la radio, c'est une propriété arabe, parce que tout le pétrole qu'il y a dans le monde appartient à des Arabes et que c'est aux Arabes d'en disposer comme ils le veulent». Celui qui dit cela est un jeune homme qui a fait le service militaire et qui ne se déplace guère sans son transistor enveloppé dans une gaine de laine rouge.

— Qu'il y ait du pétrole ici ou ailleurs, qu'il y en ait eu chez les frères de l'Ouest ou ceux de l'Est, qu'est-ce que cela fait puisqu'il appartient en définitive à des Arabes? Qu'il y en ait à Chebika ou ailleurs, qu'est-ce que ça fait aux gens de Chebika puisqu'ils sont les frères de tous les autres et que ce pétrole est à tous les musulmans. C'est pour cela que les Européens sont venus chez les Arabes, autrefois, parce qu'ils savaient que les Arabes avaient ce pétrole. C'est pour cela qu'ils reviennent encore mais avec des dollars et pas des armes, à cause du pétrole. Si les Arabes décidaient de supprimer le pétrole, les voitures ne marcheraient plus, les avions ne voleraient plus, les machines s'arrêteraient. Sauf dans les pays frères. Le monde entier s'arrêterait. C'est bien ce qui effraie le monde et qui fait que les Arabes sont le peuple le plus important du monde. Si ce pétrole s'arrête, tu ne fais rien...

Tous ne sont pas aussi apocalyptiques. Parce qu'ils ne se représentent pas du tout ce que signifie une exploitation pétrolière : «une sorte de mine», disent les uns, «un trou comme un forage pour un puits et on recueille dans des grands bassins», «des marteaux qui enfoncent d'énormes clous, tout le temps».

Ensuite, réellement, parce que l'exploitation pétrolière les intéresse moins que le journal qu'ils se passent de main en main, contemplent comme s'ils le lisaient, surtout les photographies; de la discussion autour de la clepsydre sous le porche montent ces voix au milieu d'un grand brouhaha :

— On est là, tiens!

— Le Gaddour assis sur la pierre, là, la maison de Dieu, Gaddour.

— Personne d'autre. Il faudrait mettre les autres.

— Un Allemand a photographié autrefois la maison de Dieu avec les enfants.

— Ils vont demander plus d'argent à Tozeur parce qu'on est là-dessus.

— S'il plaît à Dieu, il n'arrivera rien.

— Voilà le *gaddous*, voilà le *gaddous*. (Cela est jappé exactement comme si l'homme découvrait sur la photographie quelque chose qui ne se trouvait pas à un mètre cinquante de lui, en ce moment, ou plutôt comme si de voir cette chose en image la lui révélait.)

— On est vraiment pauvre, vraiment pauvre. Quand le gouvernement, il voit une chose pareille, il ne peut pas laisser ça comme ça.

— La maison de Dieu est petite, plus petite que les autres.

— On ne sait jamais ce que tout cela peut faire. On ne peut jamais dire.

— La tente d'Ismaël est là. Avec Ismaël.

315

— Il est mort, Ismaël.
— Il est là, avec la tente.
— S'il plaît à Dieu ce n'est pas comme Gaddour.

— J'ai senti alors qu'il fallait intervenir, me dit celui qui
enregistre la conversation : nos photographies étaient anciennes,
elles dataient de nos premiers voyages ; depuis deux des hommes
qui figuraient dessus étaient morts, le vieux Gaddour et le vieil
Ismaël. De là à penser que cela portait malheur ! Je leur demande
ce qu'ils voudraient voir changer en premier si le gouvernement
se décidait d'un seul coup à tout modifier à Chebika.

— Qu'est-ce qui peut être autrement? On doit d'abord
nettoyer les rues et faire un nouveau toit aux maisons.
— Sur le journal, on voit les maisons comme elles sont, en
morceaux. C'est tout comme des cavernes dans la montagne.
C'est cela qui va montrer aux gens de Tunis ce que nous sommes.
— Il faut que le ministre de l'Agriculture vienne ici et qu'il
donne des graines.
— Et des outils.
— Oui, des outils, s'il plaît à Dieu.

— De toute manière, commente un de nos enquêteurs, ils
sont modifiés par la seule existence de cet article : le fait d'avoir
été représentés sur un journal les transforme. Non pas exactement les transforme, les force à être plus « chébikiens » qu'ils ne
l'ont été, à jouer leur rôle avec une précision à laquelle ils
n'avaient pas songé. Nous avons vu hier et avant-hier deux
assemblées des chefs des familles principales se tenir sous le
porche : l'une pour décider du choix de deux hommes pour un
chantier à El-Hamma, l'autre pour l'affaire des chèvres qui
paissent avec les troupeaux des Bédouins et pour la garde
desquelles ces derniers demandent trop d'argent. Autrefois ces
réunions étaient pratiquement inexistantes : on restait vautré sur
les pierres sans paraître écouter ces discussions entre deux ou
trois personnes, toujours les mêmes. Eh bien, pour la première
fois, il y a eu une réunion avec discussion, et le choix des deux
hommes a été établi selon les besoins plus ou moins exacts des
familles auxquelles ils appartiennent, tandis que les Bédouins
ont eu le dessous dans l'affaire des chèvres, pour la première fois
sans doute et sous la menace que les gens de Chebika trouve-

316

raient, s'il le fallait, un berger au village. Ce n'est pas très solide encore, ni très certain ni conscient, mais le fait de savoir que Chebika existe ailleurs et pour d'autres les a changés eux-mêmes à leurs propres yeux.

Si cet article a contribué à troubler la calme dégradation endormie et la médiocrité de la vie à Chebika, cela signifie peut-être que, pour la première fois depuis des années, la collectivité du village s'est sentie atteinte et sollicitée par un événement de l'extérieur mais qui la concerne. Bien des villages ou des groupements du Maghreb ont été conduits à la déchéance, lorsque l'ordre administratif venu de la ville (celui des beys, celui des colonisateurs, celui des pouvoirs nationaux) les arrachait à la perpétuelle guérilla, au *jaïch*. Durant cette période de conflits plus ou moins larvaires, ces groupements *existaient* nécessairement parce qu'ils avaient des ennemis ; c'est sans doute une des raisons de la guerre dans les sociétés non historiques qu'un groupe se sente porté à l'hostilité contre un autre groupe parce que le premier se sait « représenté » par le second, et, pour ainsi dire, mutilé par cette image étrangère. Mais l'hostilité qui en résulte (peut-être l'exigence ressentie par une collectivité étroite de montrer à une autre collectivité qu'elle existe d'une autre manière que l'idée que cette dernière s'en fait, de récupérer une part de la substance qu'elle croit ravie par sa rivale) tombe avec le calme administratif ou la « pacification ». Et ces groupements se dégradent donc d'autant plus vite qu'ils n'ont plus à se prouver à eux-mêmes leur existence. Parce qu'ils retombent sur eux-mêmes, ils ne prennent plus la peine de jouer le rôle collectif qu'ils ont jusque-là assumé ni même les multiples rôles particuliers propres, internes au groupe ! Ils s'abandonnent donc et finalement se dégradent. On serait donc fondé à penser qu'*un groupement humain ne possède de structure propre qu'au moment où il entre en compétition avec d'autres groupes également structurés par cette rivalité même, ou lorsqu'une certaine quantité d'informations lui est proposée qui aide l'ensemble social endormi ou dégradé à se cristalliser en système organisé et cohérent.*

Les hommes de Chebika, durant toute la première phase de notre investigation (deux ans et demi) vivaient dans un état d'abandon si frappant qu'il était pratiquement impossible de procéder à une reconstruction globale de leur système de vie. Cette dégradation affectait aussi bien les pratiques, les rites, que

317

la conscience: l'implicite force qui fait respecter des réglementations et qui peut susciter des actions collectives novatrices dans la mesure où elle n'est pas, comme le pensait Durkheim, une simple coercition, une simple «pression» négative, cette force elle-même s'est éteinte. On a vécu «du bout des doigts» si l'on peut risquer cette image, parce que l'administration nationale qui a remplacé l'administration coloniale (surtout militaire dans ces confins) a laissé ces groupements en friche.

Un des éléments importants qui, paradoxalement durant la phase coloniale, a empêché ces groupements de s'effacer complètement sous l'impact administratif est l'usage de la drogue: le chanvre indien, le haschisch, le *takrouri* a joué un rôle tout à fait déterminant ainsi que l'usage et l'abus du thé, son succédané. La torpeur qui s'emparait du Sud aux lourdes heures de midi en été (et souvent aussi en hiver mais elle était moins visible parce que abritée sous des porches ou dans les cours) était le trait caractéristique de ces groupements dont l'administration étrangère avait dissous les structures.

De l'effet du *takrouri*, on sait ce qu'il vaut, fumé dans des cigarettes roulées avec plus ou moins de bonheur. Mais que le thé ait été reçu dans l'intérieur du Maghreb comme une drogue, qui fut d'abord longtemps méprisé par «les gens sales» comme un péché, voilà ce qu'il faut savoir aussi. Que l'usage du thé s'était généralisé dans la mesure où il calmait la faim endémique de la plupart des ruraux au moment où cette boisson (qui sous l'influence du commerce anglais, au XIXᵉ siècle, supplante au Maroc le café) passe de l'Empire chérifien aux Sahariens puis en Tripolitaine et pénètre dans les villes tunisiennes au moment où les habitants de ce pays, pendant la guerre italo-turque de 1912, s'expatrient vers l'Égypte ou vers l'ancienne Ifriqya[1]. Que les gens de Chebika aient adopté le thé avant même que l'usage en ait été généralisé dans toute la Régence est vraisemblable, compte tenu de leurs relations avec les nomades sahariens.

Et l'on devrait parler dès cette époque et au même titre que pour le *takrouri* d'une véritable intoxication par cette décoction très forte et âcre qui ne ressemble en rien aux infusions que nous buvons. Double intoxication qui porte une signification sociale profonde puisque l'effet produit par ces drogues permet assuré-

1. E. F. Gobert: *Usages et rites alimentaires des Tunisiens*, «archives de l'Institut Pasteur de Tunis», XXIX, 1940, p. 20.

ment aux membres de ces groupes de vivre sous forme de rêveries un dynamisme qui ne peut se manifester dans la vie réelle. La drogue est le lien commun à tous ces ensembles humains de faible amplitude où survit à l'état de phantasmes une structure réelle alors dissoute.

Au moment de la lutte pour l'indépendance, une certaine quantité d'informations nouvelles se déversent sur Chebika et, pour ainsi dire, l'agressent : celle qui postule l'autonomie des groupes anciens (avec ce que cela comporte de frustrations confuses à compenser) telle qu'elle est contenue dans le mot à valeur mythique d'*indépendance*, celle qui affirme le changement global de toute la société arrachée à l'immobilisme colonial. Ces informations donnent momentanément à Chebika une existence et une structure qui se manifestent par sa participation plus ou moins active (mais en tout cas favorable) à l'effervescence nationaliste, laquelle fut, on l'oublie souvent, plus longue que celle des villes et dut provoquer une intervention pacifique mais conjointe de membres du parti destourien envoyés par Bourguiba et de certains éléments de l'armée française pour désarmer et pacifier ces régions après la reconnaissance de l'autonomie interne par le gouvernement français, en 1958.

Mais après cette situation, la nouvelle administration n'a pu être en mesure de procéder aux changements que l'information avait indiqués ou suggérés : un pays ne se reconstitue pas en quelques années, surtout un pays comme l'est la Tunisie plus riche en cadres politiques moyens qu'en ressources naturelles ou financières. Que le Sud soit revenu à une stagnation qui dure depuis presque un siècle, cela ne condamne pas l'effort national tunisien pour modifier les structures globales ; mais les délais nécessairement très longs qu'implique ce changement pour atteindre le centre et le sud du pays, eux, sont perçus par les groupements multiples comme un abandon. Ou bien certains d'entre eux se dissolvent et partent pour la banlieue des villes, comme ce fut le cas de la famille de notre enquêteur Salah, ou bien, restant sur place, les autres subissent la lente dégradation continue, le lourd sommeil qui caractérise un groupement déstructuré.

Quand nous sommes arrivés à Chebika, en 1961, cette dégradation ou ce sommeil étaient à leur point le plus fort. Au point que les gens du village vivaient dans cette sorte de paranoïa naturelle qui résulte d'un décalage définitif entre l'existence réelle et la réalité du groupe. Ajoutons que le thé est la seule drogue qui permette de compenser les frustrations collectives, l'usage du *takrouri* dûment condamné par le nouvel État ne permettant plus de réaliser la synthèse des motivations réprimées dans le domaine de la rêverie. Et le thé, lui, ne possède pas la vertu radicale du haschisch, accentue et excite souvent la frustration sans l'apaiser.

Le fait que l'image de Chebika soit retenue à Chebika par le truchement d'un journal, que la ville et le gouvernement aient (du moins le pense-t-on) vu l'image de Chebika hors de Chebika, cela force à nouveau le village à exister, à assurer, fût-ce modestement, le fonctionnement de son système propre. C'est dire que la forme même du groupement n'existe et n'est à la fois observable et vécue qu'au moment d'une crise. Mais alors déjà, cette structure qui s'impose à nouveau, parce qu'elle implique le bon fonctionnement des rôles divers qui composent le système et la conscience collective et individuelle de ses membres, déborde elle-même son propre cadre, tend à détruire son équilibre fragile et momentané pour en reconstituer une nouvelle qui réponde à l'*attente* que suppose le développement ou, simplement, tout changement global et microscopique perçu comme imminent par un groupe microscopique.

Le témoignage le plus saisissant de cette mutation et de cette structuration momentanée sous le choc d'une information nouvelle (la représentation du village dans un journal) est sans doute ce que nous a dit Ali le jeune, que, depuis cette date, « on parlait de tout à Chebika ». Chebika parlant de soi, trouvant dans le langage la manifestation de son existence structurée c'est déjà un dynamisme social qui se manifeste, activement, mais encore à vide.

23. La route guerrière de Tamerza à Chebika.
(Photo Valentin/Hoa Qui.)

24. Chebika, l'oasis.
(Photo Gérald Buthaud/Cosmos.)

25. Région de Chebika : battage bédouin dans la plaine.
(Photo Henri de Châtillon/Rapho.)

26. Chebika 1960.
La terrasse, à gauche,
seule trace d'une aide
venue d'ailleurs.

27. Qui aidera le Sud
à survivre ?
*(Photos Gérald Buthaud
/Cosmos.)*

29. Le Sud
au marché des bêtes.
*(Photo Wolf Winter
/Imapress.)*

30. Le bonheur
des rues tunisiennes,
au siècle dernier.
*(Dessin
d'Eugène Girardet
in Docteur Cagnat,
« Voyage en Tunisie »,
1885.)*

◄
28. « Rien n'est plus beau
que le Sud tunisien »,
me disait Jean Amrouche.
*(Photo Tomas D. W.
Friedmann/Imapress.)*

31. Le « baroque »
du Sud.
*(Photo F. Le Diascorn
/Rapho.)*

32. Trois générations
de femmes :
le mouvement
de droite à gauche
s'est-il inversé
aujourd'hui ?
*(Photo H.W. Silvester
/Rapho.)*

33. Les broutilles
du « folklore »,
à Tozeur.
*(Photo Richard
Harrington/Imapress.)*

▶

37. *Les Remparts d'argile.*
(Collection
Cahiers du Cinéma.)

38. Leila Chenna
dans le rôle de Rima.
(Collection
Cahiers du Cinéma.)

39. La grève
dans la carrière.
Scène du film
les Remparts d'argile.
(Collection
Cahiers du Cinéma.)

Pages précédentes :

34. A Nefta,
ce fut
le café de Gide et
d'Isabelle Eberhardt.

35. Le Sud : Tozeur.
(Photos Georges Viollon
/Rapho.)

◄   36. Jean-Louis
Bertuccelli
pendant le tournage
des *Remparts d'argile.*
(Collection
Cahiers du Cinéma.)

40. Le visage de
Pénélope.
*(Photo Wolf Winter
/Imapress.)*

41. Le Sud,
tel que l'a vu
an-Louis Bertuccelli.
(ND-Viollet.)

42. Précieuses et
sacrées : les fiancées
empaquetées
un mariage bédouin
du Sud.
(Keystone.)

Le regard bédouin
a-t-il varié
depuis le début
du siècle ?
(Collection Viollet.)

44. L'hiver, le froid.
(Photo H. W. Silvester/Rapho.)

45. Pénélope (suite).
(Photo Toni Schneiders/Rapho.)

46. L'oasis de Tozeur, sans touristes.
(Photo F. Le Diascorn/Rapho.)

L'affaire de la carrière

Il y eut l'affaire de la carrière...

Cette fois quand nous sommes arrivés à Chebika, le matin, à l'heure où d'ordinaire le vieil Ali et le muezzin de la mosquée étaient vautrés dans l'ombre étroite des murs, la place était vide et, sous le porche, l'eau du *gaddous* coulait paisiblement, toute seule. La boutique de l'épicier était fermée, mais fermée comme elle ne l'avait jamais été, c'est-à-dire que la porte était close avec un loquet. La machine à coudre attendait, poussée dans un coin. Pourtant, il nous l'avait dit, l'épicier, «il faudrait un tremblement de terre pour que je cesse d'être là ou que mon oncle me remplace au comptoir si je suis allé à Tozeur pour le ravitaillement». Mais la porte était fermée et les maisons du village paraissaient vides, elles aussi.

Ce qui nous surprit le plus et nous indigna même (mais on ne savait pas très bien pourquoi) ce fut de trouver l'échiquier du muezzin, avec les crottes de chameau, abandonné, même jeté au pied de la mosquée, sur la place. Alors, nous sommes revenus près de la voiture et nous avons écouté le silence de ce village désert où flottait l'odeur d'un feu de bois mal éteint, cette odeur froide d'incendie. Depuis trois ans que nous venions à Chebika nous n'avions jamais vu le village désert comme il l'était aujourd'hui.

Surtout, il y avait le silence, incongru. Même quand apparut un enfant qui descendit en courant du porche de l'épicerie, courut sans nous regarder, tituba un instant sur son élan en tournant le mur de la mosquée vers cet endroit où la falaise qui supporte le village tombe à pic dans une sorte de trou de pierrailles. Khlil courut derrière l'enfant et disparut avec lui derrière le mur de la mosquée. Maintenant, quelque chose d'autre était là, que nous ne connaissions pas et qui nous rendait le village inconnu. Quand Khlil eut questionné l'enfant et qu'il nous eut dit que tous les hommes étaient en bas, dans la carrière, et qu'ils discutaient, nous savions qu'un autre Chebika émergeait du cocon où sommeillait le village.

En tournant la maison et en abordant la pente puis le sentier qui la suit à mi-côte, nous avons aperçu la centaine d'hommes qui constitue la population mâle valide du village et des plus proches tentes debout dans les pierres, appuyés sur des pioches, non comme des hommes qui travaillent mais comme des hommes qui veulent quelque chose, qui attendent quelque chose. Ils ont levé la tête et nous ont regardés venir vers eux, sur le sentier que nous dévalions maladroitement. Ils n'ont pas fait un geste, ils nous ont simplement regardés comme s'ils nous attendaient et que nous avions rendez-vous avec eux.

Au même moment, nous avons aperçu, au-dessus de nous, rangées au pied des maisons dont les murs surplombent la falaise, toutes les femmes du village dans leurs robes violettes et pourpres, immobiles, figées, avec les enfants dans leurs jupes. Tassées les unes contre les autres, comme une seule masse, elles regardaient les hommes en bas, sans un cri, sans un geste. Elles étaient là, simplement.

Et quand nous sommes arrivés au milieu des hommes avec nos carnets de notes et notre magnétophone, nous nous sommes sentis démunis et vides parce que, pour la première fois, Chebika était là, devant nous, avec ces visages durs et avides, butés en tout cas. Et c'est Mohammed qui tout seul s'est tourné vers nous pour nous serrer la main et nous dire «qu'on avait des choses à dire».

Nous nous sommes assis au milieu des hommes, sur la pierre comme pour leur demander de s'asseoir eux aussi, ce qu'un ou deux seulement ont fait puis quelques autres, et cela a entraîné un mouvement général vers nous; ils se sont groupés ainsi, sur les rochers, les uns appuyés sur des pioches, les autres allongés par terre. D'ordinaire les visages souriaient, ils étaient fermés, aujourd'hui.

Et ils se sont mis tous à parler en même temps d'une voix rauque. Les visages étaient durcis, creusés même : quelque chose s'était passé là qui était peut-être un événement extérieur mais qui mettait en branle une force née du village lui-même qui ne ressemblait ni au travail habituel dans l'oasis, ni à la nonchalance apparente des jours d'été. Quand on a pu obtenir qu'un seul homme nous parle, quelque chose a commencé à se décanter et les autres ont approuvé en agitant la tête. La réunion dans la carrière a duré deux bonnes heures. Nous avons appris que «l'on en avait vu de toutes les couleurs». L'affaire avait débuté par la visite du délégué du gouverneur qui avait regardé les maisons, l'école, pris des mesures avec un grand cordeau en fil de fer manipulé par deux jeunes gens, compté les pas, puis s'en était allé sans dire autre chose. Deux ou trois jours plus tard, des camions étaient arrivés qui apportaient des pioches, des crochets, tout ce que l'on avait en ce moment entre les mains. (Et tout cela, ils nous le montrèrent avec une véhémence que nous ne connaissions pas.) On leur avait dit de casser les rochers et de tirer des pierres de la carrière où nous étions et de se mettre au travail dès le lendemain sous la direction d'un contremaître qui logerait à Chebika pendant les travaux, un certain Noureddine, de Tozeur. On travaillerait cinq heures par jour et on serait payé au tarif habituel. Le village ne cacha pas son contentement puisqu'il attendait, depuis longtemps, la reprise d'un travail collectif. Surtout, ils estimaient que ce travail servirait à reconstruire leurs maisons tombées en ruine depuis deux ou trois générations et cela voulait dire que le gouvernement s'intéressait enfin à eux comme ils le souhaitaient. Aussi travaillèrent-ils comme ils ne l'avaient jamais encore fait, d'abord parce qu'ils étaient «en chantier», toucheraient trois cents millimes chacun par jour et une livre de semoule américaine, ensuite parce que les grands changements allaient venir. Même le travail de l'oasis fut négligé. Pendant deux semaines, ils travaillèrent ainsi à casser les rochers et à en tirer des sortes de pierres de grosseur équivalente qu'ils empilaient au pied de la falaise. Ils ne détestaient pas ce genre de travail. Ils le faisaient même plus volontiers que tout autre parce qu'il était régulier et régulièrement payé bien qu'il soit plus fatigant et dur que celui de l'oasis.

Et hier voilà qu'un homme de Tamerza était arrivé qui leur a dit qu'ils travaillaient non pour réparer les maisons du village, mais pour construire une maison qu'occuperaient le délégué du gouverneur et les gardes nationaux quand ils viendraient en inspection. D'abord, ils continuèrent à travailler comme si de rien n'était, sûrs et certains que ces pierres devaient servir à reconstruire leurs maisons, que des ingénieurs viendraient avec des camions pour apporter du ciment. L'homme de Tamerza, pourtant, assis au-dessus d'eux, leur répétait qu'ils ne travaillaient pas pour eux mais pour le gouverneur.

Quand ils eurent empli leurs oreilles des paroles de l'homme de Tamerza, qu'ils se furent souvenus des gestes du délégué du gouverneur traçant des traits sur le sol de la place avec les fils de fer, ils arrêtèrent le travail. Le soir, une voiture arriva : un garde national et un ingénieur des Travaux publics sans difficulté leur a dit qu'il s'agissait en effet de construire un bâtiment administratif. Eux, ils ne voulaient pas d'un bâtiment administratif, ils voulaient bien travailler en commun mais pour reconstruire leurs maisons et améliorer l'oasis, pas pour faire une maison à un étranger. A quoi servirait ce bâtiment ? A loger un homme de Tunis ou du Sahel qui aurait de petites lunettes noires et une cravate et qui leur répéterait à longueur de journée ce qu'ils entendaient à la radio ? qui, peut-être les forcerait à payer des impôts ? A loger un homme qui n'aurait rien à voir avec eux sinon de les surveiller et de les empêcher de faire ce qu'ils avaient l'habitude de faire ?

Quand tout cela a été dit, ils se sont mis à parler tous à la fois en demandant avec insistance qu'on note tout ce qu'ils disaient « parce que tout doit être répété et imprimé afin que Bourguiba le sache et empêche ce qui allait se faire, parce que, eux, les gens de Chebika ne travailleraient pas pour rien, ainsi ». Tantôt l'un, tantôt l'autre a pris alors la parole, presque en psalmodiant, debout, appuyé sur une pelle ou une pioche, assis sur un rocher, avec ce regard buté des gens de la campagne qui ont décidé quelque chose et ne varieront pas :

— Ce qu'il nous faut, s'il plaît à Dieu, commence Ali, ce qu'il nous faut c'est d'abord arranger les toits et les murs des maisons qui sont sur la hauteur parce que l'eau, en hiver, coule directement dans les chambres et qu'il faut coucher sur des pierres ou sur des planches. Quand ce sera fait, il faudra construire un escalier qui descende depuis l'épicerie jusqu'à la place parce que, là aussi, l'eau coule comme dans un oued en hiver aussi. Il faut que les toits soient comme ceux de l'école, solides et un peu en pente à cause des orages...

— Ce qu'il faut surtout, dit Hassan, c'est faire venir l'électricité. En travaillant, on peut en un an planter des poteaux jusqu'à El-Hamma, il y a trente kilomètres, même pas. Il y a aussi des moteurs qui font l'électricité et on peut construire une chose pareille qui marchera tout le temps comme je l'ai vu à Tozeur.

— Pas l'électricité. Mais il faut forer une autre source à droite de la source déjà exploitée pour donner plus d'eau à l'oasis et planter des arbres jusque dans la plaine : au pied de la montagne, les Bédouins font déjà pousser du blé et ils prennent l'eau de l'oasis avant qu'elle se perde dans la pierre, on peut donc agrandir l'oasis, aller jusqu'à la plaine.

— On a les instruments, on peut travailler. Qu'on donne les instruments et on travaille, mais pour nous, pour les gens de Chebika, pas pour les autres.

— Il nous faut des semences nouvelles, il nous faut des machines pour défoncer le sol et pour battre le blé comme il y en a partout, il nous faut un appareil pour monter l'eau et un autre appareil pour faire de l'électricité. Nous ne savons pas comment marchent ces appareils mais nous saurons nous en servir et nos enfants sauront en construire d'autres.

— Pourquoi le gouverneur ne vient-il ici qu'une fois tous les deux ans, pour nous faire des cadeaux? Nous voulons bien des cadeaux mais des choses que tout le monde possède et qu'on devrait avoir comme tous les autres gens.

Aucun de ces hommes ne demandait de quoi manger, nul ne demandait non plus du tabac ou du thé, mais du matériel et des outils. Tous estimaient qu'ils pourraient obtenir ce qu'ils désiraient quand ils posséderaient les instruments qui changeront la vie du village car, comme le dit le « soldat maigre », « c'est un désert ici, oui, mais on sait bien qu'on peut faire pousser des tas de choses dans le désert, si on travaille et si on en a les moyens ». Aucun d'entre eux n'imaginait qu'il puisse s'enrichir individuellement puisqu'il fallait d'abord posséder ce que tout le monde possédait déjà et l'on ne voyait pas pour quelle raison Chebika ne disposait pas de ce qui était déjà acquis par les autres.

— Quand l'ingénieur est venu, nous lui avons dit que nous travaillerions pour le gouverneur après que nous aurions construit nos maisons, que c'était cela le plus urgent et que nous le savions mieux que les gens qui ne venaient jamais ici. L'ingénieur a regardé les maisons. Il a compté les maisons qui sont les plus mauvaises et il a dit qu'il parlerait de tout cela, mais

325

le garde national, lui, nous a dit qu'il savait que le délégué du gouverneur avait décidé que l'on ferait une maison administrative et rien d'autre.

— Nous ne savons ni lire ni écrire. Mais nous savons que nos maisons sont en ruine et que les autres gens du pays ne couchent pas dans des maisons comme celles-là. Si nous n'avions pas de quoi construire des maisons, nous ne dirions rien, mais *inch'Allah*, nous avons des pierres et il suffit qu'on nous donne du ciment et du bois, alors nous arrangerons nos maisons. Mais nous n'allons pas travailler pour une maison que personne n'habitera. Pour l'école nous avons travaillé, pas pour ça.

Et ils ont continué à parler, à répéter les mêmes choses jusqu'à ce que le soleil ait commencé à baisser. Mais ils étaient là et nous aussi, immobiles. Finalement un des hommes a dit :

— Vous nous avez parlé de beaucoup de choses et vous devez savoir pourquoi nous faisons cela : vous avez parlé beaucoup et posé beaucoup de questions ; vous avez écrit sur nous. Pourquoi restons-nous des misérables ? Nous ne sommes pas des mendiants : autrefois, les gens de Chebika possédaient toute la région.

Ils se sont regardés : ils étaient là, avec leurs femmes au-dessus d'eux, dans le vent assez froid de cette journée d'hiver, qui brassait les voiles d'un grand mouvement continu. Eux les hommes s'appuyaient sur le genre d'outils qu'ils avaient toujours désiré posséder et qu'on leur avait prêtés pour casser des pierres afin de construire une maison qui ne leur était pas destinée.

— Le gouvernement, a dit l'un d'entre eux, c'est très bien, mais s'ils viennent ici, ils verront que nous pouvons faire aussi bien que les autres et même mieux. Alors, on doit aussi nous donner ce qu'on donne aux autres.

Et Bechir a ajouté « que Bourguiba n'était jamais venu ici, qu'il ne connaissait pas le Sud sauf quand il y avait été mis en prison par les Français. Mais ce n'était pas la faute des gens du Sud qui voulaient à la fois rester de bons musulmans et posséder tout ce qu'on pouvait souhaiter. On ne savait pas ce que voulaient les gens de l'administration : la radio parle tout le temps de faire le bien du peuple mais il faut que le peuple fasse son bien puisqu'on le voulait ».

Alors un des hommes a confié à l'un d'entre nous qu'il était nécessaire que nous les aidions et que nous parlions de leur affaire à des gens importants puisque nous les avions toujours aidés et que nous leur avions appris à faire, en somme, ce qu'ils faisaient aujourd'hui. Les hommes étaient autour de nous, enfermés dans leur gandoura pour se protéger contre le vent d'hiver, le visage tendu, formulant pour la première fois avec netteté pour nous et surtout pour eux-mêmes des idées qui, de ce fait et parce qu'elles étaient énoncées pour la première fois, devenaient des exigences. De ce qu'ils les présentaient devant eux, en ce moment, ils les dramatisaient puisque ces idées devenaient des forces indépendantes, des images actives d'une action possible résultant de l'idée qu'ils se faisaient de ce qui leur manquait et de ce qu'ils étaient en droit d'obtenir. C'est alors qu'un vieux qui n'avait rien dit nous cria, presque avec colère : « Il y a beaucoup de choses dans le monde que nous pourrions désirer et dont nous n'avons pas l'idée... »

Par la suite, nous avons eu des échos différents. En fait, ce jour-là, les gens de Chebika nous ont fait comprendre qu'ils voulaient que nous prenions note de ce qu'ils avaient à faire savoir et puis que nous les laissions entre eux, en tête à tête avec eux-mêmes.

Nous sommes donc repartis pour la ville. Là nous avons cherché à rencontrer ce qu'on appelle un « responsable », un de ces hommes affables, précis, souvent efficaces mais plus soumis au respect de l'État qu'aux exigences des hommes qu'ils encadrent (et c'est une grande chose dans un certain sens que cet État instauré dans un pays qui n'avait jamais rien connu de tel, qui n'avait jamais eu conscience d'exister, avant d'être *nommé* par la parole du leader).

Nos gens de Chebika, assurait-il, étaient des comédiens, des roublards qui profitaient de notre présence pour raconter tout ce qui leur passait par la tête. D'abord, il n'avait jamais été question de construire une maison pour le délégué du gouverneur, mais un bâtiment pour abriter les graines, le blé et les moissons, un bâtiment qui servirait au parti, bien entendu, mais aussi à la distribution des produits pharmaceutiques. (Nous avons objecté que cela ne modifiait en rien l'attitude des gens de Chebika qui entendaient restaurer d'abord leurs maisons toutes ruinées, mais le responsable a balayé l'argument en haussant les épaules.) Ensuite, ces mêmes hommes de Chebika étaient payés comme tous les autres gens des chantiers de travail, et puis l'État

«Vous êtes notre dernière chance...»

leur faisait un cadeau en établissant à fonds perdu un chantier dans leur pays. Ils ne devraient pas donner ce mauvais exemple, parce qu'ils n'ont pas à se plaindre du gouverneur qui procède à de larges distributions annuelles de graines et de produits pharmaceutiques. Il y avait même un camion sanitaire qui sillonnait le pays pour soigner les enfants. (Nous lui avons rappelé que ledit camion n'est allé qu'une fois à Chebika, et cela pour présenter un film sur le trachome, au prix de difficultés incroyables et après s'être ensablé plusieurs fois en traversant le désert.) Mais les gens de Chebika étaient, de toute éternité, des gens que rien ne contentait, qui pourraient aller travailler dans les mines de Redeyef mais qui préféraient croupir dans leur trou à rats. (C'est l'argument des nomades et nous avons su, ensuite, que le « responsable » était né dans une famille de nomades, mais d'une autre région, de l'autre côté du chott el-Djérid, vers Douz.) De toute manière, nous perdions notre temps : les gens de Chebika feraient traîner en longueur le ramassage des pierres pour toucher la paye d'un chantier de chômage plus longtemps, puis ils finiraient par faire ce travail comme tout le monde fait son travail et après ils ne pourraient plus se passer de ce bâtiment pour entreposer les semences et les réserves de grains ou de dattes. (Nous avons objecté alors que s'il s'agissait vraiment d'un bâtiment pour entreposer des semences, il convenait peut-être d'en fournir aux gens de Chebika qui se plaignaient de n'en avoir plus reçu depuis des années.) Mais là encore, paraît-il, les gens de Chebika nous trompaient, puisqu'ils avaient reçu des graines et qu'ils les avaient revendues ou échangées contre des moutons ou des chèvres (sans doute parce qu'ils manquaient de viande et souhaitaient payer quelques dettes trop lourdes...), qu'ils utilisaient tout ce qu'ils recevaient pour trafiquer à droite et à gauche, avec les nomades ou les gens de Tamerza, qu'ils étaient en somme des menteurs et des bluffeurs et qu'ils ne voulaient pas de cet entrepôt pour que personne ne mette le nez dans leurs affaires. (S'il s'agissait d'un véritable entrepôt pour mettre le blé, il fallait remarquer aussi que le blé poussait dans la plaine sur des terres que les nomades avaient conquises, et ces mêmes nomades fixés étaient déjà en train de prendre possession des terres de l'oasis : un entrepôt dans Chebika pour du blé appartenant aux gens des tentes, c'était consacrer définitivement l'échec du village et en faire pour toujours une sorte de colonie.) Cela n'avait aucune « espèce d'importance et c'étaient là des problèmes futiles, des problèmes de quartier et nous étions tout à fait imprudents nous-mêmes de nous préoccuper de ces affaires minuscules au lieu d'intéresser nos étudiants aux grands problèmes nationaux, comme celui de l'implantation prochaine du socialisme destourien dans les campagnes».

— Les gens de Chebika, affirma-t-il alors, appartiennent au passé et ils seront balayés s'ils ne s'adaptent pas. Dans le meilleur des cas ils iront travailler à la ville ou dans les mines et l'on construira un hôtel pour les touristes au bord de l'oued, ce dont ils seront satisfaits car ils travailleront alors tous comme cuisiniers ou garçons de course.

— Nous savons que la construction et l'entretien des hôtels est le principal moyen d'extension de la main-d'œuvre en Tunisie, mais il s'agit d'une reconversion : les gens de Chebika peuvent être utilisés *sur place* comme agriculteurs ou tisserands ; un hôtel ne développe rien, il aide à créer un emploi, certes, mais non spécialisé ; il aide à former cette classe intermédiaire de domestiques, gens à tout faire qui ne s'intégreront jamais ensuite dans la vie industrielle parce qu'on ne les a point adaptés à d'autres tâches précises après les avoir arrachés pour toujours à la terre.

— De toute manière, le vrai, le seul problème de votre Chebika, nous dit le fonctionnaire, est de s'intégrer au socialisme. Ce n'est pas un problème de village, mais un problème national.

A la première question — intégration du socialisme destourien — nous pouvions faire à ce fonctionnaire subalterne une réponse que nous avait proposée elle-même la population de Chebika : au cours de notre dernière année de travail dans le village et parce que le parti néo-destourien venait de modifier ses intentions et même son titre, le socialisme d'État qu'il entendait promouvoir alimentait toutes les émissions de radio et la plupart des articles des journaux. Nous avions donc entrepris de savoir comment ce socialisme pouvait ou non s'intégrer dans les perspectives d'attente des gens de Chebika, et cela nous conduisit à penser que «l'affaire de la carrière» était un symptôme plus favorable à ce qu'on appelle en termes politiques une gestion socialiste ou une autogestion que toutes les déclarations verbales et préparées d'avance par lesquelles des groupes de ruraux du Centre et du Sahel recevaient certains responsables importants, en visite.

Il fallait d'abord savoir ce que représentait pour un homme de Chebika ce terme de socialisme, non comme mot ou concept (encore que l'on puisse estimer que nos quatre années d'implantation et d'enquête aient, comme le disaient eux-mêmes les gens de Chebika, aidé les hommes à formuler en langage ce qu'ils éprouvaient sans le dire) mais comme *pratique de la vie quotidienne.*

Or, à cette première enquête, nous avons été stupéfaits de constater que la plupart des hommes de quarante ans interrogés (propriétaires ou *khammès*) savaient ce que représentait la gestion directe de la production collective et même le genre de responsabilité que cela impliquait : « Ça veut dire que je travaillerai ma terre avec mon voisin et qu'on vendra en commun les dattes, et puis, *inch'Allah*, on me rendra ma part », ou bien encore : « On aura l'œil sur ce que fait le voisin comme il l'aura sur nous pour qu'il y ait des biens semblables pour tous. » Moins explicites sont ceux qui tentent de définir cette gestion : « On aura un homme pour compter, ça devrait être Ridha mais il ne doit plus être épicier mais seulement compter pour nous. » Ou bien : « A celui qui veut garder tout pour lui, on donne sa part, on se réunit pour dire : à toi ces graines, à moi cette eau, à toi ces chèvres. » De tous, Noureddine, un des propriétaires, et Mohammed, le *khammès*, ont été les plus loquaces.

— Quand j'ai cherché du travail pour mon fils, dit Noureddine, je n'ai rien trouvé d'autre que mon terrain dans l'oasis. Je voulais qu'il travaille ailleurs et je suis allé avec lui à Tozeur, à Degache, mais partout on nous a dit de retourner là où nous étions parce que là seulement on pouvait travailler. Bien sûr il y avait du travail à la cueillette des dattes mais il y a aussi tous les Bédouins qui arrivent et ce sont eux qui travaillent le plus à ce moment, et pendant seulement deux mois. Dans les chantiers non plus il n'y avait pas de travail, ni aux Travaux publics, ni à l'électricité. Mon fils n'a pas été à l'école parce qu'à ce moment on n'y allait pas encore et il n'a pas fait non plus son service militaire. Alors, je l'ai ramené sur la terre que Dieu nous a donnée pour la cultiver et il travaille avec moi. Je crois qu'il ferait d'autres choses si l'on mettait le travail en commun : il ne pourrait pas continuer à être simplement cultivateur, s'il y avait des machines, il aime les machines et trouverait autre chose.

— Qui sait ce qu'est tout cela ? dit Mohammed. Mais Dieu n'a pas permis que nous vivions plus mal que les autres frères. A Chebika, il n'y a rien à mettre en commun puisque tout déjà est en commun, enfin beaucoup de choses dont on a besoin. Mais si on fait cela, il est possible que tous ensemble on soit plus riches, à condition qu'on partage vraiment tout. Ce sont des affaires dont il faut parler entre nous, pas seulement avec le gouverneur.

Cela nous révélait, en somme, un plan d'expérience nouveau auquel nous n'avions pas eu accès : l'information de Chebika sur l'autogestion était plus riche et plus précise que nous pouvions le penser même après quatre années d'analyse. Tout se passe dans la vie des groupements comme si des plans de conscience ou de croyance émergeaient, lorsque l'expérience globale du groupe est engagée dans un certain engrenage de mouvement ou d'incitation au changement : la richesse d'un groupement ne se mesure sans doute pas à la complexité de ces structures fixes mais à la variété et à la souplesse des classifications avec lesquelles il tente de se comprendre lui-même à travers le monde où il est inséré, à la multiplicité des participations réelles ou imaginaires qu'il admet ou dont il rêve, aux plans divers et différents entre eux qui apparaissent dans la vie collective, tantôt en s'abritant derrière d'autres croyances, tantôt en s'affirmant ouvertement. La « préconnaissance » des systèmes de gestion autonomes des gens de Chebika a émergé ainsi, à l'occasion de nos questions, comme un niveau de l'expérience commune, parce qu'il s'est constitué au milieu de l'attente et du besoin de participations nouvelles. Il est lui-même une tentative de construction rationnelle, mal exprimée sans doute, mais il faut admettre que la signification interne des éléments d'un discours ont plus de richesse et de sens concret qu'un système de pureté logique dont l'apparition est hypothétique et propre surtout à nos catégories européennes.

D'autre part, l'analyse montre ici assez vite que le pressentiment clair de l'autogestion s'est probablement formé et peu à peu conceptualisé à l'occasion de deux événements historiques précis dont le premier est peu connu et le second a connu une grande diffusion dans tout le Maghreb, au moins verbale, sinon dans les faits.

Il s'agit d'abord du mouvement de revendication de 1955, antérieur à l'autonomie interne et à l'indépendance, qui cristallisa le mécontentement des *khammès* de Tozeur et de Nefta et entraîna même une grève, la première qui ait jamais été vue dans le Djérid. La manifestation de 1955 ne rassembla que deux cents personnes qui demandèrent une réorganisation du système de travail et elle n'eut pas une suite positive ni durant cette période d'agitation nationaliste (où elle fut réprimée avec vivacité) ni *après* l'indépendance puisque la plupart des responsables destouriens locaux étaient en même temps, du moins durant la première période de l'indépendance et surtout à Nefta ou à Tozeur, de grands propriétaires. Mais l'effet produit par une action de ce genre, ces résonances ou répercussions lointaines sur des groupements paraît être d'autant plus fort et susceptible de créer des symboles ou des attitudes nouvelles qu'il existe une multiplicité de groupements organisés pour recevoir le choc. La propagation d'un message dynamique dans une masse diffuse ne peut avoir les mêmes résultats que dans les communions ou les communautés, groupements dans lesquels elle entraîne l'apparition d'attitudes concrètes, voire de concepts pratiques déjà élaborés.

L'action de 1955 est peu connue mais elle a pourtant l'avantage de mettre en cause le Djérid en tant que tel et d'appeler à une participation fondée réellement sur le travail connu d'une région homogène. La diffusion des idées algériennes sur l'autogestion, la création de multiples coopératives socialistes sous le gouvernement de Ben Bella est différente, certes, mais elle a été doublement ressentie à Chebika : par la radio algérienne d'abord qui a longuement expliqué et presque quotidiennement le fonctionnement du socialisme d'autogestion, par la transmission verbale au-delà de la frontière devenue aisément franchissable, et des conversations de voyageurs. Que cette expérience de socialisme rural algérien ait ou non abouti, là n'est pas la question pour nous : l'essentiel est qu'ait émergé l'idée qu'un système de groupement social et économique nouveau pouvait être constitué dans les campagnes maghrébines et que ce système permettait aux villages existants de se transformer sans pour autant disparaître ou se dissoudre. Quand on connaît la cohérence interne de Chebika, on ne peut pas ne pas penser que cette idée d'un changement sur place, d'une redistribution des éléments sociaux fondamentaux à l'intérieur de la forme établie, ait séduit les gens du village.

Toutefois, si le socialisme existait réellement comme un élément constitutif et déterminant de l'attente collective de

Chebika vers 1964, l'analyse poussée plus loin ne donnait aucune indication sur la matière technique dont les gens du village envisageaient le système nouveau. Là, une fois encore, on retrouvait ce recours au gouvernement, cette passivité devant l'État, si caractéristique d'une région où les grandes initiatives globales sont venues des centres urbains depuis l'effondrement des grandes tribus errantes et révoltées : « Que ce gouvernement nous donne les outils et qu'il nous envoie des ingénieurs », ou bien : « C'est à Bourguiba de nous dire ce qu'il veut, il le sait et nous le faisons », ou bien encore : « Pour ce qui est de tout cela, c'est difficile de le dire si le gouverneur ne vient pas et ne nous dit pas : voilà ce qu'on fera, voilà les semences, les pierres, le ciment, l'argent, les machines. » C'est avec l'aide de l'État que Chebika veut constituer cette autogestion que son dynamisme endormi depuis des années vient de concevoir. On ne peut demander aux gens du village de percevoir la contradiction qui existe entre le socialisme d'État gêné par une administration centralisée qui n'entreprend pas de réforme radicale et une autre gestion qui, fondamentalement, suppose une seule réforme radicale, mais l'ignore.

Toutefois, comme cela se produit toujours, c'est au niveau de l'expérience quotidienne que la découverte de ces oppositions peut surgir : que le délégué du gouverneur, ou ses subordonnés de Redeyef et de Tamerza dont dépend administrativement Chebika, décide de centraliser les grains et les semences de toute la région sur la place du village en raison de son abord facile et de son extraordinaire situation stratégique, qu'il décide que cette maison sera aussi le siège d'un organisme régional du parti, et les gens de Chebika qui souhaitent participer à des entreprises collectives, mais à condition qu'elles servent d'abord au village, refusent de travailler et discutent entre eux. La contradiction éclate entre une administration qui planifie abstraitement et la vie des multiples groupements locaux où nul responsable politique n'est jamais venu s'implanter pour expliquer le sens des projets et aider les hommes du village à trouver des formes économiques nouvelles. La coercition résulte du manque d'élan des cadres moyens et de l'absence d'inspiration sociale d'hommes qui appliquent les normes verbales d'un socialisme pensé à la ville, lequel exige une reconversion complète des habitudes politiques du pays, reconversion que la structure apparemment monolithique du «parti socialiste destourien» ne rend pas possible pour le moment [1].

Plus tard, en 1966, à l'occasion d'un retour à Chebika, un an après la fin de l'enquête, nous avons pu constater combien les attitudes socialisantes des gens de Chebika avaient varié, non tant vis-à-vis de l'expérience elle-même qu'au niveau d'un de ses aspects.

Mais, en 1966, nous nous sommes trouvés devant une situation nouvelle qui allait être celle de toute la Tunisie un an plus tard et dont les gens de Chebika avaient perçu par avance les conséquences, dans la mesure même où les changements intervenus dans leurs mentalités les avaient accoutumés à la conceptualisation et à une certaine prévision rationnelle et pratique de l'avenir immédiat. Il s'agissait de la transformation dans tout le pays des épiceries en coopératives, mesure justifiable au niveau de l'économie nationale dans la mesure où elle entraînerait des mesures analogues pour les autres éléments constituant la production et la distribution des produits alimentaires ou à tout le moins la constitution d'organismes où des représentants de la classe dirigeante et de grands propriétaires ne jouissent pas d'une place prépondérante.

Or, nous avons trouvé les gens de Chebika désespérés, le mot n'est pas trop fort. Il faut, là-dessus, laisser parler un de nos amis, *khammès* fort pauvre :

— Si on supprime les épiceries, où achèteras-tu l'huile et le thé? A Tozeur on nous a dit qu'on achèterait l'huile par bouteille et le thé par paquet. Où trouveras-tu l'argent pour payer *d'un seul coup* un litre qui vaut cinq cents millimes puisque tu achètes tout par cent millimes ou moins? Où trouveras-tu cet argent? Nous, on n'achète jamais d'un coup, on ne peut pas. On va avoir des dettes plus grandes, mais chez qui, si Ridha s'en va et si c'est une coopérative. On ne peut pas faire de dettes avec une coopérative d'État.

Une dizaine d'hommes interrogés ont dit la même chose et manifesté les mêmes craintes : celle de ne pouvoir continuer à acheter peu à peu quand on ne dispose d'aucune quantité d'argent liquide et que tout le système économique du pays

1. Quand je parle de ces problèmes à l'un des plus hauts responsables tunisiens, il sourit puis me dit : «Nous ne sommes pas la Chine et ne le serons jamais.»

repose sur des échanges compliqués. Il faut ajouter une autre raison encore et non moins grave :

— Si Ridha est mis en coopérative, que va devenir l'argent que tout le monde lui doit ? Il faudra le rembourser. On peut attendre et il attendra, mais il faudra le rembourser et on ne peut pas faire ça d'un seul coup. Les gens de Tunis sont fous.

— Non, dit un jeune homme, il a raison. Ridha ne prêtera plus d'argent. C'est ce que veut le gouvernement, que tu t'arranges pour acheter ce que tu veux sans faire de dettes. Mais Ridha ne fera plus le prêteur et c'est ce qu'il désire, le gouvernement, il l'a dit à la radio.

Nous n'avons jamais connu les vrais sentiments du village à l'endroit de Ridha, l'épicier. On évite d'en parler, simplement : il est au centre de tous les échanges à l'intérieur du village et entre le village et les gens des tentes. Il n'a pas l'air inquiet et quand l'un d'entre nous lui a demandé ce qu'il pensait, il a continué à emballer du thé en regardant ailleurs et il a dit « que si le gouvernement faisait cela, il avait ses raisons et qu'il ferait comme les autres ».

Cette assurance nous a surpris. Mais on nous a éclairés peu après : « Ridha est bien avec le gouvernement, il sera le prochain responsable du village, il va toujours à Tamerza et à Redeyef. Il appartient maintenant au Destour parce que c'est le plus instruit de nous tous ; c'est lui qui aura sans doute la direction de la coopérative. »

Deux mois après la « réunion dans la carrière », nous avons appris la suite de l'affaire en revenant dans le Djérid, mais non pour aller à Chebika, cette fois. Nous avons rencontré à Tozeur, au poste d'essence, un homme du village nommé Bechir qui a couru vers nous pour nous saluer et qui a attendu, accroché à la porte de la voiture, que nous descendions pour aller boire un verre de thé avec lui. Nous l'avons questionné sur l'affaire et il a commencé, bien entendu, par hésiter, se demander de quoi nous lui parlions, avant de finir par parler, d'une traite, jusqu'au soir, et la précision de ce qu'il évoquait prenait une force singulière. De tout ce qu'il a raconté ce jour-là (et dont nous avons pu vérifier l'essentiel par des recoupements auprès des gens de Chebika), nous avons compris que la « réunion dans la carrière » avait été plus importante et plus significative que nous l'avions jugée jusque-là.

336

Quand nous avions quitté Chebika, le jour où nous avons trouvé tout le monde dans la carrière en train de parler sur la nécessité de construire une maison pour l'administration alors que les maisons du village tombaient en ruine, la discussion a duré encore assez longtemps. Sans doute, les femmes sont-elles restées elles aussi, au-dessus d'eux, au sommet de la falaise, le long des murs, telles que nous les avions vues, dans le vent froid de cette journée de fin d'hiver qui froissait leurs grandes robes garance ou violettes comme si elles étaient prêtes à s'envoler. Puis les hommes ont regardé le ciel, constaté que le soleil touchait la ligne de l'horizon. Le muezzin qui travaillait avec eux est remonté très vite par le chemin de chèvres et est allé à la mosquée pour appeler à la prière. Bien entendu on ne l'entendit pas, mais tous les travailleurs s'installèrent comme ils le purent dans les rochers pour se prosterner dans la direction de l'est. Quand cela a été fait et qu'ils se sont relevés, quelqu'un (on ne sait qui) a dit que tout était simple et qu'ils garderaient ces pierres pour leurs maisons et ne construiraient jamais celle du gouverneur. Enfin, ils sont remontés.

Au matin, ils sont descendus en bas, à nouveau, dans la gorge et ils ont commencé à travailler, à casser les rochers avec des masses ou des pics, à les réduire ensuite en morceaux de plus en plus petits et, si possible, égaux. C'est un travail qu'ils savent bien faire et qui ne les ennuie pas. Le temps a passé très vite et la femme de Mohammed, Naoua, est descendue avec deux ou trois théières et du thé. Naoua est restée juste le temps de donner ces théières et quelques tasses à Mohammed puis elle est remontée vers le village. Plus tard, les femmes et les enfants sont sortis à nouveau et se sont installés comme l'autre jour au sommet de la falaise, les pieds nus noirs sur les rochers, les enfants accrochés aux robes.

Le vent était plus froid qu'il ne l'était la veille. Des nuages rapides devaient défiler de l'est vers l'ouest comme cela est habituel en cette saison dans ce pays. Les hommes burent le thé, firent la sieste et reprirent le travail. Le contremaître venu avec les gardes nationaux avait disparu ; ils ne le revirent que vers trois heures, lorsqu'un homme des Travaux publics le conduisit dans sa Jeep et le ramena ensuite avec lui après avoir entendu ce que lui déclarèrent les hommes du village, à toute vitesse. Cela ne dérangea pas beaucoup les casseurs de pierre qui travaillèrent une fois encore jusqu'à la prière du soir et remontèrent pour le dîner. De temps en temps seulement, ils s'arrêtaient pour plaisanter sur la manière dont le vieil Ali attaquait maladroitement un rocher, appuyés sur leur pioche, ou bien ils regardaient le thé bouillir à l'abri du vent. Enfin ils faisaient tout ce que font d'ordinaire les gens qui travaillent ensemble.

Il paraît (toujours selon Bechir) que la nuit était presque complètement tombée lorsqu'ils ont vu, sans savoir comment ils étaient arrivés, une dizaine de gardes nationaux près de la mosquée, debout, immobiles. Au débouché du ravin, vers le désert, deux voitures attendaient, avec des gardes, debout eux aussi. En tournant la tête, ils aperçurent deux ou trois gardes qui grimpaient le long de la paroi de la montagne, au-dessus d'eux et du village. Ils ne travaillaient plus à ce moment parce qu'ils venaient de faire la prière et ils regardaient les gardes se déplacer dans leur uniforme kaki comme de grosses sauterelles.

Alors les gardes ont pris position autour de la carrière (ce qui s'est passé à ce moment décisif, nous ne l'avons appris que par Bechir et cela ne nous a été confirmé que par les acquiescements des gens de Chebika que nous avons interrogés) et la nuit est tombée tandis que les femmes poussaient des cris stridents, ces gloussements de gorge qui s'entendent de très loin. Les hommes savaient qu'il s'agissait d'appels interrogatifs et qu'on leur demandait de faire quelque chose. Personne n'a répondu. On est resté là, debout au milieu des pics et des pioches tombées à terre. On s'est serré les uns contre les autres à cause du froid qui venait très vite et on ne voyait plus les gardes nationaux qui restaient eux aussi en place là où ils étaient. Seulement, les phares d'une des deux voitures qui s'était arrêtée au débouché du ravin se sont allumés, phares blancs qui ont éclairé les hommes dans leurs grandes gandouras raidies.

Rien ne s'est passé, ni d'un côté ni de l'autre. Personne n'a parlé et ceux qui avaient des cigarettes les ont allumées, difficilement sans doute en protégeant la flamme contre le vent. Les gardes nationaux étaient là-haut, dans les rochers et la plupart luisaient aussi. La nuit, en cette saison, dans le désert devient parfois phosphorescente au point de dessiner la silhouette des êtres vivants. Il est vraisemblable que l'on distinguait parfaitement les hommes du chantier agglutinés les uns contre les autres, les gardes nationaux dispersés et nonchalants, puis les femmes.

Personne n'a bronché. Tout le monde attendait, *était là*,

338

simplement. Toute la nuit les hommes sont restés en bas avec les outils et ils n'ont même pas parlé ensemble parce qu'il n'y avait probablement rien de plus à dire que ce qui avait été annoncé aux gens des Travaux publics, que l'on ne ferait jamais une maison pour le gouverneur mais que l'on réparerait d'abord celles de Chebika. Puisque ces choses étaient dites, il suffisait d'attendre, simplement parce que les mots font leur chemin d'eux-mêmes.

Le jour est venu et les femmes avaient disparu au-dessus des hommes couchés en tas, les uns contre les autres à cause du froid et les gardes répartis au hasard, roulés dans des couvertures. A ce moment un paquet enveloppé dans un journal a passé le mur d'une cour et est allé tomber au milieu du ravin. En s'ouvrant, le papier a montré des paquets de dattes séchées et du pain. Ce fut ce seul paquet qui devait arriver en bas parce que les gardes se sont disséminés dans le village, peu après.

Pendant la journée, les hommes se sont remis au travail des pierres, mais plus mollement. Simplement, pour montrer qu'ils continuaient à travailler et ils se sont partagé les dattes et le thé, à midi. A ce moment, ils ont constaté que Ridha n'était pas descendu avec eux le matin comme il l'avait fait les jours précédents, mais sans doute enverrait-il quelque chose à manger.

Pendant ce temps, au-dessus d'eux, les gardes se passaient des gamelles et mangeaient en silence sans cesser de les regarder. Ils se sont allongés dans les rochers en fumant, à peine dérangés de temps à autre par un appel qu'ils se transmettaient en mettant leur main en porte-voix. Il semble que les femmes soient apparues elles aussi, non à leur place de la veille occupée maintenant par les soldats, mais sur les murs et les toits, ces fameux toits ruinés des maisons, et qu'elles se soient, elles aussi, installées en silence. Si bien qu'il devait y avoir une manière d'échafaudage : les femmes en haut, voile au vent, les soldats au-dessous et les hommes, dans le creux, vautrés au milieu de leurs outils et s'égaillant parfois dans les rochers.

Il est impossible de savoir ni de dire combien de temps il ne s'est ainsi rien passé, combien de temps les hommes et les soldats sont demeurés en tête à tête, sans parler autrement qu'entre eux et encore pour n'échanger que des banalités du genre de : « Il y a un passage de bouquetins au-dessus de la Main de Fatmah » (c'est une des montagnes de la chaîne); ou bien encore, en regardant vers les pentes, en bas, sur la rive du Sahara: «Les chameaux d'Ismaël montent vers le chott.»

Et tout cela a duré jusqu'à ce qu'un vieux qui travaillait avec les autres parce qu'il ne pouvait pas rester seul sur la place ait viré sur le côté droit et ouvert très grande la bouche. Ceux qui étaient assis autour de lui ont compris ce qui se passait, mais ils n'ont pas bronché. Ils ont estimé qu'ils devaient rester comme ils étaient et que c'était le destin de ce vieux de mourir à ce moment-là. Peu à peu, semble-t-il, le vieux s'est vidé et allongé, durci sur la pierre, et les autres ont cessé le travail et adopté la même attitude, accroupis, la gandoura au-dessus de la tête et immobiles.

Il doit exister une perception à distance, un tact qui désigne de loin la mort à des vivants car il semble que les deux groupes, à leurs étages respectifs, aient compris que le vieux, allongé dans les rochers, était mort mais que les hommes d'en bas n'en bougeaient pas pour autant. Cela a dû entraîner un raidissement sensible dans les attitudes, bien que cela ne modifiât apparemment rien aux gestes ni aux mouvements commencés. En fait, il ne se passait rien et le vieux aurait aussi bien pu mourir dans sa cour.

Bien entendu, Bechir est à ce sujet très confus et plus confus encore quand il parle de ce qui a suivi immédiatement cette mort. Pour lui, les hommes (dont il était) sont restés cinq jours et cinq nuits dans la carrière et il ne s'est jamais rien passé, sauf que tout le monde est demeuré en place. Nous avons, nous, calculé, en fonction d'autres renseignements, que l'affaire n'avait pas duré plus de trois jours. Bechir estime qu'il a dormi une bonne partie du temps et que tout le monde a dormi «parce que le sommeil remplace tout, même manger ou travailler». Sans doute s'agit-il de ce demi-sommeil des hommes du Sud où les fonctions continuent mais lentement tandis que les yeux restent souvent ouverts à tout ce qui passe.

— Enfin, il y a eu deux autres bonshommes qui sont morts. De froid ou de faim. Ou d'autre chose. Qui le saurait? On attendait des deux côtés et il n'y avait rien d'autre que le mouvement des femmes sur les toits qui se penchaient pour regarder et, de temps en temps, un garde qui allait tout autour de la carrière parler avec ses camarades. La nuit, les phares blancs éclairaient les corps entassés les uns à côté des autres à cause du froid. Mais la troisième nuit, les gardes éteignirent leurs phares sans doute pour ne pas gaspiller leur électricité. Le froid était vif, surtout le matin quand le vent soufflait du désert mais les hommes de Chebika étaient moins exposés que leurs gardiens qui se roulaient sans dormir dans leurs manteaux ou leurs couvertures. Au matin, ils ont seulement été très agités lorsque les femmes arrivèrent.

— Parce que les femmes sont venues, elles aussi?

Dans le récit de Bechir, il semble que les femmes aient joué un certain rôle et qu'elles aient décidé brusquement de descendre le ravin pour apporter des dattes sèches et de l'eau à leurs hommes. Il paraît qu'elles sont arrivées en groupe compact de l'autre côté du village, versant montagne, et qu'elles marchaient hanche contre hanche, toutes droites, les jarres sur l'épaule et la tête bien rejetée en arrière. Et les soldats les ont laissées passer, non comme on laisse passer quelqu'un mais comme s'ils ne les voyaient pas, comme si les femmes se déplaçaient dans un autre monde. Les femmes sont descendues dans la gorge, sans s'aider des mains et portant toujours les cruches sur la tête (de toute manière, les femmes sont plus agiles que les hommes) et elles se sont mêlées aux travailleurs qui restaient là, inactifs, immobiles. Rien ne s'était passé et rien ne se passait. Les hommes savaient qu'ils ne voulaient pas travailler pour des maisons qui ne seraient pas leurs maisons, mais ils étaient là et ne savaient pas du tout comment en finir.

— Les femmes se sont mêlées aux hommes et tout ce monde est remonté le long du ravin par le sentier. On a passé devant les soldats qui ne savaient que faire, et tout le monde est revenu chez soi avant de descendre dans l'oasis pour travailler comme tous les autres jours.

— Mais il y a eu les morts. Qu'ont fait les soldats?

— Rien.

— Qu'ont-ils dit? Ils ont certainement dit quelque chose.

— Il y a eu le vieux du premier soir, oui, qui est mort pendant le chantier, dira plus tard Mohammed à Chebika. Il travaillait avec nous. Pendant une pause, il était couché et, avec la grâce de Dieu, il est resté couché. Nous ne voulions pas le transporter avant la nuit. Après...

— Il y avait des gardes?

— Oui, il y avait les gardes: ils sont là généralement quand on commence un chantier. Pour que les Bédouins ne viennent pas voler nos outils. On remporte les outils en camion quand le chantier est fini. Les outils appartiennent aux Travaux publics.

— Mais il ne s'est rien passé?

— On a travaillé, on a dormi. Comme à tous les chantiers. Les gardes étaient là. Ils sont toujours là quand on fait un chantier...

De toute manière, il est difficile d'interroger qui que ce soit «puisqu'il ne s'est rien passé», dit Bechir, seulement ce quelque chose de quelques jours et les trois morts.

— Oui, il y a eu des morts, beaucoup de morts; Allah en a rappelé à lui, dit Fawsia, une jeune femme: qu'on meure de maladie ou d'autre chose, c'est la volonté de Dieu.

— Mais les morts sont morts en bas, dans la gorge?

— On a transporté les morts au cimetière dans le voile de la mosquée. C'est la volonté de Dieu.

— En fait, nous a dit un homme de Tamerza qui travaille dans l'organisation des Travaux publics, en fait ce sont des fainéants et des menteurs, ces gens de Chebika (mais Tamerza déteste Chebika comme El-Hamma déteste Tamerza ou Redeyef, Metlaoui...), il y a eu des morts? Parce qu'ils travaillent mal. Parce qu'ils ne savent pas préparer à manger. Le vieux est mort, oui, pendant le travail, c'est le seul. Ils ont fait une histoire parce que les gardes leur ont dit qu'ils ne pourraient l'enterrer que le soir. Mais de toute façon, ce sont des paresseux, ces gens-là. Et maintenant, ils disent qu'ils veulent vivre comme les autres Tunisiens et qu'ils veulent diriger leurs affaires.

— Je ne sais pas, dit le muezzin de la vieille mosquée. Je ne sais plus ce qui s'est passé. On a été en bas. Les gardes sont venus. On a cassé des pierres. On a fait le travail que Dieu et le gouvernement nous envoient.

— On a pourtant cassé des pierres, mais pas pour la maison du gouverneur, dit le mari d'Ymra. Ça, on ne voulait pas. Les pierres sont entassées en bas dans la carrière (nous les avons vues en effet), voici bientôt six mois et personne ne s'en occupe. D'ailleurs, nous n'avons pas encore reçu nos trois cents millimes par jour de chantier.

— Et la semoule?

— On a eu la semoule.

— Mais les gardes, qu'ont-ils dit?

— Rien.

— Personne n'a parlé?

— Non. On n'avait rien à dire.

342

— Et chez vous, personne n'a parlé?

— Personne.

— Mais ces trois morts?

— En hiver, les vieux meurent quand ils restent la nuit au froid.

— Mais ces vieux ne seraient pas morts s'ils avaient été chez eux.

— Qui le sait?

— Et vous n'avez pas construit la maison du gouverneur?

— Non, ça, non.

Et puis le temps a passé, ce temps opaque du Sud qui étouffe les faits, rature les événements réels et ne laisse présents que les gestes rituels, la répétition abstraite des règles habituelles ou admises. Tout a fait comme si les aspects formels d'une société sans écriture n'étaient qu'un résidu de l'expérience quand l'homme ne dispose plus d'aucune autre issue que celle-là et d'un des aspects (le moindre) de l'existence collective et individuelle. Les structures organisées que sont-elles, sinon ce à quoi l'homme s'accroche tant pour conserver la cohésion d'un groupe que pour attester de son appartenance à une solidarité? Mais l'expérience elle-même la déborde, comme la déborde aussi le fait d'être ensemble, la tonalité vivante de la communauté ou de la société sans laquelle ces structures seraient de vagues indications — et non ce qui s'unit, d'une manière permanente, à l'oubli.

Du moins, à notre retour à Chebika, avons-nous tenté de parler de tout cela. Même Bechir nous a regardés avec étonnement et n'a rien répondu (mais tout le monde sait que Bechir fume du haschisch et, en ce cas, invente des histoires). Quant aux autres, ils rient et montrent les pierres soigneusement entassées dans la plaine : elles attendent une décision administrative.

L'attente

Durkheim, dans *la Division du travail social* et *le Suicide*, assure que, «à chaque moment de l'histoire» il existe «un sentiment obscur de ce que valent respectivement les différents services sociaux» tels qu'ils correspondent à l'attente collective et individuelle. Cette attente se confond pour lui avec la «conscience commune» qui sert de régulateur aux désirs et aux besoins particuliers. Or, au moment où les sociétés se transforment, «dans les cas de désastre économique» ou bien lorsque «la prospérité s'est accrue», les besoins s'exaspèrent, les «désirs s'exaltent» que ne peut plus assouvir la société telle qu'on l'a connue jusqu'ici. Et pourtant, jamais plus qu'à ces moments-là, l'homme n'aurait besoin de «structures d'accueil» au moment «où les règles traditionnelles ont perdu de leur autorité». On comprend que se développe alors un état morbide qui bouleverse les habitudes imposées par la contrainte collective mais ne laisse aucune issue pour l'expression de la spontanéité brusquement réveillée. «L'État de dérèglement ou d'anomie est donc renforcé par ce fait que les passions sont moins disciplinées au moment où elles auraient besoin d'une plus forte discipline.»

Cet état d'anomie est un état de souffrance puisque les groupements et les individus affrontent une nouveauté irréductible aux formes de l'expérience acquise, sans avoir les moyens de s'intégrer ou même de modifier leur organisation propre pour s'adapter. Contrairement à ce que pensent trop de sociologues et d'experts, étrangers aux pays qu'ils examinent, ce changement ne se joue pas au niveau de la société globale, mais dans la trame de la vie collective diversifiée, dans les microcosmes de groupements. Là s'opèrent les synthèses nouvelles qui vont entraîner le changement et non dans les cabinets d'étude (valables seulement pour les pays hyper-industrialisés où le milieu humain a déjà été rendu homogène par la révolution industrielle); là se perd et se détruit l'espoir de développement, pour peu que ces «électrons de base» se ferment, se durcissent ou, simplement, se détournent.

Durant la période coloniale, les groupements traditionnels ont souvent servi d'*abri*, de caverne ou de protection à l'homme maghrébin, comme l'a noté Jacques Berque. Au moment de l'indépendance qui est une réconciliation de l'homme des campagnes avec l'histoire, une «re-naturalisation» des sociétés rendues abstraites par la dégradation pré-coloniale et la domination des prépondérants, ces abris se découvrent, le repaire s'ouvre au grand jour et l'attente commence.

Ce n'est pas une attente passive: l'homme ne sait pas ce qu'il va devenir, mais il pressent que quelque chose va se passer. Il ne se contente plus des formes anciennes, aucune forme nouvelle n'est définie encore. Nous avons examiné le village de Chebika dans cette situation anomique rendue plus aiguë encore par la présence du désert, l'éloignement. Une sociologie du développement richement concrète ne peut se contenter de manipuler les dossiers d'un plan économique à grande échelle qui fait bon marché de ces données fondamentales et qui, même, les redoute. Le mépris consistant à traiter Chebika de «nid à scorpions», nous l'avons retrouvé chez la plupart des dirigeants du pays, plus soucieux de présenter à l'étranger (susceptible de fournir une aide financière) un plan global que de savoir dans quelle mesure les groupements désiraient ce changement annoncé par la radio et se préparaient à une métamorphose réelle. Évidemment, les classes dirigeantes, en Tunisie comme dans tous les pays du Maghreb, s'identifient si complètement à l'Occident qu'elles en effacent les assises de leur authenticité, leur *açâla* et, en même temps, le socle vivant sur lequel reposent les éventuelles capacités de modifier une situation depuis trop longtemps immobilisée. Chebika a souvent scandalisé par l'intérêt que nous lui portions et parce que l'on ne voyait pas comment une situation *anomique* pouvait être exemplaire. Or, de même que la médecine ne connaît la santé qu'à travers le symptôme qui l'éclaire sur la maladie, de même pour la sociologie (et surtout la sociologie du développement) l'*anomie* (mais non l'anomalie ou l'anormalité) est le seul signe éclairant de la conjoncture sociale réelle. Comme on a pu le dire à quelques-uns de ces intellectuels déracinés des villes, la Tunisie commencera d'être *vraiment* un pays moderne quand Chebika aura trouvé *spontanément* les formes sociales de son adaptation au changement.

Que l'enquête et notre présence aient obligé le village à exister, lui qui se perdait dans l'amertume et la médiocrité passive, c'est possible. Les effets de ce changement provoqué par l'observation et l'analyse, lesquels entraînent chez celui qui en est l'« objet » un bouleversement qui le rend « sujet » et le conduit lui-même à l'analyse sont doubles : Chebika s'est représenté dramatiquement à lui-même et l'attente du changement est devenue plus aiguë.

Du premier aspect de ce bouleversement, nous avons déjà beaucoup parlé pour y revenir ici. Chebika a joué son existence sociale dégradée au fur et à mesure que nous nous y enracinions. Certes, qu'une part de comédie, de bouffonnerie matoise se soit glissée dans cette théâtralisation spontanée, cela n'est pas contestable. Mais pour les gens de Chebika, jouer au jeu social, c'est susciter la vie collective elle-même, la restituer dans sa plénitude, fût-ce une pauvre plénitude de misère. Quelle collectivité humaine au moment où elle se trouve dans une situation anomique, à la frontière de deux types de société se succédant dans la durée, ne se trouve ainsi sollicitée de jouer son existence ? La dramatisation de la vie sociale ne révèle-t-elle pas l'importance du changement préparé ? Certes, au niveau de la micro-sociologie, ces dramatisations n'ont pas l'ampleur ni la vigueur de celles qu'on peut observer en politique, dans les villes, où se concentre momentanément le dynamisme collectif tranformateur des structures. A Chebika, cela n'a pas débordé le cadre d'une restitution des habitudes et d'une activation des modes de participation qui ont conduit, il est vrai, à l'« affaire de la carrière » : le village a su ce qu'il était en jouant sa *vie* collective, en représentant son existence — quelle réalité existe qui se manifeste par une extériorisation dramatique ?

Le second aspect du changement est plus riche pour qui pense aux *transformations réelles,* parce que l'attente (qui fait partie de la vie maghrébine depuis des millénaires) est ici préparation éventuelle à l'invention de formes d'organisation collectives nouvelles. C'est pour cela qu'il faut nous attarder sur ce point.

Dans un texte célèbre, Marcel Mauss évoque *l'attente*, « l'un des phénomènes de la sociologie les plus proches à la fois du psychisme et du physiologique, et c'est en même temps l'un des plus fréquents [1] » : Les gens d'une même société *s'attendent* à ce que fonctionne l'appareil des lois « et l'idée d'ordre n'est que le symbole de leurs attentes ». Ou bien, l'on pratique le système économique en vigueur et l'on *attend* qu'il fonctionne, que l'homme à qui je donne mon argent l'admette comme un élément inévitable du circuit d'échange. Ou bien, l'on attend que la prière s'exauce, que le jeu commence selon les règles. « On pourrait citer des états de tension populaire : ce qu'on appelle la tension diplomatique ; le garde-à-vous du soldat dans les rangs ou au créneau. » Attente aussi l'art qui culmine dans une « purgation de l'attente », la « catharsis » d'Aristote. (Et d'ici, on voit mieux combien l'angoisse individuelle ou collective serait la peur de voir l'attente déçue, soit que se détraque le système tout entier, soit que la nouveauté nous trouble profondément.)

Attente sociale qui est plus encore : qui est l'état de tension ouverte où se trouvent par exemple les paysanneries des jeunes pays du Maghreb (pas seulement du Maghreb) depuis que les indépendances les ont jetées dans un changement qui pour être souvent verbal n'en reste pas moins réel. Certes, autrefois, dans ce que E.F. Gautier appelle « les siècles obscurs » de l'Afrique du Nord, l'homme maghrébin (Numides, Zenata, Kabyle, Bédouin même) a ignoré systématiquement le contenu ultérieur de son attente : son existence collective a été affirmation d'une confuse volonté de survivre. Il n'attend rien, l'homme en proie aux invasions. Ou plutôt si, il attend la ville qu'il convoite, le bonheur de passer de la steppe à la cité par un obscur processus magique. L'*Histoire des Berbères* de Ibn Khaldoun est dominée par cette pulsion, cette appétence qu'il condamne comme l'une des causes de la dégradation arabe. Pulsion qui, en 945 de notre ère, jette Abou Yézid, « l'homme à l'âne » né dans cette région de Tozeur, vers le pays stabilisé, le Sahel, l'amène aux portes de Mahdia, la capitale des Fatimides. Il passe, « l'homme à l'âne », avec son bâton contre la porte de la cité et le sultan, pendant ce

---

1. Rapports réels et pratiques de la psychologie et de la sociologie, in *Sociologie et anthropologie*, P.U.F., p. 307-308.

temps, joue avec une anguille dans le bassin de son palais. Une prédiction du fondateur même de la cité (le « promis », le Mahdi, Obrid-Allah) trente ans plus tôt, si l'on en croit la chronique du Bayan, a annoncé déjà l'arrivée de « l'homme à l'âne ». Le sultan le sait. Il prend son temps, reconnaît la vérité de la prophétie, lance ses armées, capture, fait écorcher celui qui a mis en danger la jeune dynastie des Fatimides et prend le titre, après lui glorieux, d'El Mansour, « le victorieux » : l'homme de la steppe, l'homme du Djérid a été brisé dans son élan.

Pourtant, dans ce Sud bouillonne le désir (ou le besoin) à l'état pur, et de là naît sans doute le grand élan qui jette l'homme des confins du Sahara vers la ville. « L'homme à l'âne » est le symbole de l'habitant de la steppe avide qui se précipite sur la ville, la viole, la pille, ou à défaut, s'y installe, insultant de misère.

Cela n'est pas attente, mais frustration impatiente. Le *jaïch*, cette guérilla en vue du pillage qui emplit ensuite les « siècles obscurs », est plus caractéristique encore : elle jette sur la caravane, le voyageur, un groupe d'habitants d'un village inaccessible ou d'un campement nomade. Le *jaïch* est l'aveu d'une impuissance — celle des groupements de la steppe à constituer un ensemble homogène ; il s'agit d'hommes qui n'espèrent rien de la vie sociale établie loin d'eux, dans les villes, et qui, comme ces innombrables « brigands » de toutes les sociétés que nous connaissons, demandent au hasard du pillage de leur fournir ce qu'une organisation cristallisée ne peut leur donner. Dans cette dispersion extrême des groupes de la steppe, aucun embryon d'unité, seulement les communautés livrées à elles-mêmes, aux hasards et aux aventures de la surprise. Qui, d'ailleurs, dans la « perfide Ifriqya » comme disent les Arabes du Caire établit son pouvoir au-delà des abords immédiats des villes. On parle du Sahel, en Tunisie : c'est une banlieue de Kairouan, de Mahdia, de Sfax, de Sousse. Le nomade ne s'y aventure guère, sauf en demandeur, par groupes isolés, méprisés des citadins et des paysans établis (« les Arabes, c'est des poux ») pour une saison de travail à bas salaire. Mais la plaine, la steppe et, à plus forte raison, le Sud, qui s'y aventure ? Quel pouvoir politique s'est établi dans ces régions pour l'unifier après les Romains, les premiers Arabes, les Marocains (pour peu de temps) ? Après le partage fulgurant et destructeur des Hilaliens une malédiction pèse sur cette terre de l'intérieur. Les Turcs ne se risquent hors des villes où ils s'installent que pour de brèves expéditions de contrôle, de répression, de paiement forcé de l'impôt. C'est le pillage contre le pillage. Et puis, affluent du Sud, avec les caravanes, les richesses venues d'Afrique, les esclaves africains surtout qui emplissent les villes. Ces caravanes viennent de loin, elles traversent tant bien que mal ces régions dangereuses. On ne cherche pas trop à maîtriser ce qui fuit et s'estompe à la surface de la terre désolée et qui le devient sans cesse davantage puisque la dégradation de ces populations s'accroît avec la lente progression du désert. Les beys parviennent parfois à imposer un ordre, mais cet ordre, lui non plus, ne déborde pas le cadre d'alliances épisodiques, de heurts. Le *jaïch*, le pillage, reste l'industrie normale de peuples qui ne peuvent s'intégrer à une société.

Assurément, le colonialisme a modifié tout cela. Le prétexte de son intervention n'avait-il pas été l'action de *jaïch* d'une bande de Kroumir de la Régence opérant en Algérie? Le colonialisme renverse le rapport de forces: il apporte avec lui l'outillage technique de l'Europe industrielle, la route, le train, bientôt la voiture. Le Sud et la steppe désertique se replient sur eux-mêmes, sur la dévote mystique maraboutique et la rêverie provoquée par le chanvre indien. L'attente commence alors, mais elle prend une forme inopinée: elle puise sa force dans l'existence d'une religion jusque-là dégradée et qui trouve un élan nouveau en s'opposant à l'Europe. Dans une large mesure les luttes pour l'indépendance sont ici une forme de l'attente entretenue et organisée par Bourguiba.

Mais l'indépendance elle-même n'est pas une fin, elle ouvre une attente nouvelle, active, qui demande ce qu'elle sait devoir être la condition du changement. Séparément, isolés et dispersés dans les chantiers, les hommes sont soumis, dispersés. Dans leur village s'ils ne le quittent pas, ils retrouvent en commun cette *açala* leur authenticité et qui ne résulte pas d'un long passé mais de la connaissance actuelle du pouvoir collectif des groupes.

Avec l'indépendance ainsi — par le hasard des techniques — la radio (surtout le transistor, le poste à pile, sans lequel les luttes armées anticoloniales eussent été en Tunisie et surtout en Algérie impensables), l'information unifient par la parole une « nation », inventent même cette nation en lui prêtant un langage. L'homme du Sud, l'homme de Chebika, est jeté pour la première fois dans l'histoire. Le: « Nous, gens du village » devient ce: « Nous,

349

Tunisiens» qui affirme et précise le très abstrait: «Nous, Arabes. » Il ne peut plus vivre ni penser comme il l'a fait jusquelà: l'avenir existe, et surtout la connaissance des moyens pour modifier le milieu et les habitudes rend caduque la tradition, fûtelle une croyance ou une idéologie justificative.

Pourtant, une fois encore, le discours vient de la ville, il accentue la fascination qui attire l'homme de la steppe dans le bidonville, il accentue aussi la conscience de ceux qui restent.

— Puisque nous sommes des Tunisiens, nous ne pouvons rester comme avant, dit le jeune fils d'Ali. Nous sommes comme les autres. Le gouvernement *doit* faire quelque chose. Nous attendons le gouvernement.

La forme de cette attente sociale du changement est la preuve s'il en fallait une, du dynamisme du micro-organisme qu'est Chebika. Nous le trouvons partout, mais projeté sur un gouvernement qui a cristallisé et capitalisé les espoirs de changement et qui ne peut décevoir sans perdre tout prestige.

On ne peut dire qu'il s'agisse d'un véritable dynamisme social, car cette confiance aveugle dans le pouvoir de l'État assimile en fait l'homme de Chebika aux innombrables sans-emploi qui ne désirent qu'un médiocre mais tranquille poste de fonctionnaire. Comme tout à Chebika, cette confiance prend dans le village une forme littérale. La femme de Noureddine a emmené l'un d'entre nous chez elle dans une sorte de pièce sombre derrière les cours. Elle a montré un étalage disparate de bouteilles vides recueillies sur les routes, d'assiettes, de plats et surtout de jarres à moitié fêlées.

— Elles seront pleines d'huile et de tout ce qu'il faut pour manger et qu'on peut conserver. On fera la coopérative quand le gouvernement le voudra.

Les sociétés maghrébines ne sont pas inertes: elles ont montré au cours d'un déroulement séculaire (lequel ne s'identifie pas nécessairement à l'histoire) qu'elles étaient susceptibles de se modifier, il est vrai sur un rythme fort lent. Soit sous le coup d'une invasion étrangère, soit après une conversion religieuse, soit pour chercher des conditions d'existence plus favorables, ces populations de l'Afrique du Nord ont proposé des modes de groupements variés, depuis les tribus errantes aux royaumes berbères en passant par les communautés maraboutiques et les organisations pastorales. Mais c'est la première fois que le Maghreb entreprend de se modifier lui-même d'une manière cohérente, sans impulsion extérieure, au niveau d'une nation. En Tunisie, avant l'indépendance, l'action de Bourguiba durant sa vie militante a été d'enraciner le mythe nationaliste hors des villes où il avait germé, dans la steppe et auprès de ·ce «personnage falot qu'on aperçoit à peine entre les figuiers de barbarie», le *fellah*.

A cet homme sans écriture et sans langage chez qui le respect des traditions était un lent suicide sans cesse différé, Bourguiba apporte une dénomination et un langage: il le nomme et par cela même lui accorde une existence dans ce «Nous, Tunisiens» qui déborde durant quelques années toutes les autres solidarités si durcies soient-elles. Il propose par ses discours un langage ordonné où l'existence de l'homme sans écriture vienne s'insérer et s'ordonner rationnellement dans une action commune et sans histoire.

Ainsi Bourguiba *invente une nation qui n'existe pas, en la parlant* [1]. Sa parole d'orateur a constitué la trame vivante de cet être fictif qui devint peu à peu un être réel, lorsqu'il affronta les structures de la domination étrangère. Ainsi, il appelle à l'existence des groupements jusque-là abandonnés à eux-mêmes ou simplement oubliés. En les invitant par la parole à une nouvelle participation, il rend impossible le retour en arrière. Et, sur ces entrefaites, l'invention technique du transistor qui diffuse l'information là où l'électricité n'est point installée accomplit un autre bouleversement en consolidant l'homme du village dans cette direction, en lui coupant le chemin du retour.

Mais tout le monde sait, à Chebika, que l'indépendance a ouvert une possibilité sans apporter les moyens réels de transformer les conditions de vie. Le pouvoir y songe, sans doute, mais ne disposant d'aucun moyen pour réaliser le développement annoncé, il ne peut avouer sans se déjuger que l'indépendance n'entraîne pas logiquement avec lui le développement. Chebika est donc condamné à une double attente: l'une réelle, officielle, l'autre secrète qui résulte de l'impossibilité cachée de tenir les promesses faites verbalement. Inventé par l'indépendance, le «Nous, Tunisiens» reste en suspens et Chebika avec lui.

Ce n'est pas que le dynamisme latent de Chebika soit en cause,

---

1. Il nous le dit lui-même, à Jacques Berque et à moi, au cours d'un entretien de 1964. Voir notre *Tunisie*, in «Atlas des voyages», éditions Rencontre, Lausanne.

au contraire : les capacités de création sociale et de modifications pratiques contenues dans la communauté sont sans doute plus grandes que celles que peuvent manifester les masses rassemblées dans le faubourg des villes. La frustration et l'attente que montrent les gens de Chebika, qui se manifestent dramatiquement, ont pour conséquence la possibilité indéfinie de créer des structures nouvelles. La supériorité de la microsociologie tient à ce qu'elle situe *la pratique de la transformation* au seul niveau où l'homme peut intervenir directement et *réellement* pour créer des mutations qui permettent un épanouissement sans cesse plus grand de sa liberté collective et individuelle. La capacité d'invention des groupements particuliers n'a jamais été prise en considération depuis Proudhon, et il semble pourtant qu'il faille chercher aujourd'hui en elle une voie nouvelle au-delà des illusions et des erreurs de l'étatisation sous toutes ses formes. Chebika est un « électron social » qui peut par ses propres forces créer une situation nouvelle pour autant qu'on lui en donne les moyens : *il faut qu'à l'indépendance politique succède dans les pays du Tiers Monde l'indépendance sociale*, laquelle n'existe actuellement nulle part, dans la mesure où les élites qui ont réalisé l'indépendance politique sont devenues des classes dirigeantes dont la seule existence accentue la divergence entre la ville et le monde de la steppe...

Le sociologue américain Oscar Lewis estime qu'il existe une culture intermédiaire et que, dans les pays d'Amérique latine où il a entrepris des analyses aussi remarquables que saisissantes, la médiocrité d'une situation qu'on ne peut actuellement transformer tend à constituer une « culture de la misère ». Cette culture intermédiaire tend à réaliser un équilibre entre les formes sociales anciennes, les rêves d'une vie nouvelle dont les modèles sont suggérés par la radio, la télévision ou le contact des grandes villes. Entre ces cultures traditionnelles et les formes de vie nouvelles s'interposerait donc un no *man's land* qui *survit à la période coloniale* [1]. Cette culture intermédiaire peut, dans certains cas, enfermer les hommes dans un système de médiocrité qui interdise tout changement et détruise plus radicalement le dynamisme et la spontanéité des groupes que ne le feraient la coercition ou la dictature. Dans tous les pays du Tiers Monde

---

1. Georges Balandier a décrit ce « no man's land » dans sa *Sociologie actuelle de l'Afrique noire* (P.U.F.).

au moment où les indépendances mesurent, non sans effroi, la distance qui les sépare du développement (toute idéologie mise à part) apparaît une telle situation. L'attente sociale de Chebika devrait contredire cette vision pessimiste. Mais Chebika ne détient pas son avenir entre ses mains. La société tunisienne elle-même doit vouloir sauver *l'authenticité* de Chebika en demandant au village d'assumer ses capacités de transformation. La société tunisienne peut aussi trahir Chebika et se trahir elle-même. Le village constitue une situation anomique sans doute, mais n'est-ce pas toujours à partir de ces situations anomiques que s'élaborent les changements, car elles seules possèdent le pouvoir d'invention qui manque aux administrations globales? Tout dépend de la capacité pour les Tunisiens de s'enraciner dans le village et de l'aider.

Chebika sera l'image et la preuve de la vérité du changement tunisien mais il est évident que l'attente sera longue. Sans doute pénible. Du moins, les gens de Chebika ont-ils cette force qui peut s'opposer à cet «instinct de mort» que portent avec elles les traditions. Mais il faut, aux hommes, pour affronter le nouveau, cette sorte de courage qui résulte de la volonté d'éprouver des émotions et des sensations inconnues. Sans doute la lente transformation n'est pas achevée: la Tunisie reste ouverte et dans certains cas demeure un vaste chantier. Il faut que les gens de Chebika, autour du porche, de la mosquée ou dans les maisons resserrées et au toit crevé affrontent la grande épreuve de l'attente continuellement entretenue. Comme nous l'a dit un jour le vieil Ahmed, en citant le Coran: «Dieu sauvera les hommes quand ils seront brûlés comme du charbon.» Et il ajoute en 1964, ce qu'il disait à notre tout premier voyage en 1961:

— Nous vivons de patience.

APPENDICE

Voici le recensement famille par famille. Il permet de situer les propriétaires et les *khammès*, ainsi que la place des enfants scolarisés et de la femme. On a dénombré ici 47 unités, en 1964, compte tenu du fait qu'il existe 30 familles réelles et que les 17 autres sont des ensembles assez confus regroupant des veufs, des célibataires, des gens de passage restés à Chebika depuis une quinzaine d'années, mais qui n'ont pu « s'installer ».

Travaillent-ils?

	Propriété	Travail Khamès	Travail Chantier	Père	Mère	Enfants Garçons	Enfants Filles	École Garçons	École Filles	Total	Remarques
1	—	+	+	+	—	2	2	2	1	6	
2	—	+	+	+	—	2	2	1	—	6	
3	—	—	+	+	—	2	1	1	—	5	
4	—	— f	+	+	—	—	—	—	—	2	
5	—	—	+	+	—	—	—	—	—	1	
6	—	+	+	+	—	—	1	—	—		
7	—	+			—	—	—	—	—	.	
8	—	+	+	+	—	3	2	1	—		
9	—	—	—	—	—	2	2	1	1	5	
10	—	—	+	+ le fils	—	—	2	—	—	4	
11	—	—	+	+ un cousin	—	—	2	—	—	5	
12	—	+	+	+	—	1gd + 3pet	1	1	—	7	

Travaillent-ils ?

	Travail				Enfants		École			
Propriété	Khamès	Chantier	Père	Mère	Garçons	Filles	Garçons	Filles	Total	Remarques
13 +	—	—	+	—	2	1	1 son neveu	—		l'épicier
14 +	—	+	+	—	3	1	3	1		deux frères, les maisons communiquent
15 +	—	+	+	—	3	1	2	1		
16 —	+	—	+	— aveugle	2	3	—	—		
17 +	+	+	—	—	1+1 +1	2	1	6	7	tous les fils travaillent pour le père dans la même maison
18 —	—	+	+ le fils aîné	—	1	—	—	—	3	
19 —	—	+	+ le père	—	2	1	—	—	5	un père et ses 2 fils mariés
20 —	—	+	+ le fils	—	2	1	1	—	6	
21 —	—	+	+ le fils	—	1	—	—	—	3	

Travaillent-ils ?

	Pro-priété	Travail		Père	Mère	Enfants		École		Total	Remarques
		Khamès	Chantier			Garçons	Filles	Garçons	Filles		
22	+	—	—	+	—	3	3	1	1	8	ancien épicier
23	—	—	—		veuve (sa fille)	—	—	—	—	1	
24	—	—	+	+	—	3	1	1	—	6	même famille
25	—	—	+	+	—	—	1	—	—	3	
26	—	—	—		aveugle	—	—	—	—		
27	—	—	+	+	—	2	—	1	—		
28	—	+	+	+	—	1	2	—	—		
29	—	+	+	+	—	1	2	—	+		il a sa mère à sa charge
30	—	+	+	+		—	—	—	—		
31	+	—	+	+	—	2	1	—	+		famille étrangère fixée depuis 15 ans
32	+	—	+	+		—	—	—	—		

Travaillent-ils?

	Propriété	Travail Khamès	Travail Chantier	Père	Mère	Enfants Garçons	Enfants Filles	École Garçons	École Filles	Total	Remarques
33	—	—	—	+	—	2	—	—	—		vit seul
34	—	—	+	+	—	1	1	—	—		responsable de la mosquée ancien khamès ; il s'agit de 7 familles vivant dans la même maison
35	—	+	+	+	—	3 / 1 + 2	1	2	—		
36	—	—	+	+	—	1	1	—	—		ce sont des étrangers au pays
37	—	—	—		+	2	—	2	—		
38	—	—	+	+		—	—	—	—		
39	—	—	—	— aveugle		—	—	—	—		vit seul
40	—	+	+	+	—	—	—	—	—		
41	—	—	+	+		—	—	—	—		2 frères vivent seuls
42	—	—	+	+	—	2	—	1	—		père et son fils marié
43	—	—	+	+		1	—	—	—		cousin non marié

Travaillent-ils?

Pro-priété	Travail		Père	Mère	Enfants		École		Total	Remarques
	Khamès	Chantier			Garçons	Filles	Garçons	Filles		
44	−	+	+	+		−	−	−	−		famille disparate et désorganisée
45	+	−	−	+	−	−	−	−	−		
46	−	+	+	+	−	4 1+3	−	2	−		gens de passage
47	−	−	−	+	−	2	5	−	2		

Ce travail n'aurait pu être mené à bien sans l'aide précieuse de mes étudiants de la Faculté des Lettres de Tunis (1960-1966) — Mlles Fenice, Belkhodja, Heinkélé, Charrad, Mme Akrout, MM. Boucrâa, Hamzaoui, Hamouda, Akrout, Karaoui, Khabchech...

M. Roussopoulos, Christine, la jeune Française que les gens du village continuent d'appeler « Christ » pour l'avoir adoptée, et surtout M. Khlil Zamitti, mon irremplaçable collaborateur, m'ont apporté un appui de tous les instants.

M. Messadi, secrétaire d'État à l'Éducation nationale, et M. Abdeslem, procteur de la Faculté des Lettres de Tunis, ont permis la réalisation matérielle de cette enquête de six ans.

Jacques Berque a été mon vigilant initiateur à la sociologie islamique...

DEUXIÈME PARTIE

RETOUR A CHEBIKA
1990

L'observateur étranger est le métayer, seulement le métayer, du territoire qu'il étudie. Au cours des années 60, avec les étudiants et les chercheurs tunisiens qui m'ont accompagné, nous avons été les témoins d'un moment de la vie du village. Et lors de mes retours à Chebika — et récemment encore — je me suis effacé. Le pays appartient à ceux qui l'habitent.

Au cours des années 70, peu de choses avaient changé, mais la plupart de mes amis avaient disparu. Si Tijani est mort qui m'avait conduit au village, et morts aussi les habitués du «petit café» et ceux qui se réunissaient autour du gaddous. *Voici ce que j'en écrivais alors:*

«Amor m'entraîne vers le cimetière. Il veut me montrer la tombe du vieux Gaddour; aucun vieillard n'eut jamais plus d'humour et de grâce que celui-là, auprès duquel Zamiti et moi, nous nous sommes, durant des heures entières, roulés dans la poussière de la place, pour parler — une phrase chaque quart d'heure, et encore...

Il fut un de ces hommes qui avaient connu le village à plusieurs étapes de son existence moderne: le départ des Français en 1942, le passage des Allemands, l'arrivée des Anglais, le retour des Français, à nouveau leur départ. L'Occident représentait, pour lui, ce qu'est pour nous un kaléidoscope où la puissance passait de main en main et dont on recevait au passage quelques bribes, pantalons d'uniforme, bidons d'essence ou même carcasse de voiture inutilisable [...]

«[...] De sa tombe, il ne reste rien. Du moins rien qui ne soit la terre et les cailloux: le vent de la steppe agite de minuscules plantes

365

sèches, les chiens aboient dans l'oasis et d'autres chiens, plus bas, dans les replis de la steppe désertique, de sorte que les seconds répercutent le cri des premiers jusqu'aux confins du monde visible... Gaddour est peut-être là, déjà dessiqué, rongé par le sable, la chaleur, les insectes, devenu une maigre chose roide, comme les habitants que nous avons connus, la vieille Naoua, son époux Mohammed, l'ancêtre des Gaddouri, l'épicier Ridha et peut-être Rima.»

Il m'a semblé qu'il appartenait à d'autres Tunisiens d'une génération, bien entendu, plus jeune que la mienne, et aussi plus jeune que celle de leurs aînés des années 60, de revisiter le village. D'ailleurs, ces derniers se sont engagés dans les dédales de l'administration et des carrières universitaires.

C'est à d'autres qui étaient venus de Tunisie à Paris que j'ai demandé de revenir à Chebika. Bien entendu, je n'ai pas la forfanterie de leur avoir appris quoi que ce soit. Je les ai seulement aidés à découvrir et à formuler une muette inquiétude de la compréhension du «vécu social». Cet exil momentané, et l'acquisition de quelques techniques, leur ont donné assez de distance et de force pour déchiffrer les signes de leur propre univers — une sorte de «mise entre parenthèses» des idées reçues qui permet de jeter un regard neuf sur des évidences apparemment banales.

L'une, Traki Zannad, s'est attachée à la femme de son pays, et simplement aux changements intervenus dans les attitudes, le corps, les gestes qu'impliquent les mutations de la campagne à la ville, à travers les bidonvilles, les métiers nouveaux, les sollicitations inédites. Elle a publié en Tunisie, en 1984, un ouvrage qui résulte d'une thèse soutenue à Paris VII, Symboliques corporelles et espaces musulmans [1].

Traki Zannad ne s'est pas contentée d'une simple visite, elle a emmené avec elle une équipe de juristes et d'historiens qui se sont attachés en 1989, à l'observation de Chebika. Une nouvelle enquête.

Bechir Tlili, durant quelques années, à Paris, s'est mis à l'observation des changements mentaux et psychologiques des émigrés tunisiens de Belleville. Instituteur dans un village proche de Chebika et, parce qu'il est né dans la région, il a pris la distance nécessaire à l'anthropologie. Docteur, lui aussi, de Paris VII, il a

___

1. Cérès productions.

366

analysé la topographie mentale que les travailleurs venus de son pays superposent à la géographie urbaine de Paris.

Quand il est revenu à Chebika, en voisin, il a perçu d'une manière originale la vie actuelle du village et les conflits qui l'habitent, maintenant. Que Chebika soit devenu un lieu obligé de parcours touristique et les habitants, sédentaires ou nomades fixés, un spectacle, cela l'a d'autant plus frappé que l'enquête des années 60 avait tenté d'en faire apparaître le dynamisme autonome et la vitalité. Que serait l'étude ancienne sans cette contre-épreuve ? Le père est le fils du fils, dit Proudhon. Je me suis mis à l'école de ceux que j'avais, peut-être, aidés à se former...

J.D.

I

LA MÉMOIRE DU SUD

Chebika revisité par Traki Zannad
en 1990

Le site est très beau... Une des plus belles oasis de montagne qui apparaît de loin, serrée et touffue dans les bouquets de palmiers. Le vieux village de Chebika est là, perché sur la pente. Il est en ruine, dans sa dignité et sa fierté blessée, languissant d'un passé lointain, lorsque régnaient la paix et l'autosuffisance. En ruine, même si, comme ce matin, de petites opérations de «réhabilitation» sont entamées : on tente de raccommoder un passé, une mémoire, au sein de ce village qui n'est plus habité que par le vent.

Dès le premier jour où j'ai mis les pieds à Chebika, une seule question se posait : que faire ? Comment me présenter ? Pourquoi suis-je ici ? Pourtant, au bout de deux jours, je commençais à comprendre et à m'accorder à ce «terrain».

Nous étions arrivés de bonne heure — Hedi, historien, Zohra, institutrice, Fahti, juriste. Des adultes, des citoyens sensibles, et qui se sont donnés à ce travail. Les résultats auxquels nous sommes parvenus ont dépassé mon attente.

Nous étions là, debout, au milieu d'un grand espace. Nous

CHEBIKA : NOUVEAU VILLAGE

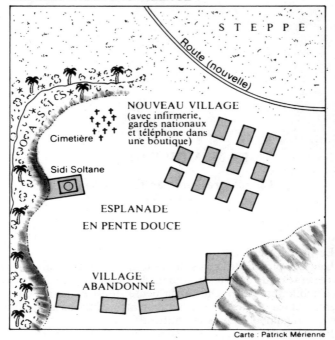

Carte : Patrick Mérienne

venions d'arriver. Il était onze heures du matin. Nous avons été refoulés par un garde national : personne ne doit s'approcher du village, tant que l'équipe de cinéma est en train de tourner. Silence ! Nous avons préféré flâner sur cette place en attendant que les nouveaux seigneurs des temps modernes — les cinéastes de télévision — veuillent bien se retirer [1].

1. Il s'agit d'une « série » tournée fin 1989 par une chaîne de télévision fançaise. On a sans doute appris à « vendre du paysage », en Tunisie. Faut-il rappeler que Jean-Louis Bertuccelli n'a pu y réaliser les *Remparts d'argile*, tiré de *Chebika* ? (J.D.).

Le nouveau village et la part des Bédouins

Ce qui frappe d'abord : un ensemble de maisons alignées, bâties en pierre, entourées chacune d'une clôture de la même pierre qui ne dépasse pas les trois mètres de hauteur. Debout, au milieu de cette rue qui mène à la montagne, au milieu du vieux village de Chebika, ces demeures se disposent en damier, rectilignes. Face au vieux village, en direction de l'ouest, se trouve l'école, un peu plus loin, un petit bâtiment qui fait fonction de Maison des jeunes et de la culture. Juste à l'opposé, sur le côté droit, il y a l'édifice de la garde nationale...

On devine l'ordre imposé par le planificateur et son exécutant. Ce planificateur est passé là, voilà plus de vingt ans[1]. Les habitants affirment que c'est après avoir lu, ou avoir entendu parler du livre sur Chebika que ce responsable s'est déplacé : le nouveau village est fixé à l'horizontale, à la soumission. Ce n'est qu'un « espace agrégat ».

Voilà deux quartiers antagonistes — deux « quartiers » qui se tournent le dos. L'enquête que nous avons menée a révélé des faits étonnants : le quartier qui se présente sur la droite du visiteur, à l'entrée, a été occupé par les ouled Abid, nomades et Bédouins des steppes du Djérid qui s'y sont installés depuis 1982. Ils ont plié leurs tentes et ont échangé l'habitation itinérante contre ces logements en dur. Bien qu'ils occupent une partie morphologiquement égale à celle qu'occupent les habitants du nouveau village, ils sont perçus comme des intrus. Le cheikh de l'endroit est un ouled Abid ; il représente non seulement l'autorité locale, mais il est aussi le répondant des habitants auprès de l'autorité et du gouvernorat.

Que sont ces néo-Chébikiens ? Les ouled Sidi Alid sont éparpillés entre Tamerza, Tozeur, El-Hamma et Chebika. Ils se divisent en deux groupes, ouled Ahmed et ouled Sidi Abdelmalek, et ils sont descendants du grand marabout Sidi Abid. Au début de l'occupation française, ils se sont réfugiés en Algérie, fuyant les tribus belliqueuses du centre du pays, les H'mamma et les Fréchiche. Tribus pacifiques, ils craignaient pour leur bétail et même pour leur vie.

1. Il s'agit d'Ahmed Ben Salah qui fut ministre du Plan, de l'Économie et des Finances, durant les années 60.

L'histoire des tribus maghrébines mentionne l'existence de tribus dociles (*hu'usayniya*), de tribus soumises (*Makhzen* ou *ra'iya*) et de tribus belliqueuses, comme les Fréchiche, connues pour leur *razzia* et leur mentalité d'*açabiya*. Le seul document qui mentionne une étude historique de cette tribu, à ma connaissance, est le rapport de l'ancien administrateur français Pélissier que nous avons trouvé dans les archives des Affaires étrangères[1].

Nous avons rencontré le groupe des ouled Bouchagrâ. Bouchagrâ était le fils de Snia, fille de Sidi Abid, connue pour sa piété et sa sagesse. Bouchagrâ a choisi de quitter le Djérid pour s'installer dans le Sud algérien. Le rapport Pélissier concorde parfaitement avec les propos enregistrés en 1989 : nous avons affaire aux descendants de Bouchagrâ, installés, effectivement, avant l'Indépendance, de l'autre côté de la frontière, en Algérie.

Le grand marabout Sidi Abid est venu d'Algérie en 1633 (?), selon le rapport de Pélissier, et il s'est fixé dans le sud de la Tunisie au djebel Batna qui porte aussi le nom de djebel Sidi Abid. La piété de ce saint homme, sa sagesse ont fait de lui un *ouali* adoré et vénéré. Il meurt en 1663 (?) en laissant deux fils, Ali Lakhdar et Abdelmalek.

Ceux du groupe actuel de Bouchagrâ nous ont signalé les faits suivants : Ali Lakhdar s'est installé à Tozeur avec ses disciples et des fidèles étrangers à la branche des ouled Abid et fonda une *zawwyâ* qui existe toujours. Après la mort de son père, le fils d'Ali, Sidi Hamadi, quitta Tozeur pour s'installer à Nefta. Il entraîna avec lui tout le groupe et fonda sa propre *zawwyâ*, la deuxième des ouled Abid au Djérid.

Les deux fils de Sidi El Hamadi, Douib et Djeddou abandonnèrent la ville du Djérid et optèrent pour la vie nomade. Ils se convertirent en bergers chameliers, suivis par les différentes fractions des ouled Abid, et constituèrent un important patrimoine de bétail et de dromadaires, en pratiquant la transhumance.

---

1. E. Pélissier de Reynaud, officier d'état-major en Algérie de 1830 à 1842, directeur des Affaires arabes, a assumé des fonctions consulaires à Tunis et à Tripoli. Une photocopie de ce rapport de quatre pages se trouve à l'Institut des belles-lettres arabes de Tunis. (Tunis, 1847, dossier 10).

Certes, leur itinéraire est intéressant à étudier durant trois siècles, bien qu'il ne concerne pas Chebika, mais il est nécessaire d'identifier ces nomades de Bouchagrâ qui ont, à nouveau, pris la pause en s'installant dans le nouveau village de Chebika. Ce retour dans le passé peut éclairer leur véritable mobile et le « mystère » de leur installation.

Il est, en effet, important de savoir que ces ouled Abid ont connu, dans le passé, les deux types d'établissement — sédentaire et nomade. Ils optèrent pour le second à une époque de menaces permanentes, de la part de tribus, de *razzia*, et cela sans changer de philosophie ni de conception du monde dans leur vie de groupe. Les ouled Abid ont été des gens pacifiques qui ont toujours préféré la parole à la foudre.

Composer... Ils ont réussi à le faire, comme ils le font avec les sédentaires de Chebika. Ont-ils réellement réussi? On ne peut trancher, comme il semble dérisoire de fixer leur nationalité : sont-ils algériens ou tunisiens? La personnalité collective du groupe est bien évidente et aucun doute n'existe sur leur ascendance ni sur leur origine géographique. Bien qu'ils fussent appelés aux grands parcours et à une vaste circulation, les Bouchagrâ n'ont connu aucun mélange et leur genèse n'est pas une énigme.

Leur nom comme leurs tatouages sont un emblème de fierté, et cela demeure une donnée différentielle évidente à Chebika. Ils se trouvent au carrefour d'un double dynamisme d'intégration et de désintégration. Entre une assimilation qui, bien qu'elle semble désirée, demeure quelque peu forcée dans cette vie nouvelle depuis une décennie, et leur rattachement à une identité liée à une tradition. Une donnée inédite dans l'évolution des tribus au Maghreb.

Il faut donner le portrait de ces Chébikiens, récemment installés, afin de comprendre l'apport de cette nouvelle cellule au sein du nouveau village. Son apport n'est pas sans conséquence sur les habitants anciens. On ne peut jeter un regard nouveau sur Chebika, après vingt-cinq ou trente ans, sans tenir compte de cet élément.

Ceux des habitants que nous avons rencontrés, les premiers, à Chebika, étaient les Bouchagrâ. A l'ombre de leur maison, ils ont posé un tapis et ils nous ont invités, après avoir insisté, à boire le café.

Très vite, le goupe s'est refermé sur nous — hommes et enfants. Aucune trace, durant cette journée, des jeunes filles ou des femmes : elles étaient dans leurs maisons. On devine leur présence, on la sent, mais elles ne se «donnent pas à voir» à des étrangers. Avec le recul, je me suis aperçue que les Bouchagrâ avaient eux-mêmes conduit l'enquête, et qu'ils n'ont livré que ce qu'ils avaient envie de nous dire. Un seul message passait dans toutes les conversations. Ils étaient nombreux, ce matin, à nous entourer, à discuter, mais tout s'est passé comme si une seule personne avait émis une unique demande :

— Donnez-nous des chameaux...

Il se dégage de leurs visages burinés par le vent et le soleil un éclat de santé. Ils portent de longs turbans blancs enroulés autour de la tête et du cou, comme les paysans algériens. Au milieu du front et sur la joue droite, on voit un tatouage en forme de V.

— Nous sommes tous des ouled Sidi Abid. Notre ancêtre est Ouali et sa *zawwyâ* est de l'autre côté de la frontière, en Algérie.

— Alors, êtes-vous tunisiens ou algériens? demande Hedi.

— Nous sommes des bergers. Nous faisons la transhumance. Il n'y a pas de frontière pour nous.

Hedi insiste.

— Voilà, dit celui qui nous reçoit — un homme qui a dépassé la soixantaine et qui semble à la tête du groupe — au moment de l'Indépendance de la Tunisie, les Français nous ont obligés à choisir. Ils nous ont dit : si vous êtes tunisiens, passez en Tunisie et ne revenez plus. Si vous êtes algériens, restez ici, une fois pour toutes.

— Alors qu'avez-vous décidé?

— On a préféré partir, quitter l'Algérie. Et maintenant, nous sommes ici, nous sommes tunisiens, cela, oui.

Le sens de la sociabilité, la chaleur de l'accueil de cette génération d'ouled Alid, qui a plus de quarante-cinq ans d'âge en moyenne, constitue la charnière entre les générations, et c'est à elle que revient la décision de la pause. Plus tard, à notre retour à Tunis, nous avons compris que cette affaire de chameaux constituait un compromis que les ouled Alid ont accepté de passer moralement avec l'État : la pause contre les chameaux.

— Êtes-vous contents, maintenant que vous habitez des maisons stables, en dur? demanda Fathi.

Un grand rire s'élève de l'assemblée.

— Oui... oui... C'est plus agréable quand les dunes et le vent ne nous enterrent pas.

Nouvel éclat de rire. A ce moment, l'un d'entre eux, assis à ma gauche, me sourit gentiment en hochant la tête. Avec ses joues bien rondes et ses yeux noirs qui brillent, il est sans doute un grand mangeur de viande. Et ce bon vivant fait rire aux éclats ses cousins en disant avec nostalgie :

— Ah! non... Rien ne remplace la tente quand le *Khirr* (l'opulence) existe... Dormir sous une tente, se lever tôt le matin pour boire du lait bien frais, du fromage...

— Vous êtes né ici, vous ?

— Je suis né là-haut sur la montagne, sur les cornes de la montagne, en plein air.

Un homme rayonnant de santé, de désir de vivre, exubérant : un visage heureux. Comment ne pas s'en souvenir ?

De nos entretiens avec ces nomades sédentarisés à Chebika, il résulte qu'ils ne désirent qu'une seule chose, disposer chacun d'un crédit de deux à trois mille dinars de la part de l'État et qu'ils s'engagent à rembourser mensuellement, avec cinquante dinars.

— Notre souhait est que l'État nous aide pour l'achat des chameaux. Le chameau se contente d'un pâturage faible et supporte la sécheresse. L'élevage du chameau est une habitude ancestrale que nous, les ouled Abid, connaissons très bien. Nous sommes des bergers et nous voulons garder le statut de bergers, de chameliers — même si l'on devient propriétaire d'une parcelle de terre... Mais ici, c'est l'oasis de tous.

Cela, nous ne l'avons pas découvert à l'aide des questionnaires classiques, mais, non sans mal, à travers les conversations.

Les ouled Abid ne veulent plus compter sur les projets de planificateurs, encore moins sur les promesses des responsables politiques (en l'occurrence, celui de Tozeur). Leurs revendications révèlent un souci immédiat, celui de la survie, et l'on ne compte que sur soi-même et sur les «moyens du bord». Ainsi, quand les services de première nécessité ou l'infrastructure font défaut, la crainte de la désertification augmente et les promesses sont comparables au vent qui éparpille le sable dans cet espace devenu trop grand pour eux — et surtout aussi pour les gens de Chebika.

Chez les uns et chez les autres, le terme de sécheresse revient sans cesse, hante leurs pensées, leurs rêves et, bien sûr, leurs projets. Le terme, ressassé, apparaît dans toutes les discussions et il en est la clef de voûte. En parler est probablement le seul moyen d'approcher ces populations devenues presque imperméables à toute autre forme de discours ou de discussion. Ils n'entendent plus et ne voient plus que par et au moyen de ce mot de sécheresse dont l'impact sur la vie de certaines régions du sud de la Tunisie est d'une effroyable portée.

Il existe une autre réalité que ces nomades connaissent bien, bien mieux qu'aucun homme politique ou militaire : l'affaire des frontières. Un message qui a glissé sans que nous ne nous en soyons aperçus au cours de nos conversations et dont nous avons pris conscience ensuite... Je me souviens seulement qu'à mi-voix l'un d'entre eux m'a confié :

— Vous savez, là, sur les frontières, les Algériens avancent et nous, nous reculons. Ils lâchent leurs chameaux et mordent sur nos territoires, nos puits, nos pistes.

— Que faites-vous, alors ?

— Écoutez ! Ce n'est pas notre affaire, et puis le Tunisien est souple sur cette question.

Il est vrai que le problème n'a jamais été discuté clairement...

Les ouled Abid sont politisés par leur information et leur expérience, à cheval entre deux déserts. Ils en savent plus long que n'importe qui, et c'est pour cela qu'ils connaissent les procédures de la revendication. Est-ce un hasard si le cheikh de Chebika est l'un d'entre eux ? Comment l'ont-ils imposé aux gens du village, aux Chébikiens authentiques ? Nous ne le saurons pas.

Oui, ils ont réussi à s'imposer à leurs nouveaux voisins sédentaires comme ils ont su le faire auprès des instances du gouvernorat de Tozeur — et comme ils y sont parvenus pour notre équipe et moi-même. Ils ont accepté de s'installer et de se fixer, alors que cet état ne les enchantait guère, ils s'en sont rendu compte plus tard. En se pliant à l'exigence du pouvoir central, ils savaient qu'ils obtiendraient en échange un bien plus précieux que tout : l'eau.

Posséder l'eau au prix de sacrifier leur liberté de nomades, leur mode de vie, et s'emprisonner dans le bâti dur des nouvelles maisons, telle est leur ligne de conduite, désormais, tenue avec acharnement. Il est vrai qu'il n'existe plus de campement. Les tentes sont pliées, conservées jalousement chez eux. Il n'est pas dit qu'un jour, ils ne reprennent leur existence mouvante et leur errance — surtout la génération qui a connu les grands déplacements. Parmi ceux que nous avons interrogés, deux l'ont confirmé :

— On reprendra la route quand on aura assuré nos arrières...
Ont-ils du mal à se soumettre à la loi de la pause définitive?

Le vétérinaire de Tozeur pense que le premier objectif demeure celui d'encourager la population nomade à se fixer, grâce à l'élevage des ovins, des caprins et des chameaux :

— C'est facile. On peut même mêler une autre race de bêtes pour améliorer les races locales.

— Les chameaux, vous les faites venir du Sud-Est tunisien, du côté de Kebili, par exemple?

— Non. C'est une tentative vouée à l'échec. Le chameau de l'Est ne peut s'adapter ici, et il retourne chez lui.

— Comment répondre à la demande des ouled Abid?

Le jeune vétérinaire est sûr de lui et optimiste.

— Je suis d'accord, on peut projeter d'acheter deux mille chameaux. Comme le parcours naturel est détérioré, il serait bon de créer un centre de rassemblement et il serait prudent même, et plus sage, de conserver l'identification traditionnelle, celle du sceau à chaud, comme la pratiquent les ouled Abid. D'ailleurs, il est inutile d'essayer d'imposer un autre système. Nous l'avons tenté, à une époque, avec le système des anneaux aux oreilles, et ces anneaux ont disparu... Une autre solution, c'est d'amener des géniteurs mâles et de les revendre après la fécondation; les femelles servent au repeuplement et l'on peut passer ainsi de sept cents à deux mille têtes en moyenne.

Cette histoire de chameaux n'est en réalité qu'un subterfuge inventé par les ouled Abid. Ce qui les intéresse d'abord, c'est l'eau. Et l'eau, il y en a sur les immenses terres collectives qui s'étendent à perte de vue. Il s'agit de s'approprier un peu de ces terres pour avoir de l'eau. La revendication des chameaux séduit surtout l'homme du nord du pays. C'est là une ruse qui a aidé les ouled Abid à se convertir en Chébikiens de la montagne.

Le stratagème de l'eau

Il fallait donner la parole aux « vrais » habitants de Chebika. C'est sur le revers de la montagne, à l'entrée de l'ancien village qu'on les rencontre ; ils logent dans les « nouvelles maisons » les plus proches du site.

C'est là que nous avons rencontré les Gaddour et les autres, de la deuxième et de la troisième génération. Ceux-là ne descendent pas à la rencontre du visiteur, et le visiteur doit monter jusqu'à eux. Point de trace des ouled Abid qui occupent les bâtisses d'en bas : ici, c'est le fief des « vrais ». Ils nous ont reçus, près du Relais.

Les visages sont marqués d'une sorte de colère étouffée, d'amertume : la résignation s'est transformée en exaspération et le doute a succédé à l'attente. Aujourd'hui, ils déclarent subir une injustice nouvelle, celle de la présence des ouled Abid. Tous l'assurent. La conversation démarre difficilement entre nous.

— On nous a parlé de nouveaux lots sur les terres collectives.

L'eau coule d'un puits artésien.

A ce puits, les gens de Chebika assurent qu'ils ont droit. C'est pour eux que l'on a partagé les terres, nous dit celui qui assure le rôle du délégué : il s'agit de cent cinquante hectares à une cinquantaine de kilomètres à l'ouest de Tozeur. On y a creusé trois puits artésiens qui, d'après l'enquête, ont coûté près de trois milliards de dinars à l'État, aidé par un prêt de la Banque mondiale. L'idée est de créer un réseau de distribution de l'eau, juste et équitable, pour permettre l'installation de plantations. C'est ainsi que le Délégué — un Bédouin — présentait ce projet. La réalité est différente : aucun des anciens habitants de Chebika n'a pu bénéficier d'un lot.

— Pourquoi avez-vous refusé les lots qu'on pouvait avoir sur ces terres, Daffria I et Daffria II ? demande Hedi.

— On s'est fait avoir...

Il y a un moment de gêne et de malaise : la noblesse et l'honneur sont en cause.

— Les ouled Abid sont venus nous voir pour nous dire que nous allions partager. Eux, ils auraient l'eau de Daffria I et II, et à nous, on laisserait les terres de la « Source blanche ». Le marché était conclu, nous avons donné notre parole.

— Et alors ?

— Alors ? Les puits artésiens, là-bas, ont réussi à sortir de

378

l'eau, mais la « Source blanche » n'est pas sûre et l'on ne sait pas encore s'il y a de l'eau. On a conclu vite le marché sans savoir ce qu'il en était de la « Source blanche ». Les ouled Abid nous ont encouragés, ils ont joué et ils ont gagné, parce qu'ils savent que nous voulons rester ici, chez nous, entre nous. Pendant ce temps, ils se sont inscrits pour avoir les cent cinquante hectares. Les bêtes leur reviennent de droit, maintenant. Il est trop tard. Ils sont installés à Daffria I et II. Ils ont tout pris. Ils circulent jour et nuit, à pied, entre Chebika et Daffria. L'un d'eux a même une maison ici et une autre là-bas.

Fathi, le juriste de notre groupe, tente d'apaiser la tension. Son expérience d'avocat le sert pour cette discussion plutôt difficile.

— Il n'est pas trop tard pour Daffria II. Vous pouvez contacter les responsables...

— Moi, je n'irai pas, dit Mabrouk. Je ne veux pas manger ni partager le pain avec les ouled Abid... Ce n'est pas tout : on sait pourquoi l'on nous en veut à Tunis. Nous le savons tous, ici. Ils ne nous ont pas pardonné l'affaire de l'année 1965[1].

Là-dessus, ils n'ont plus donné d'explications. Ils nous ont fait comprendre qu'ils n'en parleraient plus. Et le ton a changé :

— Ici, on ne peut plus vivre. Il faut partir. Mais où ?

— Pourquoi ne pas parler de ça à des responsables ?

— Les responsables ? dit Mabrouk. Lesquels ? Il faut les voir, les approcher. Vous croyez que c'est facile ? Les responsables, ils sont à Tozeur. Il faut une voiture et ça revient à quinze dinars. Et puis la porte est toujours fermée devant nous. Toujours.

Mabrouk apparaît comme une sorte de leader. Il est cogérant du relais-buvette et surtout, c'est lui qui dispose du téléphone. Pour reprendre l'entretien, Fathi dit, en plaisantant :

— Et moi, je pourrais être un de ces responsables...

— Je n'ai pas peur de parler franchement, dit Mabrouk, vivement. Je ne crains rien. Et s'ils veulent m'emmener en prison, j'y serai plus à mon aise qu'ici et, au moins, je mangerai à ma faim.

D'ici, avec les gens du vieux village, on perçoit mieux l'image des ouled Abid avec leur sens aigu de la discussion, leur subtilité, leur rigoureuse discipline de groupe. Ils ont réussi en moins de

1. L'affaire de la carrière. Voir première partie, chapitre V.

dix ans (ils se sont installés en 1982) à réaliser ce que les gens de Chebika n'ont pu réussir en trente ans.

S'agit-il d'une lente machination, d'un nouveau défi du nomade au sédentaire? Une aventure nourrie de vengeance et qui remonte aux débuts des conquêtes des Beni Hillal? Un écho affaibli qui prend des formes nouvelles en surgissant à nouveau aujourd'hui? La clef n'en est-elle pas l'eau et tous les moyens ou stratagèmes pour se l'approprier? Quelle est la légitimité sur laquelle se fondent les ouled Abid?

Il faut s'attacher à cette stratégie du pouvoir, telle qu'elle se dessine, en sourdine, dans cet espace étroit, toujours présente et qu'exerce le groupe des Bédouins au détriment des anciens habitants de Chebika. Un réseau de légitimités contraires et qui frappe par son ambiguïté: les gens du parcours se proclament propriétaires des terres collectives, ignorent le « droit des villes » et connaissent seulement le droit coutumier, droit d'appropriation.

Un ancien décret de la période coloniale, en 1901, mentionne que les terres collectives n'impliquent qu'un droit de jouissance collective et que l'État en reste l'éminent propriétaire. A cette époque, un fonctionnaire français des Affaires indigènes, Paul Dumas, reproduisait des paroles semblables: « Ce sol est à nous... il est notre bien familial, il était à nos aïeux. L'État qui ne le possède pas, qui ne l'a jamais possédé, n'a sur lui aucune faculté légitime de disposition [1]. » Presque un siècle plus tard, cela reste une vivante réalité.

L'insuffisance ou l'inactualité des données collectées au niveau national forcent à chercher directement l'information. Certes, on ne peut s'en tenir aux réponses entendues, telles qu'elles sont parfois recueillies d'une manière abstraite ou systématique. Elles n'aboutissent qu'à repérer un aspect de la vie réelle. Il y a le « dit », mais on découvre, si l'on y porte attention, un réseau de réponses implicites, un discours latent auquel il faut accorder l'importance qu'ils méritent.

Nous sommes installés dans le Relais, primitivement construit pour les touristes de passage. Il a remplacé le petit café de Ridha qui fut autrefois l'un des traits d'union entre les gens de l'enquête

1. *Les Populations indigènes et la terre collective de tribu en Tunisie.*

des années 60 et le village de Chebika. La veille, l'on nous avait repérés, quand nous étions dans le quartier des ouled Abid. Personne n'avait alors tenté de s'approcher de nous ou de nous adresser la parole. La parole, ici, est définie par des espaces fermés, l'enclos où elle prend forme. Une sorte de loi ; les ouled Abid et les vieux habitants s'y conforment : à aucun moment nous n'avons vu un Bédouin dans le Relais et nous n'avons rencontré aucun Chébikien au bas du nouveau village, excepté les enfants...

Quand l'Office du tourisme a installé le téléphone, il pensait aux pannes éventuelles de cars de touristes. C'est à cette époque que quatre autochtones ont décidé de devenir les cogérants de ce Relais — une buvette, une boutique pour quelques articles d'artisanat. Ce fut une véritable aventure, la seule affaire que les gens de Chebika ont pu arracher à coups de discussions, car ils n'ont pas voulu d'un gérant étranger. L'Office a fini par céder, et c'est une victoire qui a son prix :

— Je paie cent dinars par mois le téléphone, dit Mabrouk. La douane et la police s'en servent, elles aussi. On oublie souvent de me rembourser. Il faut que j'attende des jours et des jours ! C'est la seule voix qui nous attache au monde. Surtout pour un accident ou un accouchement difficile.

— Pourquoi, les administrateurs, les politiques ne viennent-ils pas ici ? demande Fahti.

— Est-ce qu'on sait ? Ils doivent se dire que nous sommes des bêtes sauvages... Le seul qui s'est occupé de nous et qui a vécu un moment avec nous, c'est Duvignaud. Il est revenu plusieurs fois. Quand le livre a été fait, Ben Salah a demandé à visiter le village. Il est venu un jour et le village était en transe, vous pensez, c'était un événement ! Les femmes sont sorties et elles ont poussé de longs youyou de joie. Le convoi de Ben Salah a bifurqué au lieu d'entrer au village. On a eu peur pour Ben Salah, peur de nous — des sauvages. On a pris les cris de joie et d'accueil pour de la sauvagerie. On a détourné le convoi. Nous n'avons pas pu lui parler. Mais nous savons qu'il a donné l'ordre de commencer la construction des nouvelles maisons.

— Et alors ?

— Alors, rien... Des petites maisons éparpillées.

— Et Duvignaud ?

— Il est revenu trois ou quatre fois après son livre, mais

rapidement. Il doit être vieux, maintenant. Il faut un autre livre sur Chebika. On se souviendra peut-être de nous à nouveau. L'atmosphère du Relais s'épaissit de fumée de cigarettes et les visages se détendent.

— Et maintenant, que faites-vous? demande Hedi.

— On fait la sieste. On joue aux cartes. S'il y a un toit à réparer, nous y allons tous. Sinon, nous sommes des chômeurs.

— Et ceux qui travaillent sur place?

— Ceux-là travaillent sur les chantiers d'assistance, pour deux dinars deux cents par jour. Quand il y a du travail. Sinon, rien.

Celui qui prend la parole est le plus bronzé du groupe et il y a une lueur de colère dans ses yeux. Tous les autres semblent de son avis:

— On nous demande de rassembler des pierres. On peut voir les tas de chaque côté de la route en venant à Chebika. Un travail bon pour des bêtes. Comme si on assistait des malades. Nous sommes des hommes, nous, des vrais. On veut travailler, mais un travail digne.

Les chantiers de lutte contre le sous-développement ont été une mobilisation de la main-d'œuvre au chômage. L'idée date des premières années de l'Indépendance afin de distribuer un salaire à une population inoccupée. «Chantiers de charité», pourtant, lors du Premier Plan, ils ont été conçus et perçus comme un mouvement national d'émancipation sociale. En 1961, la distribution de semoule et d'argent a contribué à surmonter les effets d'une crise agricole et d'éviter la disette. Une situation temporaire.

En 1989, les gens de Chebika vivent encore de ces chantiers. L'incitation à la relance économique et à la promotion sociale des années 60 est aujourd'hui perçue comme une humiliation.

Les gens de Chebika semblent enfin décidés à aller jusqu'au bout de ce qu'ils pensent de leur situation d'hommes, de citoyens. De quel développement s'agit-il pour les dix-sept familles restées sur place et asservies au statut de *khammès*.

— Pourquoi ne pas rénover la palmeraie? demande Hedi.

— On est des *khammès*. On ne peut pas prendre seuls ce genre de décision. Que diraient les propriétaires, si l'on arrachait un de leurs palmiers?

— On pourrait cultiver sous les palmiers et le rendement serait pour vous.

Quatre hommes, jeunes, parlent et disent la même chose :
— La culture maraîchère, elle doit se faire en dehors de l'oasis. L'eau doit sortir de la palmeraie et les propriétaires refusent, parce que le débit de la source serait diminué, trop faible.
— On ne nous donne pas ce que l'on demande. Ramasser des pierres, creuser des trous pour enterrer les déchets, ça a trop duré.
Ils rêvent tous de la « Source blanche » qui est en attente de sondage. Une source qui leur appartient, et non aux ouled Abid. Une attente transmise de génération en génération : voir le village devenir une bourgade prospère. Ne plus être assistés. Ont-ils perdu confiance dans les gens du Nord ? En ce moment, ils forment un groupe compact, uni, qui affronte les gens venus de la ville, comme nous.
— Nous sommes des Tunisiens, même si là-haut, on l'oublie. Nous demeurons des Tunisiens.
— Pourtant, certains des vôtres se sont dispersés, dit Hedi. Des familles se sont installées à Tozeur, à Redeyef. Une vingtaine de jeunes travaillent en Libye, pour cent vingt dinars par mois.
— Ils cultivent chez les autres ce qu'ils ne peuvent cultiver chez nous.
Tozeur, Redeyef, la Libye. Une aventure. Mais tous ceux qui sont partis pensent au retour à Chebika, au moment où ils pourront faire jaillir l'eau de la « Source blanche ».

Des enfants et des femmes

Des enfants regardent notre groupe, souriants, amusés.
— Vous allez à l'école ?
— Oui, tous.
Une petite fille d'une dizaine d'années répond en faisant un geste circulaire qui désigne ceux qui l'entourent. Nous sommes à l'entrée de l'oasis et les enfants jouent à construire de minuscules jardins, à planter dans le sable des piments, une pomme de terre, un oignon.
— Ton poivron est parti.
— C'est la brebis d'Aziza.
Ils cultivent à leur manière le verger du village. Ils jouent le

rêve de leurs aînés. Bronzés, pleins de santé, pieds nus sur la pierraille. Maintenant, ils nous observent sans rien dire : sont-ils initiés à l'habitude de silence du village, un silence où s'échangent des regards ?

Vers deux heures de l'après-midi, Lofti me fait entrer dans la « nouvelle maison » de l'une de ses tantes. Au milieu, une cour. A droite, deux pièces, l'une grande, l'autre petite dans laquelle on voit un métier à tisser, un lit et, sur le lit, un transistor. A gauche de la cour, on trouve une construction plus grande et dont la forme rappelle d'une manière frappante les anciennes bâtisses du haut village. Une permanence qui se répond d'un lieu à l'autre comme si elle servait de lien entre le passé et la vie présente.

Là, on conserve les dattes. Au mur pendent des grenades qui sèchent. Une meule sert à broyer les olives. C'est un espace rigoureusement féminin. La famille se retrouve autour du métier à tisser, de l'autre côté de la cour.

Deux jeunes filles m'accueillent, préparent le café. Depuis le matin, je ne cesse de boire du café, mais refuser est un signe de mépris. Il est vrai qu'il suffit de tremper les lèvres pour accomplir le rituel. Les deux filles ne sont pas allées à l'école. Elles ne sortent pas de ce coin du village et ne fréquentent pas les femmes des ouled Abid, à quelques mètres de leur maison.

— Qui vous a appris à tisser des tapis comme à Kairouan ?
— La femme d'un douanier, de passage. La laine vient de nos moutons. On la lave, on la fait sécher, on la prépare avec nos mères.
— Vous avez pourtant de beaux tissages ici ?
— Ceux-là sont plus intéressants, on les vend plus cher.
— Combien de temps faut-il pour faire un tapis ?
— Ça dépend, après le travail de la maison ou dans l'oasis...
— Votre repos, en somme ?
— Bien sûr.
— Allez-vous au hammam ?
— Non, on se lave ici. On fait chauffer l'eau, voilà tout.
Et le seul avenir, bien sûr : le mariage.

Le métier à tisser, dans une autre maison, chez Si Y.Z., est installé dans l'entrée coudée, une *skiffa*. Sa femme est au travail, dos au mur, souriante. La mère de Si Y. est assise, elle aussi, et une autre femme plus âgée, accroupie en tailleur.

— Si Y., voyez-vous un inconvénient à ce que je prenne une photo?

— Oui, franchement... La photo de ma mère circule sur une carte postale, aujourd'hui. C'est une honte pour nous.

— Qui a fait ça?

— Je ne sais pas, mais je le traînerai devant le tribunal, le jour où je le saurai.

Plus tard, Lofti me montrera cette carte postale que l'on vend aux touristes.

— Les touristes sont des voleurs, dit Si Y. Ils volent avec leurs appareils nos visages et puis nos vies... Écoutez: cet été, dans une bourgade tout près d'ici, un enfant a été piqué par un scorpion. Son père l'a amené sur son âne à l'infirmerie. L'infirmier lui a fait une piqûre et lui a demandé d'emmener son enfant au lieu de le garder. L'enfant est mort le soir même. Le lendemain son père l'a emporté sur l'âne pour le mettre au cimetière de Chebika. A ce moment, deux cars de touristes se sont arrêtés. Les touristes sont tous descendus avec leurs appareils de photo et ils ont bombardé l'enfant mort et son père. Même la mort est photographiée. Pourquoi? On n'a pas le droit de leur laisser faire tout ce qu'ils veulent, aux touristes. Maintenant, ils viennent même faire du cinéma, et les gardes les aident en barrant les routes...

Le milieu — l'espace — des femmes est plus actif que le milieu des hommes. Entre le travail dans la palmeraie et celui de la maison — mère, épouse, artisan en tissage — les femmes sont pourtant l'élément optimiste du groupe et comme le centre vivant de Chebika. Elles n'ont pas été scolarisées, elles vont chercher l'eau à la fontaine publique, elles élèvent les enfants, tissent, cuisinent. Elles sauvegardent la cohésion du village, le préservent des alliances indésirables et même de toute relation avec leurs voisines, les femmes ouled Abid. En les écoutant, on apprend que leurs parents qui sont partis en Libye, si lointains soient-ils, constituent des «appendices» fortement attachés au lieu d'origine.

Le verre de lait que m'offre la sœur de Si Y. est d'une grande douceur. Elle, elle est la mère de deux jeunes enfants. Elle respecte les traditions, les hiérarchies, elle obéit aux ordres de sa grand-mère. Elle n'a guère plus de vingt-six ans. Pourtant, elle est plus farouche dans ses revendications que ses aînées, plus directe dans ses réponses.

— J'aurais voulu aller au lycée... Regardez: nous avons compris beaucoup de choses, maintenant. Personne ne peut plus nous raconter d'histoires. On ne croit que ce qu'on voit. Il faut se battre et s'en sortir tout seul. L'école, l'instruction est une arme pour se défendre et on peut commencer par ça, déjà...

Il semble que Bourguiba ait gagné son pari, un quart de siècle après l'Indépendance: ses discours en faveur des femmes, l'instruction obligatoire (la première infrastructure en 1960 fut l'école primaire construite au bas de Chebika), un ensemble de lois ont permis cette liberté de penser et la conviction que l'éducation est une arme sociale.

Ces femmes souffrent, pour leurs pères, leurs maris, leurs frères des conditions de vie humiliantes qui leur sont imposées. Elles ont résisté pourtant à la dégradation. C'est par elles, peut-être, qu'il faudrait commencer toute action.

II

L'ARCHÉOLOGIE DES VIVANTS

Chebika revisité par Bechir Tlili

Vingt-quatre ans se sont écoulés, et les résultats de cette enquête demeurent d'une actualité brûlante : Chebika, revisité en 1989, apparaît comme un ensemble de bribes et de débris, arrachés par des érosions successives, d'une paysannerie qui a déjà donné sa démission. Un amas de ruines archéologiques d'une paysannerie, déjà séparée d'elle-même, brisée dans sa parole, scindée dans sa continuité, écartée dans son temps et sa mémoire, blessée dans son amour-propre...

On est assurément en face d'un village prisonnier d'une situation « anomique » : y vivent des paysans qui sont tous devenus métayers sur leurs propres terres et qui continuent à trimer pour bien mal vivre.

Dépossédés d'une terre qui leur a toujours appartenu, ces paysans « dépaysannés » préfèrent incriminer le destin plutôt que de se regarder en face. Ils cherchent à se libérer une fois pour toutes de leur nouvelle condition de *khammès* qui ne leur apporte rien et qui les déshonore devant eux-mêmes, devant leurs propres enfants et leurs propres femmes. Rien n'est plus dramatique, en effet, selon la logique de l'économie de l'honneur, que de se sentir incapable de défendre sa propre terre devant sa propre femme qui demande, en tant que *horma*, et de la même manière que la terre, d'être défendue et protégée.

Cette honte qu'on éprouve devant soi-même et devant les

387

autres, cette humiliation subie, cet état de dégradation qui se renforce et qui se donne à voir, c'est cela qui a marqué de la manière la plus profonde Chebika depuis les années 60, et c'est cela aussi qui continue à définir le village, encore aujourd'hui.

Chebika des années 60 apparaît comme un village délabré, campé au croisement des deux avancées d'une montagne nue, comme un ensemble de maisons qui tombaient en ruine au milieu d'un entassement confus de pierres et de roches à moitié dissoutes, comme une masse de taudis en partie effondrés, dont les portes s'ouvrent et se ferment furtivement.

Ces habitats insalubres et poussiéreux sont souvent meublés, si l'on peut dire, d'un étalage de bouteilles vides recueillies sur la route, d'assiettes, de plats à moitié fêlés. Cet état de délabrement est tel que Chebika se met à jouer le rôle d'un bidonville, où ces débris de paysans se replient sur eux-mêmes, pour s'initier collectivement et religieusement à leur condition nouvelle, celle de prolétarisés.

S'abriter dans ces maisons fatiguées et malades, cela a duré jusqu'à ce que l'État ait pris l'initiative, au début des années 70, de reloger les habitants ailleurs. Ailleurs veut dire au flanc de la montagne, dans ce terrain vague où s'est implantée l'école et où s'étale le cimetière. Tout un nouveau village de soixante et onze logements.

A ces paysans ruinés qui ne voient d'issue que dans l'émigration, à des nomades qui ont planté provisoirement leurs tentes au bas de l'oasis, l'État a distribué généreusement des logements de deux pièces et une cuisine, sortes de H.L.M. de la steppe, qui sont construits de la même manière et pour les mêmes objectifs que les villages de regroupement dont parlent P. Bourdieu et A. Sayad à propos de l'Algérie [1].

Ce sont des cubes de ciment bien alignés qui évoquent de la manière la plus éloquente l'une des inventions fabuleuses des administrateurs urbains. Sorte d'architecture conçue selon les normes imposées, en des emplacements imposés, afin de fixer une fois pour toutes les nomades qui «se trouvaient partout et nulle part» et pour agir sur ceux qu'elle abrite, afin de modifier profondément leur mentalité.

Quand on habite, en effet, un logement exigu composé de

1. P. Bourdieu et A. Sayad, *le Déracinement*. Ed. de Minuit, 1964

deux pièces et d'une cuisine, c'en est fini du patio, de la *skiffa* et de la cour, éléments fondamentaux qui constituent la structure même de la maison paysanne; c'en est fini, aussi, du *canoun* (où les femmes préparent le *kisra*, le pain domestique), du pressoir (cette grande pierre installée dans un coin de la maison pour écraser les olives), du *kabia* (ce récipient en argile ou en pisé dans lequel on conserve les dattes), du *makzen* (le grenier, ce lieu réservé où l'on garde le *oula*, la nourriture de la famille pour toute l'année). Ces ustensiles et ces lieux privés sont indispensables à la vie paysanne.

Voilà comment, en réorganisant l'espace du village, Chebika n'est plus Chebika. La maison nouvelle ne peut plus contrôler la parole de l'école, de la radio, de la télévision et n'est plus en mesure de reproduire l'ordre paysan ni de défendre les valeurs de l'économie de l'honneur au sein de la famille ou, corrélative-ment, hors de la famille.

Ruinés, réduits à l'état de sans-abri ou d'assistés, relogés dans des cubes en ciment qui leur rappellent sans cesse leur condition de prolétarisés, les paysans de Chebika n'ont pratiquement aucun autre moyen de se protéger contre les effets corrosifs de la domination qui s'exerce que celui de s'abriter derrière la tradition qu'on invente.

Aussi, travaillent-ils inconsciemment et collectivement à mettre en scène la tradition et à traditionaliser les rapports — ou les représentations des rapports — entre les sexes.

Ainsi, l'on couvre la terre de saints et de marabouts et tout se passe comme si l'on voulait marquer d'une façon indélébile une terre qui a toujours appartenu au village et qui s'est trouvée, subitement, agressée, violentée, occupée par la force, ouverte aux fêlures et aux piétinements comme si Sidi Soltane, resurgi, se fût mis soudain à jouer des rôles intenses, sauvant et purifiant par sa présence et grâce à sa « baraka » la terre et le sang du déshonneur et du *'ar*, l'humiliation subie. On couvre donc la terre de saints et l'on voile le corps et la voix de la femme — celle-là même qu'on garde sous haute surveillance, en réclusion solitaire.

L'hystérie qui atteint parfois ces paysans déshérités est, en un sens, une révolte qui se retourne contre eux-mêmes, et en particulier contre la femme. Cette dernière devient, en effet, dans ces moments de crise, le lieu de la *horma*, lieu érotisé sous tous ses aspects, lieu qui porte comme un drapeau, le signe de la résistance contre l'irruption de l'économie de marché, lieu où s'exercent les réactions pathologiques qui tendent à créer la tradition et à contraindre les femmes à se comporter traditionnellement, en portant ainsi la marque de la maladie en face des transformations brutales...

Les deux mondes séparés de l'homme et de la femme le restent encore ici d'une manière frappante. Les habitants de Chebika continuent à inventer de toute leur force la tradition et à faire du corps de la femme un «objet» par lequel et à travers lequel on célèbre le traditionalisme, qu'on invente dans les moments de crise ou de dérèglement.

De cette mise en scène de la tradition, il découle que les hommes se donnent le droit de retirer leurs filles de l'école : «La femme est faite pour se marier et rester au foyer.» J'ai constaté que toutes les filles du village quittent l'école avant d'avoir obtenu le certificat d'études primaires, avant même qu'elles ne sachent correctement lire ou écrire. A ces femmes que l'on garde sous haute surveillance, l'on impose de porter le voile, pour se masquer et se rendre invisibles.

Il est frappant de constater que le voile qui a été pratiquement inconnu à Chebika vers 1966 devient aujourd'hui le signe que la femme sédentaire devrait porter pour se distinguer de la femme d'origine nomade et, à la fois, pour ne pas «se donner à voir» aux étrangers, aux nomades récemment sédentarisés.

Ce rapport entre nomades et sédentaires, déjà tendu au cours des années 60, rapport fait de méfiance, de malentendus, de soupçons, d'hostilité, de mépris ou de haine, continue à traverser le village et à rendre la communication quasi impossible entre les uns et les autres.

Il est vrai que ce rapport conflictuel concerne tous les villages et toutes les régions du Sud tunisien : partout, au Sud, ce sont les *beldis*, les sédentaires, qui dominent économiquement, politiquement et idéologiquement les communautés. Or, ce n'est pas le cas à Chebika où l'on assiste au phénomène inverse : les derniers sont devenus les premiers. Ceux qui sont considérés comme des étrangers, les Arbis, les nomades récemment sédentarisés, ouled Frada et ouled Bouchagrâ, sont devenus les maîtres. Ils refusent le rôle de métayer, de *khammès*, refusent de travailler chez les autres, sur la terre des autres et pour les autres et s'installent en propriétaires sur des terres nouvellement acquises — en propriétaires qui exercent leur pouvoir à la *djemâa* et à la mosquée et agissent en conséquence, idéologiquement et politiquement. Le *oumda*, le maire qu'on délègue pour être le porte-parole du village devant le gouvernement et le parti est d'origine nomade.

De cette situation particulière (« anomique »?), il résulte que les nomades, ces nouveaux vainqueurs, pour s'assurer de leur victoire, se donnent une légitimation constante, en louant indéfiniment leurs efforts méritoires et en taxant les « autres », ceux qui sont précisément devenus leurs *khammès*, leurs métayers sur leur propre terre, de « paresse étalée au soleil », de « rythme végétal », de « sacs de pommes de terre », de « fainéants ou de bons à rien », etc.

En réaction à ce défi, à ces agressions et ces outrages, les paysans sédentaires se donnent l'illusion de demeurer des paysans accomplis et authentiques au moment où ils ne sont plus qu'un somptueux débri archéologique. Aussi, préfèrent-ils jouer aux purs en dépit des viols, des souillures, en se montrant fidèles à l'ordre paysan et défendent-ils d'une manière fanatique, intransigeante ou partisane les valeurs de l'économie de l'honneur.

D'où vient leur désir de laver la faute d'avoir laissé leur terre tomber entre des mains étrangères et de sauver l'honneur en protégeant plus que jamais le nom et le sang de la souillure et du viol. Désir qui ne peut se réaliser que par un acte magique : celui de la rhétorique du nom et de la sacralisation de la *horma*. C'est pour cela que l'on garde le tombeau de Sidi Soltane qui, par sa présence, fait surgir les ancêtres et parle indéfiniment de la famille et des filiations. C'est pour cela aussi que l'on couvre chaque parcelle de terre d'un nom propre qui rappelle, à ceux qui ont la mémoire courte, la « vraie identité » du « vrai propriétaire ».

Ces parcelles portent le nom et comme la signature, la marque indélébile, de celui à qui elle revient éternellement : « Le jardin d'Ouled-Romdane (*Gabet Ouled Romdane*), « le paradis d'Ouled Gaddour » (*Jnan Ouled Gaddour*), « la petite oasis d'Aïcha » (*Dabdabat Aïcha*), etc.

Pour créer leur propre village mythique qui leur permet de se distinguer du nomade ou du « roturier », les paysans sédentaires de Chebika, dépossédés, donnent une importance capitale, non seulement à cette rhétorique du nom qui travaille inlassablement à sauver l'honneur, mais ils accordent aussi une importance considérable à la sacralisation de la *horma*, c'est-à-dire du harem.

Rien n'est plus important que de chercher par tous les moyens à défendre ces *horma* —leurs femmes qui ont besoin d'être bien défendues et bien protégées pour garder leur rang — de faire en sorte qu'elles ne dérogent pas, qu'elle ne se donnent pas aux étrangers ou ne se marient pas avec ces nomades qui représentent des barbares.

D'où viennent les pratiques endogames chez les paysans sédentaires de Chebika : on ne se marie qu'avec la cousine — ou celle qui ressemble à la cousine —, native du village ou d'une communauté sédentaire d'un village voisin.

L'échange des femmes était et demeure impossible entre les sédentaires et les nomades partout dans le Sud tunisien, même là où les nomades ont été sédentarisés depuis des années comme c'est le cas, par exemple, à Oleâa ou à Djemna, dans la région de Kebili, même là où ces nomades sont devenus dominants économiquement et politiquement, comme à Chebika ou à Nagga.

On peut dire que les gens de Chebika travaillent à créer une mythologie du village où régnerait la pureté du nom et du sang, à inventer une «paysannité», une *açala*, une authenticité, au moment où ils sont appelés à disparaître en tant que paysans pour se transformer en paysage touristique...

Depuis que les promoteurs du tourisme saharien ont fait de Chebika une station-relais où les caravanes de visiteurs peuvent marquer une pause de quelques minutes au cours de leur déambulation, le village n'est plus ce «nid de scorpions», ce «trou ensablé où vivent des bouseux, des culs-terreux». Au cours des années 80, le lieu commence à apparaître aux yeux des citadins comme «un coin calme et tranquille, un coin de paradis où l'on peut respirer l'air frais, se distraire et jouir de la beauté splendide d'une nature vierge».

Une mise en discours d'une image archéologisante, une dénégation des rapports sociaux qui cherche à naturaliser l'histoire du village, à mettre la paysannerie au musée, à faire du paysage un simple décor, à inventer la légende d'une paysannerie sans paysans, fière d'elle-même, fidèle à sa terre, amoureuse du travail, attachée à son *açala*. Voilà qui masque la transformation de l'espace paysan en espace de loisir.

Devenu un produit de consommation urbaine, Chebika n'a

plus d'autre choix que de jouer pour lui-même et pour les citadins le rôle que ces derniers lui suggèrent, à porter les figures et les images que l'élite du pays et l'étranger du nomadisme touristique veulent voir en lui. Affrontés à cette conversion de sens qui folklorise la réalité du village, ces débris de paysans qui attendent passionnément d'être autre chose qu'eux-mêmes, se trouvent contraints d'admettre le regard des autres, de se convertir en objets de spectacle.

Ces débris de paysans se métamorphosent en bons sauvages un peu sorciers, capables de charmer les scorpions et les serpents ou bien en « Bédouins véritables » qui vivent encore sous la tente, effectuent des traversées dans le désert, où ils parviennent toujours à retrouver leur route à l'aide de proverbes ou d'associations de mots, des paysans amoureux de la terre et de la semence, soumis et résignés, parlant avec un accent pittoresque.

Cette folklorisation qui travestit le village est l'aboutissement d'un long processus de prolétarisation bloquée, un état de dépossession et de dégradation continue dont l'enquête des années 60 avait examiné les débuts. Une enquête qui demeure d'une actualité brûlante parce qu'elle décrit la réalité du Sud tunisien qui a perdu son langage et n'a pu redevenir lui-même ni s'intégrer dans le système de l'économie de marché.

État présent des lieux

Depuis 1975, le nouveau village de Chebika est doté de l'infrastructure suivante :
1975 : ouverture d'une infirmerie — la consultation médicale se fait chaque mardi matin. Une fois par quinzaine, une équipe d'infirmières rend visite au village afin de sensibiliser les femmes aux procédures de la contraception [1].
1976 : construction d'un poste pour la garde nationale et pour la douane (nous sommes à la frontière de trois pays). Construction de villas (quatre pièces, cuisine, salle de bains) pour les fonctionnaires. Construction d'une Maison des jeunes et de la culture (fermée depuis sa construction).

1. La Tunisie de Bourguiba s'est dotée du code de la Femme le plus respectueux des droits de tout le Tiers Monde (J.D.)

393

1977 : Électrification du village.
1978 : Construction d'un château d'eau.
1979 : Construction d'une nouvelle mosquée à proximité de l'école.
1980 : Construction d'une Maison de l'agriculture (fermée depuis sa construction).
1981 : Canalisation de l'eau, en béton, de la fontaine à l'oasis.
1988 : Canalisation de l'eau à l'intérieur de l'oasis
1988 : Apparition du téléphone automatique : un seul numéro et l'on demande le café — 0655100. Le café est à proximité de l'ancienne mosquée et l'idée vient de l'Office du tourisme. Les propriétaires du café sont quatre jeunes de vingt-cinq à trente ans de Chebika, qui travaillent pour leur compte. En face du café, une buvette est la propriété des fils de Ridha, l'épicier des années 60.

En projet : une chaîne hôtelière est en train d'aménager un terrain pour construire un petit hôtel de touristes.

L'oasis

Au lieu de se convertir en oasis moderne, l'oasis de Chebika n'a pas cessé de se dégrader d'une année à l'autre. Les petites parcelles de terre se subdivisent encore davantage et les propriétaires se multiplient de plus en plus.

Il va sans dire que ces propriétaires, contrairement à ceux de Tozeur, sont plus pauvres ou, du moins, aussi pauvres que leurs métayers. On compte aujourd'hui cinquante-deux propriétaires étrangers au village. Certains d'entre eux viennent de Redeyef, d'El-Hamma, de Metlaoui, de Midès ou de Tozeur. Les autres sont d'origine nomade, et récemment sédentarisés.

Seuls, trois habitants du village ont réussi, contre vents et marées, à garder leur statut de propriétaires. Chacun d'eux se flatte de posséder une petite parcelle de terre exiguë comme un mouchoir de poche. Tous les autres habitants de Chebika sont devenus des métayers (*khammès*) sur leurs propres terres : aussi n'ont-ils plus la passion ni l'envie de gratter une terre qui ne leur appartient plus.

Toutefois, la création d'une oasis moderne, plantée géométriquement en prolongeant l'ancien verger, est un rêve qui pourrait se réaliser dans les années à venir puisque au sud du nouveau

394

Chebika, c'est-à-dire juste au bas de l'ancienne oasis, à l'endroit où campaient auparavant les nomades, des travaux de forage ont été entrepris depuis quelques mois. Tout le monde attend que l'eau jaillisse du fond de ce sol désertique, et que la terre soit répartie équitablement et distribuée à des paysans individuels déshérités et à leurs enfants qui sont exclus ou — plus exactement — qui se sont exclus de l'école, et qui ne font rien.

Le cimetière

Le cimetière demeure tel quel — sans barrières, sans gardien et sans limites précises. La vie dure ne permet pas à ces paysans déshérités et pauvres de s'intéresser à leurs morts et de s'installer dans le souvenir.

A l'occasion des fêtes religieuses, l'on n'apporte pas de fleurs, comme cela se passe au Père-Lachaise, mais « on prie pour tous, et Dieu seul y reconnaîtra les siens ». Quand un parent, un ami meurt, on l'enterre et on l'oublie. Au bout de quelques mois, l'on ne sait même plus en quel endroit du cimetière il a été placé.

Sidi Soltane

La sainteté, dit Jacques Berque, est la réplique de la brutalité. Cela veut dire aussi que là où l'effondrement économique et social est total et la désagrégation profonde, l'évasion spirituelle s'impose, parfois.

Parce qu'ils se sentent déshonorés par la dépossession de leur terre, les paysans de Chebika se sont mis à réinventer une tradition et à faire de Sidi Soltane le saint qui, un jour, surgira afin de sauver et de purifier par sa présence et sa baraka, la terre du 'ar, de l'humiliation.

C'est pour cela que les gens du village accordent, dans les moments de crise, collectivement et inconsciemment, de plus en plus d'importance à Sidi Soltane. C'est aussi pour cette raison qu'ils délèguent la famille la plus prestigieuse de Chebika, les Ben Romdane, pour être la gardienne du tombeau. Et aussi pour recevoir les gens d'ailleurs qui viennent consulter, prier, demander l'aide de Sidi Soltane dont la baraka peut « faire bouger les montagnes » et reculer les limites de l'impossible.

395

L'école

La nouvelle école primaire de Chebika a été construite en 1969. Elle est composée de deux salles de classe. Trois instituteurs — dont l'un est originaire du village — sont chargés d'enseigner et d'inculquer aux enfants le bon usage de la langue arabe et, corrélativement, l'art de vivre.

En 1989, 78 élèves, nomades et sédentaires confondus, fréquentent l'école :

13, en première année primaire.
11, en seconde.
10, en troisième.
10, en quatrième.
16, en cinquième.
18, en sixième.

Pour diverses raisons — effectifs réduits, manque d'enseignants, manque de salle de classe —, les instituteurs regroupent les enfants selon deux niveaux : ceux de première, deuxième et troisième années ensemble, ceux de quatrième, cinquième et sixième années dans l'autre classe.

Dans une école pauvre on tente d'inculquer aux enfants pauvres une éducation pauvre.

Les diplômés de Chebika

Que sont-ils devenus, au terme de trente ans, ces enfants sortis de la première puis de la nouvelle école du village ? Une vingtaine de fonctionnaires :

5 instituteurs, dont l'un travaille à Chebika et les deux autres à Metlaoui.

3 maîtres d'enseignement secondaire — 2 de niveau DEUG en sciences naturelles et en arabe, l'autre en électricité (première partie de Bac). Ils travaillent à Gafsa.

2 « ingénieurs » adjoints en agriculture (niveau Bac ou équivalent), au travail à Tozeur.

1 agent de police, 1 agent des douanes, 4 ouvriers d'hôtel — tous à Tozeur, 2 infirmiers, à Gafsa.

1 secrétaire dactylographe et un chauffeur de service agricole, à Tozeur.

3 bacheliers (ou équivalent de six années techniques), qui sont actuellement chômeurs. Toutes les filles quittent l'école sans avoir obtenu le certificat de fin d'études primaires.

Lieux de rencontre

A Chebika, les hommes, les vieux, se réunissent devant l'épicerie qui s'ouvre devant la rue principale. C'est là l'espace de *djemâa* où la majorité des paysans vient, chaque après-midi, s'asseoir à même la terre pour s'adonner à une parlerie sans fin. Le temps s'écoule dans cet état d'ivresse où se mêlent fiction et rêverie.

Les jeunes préfèrent le café pour y installer leur propre parlerie : une sorte de fête du langage où chacun peut rêver tout haut, parler des interdits, des tabous, des exclusions dont il est l'objet. Il y a là tout un travail sur soi qui se fait par les mots, dans les mots, à travers les mots.

Il semble que la télévision — deux postes depuis l'électrification du village — soit abandonnée aux femmes. Les pères, les frères, les fils préfèrent la parlerie de la *djemâa* et délaissent la suite d'un feuilleton égyptien [1].

Le travail des femmes

Les femmes d'origine nomade travaillent la terre, ramassent les olives et les dattes, coupent le bois, tissent, filent, font parfois les bergères et accompagnent généralement leur mari au cours de leurs déplacements et leur *rahit*. Les femmes de sédentaires sont, le plus souvent, recluses dans la maison : elles préparent la cuisine et travaillent la laine. Contrairement aux femmes nomades, elles refusent catégoriquement d'accompagner leur mari pour travailler une terre qui ne leur appartient plus et n'acceptent plus d'utiliser le bois pour faire la cuisine : « Le bois

---

1. Il semble que, pour le moment, la télévision ait suscité une sorte de stratification, comme ce fut le cas autrefois pour la radio. Qui pourra dire ce que ces femmes et parfois ces hommes projettent sur des images venues de la ville — et qui parlent d'un monde fantôme ? (J.D.)

est sale. On n'est pas des nomades. On n'est pas des primitifs : on doit utiliser le gaz, comme tout le monde [1]. »
Les jeunes filles tricotent et regardent la télévision.

Les maisons et les tentes

La lutte est vive entre nomades et sédentaires — lutte qui se renforce et s'accentue de jour en jour, semble-t-il. Chaque communauté parle de l'autre avec mépris. Les sédentaires présentent les ouled Bouchagrâ ou les ouled Frada, qui se sont récemment fixés, comme des tribus nomades qui viennent d'envahir le village : « Des mecs radins », « une sale race », « des sauterelles qui ravagent tout ». En retour, les nomades parlent des sédentaires comme de « bons à rien ».

Un naïf constat qui n'explique rien mais signale que la lutte est vive entre les sédentaires exclus de leur terre et les nomades devenus les maîtres depuis qu'ils sont propriétaires fonciers.

Émigration

Émigrer, partir ailleurs, quitter ce « nid de scorpions » est un rêve que font aujourd'hui tous les paysans de Chebika — sexes et classes d'âge confondus. Ils ne veulent plus gratter une terre qui n'est plus à eux.

Mais comment partir ? Comment s'intégrer au système du salariat et devenir réellement ouvrier en Europe, lorsqu'on est dépourvu des moyens les plus élémentaires et que l'on n'a même pas de quoi payer un ticket de bus pour aller à Gafsa ou à Tunis ?

Les zones de forte émigration du Sud, comme la région de Djerba, de Médenine, de Tataouine, de Marès, de Souk Lahad... sont des régions où vivent des paysans relativement aisés qui disposent des moyens de faire le voyage. L'émigration du Sud n'a, au début, touché ni les déshérités ou les plus démunis ni les grandes familles maraboutiques et les grands propriétaires fonciers. C'est l'homme du terroir moyen qui s'en va. L'élément le plus actif, le plus authentiquement paysan.

1. Il s'agit de gaz butane.

A Chebika, aujourd'hui, tout un chacun est métayer sur une parcelle de terre grande comme un mouchoir de poche. Ces paysans n'ont d'autre choix que celui de rester à trimer pour si mal vivre ou d'aller travailler dans les mines de Metlaoui. Ceux qui ont la chance de devenir instituteurs, policiers, serveurs dans les hôtels ou chauffeurs, s'installent à Tozeur, à Gafsa.

Tourisme

Chebika n'est évidemment pas un village où s'implantent des hôtels de luxe avec piscine, restaurant, artisanat de folklore, comme à Tozeur, à Djerba, à Douz. Le village est plutôt une station où les groupes de touristes qui « traversent le désert » marquent une pause d'un quart d'heure ou d'une demi-heure. Le temps de boire un Coca ou une bière. Comme partout ailleurs, le contact entre les voyageurs et les habitants du village est rare...

III

RELIRE « CHEBIKA » AUJOURD'HUI AU MAGHREB

par Wadi Bouzar

Qu'en est-il, aujourd'hui, du livre?
Wadi Bouzar, docteur d'État en France, professeur à l'université
d'Alger, n'a jamais vu le village de Chebika, mais il sait ce que sont,
aujourd'hui, les problèmes sociaux ou économiques du Maghreb.
Le titre de son livre, la Mouvance et la pause, *publié par la SNED,*
à Alger, en 1983, aurait pu donner son titre à cette réédition. Après
trente ans, il a relu l'ouvrage.

J'ai découvert *Chebika,* le livre, vers la fin des années 60. Il
a eu une importance particulière pour moi, avant même que je
fasse la connaissance de son auteur, dans la mesure où j'y
trouvais un « lien », un « liant » entre deux passions, la littérature
et la sociologie, que j'avais déjà pressenti à travers d'autres
lectures, notamment celle de *De sang-froid* de Truman Capote,
mais pas aussi fortement ; sans doute, entre autres raisons, parce
que j'étais directement impliqué dans les problèmes maghrébins.
Plus tard, j'ai surtout parlé de *Chebika* dans *la Mouvance et la*
pause.

Une certaine grisaille envahissait la vie en France de Duvignaud quand, en 1960, il saisit l'occasion d'aller enseigner à
l'université de Tunis; un besoin de différence l'attire vers cet
ancien nouveau monde du Maghreb qui le délivrera peut-être de

« l'humidité boueuse et végétale de l'Europe » *. Le moment pourtant est délicat. Les premières années d'indépendance des pays du Maghreb s'avéreront décisives. Les régimes, les pouvoirs, des institutions nouvelles se mettent en place. L'indépendance de la Tunisie est très récente et, à quelques heures de là, c'est la guerre d'Algérie.

Le Nord tunisien, malgré des différences certaines, rappelait quand même trop l'Europe à Duvignaud. Aidé d'une équipe de collaborateurs tunisiens, des étudiants, il lance une enquête sur une bourgade oubliée du Sud, près de Tozeur : Chebika, appelée encore *Qsar ech chams* (« Château du soleil »), en raison de son exposition au levant qui la « détache de la montagne au-dessus du désert et de l'oasis presque en plein ciel » *. Outre ses étudiants, quelqu'un d'autre lui apporta également un concours très précieux : Oncle Tijani, grand chasseur de serpents et de scorpions devant l'Éternel, employé des Travaux publics, connaissant comme personne « le cours desséché des oueds ou le cheminement des eaux souterraines », rendant « toute espèce de service aux gens de Chebika ». L'enquête dura cinq années au cours desquelles Duvignaud revint régulièrement dans le village accompagné de ses étudiants « qui rechignaient parfois à quitter la ville » *. Duvignaud ne voulait pas seulement fuir une certaine morosité ambiante, et plus qu'un désir d'espace différent, le besoin de faire du terrain et de contribuer à l'élaboration d'une sociologie du concret le motivait : « Je n'allais pas à Chebika pour démontrer une théorie élaborée dans l'université et le *ghetto* des intellectuels. J'y allais comme on va chercher de l'eau à la fontaine *. »

Dans l'autobiographique *le Ça perché*, le récit de l'arrivée à Chebika, à la faveur du recul, est empreint de nostalgie et la phrase, plus libre que dans l'essai consacré à l'enquête, prend des résonances poétiques : « Ce fut par une soirée de printemps déjà chaude que j'entrai pour la première fois à Chebika. On a traversé la steppe désertique puis le désert de pierraille, perdu plusieurs fois la piste et cherché un chemin dans les fondrières desséchées. Les montagnes violettes devenaient d'une transparence cendrée plus nous avancions vers elles *. »

La rencontre avec Chebika « provoqua de l'électricité », selon

---

* Les citations qui illustrent ce texte sont extraites de l'édition Gallimard de *Chebika* et de *le Ça perché*, Stock 1976, du même auteur.

les propres termes de l'auteur et cela se prolongea au cours des cinq années que dura l'enquête. Là, Duvignaud découvre vraiment le Maghreb, apprend à le comprendre, se met à l'aimer.

C'est cependant l'essai, *Chebika*, qui nous aide à planter le décor avec plus de précision. En forme de demi-cercle, le village est situé « dans le croisement de deux avancées de la montagne qui s'ouvre vers le désert » *. Il compte une trentaine de familles, de deux cent cinquante à trois cents âmes. La clepsydre — l'endroit est notamment désigné par le terme de *gaddous* — mesure la répartition des eaux durant six mois de l'année. Le tombeau de Sidi Soltane, le saint du village, est un « bâtiment bien plus considérable et important que la mosquée » * qui est la seule construction blanchie à la chaux...

La terre, « élément de la création divine », a une valeur mystique. Les villageois mettront plus d'un an à reconnaître devant les enquêteurs qu'ils ne sont plus propriétaires des terres de l'oasis. Il n'existe pas de salariat. Les relations « économiques » ont lieu presque exclusivement sous forme d'échanges parcimonieux : échanges de biens, de fruits des vergers, de services, de tours d'eau dans l'oasis. La richesse et l'intensité des participations sociales suppléent à l'intérêt économique. La cohésion du groupe permet de survivre. La solidarité est grande. On emprunte à la petite semaine, surtout à l'épicier. On lui achète quelques produits pour des sommes infimes. Seuls les mariages « accélèrent » la circulation de l'argent et donnent lieu à des dépenses relativement somptuaires. Quoiqu'ils s'efforcent d'échapper à l'isolement par leur stratégie matrimoniale, les villageois ne s'allient pas avec les Bédouins d'alentour. Pour ces derniers, tout sédentaire représente déjà le pouvoir.

Il est deux lieux où Chebika vit avec plus d'intensité : le *gaddous* et l'épicerie. Les discussions diffèrent selon l'un ou l'autre lieu. Le temps se mesure d'abord au *gaddous*, en additionnant les tours d'eau ; c'est le temps véritable du village, « qui mesure à la fois le travail, la propriété et l'écoulement de la journée » *. En fait, le temps mort, le temps de non-travail représente le centre réel du village, son noyau le plus dur. Duvignaud postule que la vie la plus authentique de la communauté réside dans l'attente, *son* attente.

La disparition des fumeurs et des chiqueurs de *takrouri*, de chanvre, ne saurait suffire ; les villageois sont conscients d'être oubliés: «Personne ne s'intéresse à Chebika, personne, nous sommes la queue du poisson*.» Le «nous-gens de Chebika» s'affirme dans le sens d'une dépossession et d'une déchéance, d'une dégradation: «A vrai dire, personne ne respecte plus rien: les mariages se font au hasard, les fêtes sont célébrées à la sauvette, on ne donne presque plus d'argent pour le marabout de Sidi Soltane, les jeunes parlent de la ville*.» Les habitants du village de Chebika n'avaient jamais été regardés. Peu à peu, ils théâtralisent leur existence. A mesure que les villageois retrouvent leur langage, s'abandonnent à leur parlerie, les enquêteurs renoncent à l'emploi de questionnaires précis au profit d'items, de larges lignes directrices, d'entretiens non dirigés.

Les principaux éléments de la dramaturgie chébikienne sont mis en place vers la fin du premier chapitre avec la présentation de Naoua, de Mohammed et l'arrivée des enquêteurs. Dans l'histoire collective, les villageois ont leur histoire individuelle et ils se mettent à vivre comme des personnages de roman car justement l'enquête prend la forme d'un récit. Les acteurs individuels sortent progressivement des coulisses... Bechir, célibataire d'un certain âge, est venu se fixer à Chebika pour vivre auprès de Sidi Soltane. Ne possédant rien, il est nourri par une famille. Il parle peu avec les autres habitants. Pour le vieil Omar, gardien du tombeau du saint, «l'homme ne possède rien, tout revient à Dieu»*. Il habite à la Source blanche, vient à Chebika la nuit, fait un peu peur aux villageois.

Le rôle imposé de Rima est d'être l'orpheline. Dans ce village où l'on attend même l'attente, Rima n'attend rien: «C'est ce *rien* qui bloque ses idées et la gêne comme si elle avait un caillot de sang dans la tête*.» D'intelligence remarquable, ses paroles n'ont pas de poids car elle est sans lignée. Elle n'aime pas Sidi Soltane car sans doute n'affectionne-t-il pas lui-même les pauvres comme elle qui ne font pas d'offrandes et n'exauce-t-il pas ses vœux. Elle est en effet la plus pauvre de toutes et elle n'a pas d'espoir de se marier. Elle apprend à lire; fascinée par la ville, elle en construit sa propre image, veut savoir quelle vie y mènent les femmes: pour elle, les citadines «sont toujours en mouvement sans que l'on puisse savoir si cela est nécessaire»*. Elle s'enfuira et mourra probablement dans le désert...

Ridha, l'épicier, par la force des choses, est l'homme le plus important du village, «celui qui non seulement donne de l'huile ou du thé quand on ne peut le payer sur le moment mais qui prête aussi cinq ou six dinars pour des achats très importants » *. Il est le seul à pouvoir lire le journal en ânonnant, le premier à posséder une radio à transistor qui permet d'écouter les discours du pouvoir central de Tunis. Ridha est au centre de tous les échanges : dans le village ; entre celui-ci et les tentes. Aussi important que « l'eau qui coule dans l'oasis », on évite cependant de parler de lui. Un peu comme Rima ou Bechir le célibataire, l'instituteur est « différent » pour les gens de Chebika. Qu'il sache lire et écrire creuse une sorte de fossé qui le met hors du lieu commun.

Une large place est faite aux dires, aux précieuses observations des enquêtrices, des enquêteurs, à la façon plus ou moins directe dont le déroulement de l'enquête les influence puisque les observateurs sont toujours modifiés par ceux qu'ils observent. Ainsi de Khlil, de Salah, le plus rural de tous qui « renonce » à « oublier » sa ruralité, de Ridha, de Naïma... Ils réalisent que « les mots sont plus vrais à Chebika » *, et l'image qu'ils se font de leur pays change. En conséquence, les villageois vont adopter un comportement différent vis-à-vis des enquêteurs autochtones. Une prise de conscience mutuelle s'effectue.

Jusqu'ici, rien n'avait vraiment de sens à Chebika du moment que l'on savait que tout devait changer même si rien de décisif ne se passait encore : « Il y a beaucoup de choses dans le monde que nous pourrions désirer et dont nous n'avons pas l'idée *. » Le besoin est grand de se prouver à soi-même son existence. Enfouie, diffuse, latente, faite de beaucoup d'attente, l'aspiration au changement des Chébikiens se précise puis se déclare carrément. Outre le rôle des enquêteurs, il est deux autres facteurs de changement dans le village. L'école influe sur les enfants, lesquels influent encore plus sur leurs familles. L'école, « matrice du futur en gestation », forme des enfants « différents ». Le service militaire modifie également les hommes : ainsi, le « soldat maigre » qui est allé au Congo onze mois comme militaire...

L'aspiration au changement culmine avec « l'affaire de la carrière » : les habitants veulent en quelque sorte s'autogérer et d'abord réparer leurs maisons avant de construire pour l'administration. Aussi, c'est la grève, le face-à-face avec les gardes nationaux. « La forme même du groupement n'existe et n'est à la fois observable et vécue qu'au moment d'une crise * », note Duvignaud. Retrouvant dans le Sud maghrébin un décor, des personnages, des conflits, des drames et une mise en scène qui se fait d'elle-même, il reconstitue l'affaire de la carrière comme une tragédie.

Lentement mais inéluctablement arrive cet instant crucial où les groupes réalisent que la misère et ce que beaucoup d'intellectuels et de technocrates appellent le «sous-développement» ne sont pas inévitables, que l'État c'est aussi eux, qu'ils en sont partie prenante avec ses ressources diverses, qu'ils ont non seulement des obligations mais des droits. Il faudrait en définitive assez peu de chose, en particulier plus d'autonomie et d'aide matérielle pour que les villageois en finissent avec une logique de la dégradation qui n'a rien de fatal et qu'ils apprivoisent d'une façon raisonnée la modernité. Sans doute le changement doit-il d'abord se concrétiser dans des microsociétés, des bourgades telles que Chebika et ne saurait-il se décréter du sommet par une technostructure, une caste bureaucratique, se voudrait-elle militante. En bref, le changement doit s'opérer à la base, une base souvent évoquée par les discours de certains pouvoirs mais pourtant bâillonnée.

Chebika est un des essais qui rompent avec ce scientisme sociologique, fait de tableaux, de graphiques, de chiffres et de statistiques qui en définitive nous apprend peu et dont on ne retient pas grand-chose. L'identification du lecteur ne joue pas avec des groupes et des individus mal décrits dans des livres mal écrits. Pour une des premières fois au Maghreb, une équipe s'installait au cœur du phénomène étudié, s'efforçait de saisir de l'intérieur comment fonctionne une petite communauté. Qui mène véritablement l'enquête dans *Chebika*? Les habitants eux-mêmes qui enfin se disent, se montrent, se décrivent, *existent* et *désirent*. Le talent de l'auteur réside alors dans sa faculté, non seulement d'écoute, mais surtout de synthèse: il reconstruit le puzzle, il unit le fragmentaire mais pour un moment uniquement, sachant bien qu'il peut s'agir là d'une forme provisoire qui recouvre les constantes de la vie d'un groupe et qui peut se défaire demain en faveur d'une forme différente, d'autant qu'à la faveur des indépendances respectives, le Maghreb entrait dans une ère de mutations accélérées.

Je n'avais pas l'intention de relire entièrement *Chebika*. Je me disais que je m'en souviendrais suffisamment pour rédiger ces quelques pages. Repris par le récit, je l'ai intégralement relu. Un écrivain qui a d'abord été un chercheur, un anthropologue, par exemple, sera souvent plus modeste que certains auteurs issus du «pur» (et si composite) terroir littéraire. Qu'est-ce qu'un anthropologue sinon avant tout quelqu'un qui apprend à apprendre, à regarder, à observer, à écouter? Encore faut-il savoir *écrire* ce qu'on a vu, entendu, appris. Ici et là, dans *Chebika*, les notations, de descriptives, se font «littéraires»: «La nuit, dans le Sud, ne tombe pas: elle vient de la terre, court à la surface du désert comme une brume *.» La sociologie de terrain, d'enquête, fascine davantage quand elle emprunte une forme littéraire; c'est alors une sociologie qui se raconte et qui se lit comme si elle se vivait. On peut regretter que la dramatisation du récit soit entravée, surtout dans les dernières parties, par des considérations théoriques et générales sur la situation dans la Tunisie de l'époque ou sur les problèmes que pose la sociologie du développement. Il n'est pas aisé d'insérer ce genre de considérations dans la trame d'un récit d'enquête. Des termes, des concepts sont parfois remis en question, tels ceux de «tribu», de «tradition»... Ce que l'on désigne par le mot de tradition correspond-il toujours à quelque chose de réel et de solide? Dans le contexte social actuel du Maghreb, le recours au terme d'*ada*, de «tradition», masque bien des intérêts et il est, de façon fréquente, prétexte à de nombreux abus, lors notamment de la stratégie matrimoniale.

Il est long et difficile de retrouver le «caché», le «langage perdu» d'un groupement social: «Peu à peu Chebika m'apprend que la différence des autres n'est pas seulement l'étude d'un code ou d'un système de vie, mais la découverte de ce que l'autre masque *». Ici, ce sont le terrain et ses «natifs» qui enseignent. Le terrain engendre de la théorie, et c'est confronté au terrain qu'on élabore ou affine sa méthode: «Pour la première fois de ma vie, je n'avais pas à construire mes pensées, j'étais l'objet, le reflet d'une réalité vivante que j'interrogeais *.»

Duvignaud a dressé lui-même le bilan de son équipée au Maghreb: «La Tunisie m'a fasciné par la rencontre des sols, des âges, des hommes, des rites... Aucun passage n'est plus polémique que celui du Maghreb, plus tragique au Maroc ou en Algérie, plus voluptueux en Tunisie, mais toujours en action *.» La rencontre avec des hommes ou des femmes d'une autre culture est certainement l'un des moments les plus intenses et les plus fascinants que nous offre notre brève existence. Certains intellectuels maghrébins ont su, surtout depuis la fin du siècle dernier, emprunter à l'Europe ou plus largement à l'ensemble qu'il est convenu d'appeler «l'Occident» ce qu'il a de meilleur. D'une manière assez voisine, Duvignaud prouve avec *Chebika* qu'il a su saisir certains des traits les plus appréciables de la société maghrébine: l'intuition, la ferveur, la générosité, le sens de l'autre, le goût du déplacement et de la rencontre, la richesse des personnalités, des signes et des symboles, un amour de la vie qui, comme par exemple au Mexique, se confronte souvent par défi à la mort. Est-il beaucoup d'autres populations qui ressentent autant l'inachèvement des êtres, des choses, du monde? Duvignaud l'a écrit: «J'ai été arabe alors par cette mystique du désir infini qu'on trouve en Islam et qui ne finit souvent qu'avec la mort *.» Analyse concrète et non structurale, texte d'une grande richesse, essai qui date aussi peu qu'un roman, *Chebika*, incontestablement, constitue un apport des plus féconds pour une meilleure connaissance du Maghreb.

Alger-Paris, février 1990

IV

«LES REMPARTS D'ARGILE»
HISTOIRE D'UN FILM

par Jean-Louis Bertuccelli

J'avais vingt ans lorsque j'ai découvert la Tunisie. J'étais à l'époque preneur de son et travaillais avec le réalisateur Gérard Pierrès au tournage d'un court métrage publicitaire. Une fois ce film terminé, j'ai loué une voiture et je suis resté dans le Sud. J'avais été impressionné par le pays, par les gens, par leurs regards. Je suis parti me promener et j'ai déniché un village situé de façon exceptionnelle. L'idée m'est venue d'y rester quelques jours comme un touriste, un observateur. Je me tenais à l'ombre d'une maison avec mon appareil photo. Les gens du village ont commencé à sympathiser avec moi. J'ai rapporté quelques images de ce séjour à Paris où j'ai été repris par mon métier de preneur de son. Le hasard a fait qu'en flânant, un jour, dans une librairie, j'ai trouvé un livre qui s'appelait *Chebika*. C'était le nom de ce village perdu où j'avais séjourné... Un choc. C'est ainsi que j'ai fait la connaissance de Jean Duvignaud. Il fallait absolument que je mette le livre en images et faire un film sur Chebika. Au début, je pensais à un documentaire, puis les obstacles ont fait évoluer mon projet et l'ont transformé. Si je l'avais réalisé comme je le voulais au début, ça n'aurait jamais été *les Remparts*

409

d'argile, mais un reportage sur des hommes perdus aux confins du désert.

A Paris, j'ai essayé de trouver un producteur. C'était en 1968. A cette époque, il était improbable que quelqu'un acceptât de financer un film sur un village en ruine. Un jour, voyant les photos de Chebika, un producteur m'a dit : « Ce n'est pas possible que des gens habitent dans des endroits pareils. Et cette histoire n'intéressera personne. » Puisque je ne trouvais aucun financier à Paris, j'ai décidé de récolter l'argent à droite et à gauche. Je suis reparti en Tunisie. Là-bas, j'ai rencontré toute la structure ministérielle de L'information. Très vite, j'ai compris que personne ne voulait me recevoir. Chaque matin, j'étais à huit heures devant le Bureau de production pour rencontrer le directeur. Dès que celui-ci apprenait que j'étais là, il rentrait par une autre porte, si bien que je ne l'ai jamais vu. Au bout d'un mois, un planton me dit : « Écoutez, ce n'est pas la peine que vous restiez ici, parce que moi, j'ai appris qu'ils ne voulaient pas que ce film se fasse. » Après ces tentatives infructueuses, j'ai regagné Paris.

Enfin, le hasard de la vie a fait que l'Algérie et le directeur de la télévision ont voulu coproduire mon film. Toutefois — il y avait une exigence —, je devais préciser au générique que l'histoire se passait en Tunisie, et non en Algérie !

Nous avons tourné dans un petit village algérien, à Taoudah. J'avais cherché à repérer un décor comparable à celui de Chebika ; je suis descendu dans le Sud, non loin de la frontière, et là, par hasard, je suis tombé sur ce village de Taoudah. En entrant dans ses murs, j'ai cru reconnaître Chebika : le même rythme de vie, les mêmes odeurs, les mêmes attentes. Les habitants sont devenus les acteurs des *Remparts d'argile*. Ils ont joué le livre de Duvignaud. Sans doute, le tournage à Chebika même eût été plus difficile. Les hommes m'auraient repris sur la façon de voir les choses. Ceux de Taoudah n'avaient pas ce regard.

Le cinéma n'est pas l'art du vrai mais l'art du vraisemblable. Donc on peut faire du vraisemblable avec des gens qui ne sont pas concernés par l'histoire. Mon travail consistait à rendre leur jeu vraisemblable. Lorsqu'ils cassaient des pierres, on aurait dit qu'ils avaient fait cela durant toute leur vie — alors que c'était la première fois.

410

Dans le film, la seule véritable actrice — et le personnage principal, Rima — était une jeune femme marocaine, Leilah Shenna. Ma chance, c'est qu'elle connaissait bien le monde évoqué par le film : elle savait pétrir la pâte, elle savait aller au puits. Tous ses gestes étaient naturels. Elle me donnait même souvent des conseils. Tout le film est bâti sur le regard de cette orpheline, son regard sur ce qui se passe autour d'elle. Son visage, en fait, m'a raconté l'histoire.

Il s'est passé une chose extraordinaire pendant le tournage, et qui illustre une réflexion de Jean Duvignaud : avec le temps, écrit-il, l'enquête que l'on fait sur les individus leur fait prendre conscience de ce qu'ils sont. Parce que les questions qu'on leur a posées les oblige à se voir dans le monde où ils évoluent. L'avantage de l'outil-caméra sur l'enquête c'est qu'il ne nécessite aucun recul : la caméra agit comme un miroir. Avant la grève, je me contentais de filmer la vie de tous les jours au village. A un moment donné, il y eut un problème : la production ne payait pas les acteurs. Ces derniers ont fini par se mettre en grève. Un matin, en arrivant, j'ai vu les projecteurs laissés en vrac sur la place. J'ai eu l'impression de revivre ce que Duvignaud avait décrit dans son étude. La grève a duré deux jours. Là encore, durant les négociations entre le chef du village et le directeur de la production, je me retrouvais dans la situation du livre. Au bout de deux jours, on a vu une Jeep, au loin : c'était l'armée venue aux nouvelles. Cette arrivée des militaires a provoqué de nouvelles discussions — et les acteurs ont pu être payés !

L'incident a eu une influence sur le déroulement du film : pendant les séquences de grève, les comédiens me jetaient des regards complices. Certains me disaient aussi : « Dans ton film, tu nous as compris. Tu racontes ce que nous avons vécu.» Ils avaient presque le sentiment qu'on faisait un film sur leur condition.

Une fois le tournage terminé, j'ai ressenti le côté dérisoire de ce qui m'avait par ailleurs touché avant mon travail : pourquoi après tout s'intéresser à ces gens perdus, à cette fille inconnue? Lorsque je me suis trouvé dans l'hélicoptère pour tourner la dernière scène où l'on voit Rima s'éloigner, j'ai repensé à tout ce que je venais de faire et me suis posé la question : «Pour quelles raisons suis-je venu faire ce film? Tout cela a quelque chose d'absurde. Je suis européen, je n'ai pas la connaissance du désert...» C'est vrai que j'avais travaillé à l'instinct. J'avais demandé au cameraman de filmer aussi le tableau de bord de l'hélicoptère. Sans doute ce sentiment d'inutilité venait-il de mon environnement. Cette dernière image que je pensais couper, je l'ai finalement gardée dans le montage. Elle nous dit que ce n'est qu'un film comme d'une certaine manière *Chebika* n'est qu'un livre, des mots sur du papier. Jean Duvignaud a fait un livre sur un grain de sable, moi j'ai fait un film sur un grain de sable. Grain de sable, du reste, aujourd'hui submergé. D'après les photos, Chebika a été reconstruit. Le film, lui, dort à présent dans des bobines de fer.

V

CHEBIKA 90

par Jean Duvignaud

1

Faut-il revenir sur ses propres traces? Lors des quelques fois où je suis retourné à Chebika, en 1976, en 1988, etc., je n'ai plus retrouvé l'attente confiante de la communauté. Je parlais de mutation. Le village est resté immobile, prisonnier des mêmes contraintes. L'espérance commune est devenue amertume...

Au flanc de la montagne, les maisons du vieux bourg se délitent en poussière que le vent draine au hasard des vents de la steppe. C'est le vide.

Le livre a, du moins, interpellé les pouvoirs publics. On a construit, en deçà du cimetière, un nouveau village en ciment, on a mis l'électricité, le téléphone et l'on compte quelques postes de télévision. Un service sanitaire régulier assure le bon état physique des femmes et des hommes. Comme la frontière est proche, on a construit des postes pour les gardes nationaux et les douaniers. La piste a été aménagée qui va d'El-Hamma à Tamerza.

Pourtant, une sorte de tristesse enveloppe ce lieu. Le désœuvrement se prolonge qui paraissait provisoire. Plus riches que les autochtones, ou plus habiles, les Bédouins ont mis la main sur les terres de l'oasis, et les gens du village sont devenus définitivement des métayers. Cela, on le pressentait au cours des

413

années 60, mais le dynamisme de la communauté paraissait capable de renverser ce résistible mouvement.

Cela n'a pas été. L'électricité, le téléphone, la télévision, les gadgets de la technique n'ont pas changé la structure du village, comme le souhaitaient certains des habitants. Ils ont rattaché Chebika à un monde qui reste mythique — et souvent même lointain.

Sans doute, alors, ai-je partagé l'illusion de mes contemporains, en ce milieu de siècle, qui établissaient une équation heureuse entre l'indépendance et le développement. Nous nous sommes nourris d'un songe que les gens du bourg me pressaient de partager.

Un rêve qui paraît dérisoire, devant la steppe désertique envahie par les inondations, aujourd'hui (hiver 1988). Des flaques grisâtres parsèment le sol qui absorbe mal l'eau. La mauvaise saison isole un peu plus l'oasis, et accroît les tensions. Le « nouveau village » en ciment s'est partagé en deux, et les deux parties ne communiquent guère entre elles. Les Bédouins se sont installés, ont plié leur tente et l'ont rangée dans une chambre, comme s'ils attestaient leur nomadisme. Les gens du bourg d'en haut, abandonné, à quelques mètres d'eux, logent en des maisons semblables.

Chebika était un lieu de parole et de bavardage. Autour du *gaddous* — il n'y a plus de *gaddous* — le long des murs de la mosquée sans toit, dans le « petit café ». Maintenant, l'on ne se fréquente guère et la juxtaposition des deux groupes n'a pas entraîné d'échanges, fût-ce de coups. On dirait les pièces d'un puzzle dont la figure n'est pas dessinée.

Quelques hommes, assis sur le seuil de leur porte, la tête enveloppée dans une serviette éponge suivent le jeu du vent sur les palmiers de l'oasis. Un garde national sort du poste pour se dégourdir les jambes. Par la porte ouverte de la buvette qu'ont établie là les fils du cafetier d'en haut, on voit un étal sommaire de scorpions, de vipères sèchés et de petits tapis tissés par les femmes.

Il faut faire la part de la saison, des inondations qui isolent de la côte le centre du pays. Les cars de touristes venus de Nefta ou de Tozeur sont rares. Mais comme l'ont constaté ceux qui, en 1989, ont prolongé l'enquête — et comme je l'ai vu, moi aussi,

414

lors de précédents passages — la ségrégation entre Bédouins et gens de Chebika, si elle prend d'autres formes, reste aussi stricte. Une coupure. Un conflit stagnant, vague, invisible pour le voyageur pressé. Qui peut dire si elle était inévitable ? Les natifs du village regardaient avec détachement et un peu de condescendance les Bédouins qui, à certaines époques de l'année, arrimaient leurs tentes au-delà du cimetière. Eux, ils habitaient de génération en génération des maisons — si délabrées fussent-elles —, vivaient dans une topologie légendaire : la stabilité de la pierraille engendre le souvenir et suggère un droit. Une sécurité.

Maintenant, ils souffrent, ces vieux habitants, de ce que Bechir Tlili appelle une détérioration du «moi», une perte de l'«honneur». Leur survie dépend de ces voisins autrefois dédaignés qui ont investi dans les terres, payé des semences, organisé la vente des piments ou des olives, creusé des forages. Un lien de dépendance apparaît.

Est-ce là l'effet de l'archéologique affrontement entre *Badâwa* et *Hadara* — vie bédouine et vie sédentaire — qu'Ibn Khaldoun unissait par une solidarité originale, l'*Asabiyya*[1] ? Si microscopique que soit l'atome social de Chebika, il porte en germe par réfraction de plus vastes mouvements sociaux.

Sociaux, seulement ? Ou, alors, la sociologie doit s'ouvrir à un horizon plus large — et comprendre comment s'élabore dans les deux cas, l'image d'une personnalité différente, et comme une vision du monde différente pour le sédentaire et le nomade.

Misérables ou notables, dédaignés ou respectés, les hommes et les femmes, dans leurs lieux de vie, semblent figurer par leurs gestes, leurs paroles, leurs actions, une forme invisible qui serait comme une existence surréelle. Sans le savoir, ne sont-ils pas les acteurs d'une intrigue dont le sens leur échappe ?

Avec le temps, on se demande si les termes de conscience collective ou de culture, «ce tout invisible qui englobe», ne sont pas des approximations. Autant que celui de «système de valeurs» qui suppose un ordre justifié par quelque transcendance. La démagogie use des mots de peuple, de masse, de gens — inconvenants lorsqu'il s'agit du vécu social de groupes que les

1. *Muqaddima. Discours sur l'histoire universelle.* Traduction et préface de V. Monteil. Sindbad, 2 vol., 1967-1978.

pouvoirs politiques rassemblent épisodiquement, et toujours par la coercition, en unités territoriales ou mystiques — État, nation, empire.

Bien immodeste paraît, sans doute, le mot de vision du monde et pourtant, on dira que les hommes, d'où qu'ils soient, vivent une vision du monde et que chacune de leurs croyances ou de leurs agitations renvoie à cette nébuleuse mentale qui limite et justifie leurs pratiques ou leurs rites. Et qui, parfois, s'oppose à ce que l'observateur étranger désigne sous le nom de culture, puisque l'une et l'autre peuvent entraîner de singulières distorsions [1].

Il est possible que l'existence bédouine, nomade, se distingue de l'existence sédentaire de Chebika par une différence de perception de l'homme dans l'espace ou la matière et, par là, une émergence également différente de l'image que l'on se donne du « moi ».

L'habitant de Chebika trouve son horizon collectif mental dans le territoire des masures qu'il habite, les pierres qui n'ont pas d'âge et la possession de parcelles de l'oasis qu'alimente, maigrement, une source qui fait partie de son être même.

Compte tenu des divergences entre les paysans du Moyen Age et la vie rurale du Maghreb, on peut s'interroger sur la chimie mentale qui associe l'occupation d'un lambeau de terre à la découverte confuse mais exigeante d'une « personnalité autonome », comme le dit Marc Bloch [2].

Par le seul travail saisonnier et répétitif? L'espoir d'enrichissement? L'assurance que donne la conquête d'un terroir, arraché à l'étendue vague dont on se représente rarement la géographie réelle. Un lent cheminement par lequel l'ancrage de l'homme en un lieu établit une relation constante avec la terre, l'eau, le ciel, la faune, la flore : l'identification de l'être vivant au paysage régional. « Le terrain de l'écologie, mot formé, comme on le sait, par Haeckel pour la terminologie scientifique moderne, à partir du radical grec *Ecos* : maison, dans le sens de

---

1. Ce peut être un des éléments qui aident à comprendre les manifestations d'« anomie ».
2. *Les Caractères originaux de l'histoire rurale française.* Armand Colin, 2 vol., 1960.

milieu auquel l'homme, l'animal, la plante se trouvent attachés d'une façon particulière [1].»

Il faut un autre terme que celui de «propriété» pour définir cette «maison» de l'être terrien au moment où émerge la représentation d'un «moi» ou d'un «nous», identifiés à la longue durée de l'appropriation du sol. Par là se compose une originale perception du monde réel et irréel dont les figures nous sont mal connues. Les chroniques, en Europe du moins, les textes littéraires en conservent des traces, mais elles sont surtout l'œuvre de clercs qui sont hostiles à ces formes ou les tournent en dérision.

Cette «personnalité autonome» rurale, parce qu'elle est menacée de toutes parts, parce que aucun acquis ne semble permanent, se définit par une nébuleuse de jurisprudence et se manifeste par une revendication permanente, continue, inlassable, faite de ruses, de révoltes, de répressions. C'est «le lent cheminement» du «moi» local.

Marc Bloch s'étonne de la naïve indignation de Taine évoquant «l'anarchie spontanée» des campagnes françaises au cours des années 1789-1790. Taine oublie-t-il «la longue chaîne tragique... un phénomène traditionnel et depuis longtemps endémique» — celle des microcosmes paysans excipant de leur droit à l'autonome jouissance du sol travaillé [2]?

Difficile conquête du «moi» rural. Et qui ne doit rien ou peu de chose à la religion ou au droit. Sa genèse ne ressemble pas à celle du «moi» guerrier, encore moins à celle du notable bourgeois ou de l'homme de l'écriture, le clerc. Tardivement, la philosophie rassemblera ces expériences contingentes entre elles dans le même discours... [3]

Toutes proportions gardées, l'homme de Chebika a conquis son être propre en s'enracinant dans un lieu, en tirant de l'oasis ce qu'on appelle l'autosuffisance. Il est possible que la

1. Introduction de Gilberto Freyre à la traduction française de son livre *Nordeste, terres du sucre* par J. Orecchioni. Gallimard, 1956.
2. Marc Bloch, *op. cit.*, p. 194.
3. Dans un texte justement classique, «Une catégorie de l'esprit humain: la notion de personne, celle de *moi*» (in *Sociologie et anthropologie*, P.U.F., 1950), Marcel Mauss a-t-il raison de traiter l'individuation, justement, comme une «catégorie» de l'esprit universel? La morale de Kant résout-elle la diversité de la «science des mœurs»?

conscience de maîtriser et de posséder un espace de vie ait engendré ce parti pris d'autonomie qu'on observait au cours des années 60. Et suscité cette attente ouverte à diverses entreprises.

En face d'eux, les Bédouins, les «gens des tentes». Des nomades, mais le nomadisme ne ressemble plus à ces puissants courants de la steppe, de la mer ou du désert que l'on connaît autant par la légende que par les historiens. Leur circulation est mesurée — depuis les premiers Arabes urbanisés, l'administration turque et française. L'indépendance tunisienne en a repris le contrôle : ces voyageurs ne mettent-ils pas en cause par leur vie même les frontières établies artificiellement mais héritées. A combien de réunions d'experts n'ai-je pas assisté qui s'attachaient à la «fixation des nomades». Chez ces Bédouins de Chebika, il subsiste quelques caractères de l'archéologie du grand nomadisme. Et d'abord la perception commune d'une étendue fluide à travers laquelle sont tracés des parcours, invisibles pour d'autres, des repères — points d'eau, pâturage de chameaux. On paraît n'attacher aucun sens à l'enracinement en un lieu fixe, à l'entassement des vivants sur les morts, à la «maison matrice».

Les nouvelles enquêtes marquent cette distinction de l'image de l'espace. Momentanément fixés, les Bédouins mêlent-ils leurs morts à ceux du vieux cimetière? Partagent-ils la même cuisine et les mêmes préparations alimentaires? Les femmes ne se fréquentent pas entre elles. Seules, les fêtes rituelles autour de Sidi Soltane ou d'autres marabouts voisins les réunissent pour un moment. Ou bien l'*ummâ* de l'Islam.

La ségrégation tient à un autre caractère : le déplacement. Le Bédouin transporte avec lui des bêtes, des objets, des tapis, des couvertures, des bijoux auxquels la translation dans l'étendue confère, semble-t-il, un prix nouveau, une valeur qui, à celle du travail et de l'usage, ajoute celle de l'étrangeté et du voyage. Une «chose» qui devient plus désirable que la «chose» familière.

Et cela, probablement — Si Tijani m'en parlait alors avec une sorte de respect — rend l'homme qui se déplace plus riche (le mot est évidemment trop fort) que le sédentaire. Plus riche et plus disponible pour toutes les entreprises qui impliquent une appréhension de l'étendue, incompréhensible pour le sédentaire. Parce qu'elles ont circulé entre trois pays dont les frontières ont été fixées par la colonisation européenne, les familles bédouines ont disposé d'assez d'argent et se sont armées d'assez de ruse pour s'emparer peu à peu des terres de l'oasis, puis s'étaler jusqu'aux terres collectives. Comment s'est effectuée cette lente transaction dont les gens de Chebika se plaignent d'être victimes ? Ces derniers ont-ils vraiment compris le sens d'un marché qui les rendait dépendants ? Pensaient-ils, comme ils le disaient naguère, que « tout ne fait que passer » et que leur enracinement dans un lieu rend par avance caduc tout accord de parole ? La vente des terres leur est-elle apparue comme une sorte de loyer sans avenir ? Les Bédouins ont montré qu'ils possédaient ce qu'on nomme ailleurs l'« esprit d'entreprise ». Ils se sont ancrés à Chebika comme à un centre d'où rayonnent leurs activités — élevage, forage de puits. Quant aux vieux habitants, ils remâchent leur amertume et se retirent sur le « quant-à-soit » de l'honneur. Ils ont attendu que l'indépendance et ses pouvoirs — mythiques pour eux — leur accorde les moyens d'une autonomie devenue illusoire. Les Bédouins ont réussi. Eux ont été « floués ».

2

Qu'ai-je trouvé là, au cours des années 60 ? Certainement pas l'idée d'un livre ! L'idée du livre, c'est André Schiffrin qui l'a eue, lorsque j'étais revenu à Paris, avec une masse de notes, d'entretiens, d'enregistrements dont je ne savais que faire... [1]

A Chebika, la vivante communauté me fascina. Au-delà de la courtoisie et de l'élégance des gens de « l'intérieur du Maghreb », il y avait autre chose : l'intensité collective d'un bourg et de personnages qui jouaient pour eux-mêmes une intrigue dont ils ne connaissaient pas l'auteur.

J'entrais dans un labyrinthe de relations chaque fois différentes, d'« affinités électives », de sentiments. Cela ne ressemblait guère à ce que l'on décrit dans les livres, et cela apportait des réponses, certes imprécises, à des questions que je ne posais pas encore — encore moins pour ceux qui voulurent bien m'accom-

1. A.S. et C.G. Bjurström.

419

pagner. Le domaine de l'existence collective est imbriqué dans l'univers complexe qui sert d'intermédiaire entre le physique et le matériel.

Étais-je alors observateur ou « le captif amoureux » de ce village ? La vie quotidienne échappe aux définitions. Sous quelque forme qu'elle revête, l'expérience vécue de l'homme apparaît comme une réalité infinie, imprévisible dans ses cheminements ou ses révoltes, dont la connaissance qu'on en prend n'épuise jamais la richesse. Si microscopique qu'était la communauté de Chebika, l'enchevêtrement des rituels, des pratiques, des fantasmes, des besoins, composait une trame, invisible pour le visiteur pressé, envoûtante pour qui s'y attachait.

Les étudiants de Tunis parlaient du Sud comme on le ferait d'un mirage. Mis à part un seul — Hamzaoui, un des plus remarquables —, ils étaient tous les héritiers de la classe moyenne issue de l'Indépendance, à laquelle l'Indépendance avait donné le droit à la mobilité sociale, au service public, à l'efficacité. Aucun d'entre eux n'était médiocre, et tous étaient disponibles.

L'important était qu'ils fussent là, au village, parlant, à peu de chose près, la langue du Sud : ils étaient des témoins et, plus encore, des médiateurs avec le reste du monde, puisqu'ils étaient des gens du livre, et que l'écrit, ici, dispose d'une force magique.

Témoins et instigateurs d'un combat pour la reconnaissance auquel un regard venu d'ailleurs et la translation écrite qu'on en donne apporte une justification. Car la vie quotidienne dans sa nudité n'est pas une donnée immédiate de l'existence. L'existence doit prendre forme, semble-t-il, par réfraction à travers une conscience différente ou étrangère.

Le sentiment sauvage de ce que l'on est ou de ce que l'on croit être tourne dans un cercle vicieux s'il n'affronte pas par le dialogue ou la violence — un échange dans les deux cas — le regard d'un « autre ». La parole des gens de Chebika, ce qu'ils nous montraient d'eux-mêmes, grâce aux étudiants venus du nord du pays, parce qu'elle était entendue et enregistrée, a pris la forme d'une attente et d'une revendication.

Que serait l'observateur s'il n'était ce catalyseur, ce médiateur ? Que serait-il s'il ne pouvait écrire en un langage transmissible cette figure de vie qui lui a été transmise ? Sa vocation, après

tout, se résume en cette phrase connue du philosophe Husserl:
«Il s'agit d'amener à l'expression pure de son propre sens
l'expérience silencieuse encore...»

A la hauteur de quelle échelle, à quelle taille, un groupe
décrouvre-t-il ce qu'il est? Les liens de sang, les habitudes de
pratiques ou de rituels, la connivence qu'entraîne l'insularité —
la mer, la steppe, la forêt... — aident à naître des solidarités
particulières dont la conscience s'aiguise par l'isolement, les
menaces extérieures, ou simplement la distance.
En est-il de même pour les nations ou les empires? A supposer
que l'usage d'une même langue donne une apparence d'unité (la
koïnè n'a pas empêché d'innombrables guerres entre Grecs...),
elle ne suffit pas à fondre dans la même structure globale la
mosaïque des groupes particuliers.
Pour réussir une telle unité, il faut un élan guerrier qui prenne
un territoire pour base de son pouvoir. Un territoire, un espace
de vie dont les frontières sont dessinées par la mer, des fleuves,
des montagnes ou quelque ennemi[1]. L'histoire parle de
royaume, d'empire, de nation: répondent-ils à des lois inéluctables
de l'évolution?
On peut en douter. Aucun de ces grands ensembles n'a
survécu aux trois ou quatre générations qui suivent leur
fondateur. Au terme d'un temps plus ou moins long, le
morcellement s'impose et les communautés partielles, sous une
forme ou sous une autre, rongent l'unité établie. A la manière
des deux fléaux d'un balancier ou du mouvement alternatif
d'une «double frénésie» qui façonne les systèmes territoriaux ou
bien aide à la prolifération de cellules autonomes. Est-ce qu'au
début de l'industrialisation européenne, les pensées contraires
de Proudhon et de Marx n'ont pas transposé cette ambivalence
en idéologie?
Les leaders de l'Indépendance tunisienne et Bourguiba, à cette
époque, ont eu le ferme propos de répondre à la demande locale.
D'ailleurs, des fantômes habitaient encore le Sud — celui des
Hilaliens et de leurs légendes dont des bribes étaient encore

1. F. Ratzel emploie le terme d'espace de vie territorial: «Le Sol, la
société, l'État», trad. in *Année sociologique* de 1899.

psalmodiées par des chanteurs nomades [1], celui de «l'homme à l'âne», Abou Yézid, qui au xᵉ siècle mène la révolte des Zennata contre les villes et, plus récemment, ceux des premiers fellaghas du Maghreb, révoltés contre le pouvoir colonial.

L'école, la radio, le service militaire, les coopératives de l'époque du Plan furent les instruments de cette intégration dans l'unité nationale tunisienne. Est-ce cela seulement qu'attendaient les gens de Chebika? Ils espéraient obtenir les moyens d'une prospérité locale, autonome, dont le noyau vivant du village, le *halk*, eût été le moteur...

C'était demander l'impossible. D'ailleurs, aucun autre pays indépendant n'a pu, sauf pour une courte période vite oubliée, trouver les moyens d'accéder à la demande de ces communautés microscopiques. Les experts internationaux, les politiques, les administrateurs n'y voyaient qu'un effet de la «résistance au progrès».

Parce qu'il attendait une aide dont il n'avait pas le concept et qu'on ne pouvait lui accorder, le village s'est immobilisé, figé sur lui-même, enfermé dans l'amertume et le ressentiment. L'énergique conscience commune des années 60 s'est ouverte sur le vide.

Quand je suis revenu au village, en 1976, un garçon m'a pris le bras et m'a dit:

— Si tu veux, je vais te montrer l'endroit où Duvignaud allait dormir.

Jamais, je n'ai dormi dans l'étroite vallée de l'oued, près de la source, sur des roches noirâtres aux arêtes aiguës. Qu'importe: qu'est-ce que cet enfant sait du livre? Qui, à Chebika, l'a lu? Un cousin de Si Tijani, à Tozeur, «en avait parlé aux intéressés». D'autres sont intervenus, eux aussi, pour en lire des passages.

Sans doute, les habitants se sont-ils reconnus, comme ils se reconnaissaient sur la première photographie de groupe que nous leur avons présentée. Je ne sais rien du mécanisme mental qui, à travers une «voix parlante» lisant une écriture, pour eux

1. «Geste orale», dit-on, colligée par A. et T. Guiga, épopée des nomades guerriers: *la Geste hilalienne*, publiée par L. Saada. Gallimard, 1985.

indéchiffrable, les a confirmés dans la certitude d'avoir échappé à l'oubli.

J'en aurais voulu davantage, mais comment faire? A l'époque de sa publication, l'ouvrage n'a guère plu au pouvoir officiel — c'est le moins qu'on puisse dire. Il éveillait l'attention sur une part du territoire dont on taisait les problèmes ou que l'on tentait de « désenclaver » par des mesures administratives. Mais ce que demandait Chebika n'était pas — pas seulement — le « désenclavement », mais l'autonomie locale.

Un livre est un livre. Il n'est pas un rapport adressé à quelque décideur : il est donné au public et n'existe que par la reconnaissance qu'on lui accorde. Certes, pour *Chebika*, il eût été souhaitable que les gens du village en fussent eux-mêmes les critiques, mais cela n'a pas été.

— De toute manière, dit un enquêteur des années 60, vous avez traité d'un cas particulier. C'est l'illustration littéraire d'une situation extrême...

La plupart des jeunes gens qui m'accompagnèrent alors là-bas ont, depuis, suivi une autre voie : celle des « problèmes généraux » et des énoncés capables d'attacher leur étude aux thèmes, également généraux, de la concertation internationale, thèmes qui dissimulent trop souvent le « vécu ». On le voit mieux aujourd'hui au désarroi des sciences politiques ou sociales.

— D'ailleurs, poursuit-on, ces gens sont des marginaux. Que peut-on déduire de cela?

Le mot de « marginal » convient-il? Certainement pas pour le village des années 60 qui, loin de se séparer ou de se mettre à l'écart de la société de l'Indépendance, en sollicitait à la fois la reconnaissance et l'appui. Le terme d'« anomie » convient mieux, au sens que Durkheim lui donnait pour désigner des situations et des faits de dérèglement qui ne correspondent à aucune violation de la règle elle-même, puisque, en ce cas, la règle elle-même disparaît. Ces manifestations de dérèglement sont contemporaines de l'effacement du système d'organisation des valeurs et du paysage social affecté par une mutation, lente ou soudaine. Lorsque la cohérence de ce paysage s'affaiblit sous l'effet d'une crise, positive ou négative, on assiste à l'émergence de phénomènes inexplicables, a-conceptuels.

Ainsi, les désirs, les besoins ne trouvent plus satisfaction dans les objets ou les modèles, jusque-là suffisants. Et parce qu'ils trouvent plus de points d'ancrage dans la coutume ou la

423

tradition, ils paraissent ouvrir sur l'improbable ou l'infini, l'état d'«éréthisme» dont parle Durkheim...

Lors de la première enquête à Chebika, le village vivait une expérience «anomique»: il se percevait lui-même en l'état embryonnaire d'un inévitable changement. On attendait qu'un entraînement irrésistible — celui qu'on prêtait à l'Indépendance — réalise cette métamorphose. Et, par une curieuse dialectique, l'autonomie espérée impliquait à la fois la mutation et le maintien de l'écosystème.

La vie d'une société ou d'un groupe ne se déduit pas simplement de ses structures (généralement reconstruites par un observateur étranger), de son milieu, de son infrastructure, voire de son passé. Le déterminisme de l'avenir est aussi puissant que celui des causalités: la conscience du village était dominée par une sorte d'utopie du futur.

Dix années plus tard, cela n'avait plus de sens. Déjà, pendant l'enquête, l'inquiétude apparaissait. Aujourd'hui la conscience aiguë des habitants du village se perd dans l'anonyme pauvreté des terres intérieures.

Sans doute, alors, le seul exemple d'«anomie» fut-il celui de Rima.

Je l'ai croisée lorsqu'elle montait ou descendait du village à la source et de la source à la maison. Ou bien autour du marabout de Sidi Soltane. Bien entendu, je ne lui ai jamais parlé: les femmes seules parlent aux femmes.

Des conversations ont été enregistrées. C'est plus tard, quand furent colligés ces entretiens, que s'est dessiné le profil de cette Antigone de la steppe. L'usage du magnétophone, plus que la fausse rigueur des questionnaires prédigérés ou des sondages, donne à la parole errante une véracité plus grande. La parole errante qui révèle l'*Umwelt*, le réseau profond des rapports de l'être avec les autres, avec le milieu.

Il faut pour cela des conversations libres et prolongées, souvent répétées, un effacement de l'observateur, un accord entre l'enquêteur et l'enquêté. Ces multiples enregistrements se perdent dans la durée: encore faut-il en transcrire les termes dans un texte lisible. C'est un transfert du temps à l'espace ou, si l'on veut, du diachronique au synchronique qui rend possible la comparaison des thèmes entre des conversations différentes, des personnages également différents.

Ainsi peuvent émerger, comme inscrits en filigrane, un profil, une figure, une configuration ignorés des protagonistes de l'enquête. Une manipulation coûteuse mais nécessaire qui étale dans l'espace ce qui a été dit et vécu dans la durée. Le personnage de Rima, silhouette entrevue, a pris alors une consistance au milieu des propos recueillis : elle était l'image d'une personnalité dont on constatait le caractère différent, gênant, puisque sa révolte échappait à toute règle.

Elle fut, probablement, la seule à percevoir sa propre vie comme une exigence de changement — un changement individuel que la communauté, déjà, esquivait ou ne pouvait assumer réellement. La forme de sa transgression faisait de son « moi » une personnalité incasable.

Il est possible, mais possible seulement, que la « suggestion collective » dont parle Marcel Mauss ait agi sur elle et lui ait inspiré l'inquiétude d'une faute commise contre la communauté et contre sa culture. Savait-elle que l'image du dérèglement qu'elle représentait n'aurait pris son sens que si la société tunisienne avait offert à ses membres les chances multiples d'une mobilité, réservée alors aux classes moyennes issues de la première génération de l'Indépendance ?

Toute émergence d'une individualité hérétique apparaît comme subversive, et punissable par le groupe d'appartenance. Peut-être les formes artistiques du théâtre, de la poésie, de la littérature se nourrissent-elles de ces cas extrêmes dont la survie est menacée.

Je parlais d'Antigone, une comparaison contradictoire : la fille de l'antiquité grecque revendique son autonomie au nom du respect d'un rite archaïque — enterrer, fût-ce symboliquement, le cadavre d'un frère. Rima se définit et s'isole par l'image d'un changement possible et que rien ne permet. Qu'importe ! La forme de la transgression est plus importante que les motivations anecdotiques qui lui servent de prétexte.

Ne s'agit-il pas, ici et là, d'une femme, dont l'individuation est une périlleuse conquête, toujours menacée ?

La société a-t-elle horreur du vide, comme la nature ?

A l'amertume, l'ennui, la détresse du village répliquent des tentations confuses, autrefois inconnues. La crise de la fin des années 60, après l'affaire de la carrière, rendait ces options prévisibles, non certaines.

La première est celle du départ. On s'en va, peut-être, pour certains, avec l'idée d'un retour hypothétique, lorsque commencera l'exploitation de la «Source blanche», mais on s'en va en Libye, de l'autre côté de la frontière, parce que le travail y est parfois rentable, à Redeyef où il reste quelques mines, à Tozeur ou à Nefta, dans les hôtels de tourisme. Rarement en Europe. Voilà un mouvement lent, mais irréversible: l'école, le service militaire, la radio, la télévision préparent cette translation. Et surtout l'incertitude de l'État devant ces régions du Sud. Le lointain inconnu devient attirant, plus attirant que le séjour dans une communauté immobile, l'oppression d'un ennui. La radio transmettait les messages de l'Indépendance, comme l'école. Qu'en est-il de la télévision dont les antennes sont plantées sur le toit plat des nouvelles maisons? Nous ne savons pas du tout comment les hommes et les femmes perçoivent les images qu'ils reçoivent.

Jorge Amado dit qu'au Brésil les travailleurs pauvres de la campagne, le *sertão*, affluent dans les grandes cités afin de «jouir du spectacle», de donner une réalité palpable, en chair et en os, au mirage suggéré par l'écran. Le grouillement urbain semble une promesse. A quel moment la «densité sociale» des mégapoles devient-elle désirable?

Un autre effet de l'attente déçue, de l'ennui, de la stagnation du Sud apparaît comme une menace. L'idéal de modernité s'efface et laisse place à une nébuleuse de croyances confuses. Les gens de Chebika n'ont jamais été ce qu'on appelle aujourd'hui «fondamentalistes» ou «intégristes»: ils étaient respectueux du rituel qui les rattache à l'*ummâ* par la prière quotidienne: une solidarité ouverte, compatible avec l'attente d'une transformation.

Se laisseront-ils contaminer par l'image d'un retour à l'originel, une rêverie qui les consolerait de leurs déboires présents par l'effet d'une sorte de magie? Que signifie pour eux cette archéologie de l'innocence, de la pureté originelle qui, par là, conjure l'effervescence de la vie, et le hasard? La tentation est grande de se perdre dans cette vision fantasmatique, si contraire à la vocation de l'Islam.

— Vous aussi, en Europe, vous avez eu cette sorte d'intégrisme, dit un intellectuel tunisien: Cromwell, Calvin, les puritains. Et cet autre, à Florence, qui brûlait les tableaux, Savonarole.

Cet intellectuel constate: il n'excuse pas, il n'accuse pas, il compare. C'est vrai que l'Occident, au cours de son histoire convulsive, a rêvé, périodiquement, d'un retour magique aux origines imaginaires, et que ce rêve a revêtu des formes sociales et politiques.

Certains sont partis, afin de matérialiser leurs rêves, dans les *terrae incognitae* d'alors, l'Amérique, l'Australie, l'Afrique. Weber a décrit la destinée des puritains. Les premiers socialistes, comme Owen ou Cabet, ont suivi un chemin comparable. La plupart ont fait de l'obsession du Paradis perdu, de l'Age d'or des sujets de poèmes, de romans, de ballets. L'Occident a parfois théâtralisé ses mauvais songes.

L'intégrisme, tel qu'il apparaît aujourd'hui, est un refuge, une protection, une sécurité. Il prend racine dans la misère des sociétés où la «modernité» a échoué et suscité plus de ressentiment que de possibilités [1].

— C'est une affaire des villes plus que des campagnes, me dit encore l'intellectuel qui, à Tunis, est aux prises avec cette nébuleuse.

Qu'en sera-t-il des gens de Chebika? La distance est courte entre le respect des valeurs de la coutume — l'honneur, la générosité — et la somnolence confortable dans une mystique de la passivité qu'ont toujours ignorée les vrais Arabes. Est-ce que le conflit, maintenant démodé, de la tradition et de la modernité ne se résout plus dans le changement social, mais à travers une légende dorée? Est-ce que les États ne suscitent pas cet intégrisme aveugle en délaissant Chebika [2]?

L'attente déçue engendre les foules extatiques et les bidonvilles.

Dans ce village, j'ai appris ce qu'était la simple vie des hommes. Là, dans sa trivialité, sa banalité hésitante et cette «anarchie du clair-obscur» dont parle un philosophe, j'ai su ce qu'était flâner, passer le temps...

Quand il fait chaud, en été, que le soleil paraît fondu dans la nuée du ciel, que la ligne d'horizon se dédouble en mirage (peut-on photographier un mirage?), on entend le crissement des

1. ¿Elle a échoué partout, sauf dans l'art de la guerre!
2. Ou la fascination par tous les mythes qui naissent de l'impuissance d'être.

427

insectes sur des branches boucanées de chaleur et dans les pierres. Derrière le village, sur la paroi de la montagne s'agite, ici ou là, une touffe d'alfa. Les palmiers de l'oasis sont figés. Des maisons viennent quelques rires de femmes.

Sous le porche du *gaddous*, cinq ou six hommes, toujours les mêmes, écoutent l'irritant goutte-à-goutte de l'eau qui tombe de l'outre en peau de chèvre. Avec la prière, c'est la seule indication du temps. Pourquoi les uns et les autres donneraient-ils au travail plus de temps qu'en exige leur subsistance ou leurs obligations de métayers?

Ils parlent. La parole donne forme à l'existence et la déborde parfois d'incertaines affirmations. Un échange de l'un à l'autre, forcément lent. Ainsi se compose cet assentiment qu'on nomme parfois la conscience commune.

Ridha, le propriétaire du «petit café», longe les murs dont les pierres se délitent, arrache une brindille d'herbe qu'il mâchonne, suit des yeux la déambulation d'une araignée, respire la fraîcheur à l'ombre du marabout. Il voit cette agitation d'insectes et de musaraignes, sans la troubler. Plus bas, Mohammed, un *khammès*, pose la pelle avec laquelle il a creusé une rigole pour amener l'eau sur un lopin de terre où poussent des poivrons, s'étend au pied d'un palmier et, les yeux ouverts, suit le balancement des branches au-dessus de lui, dans le ciel.

En face, mais nul ne le regarde — sauf si un nuage de poussière annonce la venue d'une voiture ou d'une caravane — il y a le désert. Non pas le vide, si grouillant qu'il est d'insectes, de renards, de vagabonds, mais un contrepoint à la communauté.

Plus tard, après la prière, quand la lumière paraît se fondre dans une grisaille opaque, les gens du *gaddous* rentrent dans leurs maisons. L'odeur de viande grillée traîne avec celle du safran. C'est l'heure des coyottes et de leurs appels d'enfants.

Chaque fois que je m'engage sur la piste qui mène à Chebika, hier, comme aujourd'hui, et si prémuni que je sois contre les pièges ou les charmes du souvenir, je suis pris d'une sorte de fièvre...

Lorsque je suis venu ici, autour des années 60, j'ai perçu que la vie des hommes et des femmes, tels qu'ils étaient ramassés dans un groupe, ne se réduisait pas à une nomenclature statistique, au discours politique, à la rhétorique savante. Bien des intellectuels européens, alors, se contentaient d'un théâtre d'ombres, qui plaisait aux idéologues [1].

Devant Chebika, il fallait mettre entre parenthèses ce que l'on avait pris de la société, faire le vide en soi, s'attacher à l'écoute des autres : un difficile travail d'humilité. Il convenait de se modifier soi-même. Une ascèse, une initiation. Pourquoi pas ?

J'ai appris à parler et à aimer ces hommes et ces femmes, parce qu'ils étaient différents et qu'ils portaient en germe des attitudes, des sentiments, des croyances incompatibles avec le catalogue des comportements qu'on apprend à l'école. Ils étaient ce qu'ils étaient. L'originalité est un défi.

Cette communauté, sans doute réduite, animée d'une ancienne culture est en état de crise depuis trente ans : ce n'est pas un excès de « modernité » qui attaque le village mais tout au contraire la stagnation, l'immobilisme social, l'indifférence. Voire le dédain pour cette autonomie rêvée, cette « ressource humaine », dirait François Perroux. L'immobilité est le pire des maux.

Chebika n'est pas un asile, une niche pour de « bons sauvages » restés à l'écart de la civilisation technologique, la nôtre — mais qu'est-elle aujourd'hui ? —, un spectacle de folklore pour cinéastes, touristes, voyageurs désabusés. La philosophie, parfois l'anthropologie cherchent à nous apprendre ce qu'est l'Homme, non ce que sont les hommes, les femmes, et leur espoir.

Le village m'a enseigné que la vie sociale, si déçue ou impuissante soit-elle, se détermine toujours au-delà d'elle-même.

1. On parle aussi pour l'Europe : en connaît-on vraiment les particularités divergentes ?

Note conjointe

L'HÉRÉTIQUE

Une situation inconfortable: celle du fantassin dans sa tranchée pris entre deux feux. J'étais ce fantassin, fragile assistant à la Sorbonne, au cours des années 50, lorsque s'engagea la «polémique de la structure»: une querelle entre Lévi-Strauss et Gurvitch qui enflamma la classe intellectuelle. Un vrai débat. Le seul, peut-être, en ce pays — et qui n'est pas achevé: quelle image d'elle-même admet une société? Quelle place accorde-t-elle à la mutation de ses formes et sur quelles valeurs collectives fonder la notion d'homme?

1

A cette époque, la sociologie n'était pas instituée en discipline dans les universités. Elle était une vocation, non un métier. Ceux qui s'en réclament alors — Lebras, Aron, Bastide, Gurvitch, Friedmann — viennent d'horizons divers et rien d'autre ne les rapproche sinon une option commune, rendre son sens à une histoire devenue absurde par les guerres, le fanatisme idéologique, la rationalité mise au service de la violence.

La guerre européenne avait pris fin, mais dans quel état se

430

trouvait la vie sociale? Les grands «Fondateurs» ont parié sur le progrès et le dernier d'entre eux, Halbwachs, est mort dans un camp de concentration nazi. Ceux qui étaient sociologues, et que certains intellectuels de ma génération ont rejoints, ont tenté de comprendre une expérience complexe et contradictoire. Ces derniers, déçus de la politique, lassés de la rhétorique philosophique ou littéraire, vinrent à la sociologie comme l'on va à la fontaine.

Certains avaient quitté l'Europe pour s'enraciner dans le domaine de peuples étrangers. La planète entière était entrée en convulsion, la rupture avec le passé trop forte pour placer ses pas dans les pas des prédécesseurs: il ne s'agissait plus d'apprendre à des hommes comment ressembler à des Occidentaux mais, le plus souvent, d'interroger l'Europe (et sa bonne conscience) à travers des visions du monde différentes.

L'ethnologie est bien plus que l'ethnologie. La vocation qu'elle suscite s'attache à des motivations parfois impensées. Celui qui la pratique débarque en lieu inconnu et se questionne sur la validité de son être propre et de l'image de l'homme à travers la particularité de celles des autres. Certes, son analyse lui donnait l'illusion de posséder intellectuellement les relations, les rites, les choses, mais jamais l'existence même dont le séparait une infranchissable distance.

Au cours de ces années, et parce que changeaient déjà des peuples qu'on avait crus enfermés dans une tradition, émergea le concept de Tiers Monde. Une vision grandiose et généreuse: on fit l'option que l'originalité des peuples exigeait l'autonomie, que cette autonomie entraînait la croissance, interdite par les impérialismes divers. On pensait même, comme Tocqueville aux États-Unis du début de l'autre siècle, qu'en surgirait une forme nouvelle de civilisation.

On pensait aussi que la diffusion du savoir et de l'éducation était les conditions de l'appropriation technique ou industrielle. On constata très vite qu'il n'était pas nécessaire de passer par les écoles pour se servir d'un instrument guerrier ou d'un poste de télévision. L'Europe des machines distribuait ses ferblanteries sophistiquées et il n'était pas besoin d'être capable de les produire pour en user.

Un singulier renversement, et qui a mis fin aux illusions du Tiers Monde, de la modernité démocratique et rétréci singulièrement le terrain de l'ethnologie. Où donc l'observateur ira-t-il, aujourd'hui, planter sa tente, au milieu des guérillas, des bidonvilles et des lieux surveillés par des polices autoritaires? Qu'attendra-t-il d'hommes et de femmes qui ont connu l'écran de télévision avant de savoir lire?

Ceux qui restaient en Europe, au cours de ces années, plongeaient dans la vie sociale. Le mot société cachait une complexité plus grande, des formes imprévisibles et nouvelles de l'expérience. Distribués dans des programmes d'étude — travail, loisir, connaissance, création imaginaire, religion, etc. —, ils entreprenaient une investigation du monde présent. Avec des moyens limités mais avec une sorte de passion obstinée et des talents divers. « Si la réalité est irrationnelle, dit Hegel, eh bien, nous inventerons des concepts irrationnels! »

Qui parlait alors de science, d'une somme de connaissances démontrables, de preuves légitimes, soigneusement enchaînées par un discours nécessairement plat, voire de lois capables d'entraîner l'assentiment d'un « grand juge magistère »? Nul ne discute de la chute des pierres, mais la vie sociale n'est pas comparable à un rocher qui tombe selon les lois de la gravitation, et la vie collective n'est pas, pour l'humanité, assimilable aux ruches et aux fourmilières.

L'obsession du « scientifique »... Est-on victime, deux siècles après, de la ségrégation scolaire entre les Lettres et les Sciences? D'un côté l'objectivité, de l'autre la subjectivité et le soupçon (policier) de l'appréhension personnelle. Que l'expression littéraire des résultats de l'étude obéisse aux lois de la cohérence, de la démonstration et surtout à celle du style et du talent, qui en douterait?

Le modèle de la sociologie n'était pas la constitution d'un savoir « positif », mais celui d'une critique sociale : une forme de l'intelligence errante à la recherche de l'existence réelle.

2

La polémique de la structure intervint alors...
Lévi-Strauss impressionnait ceux qui le connaissaient par sa lucidité glacée, sa notoriété. Son œuvre dépassait les frontières

de l'université, et Bataille écrivait de *Tristes Tropiques* qui venait de paraître que c'était « un livre humain, un grand livre ». C'était un philosophe défroqué : il s'était éloigné, entre les deux guerres, de l'enseignement philosophique universitaire, « contemplation esthétique de la conscience par elle-même » et pariant sur l'ethnologie, gagna le Brésil, et les Indiens.

Gurvitch déconcertait par sa véhémence et sa passion pour les idées. Au sortir de l'étude de Fichte et de Proudhon, il trouva son « terrain » dans la première révolution russe qui précéda l'arrivée de Lénine, puis s'exila. Dans l'itinéraire de sa pensée que Nadeau publia dans *les Lettres nouvelles*, il se définissait comme un « exclu de la horde », installé dans le système universitaire, mais incasable par ses exigences.

Querelle de personnes, querelles de mots ? Un plus vaste enjeu émergeait derrière des injures et des notes acerbes. Mauss, citant Goethe, disait que les vrais problèmes apparaissent « là où les professeurs s'engueulent ».

D'un côté, la vie sociale s'identifie à un système fini dans lequel se répondent toutes les figures de l'échange ou de la communication, en d'innombrables convertibilités : toutes reflètent la logique latente d'un esprit étranger aux consciences particulières qui modèle liens de parenté, langage, aspects des mythes. Une variété indéfinie, chaque fois changeante, mais asservie au jeu formel d'insurmontables catégories. Une société se reproduit elle-même et les mutations les plus radicales s'insèrent dans une structure dont la subversion entretient la survie.

Ou bien, de l'autre côté, le travail d'une négativité ronge la forme de la vie collective, détruit et recompose inlassablement la société, selon des types de civilisation irréductibles entre eux. Un « élan vital », une « volonté » qui provoque des affrontements, des équilibres momentanés incapables de résoudre les conflits. La vie sociale est une genèse permanente, un drame entre la liberté collective et les structures établies.

Banale alternative ? Certes pas. Si la forme précède l'action et insère tout changement dans un système, la vie humaine reproduit sa figure originelle, et l'on marche toujours sur ses propres traces : les ruptures, les révolutions ne sont que des épisodes anecdotiques. Si, au contraire, une force est à l'œuvre qui, en deçà des alibis de croyance ou d'idéologie, brasse et

433

transforme la matière sociale, l'histoire invente des figures de relations nouvelles, hors de tout modèle archéologique [1].

Deux options également chargées de métaphysique et de politique. Également fascinantes. On comprend qu'elles aient provoqué des adhésions passionnées, voire dévotieuses...

3

Je suis venu à Chebika sans préjugé de doctrine. Le village vivant n'est pas un «objet» d'observation. Ce que l'on perçoit dans un groupe de ce genre est une autre sensibilité, un autre langage, une autre silhouette du corps, un foyer de réflexions ou de passions possibles. Ce n'est pas un lieu inerte dont les rites, les croyances, les formes de communication seraient, pour le sociologue, une «succession d'états de conscience» et pour les habitants un «système d'idées objectives».

Il ne s'agit pas, non plus, de se laisser envahir par quelque sentiment d'étrangeté, un exotisme de touriste, mais d'atteindre ce centre de gravité commun, l'évidence d'appartenir à même monde humain, difficile à vivre, difficile à penser. Les différences économiques et culturelles apparaissent alors comme autant de manières (de styles) d'affronter les grandes instances naturelles — la mort, la sexualité, le travail, la faim, l'invisible.

Une aventure qu'on nommera, si l'on veut, phénoménologique, au cours de laquelle s'entrecroisent le vécu et le pensé: l'expérience même cherchait son expression et sa parole à travers un témoin occasionnel. On voyait en lui un éventuel médiateur avec le monde politique d'un pays, alors en état d'effervescence et d'un pouvoir dont ils attendaient tout et qui leur a peu consenti.

J'avais un peu d'expérience de la fiction romanesque et du théâtre. La première propose une «reconstruction utopique» d'émotions disparates, de souvenirs effilochés, d'actions fur-

1. La «triade capitoline», telle que la décrit G. Dumézil, s'attache à cette vision structurale de l'histoire, tout autant que l'image que proposait Taine de la Révolution, soucieux qu'il était de marquer la continuité d'une forme. Mais comment s'assurer la transmission réelle de ces figures du «destin»? Et qu'en est-il de la novation, de l'émergence de groupes, de classes, de techniques?

tives, inabouties. A cette «anarchie du clair-obscur» de la vie quotidienne, il convient de donner *forme*, un style. Le théâtre, lui, en deçà de tout genre littéraire, rappelle que l'existence n'existe que par la représentation d'elle-même — un personnage, un rôle, réel ou simulé, qui dramatise le rituel obligé de la vie commune.

Pourquoi se priver de ces instruments? A Chebika, je n'étais plus le sujet d'un monde à décrire, mais son objet. Et dire la fragilité coutumière de l'existence est important, mais, plus important est d'en suggérer le sens. L'apparence ne se réduit pas au système des conventions plus ou moins pieusement héritées du passé, et dont on peut toujours établir la grille. Derrière cette apparence chemine cet «esprit brut» dont parlait Merleau-Ponty, une manière de vouloir ou d'élan qui suscite des formes multiples, diverses.

La seule approche, la seule «méthode» n'est-elle pas de suivre pas à pas, autant que faire se peut, ce mouvement de création, par lequel la vie sociale prend forme — une forme toujours inachevée? Comme si, à travers cette dernière, l'«esprit brut» s'interrogeait sur les grandes instances «naturelles» — la mort, la sexualité, la faim...

Chebika m'a appris autre chose...

Et cela surtout que les déterminismes du milieu, les liens de parenté, les rituels économiques ou religieux ne dessinent qu'une superficielle configuration. Les activités d'un groupe ou d'une communauté ne sont pas toutes asservies à l'accomplissement d'une fonction. La morale d'un ensemble humain ne s'épuise pas dans la finalité immanente.

Émerge une région qui s'anime de gestes, de croyances, d'actions qui échappent à l'utilité générale. Le noyau autour duquel se compose l'existence collective est un centre d'«effervescence», comme Durkheim l'avait perçu, mais d'une effervescence dont la finalité échappe à la «conscience collective». Là s'établit un dialogue avec l'invisible — magique ou religieux — l'anticipation ou la prévision du futur, des utopies, une précession de l'avenir sur le présent. Un jeu avec le possible.

Un état de prémutation: cette «attente» que j'ai vue apparaître au village et, lentement, corrompre l'équilibre du groupe, puisqu'elle s'adressait à des administrateurs ou des politiques dont ils n'ont alors reçu aucune réponse.

Cela veut-il dire que la société n'est pas seulement sociale? Sans doute. Les sciences de l'homme le pressentent et le taisent. Les concepts servent souvent à effacer le trouble qu'inspire l'expérience. Il est plus confortable d'immobiliser les sociétés dans les structures ou les fonctions.

L'un des premiers, Kant, dans la *Critique du jugement,* parle de cette «finalité sans fin» qu'il attribue à la perception du «sublime» — un autre versant de l'«esthétique». Le «sublime»: il ne dispose pas d'autre mot que celui que lui livre son intuition pour désigner ces activités ou ces passions qui transcendent l'usage des catégories. Par ce jeu du «comme si», une région de la vie s'arrache aux exigences de l'entendement.

Cette part, dédaignée ou occultée, trop vite accaparée par des institutions (récupérée!), n'agit-elle pas, de manière chaque fois différente, à côté de l'exercice imposé par les institutions et les traditions, les concepts et la technique? Les sociétés sont faites d'autant de possible que d'inéluctable. ..

4

En France, *Chebika* paraît en 1968. Depuis quelque temps l'équilibre des pays riches était affecté de tremblements souterrains. Le mouvement prit pour alibi l'ennui social, le «Tiers Monde novateur» et ses héros. On ne mit jamais en doute le manichéisme de l'Est et de l'Ouest: le second chargé de tous les péchés, inégalitaire et jouisseur, le premier mythiquement chargé d'une promesse de révolution, toujours trahie.

La fougue de mai 68 brassa en des lieux divers toujours soigneusement clos — Censier, la Sorbonne, l'Odéon — des courants contraires dans une joyeuse confusion. Sous des emblèmes naïfs, pourtant, émergeait une volonté compteuse: celle de changer soi-même et le monde. Une volonté escamotée par les Libérations ou les Révolutions. On en appelait à la mobilité sociale. On souhaitait que la vie collective devînt une aventure.

Combien de temps dura cette «attente»? Tout au plus trois semaines à la Sorbonne. Un jour, je me suis trouvé sur la scène du grand amphithéâtre, devant un micro et j'annonçais, puisque les événements m'y incitaient, «la fin du structuralisme».

Naïveté sans doute. Le grand amphithéâtre grouillait d'une

euphorie de parole. Qui savait ce qu'était le « grand débat » ? Avait-on envie d'entendre cela ? Un mot dans un tourbillon de mots. Mais les mots ne sont pas des choses et, à ce moment, ils révélaient la force d'une liberté confuse. A peine avais-je parlé qu'un grand gaillard émergea des coulisses, bousculant « situationnistes » ou « maoïstes ». Un chauve pourvu d'une moustache à la Lénine et que je reconnus pour l'un de mes anciens compagnons de Chebika, Khabchech. Ce dernier s'empara majestueusement du micro et adressa, en arabe, un message à la foule qui poursuivait son brouhaha...

Naïveté ? Imprudence ? Le mouvement qui m'avait conduit à ce tête-à-tête avec Chebika avait été préparé à Paris, à la fin des années 50, par la cure intellectuelle que nous nous imposâmes en commun, à la revue *Arguments*. Une « nouvelle donne », disait Morin : on s'insurgeait contre l'esprit de système, les doctrines gelées dans les institutions, l'ignorance du « grand large » cosmopolite, la paresse mentale qui préférait la rhétorique d'une méthode aux imprévisibles complexités de l'expérience même. En fait, pour nous, 68 avait déjà eu lieu. La naïveté était de croire que tout un chacun avait accompli une comparable ascèse. Après mon oraison funèbre du « structuralisme », le structuralisme revint en force, en orthodoxies dispersées. Comme si les intellectuels voulaient conjurer une sorte de peur d'une véritable mutation.

Des orthodoxies cantonales se partagèrent le champ de la connaissance — linguistique, psychanalyse, sciences sociales. Une morale d'épigones, vindicative et sûre d'elle-même, dont Lévi-Strauss ou Dumézil n'avaient point eu l'idée. Mais quoi ! Il s'agissait aussi de détourner l'effet de l'appréhension phénoménologique de l'homme par l'homme, d'effacer le recours à cette négativité créatrice de la liberté dont parlait Gurvitch, d'éliminer tout sujet de l'être.

Un soir, au cours d'un débat, entendant Althusser assurer que le concept de structure avait été inventé par Marx, Lucien Goldmann (qui me l'a raconté) s'en étonne :

— C'est, dit l'autre, un cadeau que Lévi-Strauss nous a fait, et dont je fais cadeau à Marx.

Il y a d'autres illustrations de cette curieuse mystification. Les sciences sociales, instituées dans les universités et devenues un métier, furent un terrain de manœuvre : les combinaisons mathématiques des relations d'échange ou les figures du langage s'identifièrent au vécu social. On imposa à certains chercheurs la préalable «construction de l'objet» (!), on «décrypta» l'existence comme un texte derrière lequel se cacherait un anonyme fantôme.

Pendant ce temps, il fallait poursuivre, en France, la fragile découverte entrevue à Chebika : l'étude de cette part d'attitudes, de manifestations, de paroles, de mentalités ou d'actions dont l'intentionnalité n'est pas définie par l'amont du passé, mais qui projettent l'être collectif hors du cadre qu'il habite — la création imaginaire, le jeu, la fête, le rire, les passions — ces «anticipations» au sens que fait à ce mot Ernst Bloch. Utopie, peut-être, mais que seraient les sociétés humaines sans l'«élan vital» de l'utopie?

Le dogmatisme s'effrita curieusement autour des années 80. Il n'avait pas empêché l'émergence de grands talents, Foucault, Barthes, Deleuze... Mais il avait aussi peuplé le cimetière de livres mort-nés.

Curieusement aussi, cette liberté créatrice capable de remodeler, de défaire les structures sociales établies s'est imposée à nouveau. Non par les intellectuels, mais par l'expérience de l'histoire contemporaine. Ce qui anime, aujourd'hui, la pluralité des nations ou des continents ouvre à nouveau le débat — un débat infini.

Comment les sociétés humaines inventeront-elles des formes nouvelles qui combinent les désirs, les besoins, leur état matériel, les techniques de l'utopie? Inventeront-elles des relations inédites entre les hommes, les femmes et le monde? Quelle quantité de liberté et de dignité accorderont-elles à ceux qui la composent? L'«esprit brut» peut-il entraîner l'existence au-delà d'elle-même? En tout cas, nous sommes entrés dans un univers imprévisible qui appelle une rénovation de tous les concepts et de toutes les méthodes. N'est-il pas emporté par cette «finalité sans fin» qui donne aux histoires leur sens?

Un jour, un homme de Chebika m'a dit :

— Il y a bien des choses dans le monde que l'on pourrait désirer et dont nous n'avons aucune idée...

J.D., 1990.

POSTFACE

Le sens de la marche

Thibaudet parlait du lien intime qui unit la respiration et le style. N'est-ce pas vrai, aussi, de tous les autres sens, de la marche, des odeurs, de la chaleur qui vient du commerce des hommes? On pense avec tout son corps... Le pas du paysan se reconnaît chez Bachelard ou Claudel, la flânerie chez Gide, la contemplation chez Camus, le vagabondage urbain chez Céline, la méditation dans une pièce close chez Bergson, la course à l'événement chez Malraux. Nous ne savons pas très bien comment nous viennent nos idées, mais on peut reconnaître celles qui germent d'une réflexion solitaire et celles qui émergent d'un nomadisme de l'existence. Renan errait sur les collines du Liban, Taine restait confiné dans son cabinet de travail [1].

Pourquoi faire un choix? Ce sont là des voies parallèles, convergentes ou divergentes, parfois, et chacune d'elles suscite un génie qui lui est propre. Ce sont là des effets du hasard et de la diversité des tempéraments: les uns s'attachent à l'enchaînement, au provignement des concepts, les autres se nourrissent de l'expérience, fût-elle insolite.

Ainsi, épaté que j'étais par l'assurance de ceux qui cherchaient

---

1. Cette belle phrase du jeune Sartre: «Ce n'est pas dans je ne sais quelle retraite que nous nous découvrirons: c'est sur la route, dans la ville, au milieu de la foule, chose parmi les choses, homme parmi les hommes.» («Une idée fondamentale de la phénoménologie de Husserl», *NRF*, 1959.)

leur vérité dans la nébuleuse des concepts héréditaires, j'ai longtemps cru qu'il fallait, une fois dans la vie, échapper au « charnier natal », marcher sur d'autres terres, éviter les parcours balisés, affronter une crise, une catastrophe publique ou privée. Et, bien entendu, ce terme est neutre, dépouillé de toute connotation tragique. A ces moments-là, le chambardement des valeurs et des idées reçues n'est-il pas la matrice de vocations? On se questionne sur le « nous », sur le « moi »...

Parce que, aux alentours de mes vingt ans, j'avais été mêlé à une catastrophe de ce genre — la guerre, l'insurrection, la violence — j'ai sans doute exagéré l'importance de ces moments. Non sans confusion ou imprudence. Pourtant, Georges Gurvitch m'a dit qu'il avait été jeté dans l'étude inquiète de la vie sociale par le choc de la première révolution de Petrograd en 1917, celle qui devait plus à Proudhon ou aux libertaires qu'au *Capital*. Alors, les formes de l'existence collective lui parurent multiples, imprévisibles et volontaristes. Cela m'attacha à lui, si modeste ait été la part que j'avais prise à un conflit politique et guerrier.

J'extrapolais... Comment ne pas mesurer l'effet des bouleversements communs sur la réflexion individuelle? Sans la Révolution française et la révolution industrielle, la société serait-elle devenue un problème? La sociologie est fille de ces grands mouvements — et pour ceux qui les effacent et pour ceux qui les exaltent[1]. La guerre de 1870, l'émigration de la famille alsacienne à Paris sont-elles sans effet sur la vocation de Durkheim? Les convulsions du militarisme et du socialisme allemands sur celles de Simmel ou de Weber? Benjamin, Adorno, Strauss ont-ils été indifférents à la violence nazie?

Kroeber s'étonnait de ce que les anthropologues français se soient enfermés dans la spéculation de cabinet sur des observa-

1. La Révolution française apporte l'idée que la société elle-même peut se transformer par ses propres forces: l'idée de liberté est inséparable de celle d'autonomie. Kant ne s'y est pas trompé. Peut-on ranger parmi les « sociologues » ceux qui, auparavant, se sont prêtés aux analyses de la vie collective — Machiavel, Hobbes... — ou les intellectuels de l'*Aufklärung*? Ils se sont faits les conseillers d'un Prince dont ils attendaient qu'il soit « éclairé » par la raison — la leur, surtout. Le seul Rousseau fait appel à l'autonomie du social.

tions effectuées par d'autres, à l'air libre. C'était injuste, car le génie de l'interprétation n'a manqué ni à Mauss ni à Halbwachs et, pourtant, la génération suivante s'est mise en marche — les uns chez les Esquimaux (Malaurie), les Moïs (Condominas), dans les banlieues africaines (Balandier), les *terreiros* de Salvador (Bastide) ou la savane du Mato Grosso (Lévi-Strauss). Ils ont nomadisé dans les diverses «demeures de l'homme»; fantassins de la géographie, ils ont appris des langues, mangé de tout ce qui se mange, bu l'eau des mares avec ses amibes, reniflé l'odeur des vivants, parfois celle des morts, écouté le récit des songes et des mythes, plongé dans la substance palpable et charnelle de la vie sociale, fût-elle microscopique. Mais cette substance-là, ils n'en percevaient plus le sens dans leur canton natal, urbanisé, abstrait, si opaque en était la familiarité : il leur fallait l'exil pour ressentir cet «étonnement», cette stupeur intellectuelle où les Grecs ont vu le premier moteur de la philosophie. Et, par les constats et les intuitions qu'ils ont apportés, n'ont-ils pas été les vrais philosophes de notre temps [1] ?

Ils regardaient dans le rétroviseur : l'univers humain qu'ils appréhendaient se tenait encore à l'écart de la civilisation technicienne et il avait peu changé, ou varié à l'intérieur de lui-même, depuis le Néolithique jusqu'à l'invention de la vapeur. A la zoologie du «sauvage», ils ont opposé l'étude de l'*Umwelt*, de l'horizon mental qui environne tout foyer de vie collective — nébuleuse de croyances, de règles, d'utopies, de plaisirs et de souffrances : une œuvre de l'esprit.

Figures différentes — cultures, structures — qui semblent autant de métamorphoses pour un dynamisme inconscient, une «finalité sans fin». Tâche infinie (qui ne se réduit pas à une banale transition de la barbarie à la civilisation) qui tente de réaliser un difficile épanouissement humain, que lui mesurent les contraintes d'un milieu, les frileux refuges dans une tradition fantomatique... et les concepts venus d'ailleurs. Aux déterminismes du passé ou du présent s'oppose la résistible attraction du futur [2].

Évoquant l'œuvre de Menghin (*l'Histoire mondiale à l'âge de*

1. Parlera-t-on de leur puissant effet sur la création imaginaire européenne — surréalistes, Leiris, Bataille, Caillois...?
2. N'est-ce pas cela qu'avait pressenti Rousseau — et qu'on nomme aujourd'hui «les droits de l'homme»?

pierre), Husserl écrivait en 1935 : « Ce procès fait apparaître l'humanité comme une unique vie, embrassant hommes et peuples et liée seulement par des types d'humanité et de culture, mais qui, par des transitions insensibles, se fondent les unes dans les autres. On dirait une mer dont les hommes et les peuples seraient les vagues. A peine ont-elles pris une forme fugitive qu'elles changent, et à nouveau sont englouties : telles sont plissées d'ondulations plus riches, plus compliquées, telles d'ondulations plus frustes [1]. »

Cette tâche infinie, qu'est-elle ? A Chebika et en d'autres lieux et, comme à d'autres (Clastres, Sahlins...), il m'a semblé que les interprétations pour ainsi dire immanentes, réduisant la vie des communautés au jeu des besoins, à l'usage de fonctions, feignent d'oublier cette précession de l'homme sur lui-même : à côté des actes « naturels » et positifs émergent des mouvements, parfois insolites, qui transcendent les modèles de la tradition, le poids du passé et du présent. Nulle part l'homme n'est asservi à la reproduction mécanique.

Aspiration de l'être par le futur, la part non encore vécue de l'expérience. Une force qui fait dépérir et qui renouvelle inlassablement les figures sociales à travers une durée, une histoire originale, une histoire qui ne converge pas nécessairement vers la nôtre : le « champ du possible » est ouvert à ceux que ne fige pas en chose le despotisme ou la misère.

Tout serait simple si la confusion ne s'était établie entre le changement et la modernité. L'Occident a disséminé, vendu, donné à la planète entière la quincaillerie de son industrialisation — télévision, voitures, armes. Des instruments qui suggèrent — connotent ! — la modernité, plus qu'ils ne suscitent une expérience réelle. On a préparé un monde de consommateurs passifs.

Consommateurs plus que créateurs. Et cela non par incapacité ou ignorance, mais sans doute parce qu'il est malaisé de sauter des étapes dans ce que fut l'industrialisation de l'Europe.

1. « La philosophie dans la crise de l'humanité européenne ». Archives Husserl de Louvain. Trad. P. Ricœur (*Revue de Métaphysique et de morale*, 1949). Husserl parle à Vienne, au moment ou le nazisme réduit l'Allemagne à la « zoologie » raciste et guerrière.

On use des armes et de la télévision dont il n'est pas certain qu'ils seraient les produits d'une modernité différente de la nôtre.

Et puis, le développement ne s'impose pas par décrets, par un «jacobinisme» inspiré d'idéologies occidentales, d'ailleurs aujourd'hui en déroute. Comment innover dans le vide, si l'on est paralysé par l'usage devenu habituel d'un outillage qui a créé une surréalité fictive, souvent mystificatrice?

S'étonnera-t-on que s'imposent alors des visions absolues du monde, de l'homme, quand la transformation réelle de la vie a échoué? Un absolu qui console de l'échec — intégrisme, fondamentalisme, traditionalisme — parfois sous le regard d'un Dieu unique et sourcilleux, tantôt par l'affrontement d'ethnies ou de groupes adverses devenus insupportables les uns aux autres. L'absolu n'est pas l'infini. La tâche infinie dont parle Husserl appelle les communautés et les individus à réaliser un épanouissement humain; l'absolu durcit, emprisonne, fige. L'autonomie disparaît derrière l'image d'un univers où tout déjà a été accompli. Frileuse hostilité, et qui justifie toutes les débâcles intellectuelles et morales comme dans ce roman de James Hoog dont le héros, criminel, s'abrite sous le regard de Dieu[1].

L'anthropologie, qui sait? doit-elle reprendre sa marche? Cette marche et cette respiration qui tentent de retrouver l'expérience même sous ses multiples formes et la trame vivante de l'autonomie, aujourd'hui écrasée, mystifiée?

Missionnaires de l'infini, ils commenceraient une grande révision, effectueraient une remise à plat, établiraient peut-être une géographie planétaire des lieux réels d'où l'homme, à nouveau, prendra le départ. S'arracher aux concepts morts, respirer à l'air libre, marcher, ouvrir à nouveau les vannes du possible. Une tâche véritablement infinie, mais le réel, si complexe soit-il, est fait d'autant d'imprévisible que d'inéluctable.

J.D.
Octobre 1990.

1. *La Confession du pécheur justifié*, trad. D. Aury, préface d'André Gide, Charlot, 1949.

INDEX DES NOMS DE PERSONNES

445

446

INDEX DES NOMS DE LIEUX

INDEX DES THÈMES

A

ACCOUCHEMENT: 33, 35, 36, 40, 47, 68, 71, 143
  dette (envers l'accoucheuse): 62, 68, 141, 143
  entraide: 143; voir aussi ÉCHANGES (dons et contre-dons)

ACCUEIL: voir COURTOISIE, GESTUELLE (salutations), HOSPITALITÉ

ADMINISTRATION: voir aussi COLONISATION, POLITIQUE, POUVOIR, QUERELLES
  autorité: 120 (1), 209, 257, 291, 317, 318, 327, 329, 330, 345, 379, 381, 405
  biens religieux: 212 (1)
  centralisation: 13, 94, 95, 121, 123, 334, 335, 379
  conflits avec les villageois: voir QUERELLES
  corps administratifs:
    Armée: voir ce mot
    Garde nationale: 39, 52, 75, 76, 370, 385, 405, 413, 414; voir aussi QUERELLES
    Ministère de l'Information: 410
    Travaux Publics: 30, 67, 96, 175, 234, 263, 337-343, 402; voir aussi

COMMUNICATIONS (piste, route), HABITAT, TRANSPORTS
    délation: 60, 152, 153
    fonctionnaires: voir supra corps administratifs et PSYCHOLOGIE ET SENTIMENTS (crainte, méfiance, mépris)

ÂGE: voir ANCIEN, ENFANT, INSTRUCTION, UNIVERSITÉ

AGRICULTURE: voir ALIMENTATION, CULTURES AGRICOLES, ÉLEVAGE, OASIS, OUTILS, PAYSAN, TERRE

ALIMENTATION:
  aliments:
    dattes: 27, 33, 35, 62, 63; voir aussi CULTURES AGRICOLES
    farine: 145
    huile: voir COMMERCE (épicerie, marchandises)
    œufs: 237
    olives: 27, 33, 36, 41, 389
    pain: 51, 71, 186, 389
    poivrons: 41
    viande: 125, 186; voir aussi infra cuisine (ragoût)
  cuisine tunisienne: 27, 33, 41, 42, 144, 145, 146

couscous: 35, 36, 39, 41, 51, 66, 145, 145 (1), 146, 185, 219, 234
ragoût de chevreau: 47, 48, 66, 71, 76, 146
sauce: 146
viande grillée (par les hommes): 146
repas:
  enfants: 36
  nomades: 186
  père:
    manières de table: 36, 42, 43, 47, 51, 71, 73
  dans l'oasis: 62, 63, 146
  Ramadan: 65
  repas cérémoniel: voir SAINT (culte)
sous-alimentation: 263

AMITIÉ: voir ENQUÊTEUR (relations enquêteurs-enquêtés)

ANCÊTRE: voir FAMILLE, PARENTÉ, SAINT

ANCIENS (de Chebika):
hommes: 73, 149-154, 175-162, 297, photo n° 1
  place dans la famille: 73, 144; quotidien: 75, 209; voir aussi CHEBIKA (place) sagesse: 225, 231, 232, 250-258; voir aussi *Index des noms de personnes:* SIDI BECHIR
femmes: 44, 48, 154, photo n° 20, 45
nomades: 180-190, 193

ANIMAUX: voir BÉTAIL, ÉLEVAGE, FAUNE

ANTHROPOLOGIE: voir aussi AUTEUR, CIVILISATION, ENQUÊTE, FAMILLE, PARENTÉ, RELIGION, SOCIÉTÉ, SOCIOLOGIE
étude scientifique: 439-444
  description subjective: voir ENQUÊTE
  observation objective: 14, 15, 18; voir aussi ENQUÊTE
  scientisme: 18, 22, 406, 432

structuralisme: 430, 432, 433, 436, 437
et histoire: 440, 441
et littérature: 16, 441 (1)
méthode: voir ENQUÊTE
Musée de l'Homme: 205
et philosophie: 441
position de l'auteur: 406, 407, 430-438
  critique du structuralisme: voir supra *étude scientifique*, (structuralisme) voir aussi reconstruction utopique: 18-21, 100, 406, AUTEUR, ENQUÊTE, SOCIOLOGIE

ARBRES: voir OASIS (arbres fruitiers, palmeraie)

ARCHÉOLOGIE: 89, 90, 115; voir aussi HISTOIRE

ARCHITECTURE: voir HABITAT

ARGENT: voir aussi ASSISTANCE
budget (famille de Chebika):
  dépenses: 133-135, 137, 138, 229, 335, 381
  revenus:
    indemnités (guerre): 52
    pécule (armée): 160, 298
    récoltes: 55, 126, 127, 134, 137, 138, 151, 212, 229
    salaire: voir TRAVAIL (chantier, mines)
    touristes: 241
    vente du bétail: 160
    vente des bijoux: 139, 139 (1), 153, 155
    vente de la terre: voir MARIAGE (dot), TERRE (vente)
budget optatif: 135, 137
circulation: voir MARIAGE (dot)
dette:
  accoucheuse: voir ACCOUCHEMENT
  coopérative: 335, 336
  épicier: 52, 54, 67, 68, 135, 138, 141, 142, 164, 196, 336, 403
  État: voir infra *emprunt à l'État*
  marchand ambulant: 137

456

457

459

ÉCOLE: 26, 27, 39, 75, 77, 235, 242, 243, photo nº 10, 12; voir aussi ENFANT, INSTRUCTION
bâtiments: voir HABITAT
coranique (kouttab): 39, 287, 306, 307; française: 293
écolier:
avenir: voir INSTRUCTION (diplômes)
fréquentation: 383, 396, 397; des filles: 385, 397
motivations: 289, 292, 294, 296
origine sociale: 287, 288
espoirs des parents: 294, 295
facteur de mutation: 295-298, 306, 307, 386, 396, 405; voir aussi INSTRUCTION
instituteur: 75-79, 95, 239, 243, 287, 288, 293, 295
promotion sociale: 289, 290, 292, 294, 295

ÉCONOMIE (sud de la Tunisie): voir aussi *Index des noms de lieux:* TUNISIE (Sud)
autogestion: 17, 22, 417; voir aussi ÉCHANGE
autosuffisance: 415
besoins: (à Chebika); en eau: voir EAU; en électricité: 325; en semences: voir CULTURES AGRICOLES
développement: 19, 65, 261-266, 290, 292, 296, 349-351, 392, 414, 442, 443
de marché: 19, 124, 128-130, 136, 137, 138, 142
coopératives: voir COMMERCE
intégration difficile: voir infra *reconversion.*
nomades: 125, 128, 182, 188, 196, 198, 252, 256, 375, 392, 419
esprit d'entreprise: voir infra *rentabilité*, RICHESSE (nomades)
pétrole: 262
planification: 17, 118, 262-265, 266, 333-335, 345, 375, 382
échec: 304, 334, 335; dans le sud: 262-266

reconversion: 261-266, 292, 330, 334, 335
rentabilité: 124
nomades: 198, 392
tourisme: 261, 280, 330, 381, 392-394, 399

ÉCRITURE: 239; voir aussi ÉCOLE, INSTRUCTION, SYMBOLE
graffiti: 154, 155
sur porte: (sourate): 223, 224

ÉDUCATION: voir ENFANT

ÉLEVAGE (nomades):
chameaux: 23, 24, 46, 63, 171, 172, 188, 263, 372, 374
amélioration de la race: 377
attachement au troupeau: voir NOMADES
chevaux: 25, 69, 107
chèvres: 24, 37
moutons: 37, 263, 377
pâturages: 65, 68, 75, 97, 172, 263, 265, 377; droit de pâture: 189
dégradation des sols: 265
gardiennage: 64, 174, 188
transhumance: 209, 372, 374, 377
vol de bétail: voir VOL (jaïch)

ÉMIGRATION: 115; voir aussi VILLE (émigration urbaine)

ENFANT (yaouled): 282-284, 307, 383, 384, photo nº 2, 6
éducation:
filles: 85, 238, 239
garçons: voir ÉCOLE
moderne: 198
jeux: 34, 41, 43, 44, 51, 94, 383
nomades: 198
relations parents-enfants: 242, 290, 291, 297; voir aussi ÉCOLE, INSTRUCTION

ENQUÊTE: voir aussi ANTHROPOLOGIE, AUTEUR, CHEBIKA, CINÉMA (films sur Chebika), ENQUÊTEURS, LIVRE («Chebika»), SOCIÉTÉ, SOCIOLOGIE

460

461

nomade: 176-188, 193-198
point d'ancrage: 132, 238, 392
relations intra-familiales:
  distendues: 54; époux: 45, 48;
  frères: 108; mère-fils: 189; père-
  fille: 49, 269; père-fils: 177,
  180; beau-père-bru: 177, 179;
  enfants/parents: voir ENFANT
solidarité: voir supra *cohésion*

FAUNE:
  bouquetin: 309
  chacal: 33, 172
  gazelle: 30, 402; voir aussi CHASSE
  grenouille: 56, 233, 308
  lézard: 24, 51, 67
  serpent: 24, 30, 80, 393, 402

FELLAGHA: voir GUERRE (Indépendance), PAYSAN

FEMME: (Chebika): photo nº 11, 32,
  38, 45, 46, voir aussi ACCOUCHE-
  MENT, FAMILLE, JEUNES (filles),
  MARIAGE, NAISSANCE, PARENTÉ,
  SOCIÉTÉ (rôles)
  nomade: 37, 41, 178, 199, 201, 374,
  390, 397
    épouse: 178, 179, 183, 184
  du village:
    activités:
      artisanat: voir ce mot
      cuisine: 113, 132, 134, 144,
      145, 183, 200, 234; voir aussi
      ALIMENTATION
      lessive: 132, 234, 238, 240, 243
      puisage: 233, 238
    âgée: voir ANCIEN (femme)
    biographie: 154-157
    circulation: voir MARIAGE,
    PARENTÉ
    complicité: 16 (1), 99, 144, 145,
    282, 284
    contraception: 393
    danse: voir ce mot
    dévalorisée: 36, 96
    droits: voir DROIT
    grossesse: voir infra *maternité*
    harem: 392; voir aussi HABITAT
    (cour)

idéal féminin: voir infra *maternité*
maternité: 236, 237; contraception: 393; grossesse: 33, 34, 36,
40; stérilité: 35, 41
pouvoir: voir ce mot
quotidien: 31, 44, 156; voir aussi
HABITAT (maison, cour)
stérilité: voir supra *maternité*
tradition (gardienne): 389, 390;
voir aussi TRADITION
de la ville: 178, 237; voir aussi
TRAVAIL (femmes), *Index des noms
de personnes:* NAÏMA

FÊTE: voir aussi SAINT (culte)
  abandon: 47
  du premier train: 150, 261, 262
  Ramadan: voir JEÛNE
  de Sidi Soltane: voir SAINT (culte)

FEU: 35, 63, 64, 67
  briquet: 69

FLORE:
  alfa: 23, 24, 172
  menthe: 59

FOLKLORE: photo nº 33
  folklorisation de Chebika: 392, 393,
  399, 429

FRANÇAIS: voir ASSISTANCE
(Coopération française), COLONI-
SATION

FRONTIÈRE: voir aussi GUERRE,
  POLITIQUE
  et nomadisme: 187, 418
  poste frontalier: 121; voir aussi
  Index des noms de lieux: TAMERZA
  romaine: 89-90
  Tunisie-Algérie: 82, 250, 250 (1),
  373, 374, 413

FRUITS: voir ALIMENTATION, CUL-
TURES AGRICOLES, OASIS

462

G

GADDOUS: voir EAU (clepsydre)

GAIETÉ: voir HUMOUR

GÉNÉALOGIE: voir PARENTÉ

GÉOGRAPHIE: voir aussi COMMUNI-
CATIONS, DÉSERT, EAU, GÉOLOGIE,
PAYSAGE
Chebika: voir CHEBIKA (site)
Tunisie: 287, 290, carte p.
8-9, voir
aussi *Index des noms de lieux:* TUNI-
SIE

GÉOLOGIE: 96, 97, 262
érosion: 26, 96, 96 (1), 97
gypse (deb deb): 23, 24, 263
marnes: 27, 59, 243, 309
roche: 31

GESTUELLE:
quotidien: 75, 236, 239; voir aussi
LANGAGE (non-dit)
salutations: 75, 85, 180

GROUPES ETHNIQUES (Magh-
reb): 15, 44-46, 104-112, 347, 350
Berbères: 90, 104-106, 115
Chleuhs: 106
Hilaliens: 104, 114, 115, 169, 188,
348, 380, 421, 422 (2)
unité: 115

GUERRE:
d'Algérie: 82, 82 (1), 250 (1), 402
de conquête (Hilaliens): 380
guérillas (tribus): 101-103, 107, 132,
184, 187, 309, 317, 371, 372
combat fictif: 102
tribus pacifiques: 371, 372
Indépendance: 319; voir aussi POLI-
TIQUE (Indépendance)
mondiale: 153, 298
entre nations: 421
tribales (Afrique noire): 300

H

HABITAT:
ancien village (Chebika): 26, photo
nᵒ 2, 3, 10
délabrement: 14, 19, 170, 230-
235, 257, 258, 316, 317, 323-326,
339, 369, 382, 388, 413, 415
maison: 389
appentis (basse-cour): 32
cour (lieu des femmes): 27, 31,
32, 43-47, 78, 132, 303, 389
portail: 32, 34, 48, 51, photo
nᵒ 17
toit (en ruine): 32, 93, 132, 316,
339, 382
matériaux:
chaux: 25; pierre: 32; torchis:
25; troncs de palmier: 32
mobilier: 388, 389
meule: 33
natte: 31, 32, 33
vaisselle: 34, 35, 41, 62, 144,
237
nouveau village (Chebika): photo
nᵒ 18, 19
bâtiment administratif: 323-329,
337, 341-343, 388, 393
château d'eau: 393
école: 27, 287, photo nᵒ 12
«maison en dur»: 303, 371, 374,
375, 378, 381, 384, 388, 389, 393,
394
disposition intérieure: 384, 389
électricité: 394, 413
nomades:
campement (tente): 97, 108, 124,
157
emplacement: 78, 102, 124,
173, 174, 180, 315
intérieur: 108, 181, 193, 202
matériaux: 181
poulailler: 180
«maison en dur»: 193, 194, 371,
374, 375; voir aussi CHEBIKA
(quartiers antagonistes)
ville (Tunis): photo nᵒ 30
bidonville: voir VILLE
chambre d'étudiant: 207

463

HISTOIRE: 22
   Chebika (passé glorieux): 89-93,
   102, 186
      mythe-souvenir: voir MYTHE;
      période romaine: 89, 90, 115
   Fatimides: 90, 347, 348
   France: (paysannerie): 417, 440
   Indépendance tunisienne: voir POLI-
   TIQUE
   nomades: 347, 372 (1); voir aussi
   GROUPES ETHNIQUES, Index des
   noms de personnes: IBN KHALDOUN
   occupation turque: 136, 157, 291

HOMME:
   de Chebika: voir aussi CHEBIKA
   (lieux de rencontre), FAMILLE, HON-
   NEUR, LANGAGE, PAYSAN, SOCIÉTÉ,
   TERRE, TRAVAIL
   communauté des hommes: 73, 75,
   76, 77, 163-169
   idéal masculin: 45, 108; voir aussi
   HONNEUR

HONNEUR:
   homme: 38, 387, 389-392, 415, 419,
   427

HOSPITALITÉ: 108, 181, 183, 185,
   209, 374, 381

HUMOUR:
   entre femmes: 46, 242
   entre hommes: 162
   railleries: 309

HYGIÈNE:
   saleté corporelle: 149
   toilette: 27, 31, 32, 34, 36, 49, 78,
   243, 384
   bain chaud: 36, 113, 384

I

IDÉOLOGIE: voir ANTHROPOLOGIE,
   SOCIOLOGIE

INDÉPENDANCE: voir ÉCONOMIE
   (autogestion), GUERRE (d'Indépen-

dance), LIBERTÉ (autonomie), POLI-
TIQUE

INDUSTRIE: voir aussi ÉCONOMIE
   (développement)
   cellulose: 208
   fer: 261
   mines: 39, 55, 399, 426
   phosphates: 71, 101, 126, 185, 194
   voir aussi TRAVAIL (mine)
   pétrole: 262, 311, 312-315

INFORMATION: voir   aussi
   ENQUÊTE, ENQUÊTEURS
   administration: 130; voir aussi infra
   radio
   journal: 39, 239, 302, 310, 312;
   Afrique Action: 310 (1), 320
   médicale: 236, 237
   Ministère de l'Information: 410
   nouvelles (village): 30, 35, 78, 79
   politique: voir infra radio
   radio: 14, 15, 39, 47, 48, 52, 57, 59,
   65, 76, 77, 82, 130, 137, 228, 236,
   241, 256, 257, 261, 273, 281, 290,
   302, 306, 314, 319, 324, 326, 330,
   336, 349, 352, 389; algérienne: 333
      contrôle: 290, 389
   télévision: 370 (1), 389, 397, 397 (1),
   398, 410, 414, 426

INSECTES: 24, 26, 30
   abeille: 63
   mouche: 49, 77, 237
   moustique: 62, 63
   sauterelle: 66, 147
   scorpion: 24, 26, 30, 80, 172, 393,
   402

INSTRUCTION:
   analphabétisme: 30, 39, 77, 79, 81,
   218, 224, 239, 276, 297, 326, 331,
   385
   école: voir ce mot
   facteur de mutation: 205, 208, 211,
   240, 242, 243, 266, 276, 289, 290-
   297
   filles: 267-270, 385, 386, 390; voir
   aussi ÉCOLE (fréquentation)
   garçons: voir ÉCOLE, UNIVERSITÉ

lecture: voir LIVRE
Ministère de l'Éducation nationale:
295
savoir traditionnel: voir ISLAM, TRA-
DITION
université: voir ce mot

INTERDIT: voir aussi ISLAM
alcool: 207
alimentaire: voir JEÛNE
tabac: 209

ISLAM: 13, 255; voir aussi DIEU,
MOSQUÉE, SAINT
bénédiction: voir infra *prière*
civilisation: voir ce mot
Coran: 15, 41, 49, 83, 223, 224, 353;
voir aussi ÉCOLE (coranique)
devoir d'entraide: 147, 148; voir
aussi ANCIEN CHEBIKA (cohésion),
FAMILLE, SOCIÉTÉ
fanatisme: voir infra *intégrisme*
fatalisme: voir infra *volonté divine*
imam: voir MOSQUÉE
intégrisme: 22, 115, 268, 426, 427
marabout: voir SAINT, SECTE
mosquée: voir ce mot
«portes de l'effort»: 307
prière: 31, 33, 35, 36, 37, 43, 47, 49,
68, 112, 126, 166, 221, 222, 297, 309,
395, 426
bénédiction: 51, 54, 70, 73, 80,
178, 200; malédiction: 179
mesure du temps: 167
prophète: 56; voir aussi *Index des
noms de personnes:* MAHOMET
Ramadan: voir JEÛNE
volonté divine: 78, 200, 231, 252,
253, 262

J

JAÏCH: voir VOL (pillage)

JARDIN: voir CULTURES AGRICOLES,
OASIS, TERRE

JEÛNE:
Ramadan: 46, 56, 173, 207-209, 268

JEUNES: voir aussi AVENIR, ÉCOLE,
INSTRUCTION, UNIVERSITÉ
célibataire: voir MARIAGE (célibat)
fascination pour la ville: 242, 246
(1), 281, 301, 304, 426 voir aussi
CHEBIKA (quitter Chebika), TRA-
VAIL (salarié), VILLE
fille:
de Chebika: voir ÉCOLE,
PARENTÉ, *Index des noms de personnes:* RIMA
de la ville: 85, 267-270; voir aussi
ENQUÊTEURS (origine sociale)
modernisme: 253; voir aussi AVE-
NIR, PROGRÈS, UNIVERSITÉ
nomade: 173, 174, 178
révolte: 246-248

JEUX: voir ENFANTS, LOISIRS

JOURNAL: voir INFORMATIONS

JUSTICE: voir aussi DROIT (tunisien)
française (Protectorat): 152

K

KHAMMÈS: voir PAYSANS (Khammès), TERRE (métayage)

KOUTTAB: voir ÉCOLE (coranique)

L

LANGAGE:
administratif: voir infra *officiel*,
INFORMATION (radio)
discussions: voir aussi CHEBIKA
(lieux de rencontre), ENQUÊTEURS
(relations enquêteurs-enquêtés)
à propos des dons et dettes: 62,
163, 164; voir aussi: ARGENT
(dette), ÉCHANGES
entre enfants: 242, 243
entre enquêteurs: 270-282; à propos du développement (Sud):
270-273

465

entre enquêteurs et administration: 327, 329, 330
entre époux: 35, 42, 132
entre femmes: 16 (1), 39, 41, 44, 45, 156, 216, 274, 282, 283, 424
enquêteuses: 235, 240, 241, 283, 284
événements du village: 156, 240
famille: 54
entre hommes: 16 (1), 17, 50, 57, 76, 78, 79, 81, 136, 147
cultures agricoles: 65, 78, 164, 165, 265, 266
eau: 163, 165, 265
enquête: 308-316
généalogie: 105-108
pâturages: 68
pétrole: 311, 320
village (avenir de Chebika): 320; voir aussi AVENIR
entre jeunes: 234, 404; voir aussi supra *entre enquêteurs*
familial: 39
formules incantatoires: voir infra *gnomique*
gnomique (anciens): 35, 160, 182, 183, 251-258
des nomades (subtilité): 379
non-dit: 50, 57, 68, 135, 331, 338, 339, 342, 343, 380, 384
secret: 215-220, 223-225, 228, 230, 232, 251
officiel: 137, 147, 228, 283, 290, 302, 324, 327, 329, 330; voir aussi INFORMATIONS (radio)
parole sans poids (non écoutée): 241, 244, 404
peur des mots: 297-299; voir aussi supra *non-dit*
poids des mots: 16, 83, 84, 270, 273, 275, 309, 404, 428
politique: 13, 351, 386; voir aussi supra *officiel*, INFORMATIONS (radio)
porte-parole (du village): 391
de la radio: 133, 147; voir aussi INFORMATIONS (radio)
scolaire: 290
secret: voir supra *non-dit*

sentencieux: voir supra *gnomique*
symbolique: voir SYMBOLE

LANGUE
arabe: 13, 83; voir aussi CIVILISATION, ÉCOLE, INSTRUCTION, ISLAM (Coran), LIVRE, UNIVERSITÉ

LIBERTÉ:
autonomie: voir ÉCONOMIE (autogestion)
libération de la femme: 139, 140, 386; voir aussi DROIT (Code de la Femme)
sacrifiée (par les nomades): 376; voir CHEBIKA (néo-Chébikiens), NOMADES (sédentarisés)

LIEU SAINT: voir aussi MOSQUÉE, SAINT
La Mecque: voir *Index des noms de lieux*, VOYAGE
Source Blanche (miraculeuse): 250, 251, 254
tombeau de Sidi Soltane: 25, 26, 81, 158-160, 212-232, 312, 403, 424, photo n° 10, 11, 14; voir aussi SAINT (visiteurs)
gardien: 212-218, 223-225, 231, 240, 244-246, 250-258, 395, 404

LITTÉRATURE: 439, 441 (1)
et anthropologie et sociologie: voir ces mots
orale (Bédouins): 90, 145 (1), 190, 191, 207, 269

LIVRE:
« Chebika »: 401-408; impact: voir CHEBIKA (nouveau village), CINÉMA, ENQUÊTE, ENQUÊTEURS, LANGAGE (discussions); première parution: 436, à Terre Humaine: 22; projet: 419
sur le Maghreb: voir CIVILISATION, GROUPES ETHNIQUES, HISTOIRE
lecture: 206, 208, 239, 242, 246 (1), 287, 404; voir aussi ÉCOLE, INS-

TRUCTION (analphabétisme), UNI-
VERSITÉ (étudiants)
scolaire: 239; voir aussi ÉCOLE

LOISIRS: voir aussi CHEBIKA (quotidien), ENFANTS (jeux)
café: 207, 280
jeu de dames (hommes): 163, 309,
321
«non-travail»: voir CHEBIKA (lieux
de rencontre), LANGAGE (discussions)

M

MAGIE: voir SURNATUREL

MAGNÉTOPHONE: voir ENQUÊTE
(techniques)

MAISON: voir HABITAT

MAL: voir DIABLE

MALADIE:
accouchement (conçu comme maladie): 143
«fièvres»: 185, 198
vœux (guérison): voir SAINT (vœux)
yeux: 156, 234, 237

MALÉDICTION: voir ISLAM (prière,
malédiction)

MALPROPRETÉ: voir HYGIÈNE

MARABOUT: voir SAINT

MARCHÉ: voir COMMERCE

MARIAGE: voir aussi FAMILLE,
FEMME, PARENTÉ, SOCIÉTÉ
alliances préférentielles: 47, 67, 99,
104, 105, 111, 112, 113, 114, 403
intervention féminine: 143
célibat:
femme: voir Index des noms de
personnes: FATMA, RIMA

homme: 178, 224, 225, 231, 232,
405
consanguin: voir infra cousinage
cousinage: 108, 109, 112 (1), 113,
114, 148, 150, 238, 392
dot: 37, 55, 78, 113, 153, 160, 161,
162, 169, 187, 403
argent: 222
dette et dot: voir infra facteur
d'appauvrissement et parenté:
voir ce mot
facteur d'appauvrissement: 169,
187, 309
endogamie: voir supra cousinage:
interdit: 112, 113 (1), 138, 403
chez les nomades: 177, 178, 179,
180, 183, 184, 185, 187, 188, 198,
202, photo n° 42
entre nomades et sédentaires: 112,
113, 155, 177, 198, 202
polygamie: 113, 160, 161
répudiation: 41

MÉDECINE: voir aussi MALADIE
aide médicale: 63, 78
camion sanitaire: 63, 198, 199, 236
dispensaire: 63, 80, 157, 198, 393,
413
infirmier: voir supra dispensaire
information médicale: 236, 237
médecin: 157, 393; psychiatre: 90,
91
médicament: 78, 80, 82

MIRACLE: voir LIEU SAINT, SAINT

MIROIR: 39, 40

MOBILIER: voir HABITAT

MODERNITÉ: voir PROGRÈS

MORT:
accident: 96, 228
d'un chameau: 171, 172
cimetière: 26, 395, photo n° 10;
enterrement: 79, 81, 82, 153, 154,
218
tombe: 25, 26, 81; romaine: 89

467

469

PHILOSOPHIE: voir ANTHROPOLO-GIE (et philosophie)
PHOTOGRAPHIE: voir aussi EN-QUÊTE
impact: 237, 283, 310, 314, 409, 410, 422
des touristes: 385

PILLAGE: voir VOL (jaïch)

POLICE (française): 152

PLUIE: voir CLIMAT

POLITIQUE:
État/groupes ethniques: 420, 421
grève (1955): 332, 334; à Chebika: 336-343, 405, photo n° 8, 39
Indépendance: 52, 227, 268, 293, 294, 319, 345, 347, 351, 402, 419-421, 423
«fille de l'olivier»: 268
libération des femmes: 386; voir aussi DROIT
Mai 1968: 436, 437
nationalisme: voir infra *indépendance*
Nations unies: 297, 298
Parti (Néo-Destour): 78 (1), 152, 227, 319, 330-333, 335, 336, 345, 347
politisation: 376; voir aussi INFOR-MATION (radio)
retour au peuple: 269, 274, 275, 284
socialisme d'État: 128, 142, 330, 331, 333, 334, 352; vécu par Chebika: 331-335

POUVOIR: voir aussi POLITIQUE, SOCIÉTÉ (classe dirigeante)
France: 102 voir COLONISATION (Protectorat)
Tunisie:
bey de Tunis: 52, 102, 136, 210, 349
chefferie (nomades): 106-108
cheikh (village): 69, 79, 82, 101, 122, 123, 151, 153, 371, 376, 380

classe dirigeante: 268, 293, 319, 333, 352, 376
indifférence au Sud: 268, 269, 272, 278, 279, 294
origine sociale; 268
féminin: 143
gouvernement: voir infra *présidence*
mystique: voir SAINT (culte à Sidi Soltane)
des nomades sur les sédentaires: 380; voir aussi ÉCONOMIE (nomades)
présidence: 14, 17, 19, 46, 65, 77, 208, 209, 227, 240, 274; voir aussi *Index des noms de personnes*: BOURGUIBA
et richesse: 150; voir aussi RICHESSE, TERRE (propriété)
sultanat: 115, 348
théocratie: 257
de la ville sur la campagne: 92, 93, 210, 211, 266, 305; voir aussi ADMINISTRATION

PRIÈRE: voir ISLAM (prière), SAINT (culte, invocations, vœux)

PROGRÈS: voir aussi CHEBIKA (mutation, nouveau village), ÉCO-NOMIE (développement, planifica-tion), HABITAT, JEUNES (attrait pour la ville), VILLE
combat contre la tradition: 302, voir aussi TRADITION
modernité: 22, 208, 209, 252, 253, 267, 276, 278, 297, 330, 345, 346, 442, 443

PSYCHOLOGIE ET SENTIMENTS:
amertume: 118, 378, 387, 419, 425
amour (chez les nomades): 191, 192
angoisse collective: 347
crainte:
de l'administration: 93, 251, 253, 266, 283, 291
de la sécheresse: 376; voir ausi CLIMAT, ÉCONOMIE
désespoir: 335

honte: 118, 119, 386, 387, 388, 389, 391, 395; voir aussi HONNEUR
malaise: voir ENQUÊTEURS
méfiance (fonctionnaires): 210, 211; voir aussi ADMINISTRATION, POUVOIR (enquêteurs): voir ENQUÊTEURS
mépris (des fonctionnaires): 120, 120 (1); voir aussi ADMINISTRATION (des nomades): 390, 398, 415; voir aussi CHEBIKA (néo-Chébikiens), NOMADES (et sédentaires), MARIAGE
tristesse: 413

Q

QUERELLES:
administration/village: 324-329, 336-343, 379, 405; voir aussi ADMINISTRATION, LANGAGE (discussions)
familiales: voir FAMILLE (relations)
entre nomades: 177-179: voir aussi GUERRE (guérillas)
nomades/sédentaires: 184, 378-380, 390, 398, 415; voir aussi CHEBIKA (quartiers antagonistes)

R

RAZZIA: voir VOL (jaïch)

RELATIONS:
administration/village: voir ADMINISTRATION, QUERELLES (administration/village)
enfants/parents: voir ENFANT
enquêteur/enquêtés; voir ENQUÊTEURS; enquêteurs/administration: voir ENQUÊTEURS
familiales: voir FAMILLE (relations)
nomades/sédentaires: voir CHEBIKA (néo-Chébikiens, quartiers antagonistes), MARIAGE (entre nomades et sédentaires), NOMADES (et sédentaires), QUERELLES (entre nomades

et sédentaires), TERRE (acquisition, nomades)

RELIGION: voir aussi ISLAM, LIEU SAINT, MOSQUÉE, SAINT, VOYAGE (pèlerinage)
abandon: 208, 209
centre de gravité: 208-211, 231, 295
conversion: 104
intégrisme: 443; voir aussi ISLAM (intégrisme)
RICHESSE: voir aussi ARGENT, ÉCONOMIE (développement), PAUVRETÉ
Chebika: 186, 266
définition: 272, 295
femmes: 139, 140; voir aussi ARGENT (des femmes), PARURE (bijoux)
nomades: 40, 202, 375, 418, 419; voir aussi ÉCONOMIE (esprit d'entreprise), TERRE (propriété)
due au pétrole: 311-315
et pouvoir: 150, 151
propriétaires: 150, 152; voir aussi TERRE (propriété)
Saint: 222; voir aussi SAINT (offrandes)

RIRE: voir HUMOUR

RITE, RITUEL:
alimentaire: 318 (1)
combat fictif: 102; voir aussi GUERRE (guérillas)
cuisine collective (fête): 145, 145 (1), 146; voir aussi ALIMENTATON (cuisine), FEMME, SAINT (culte, repas cérémoniel)
en désuétude: 317, 318

S

SABLE: voir CLIMAT (vent), DÉSERT

SACRIFICE: voir aussi SAINT (culte):
chameau: 206, 309
chèvre: 221
mouton: 85, 220, 221, 244, 245, 254; voir aussi SAINT (culte)

474

DÉBATS ET CRITIQUES *

---

* Cette revue critique a été établie et traduite par Terre Humaine (titre de l'éditeur). « Débats et critiques » sera mis à jour et complété avec la présente édition qui publie *Chebika I* et *Retour à Chebika 1990*

Désert

Seul je suis parti. Horizons trop étroits pour moi.
Chaînes enchaînant ma vie.
Parti, seul.
Quel amer regret me brûle!
Ses flammes tournent en moi.
Ses plaies ouvertes me dévorent
Sans me laisser merci.
Compagnon de mes terreurs,
Partout me suit ce serrement de cœur.
La tempête a mis en déroute mes voiles.
Même si je marche vite, je demeure au désert.
Toute lumière a fait naufrage, même
Le reflet de la coupe aux mains de l'échanson.
Dans mes doutes, je m'ensable.
Dans mes doutes, je meurs.
Les nuits ne cessent de secouer mon cœur.
Elles me jettent aux yeux des mensonges multicolores.
Pour recouvrir la fumée de mon bûcher,
Elle abreuvent de feu mes soupirs.
O vivantes ténèbres, me voici captif et déchiré.
S'il était possible d'écarter de moi ces chaînes...
Je demande merci. Mais aucun signe favorable
N'augure d'un matin.
Les ténèbres me parlent. Les ténèbres me disent:
« N'attends point, n'attends plus le matin de la vie. »

Muhammad Mazhoud
Poète tunisien né en 1929
in *Anthologie de la littérature arabe*, Le Seuil 1967.

Le passé, pour un Arabe de notre époque, c'est ce qui parle encore par la voix des parents vieillis et par celle des souvenirs d'enfance. Le passé, c'est le père vaincu et le moi humilié.

Jacques Berque
Les Arabes d'hier et d'aujourd'hui, Le Seuil 1969.

L'imagination sociologique

Pour un courant — très minoritaire, il est vrai — de sociologues, imiter les «méthodes scientifiques» est utile, certes, mais secondaire: l'outil principal de la connaissance est l'imagination sociologique, celle qui, partant d'une situation réelle, procède à la *reconstruction utopique* (puisque hypothétique) d'un ensemble global, de ce que Marcel Mauss appelait un phénomène social total.

Jean Duvignaud appartient à cette minorité, et dans son dernier livre, *Chebika*, il «reconstruit» Chebika, village de 250 à 300 habitants, surplombant une oasis dans le Sud tunisien. De 1960 à 1965, alors qu'il enseignait à la faculté des lettres de Tunis, Duvignaud, assisté d'une équipe de jeunes chercheurs tunisiens, mena une longue et minutieuse enquête (observation intermittente sur le terrain, analyse et discussion permanentes) portant sur tous les aspects de la vie à Chebika, ce «nid de scorpions» que dédaignaient les hauts fonctionnaires citadins. Une masse de fiches, une quantité de bandes enregistrées au magnétophone, une série de rapports, bref la pondéreuse documentation que sécrètent les recherches sociologiques sérieuses: tels sont les matériaux de base de la reconstruction utopique que nous livre Duvignaud dans *Chebika*.

Devant cet amoncellement de données, n'est-il pas paradoxal de parler d'imagination? Pourquoi Duvignaud l'exerce-t-il puisqu'il a recueilli «tous les faits»? N'aurait-il pas suffi qu'il exposât — si possible, en tables et graphiques — un résumé bien ordonné de sa documentation? Bien sûr, beaucoup de chercheurs, par timidité ou défaut de talent, produisent des rapports à l'apparence «scientifique» tellement rassurante, mais très insatisfaisante aussi; en les fermant, on se sent frustré de n'avoir été conduit qu'aux abords des choses. Cette sociologie n'est souvent qu'«une laborieuse élaboration d'évidences».

Aller au-delà, c'est d'abord établir la signification personnelle des phénomènes sociaux, de leur stabilité et de leurs mutations, pour ceux qui les vivent ou les subissent. C'est en ce sens précis que dans son livre *l'Imagination sociologique*, C. Wright Mills entendait cette faculté qui permet de «comprendre la vaste scène historique du point de vue de la vie intérieure et de la carrière d'une variété d'individus». En ouvrant *Chebika*, d'entrée nous sommes situés dans le monde quotidien de Naoua, tel qu'elle le perçoit, l'expérimente, l'interprète, puis dans celui de Mohammed, son mari. Ensuite, comme dans un film dont le générique n'apparaît qu'après plusieurs séquences, l'équipe des chercheurs arrive à Chebika; et c'est par le regard des gens du village que nous assistons à cet événement. Plus loin, à travers une tragédie personnelle, nous saisissons les répercussions de la scolarisation: elle ouvre un large monde à ceux qui apprennent à lire. Mais lorsque l'organisation sociale ne donne aucune espérance à Rima, une orpheline, d'accéder à cet univers entrevu, c'est la révolte inutile et puis la mort. Contrairement aux observateurs qui s'estiment doués d'invisibilité et d'impersonnalité, les chercheurs de Chebika sont en scène aussi...

[...]Nouveau paradoxe, inverse du premier : la littérature peut-elle s'accommoder d'un tel poids de réel ? L'imagination créatrice n'est-elle pas bridée par cette conversation continue qui sans cesse lui impose le test des faits ? Sans doute, ne s'applique pas à Duvignaud écrivant *Chebika* la célèbre formule de Roland Barthes : « Pour l'écrivain, écrire est un verbe intransitif. » Duvignaud communique un contenu de connaissance, il écrit « quelque chose ». Mais réduire le champ littéraire aux textes qui n'ont d'autre fonction que d'exprimer la « littérarité », comme certains aiment à dire, équivaudrait à limiter le domaine de la peinture au nonfiguratif. L'imaginaire se nourrit du réel, s'y appuie mais le dépasse. La signification esthétique d'une œuvre ne se mesure pas à l'exiguïté de son point de départ factuel, ni à son absence de contenu communiqué. D'ailleurs les romans « de pure imagination » ne sont-ils pas destinés — comme les tableaux de chevalet et autres objets d'art — à s'effacer peu à peu devant des créations où le souci formel n'est pas exclusif d'autres fonctions ?

Jacques Maquet, *la Quinzaine littéraire* du 16 au 31 juillet 1968.

L'invention du vrai

En 1963, paraissait en français, chez Gallimard, une étude sociologique d'un genre nouveau, *les Enfants de Sanchez*, d'Oscar Lewis. Genre nouveau et, en même temps, très ancien, car le plaisir de lecture qu'on y prenait s'apparentait à celui que donnent la majeure partie des romans du xixe siècle : reconstitution et, aussi bien, indissolublement, imagination du réel.

Oscar Lewis avait enregistré les autobiographies des divers membres d'une famille très pauvre d'un quartier populaire de Mexico, mais tout en transcrivant ses personnages, il les avait construits, recréés, interprétés et même jugés. Théorie sociologique et histoires individuelles fusionnaient dans une sorte d'« universel concret », pour reprendre la formule de Hegel. De même qu'un historien peut lire un roman du xixe siècle non seulement comme œuvre d'art, mais comme source de renseignements sur la société anglaise, russe ou française, de

481

même on peut lire *les Enfants de Sanchez*, non pas seulement comme document sociologique, mais comme œuvre d'art, ou du moins récit de l'homme, dépassant la particularité du milieu et des cas étudiés. Après tout, les bons romans ne sont pas « romancés », ce sont les mauvaises biographies qui le sont. Mieux placé que l'historien, le sociologue est témoin de ses propres archives. Mais l'opération de synthèse n'en est peut-être pas moins difficile qu'en histoire, et n'est pas moins nécessaire. Cette invention du vrai, Jean Duvignaud l'a tentée, l'a réussie à son tour dans *Chebika*...

[...]La vertu de ce livre est de nous rendre présents la souffrance, le désarroi, l'affaissement quotidien de l'individu sous-développé, et que ce n'est pas pour nous ni par rapport à nous, mais pour lui et par rapport à lui, que nous devons le tirer de sa misère.

Jean-François Revel, *l'Express*, le 6 mai 1968.

■■■

En quelque sorte, *Chebika* s'apparente au roman de Balzac ou de Joyce. Bien que les personnages de Jean Duvignaud soient réels, ils constituent, eux aussi, le point de départ d'une totalité qui intègre des éléments sociologiques. Cette imagination à partir du réel, qu'on pourrait dire « romanesque », est en somme plus réelle que la réalité même, sèchement exprimée. Ce genre qui semble devoir, sinon s'imposer tout au moins se généraliser, n'a encore produit que de rares ouvrages comme *In Cold Blood* de Truman Capote ou *les Enfants de Sanchez* d'Oscar Lewis. On peut dire que Jean Duvignaud a parfaitement réussi, avec un sujet pourtant dépourvu de « sensationnel », à réinventer le vrai. Et cela grâce à un talent d'écrivain qui ne retire rien, tout au contraire, à la valeur scientifique requise par son entreprise. Ainsi, ses redites — par exemple lorsqu'il parle de la clepsydre suspendue à la voûte de la place — les leitmotive agissent sur le lecteur d'une façon lancinante à la manière d'une incantation ; c'était sans doute le meilleur moyen de dire la monotonie de la vie à Chebika.

Les Informations dieppoises, 25 juin 1968.

Le regard du chercheur et de l'écrivain

Avec *Chebika* que signe Jean Duvignaud, voici une autre voie de connaissance : l'étude sociologique résultant d'une enquête menée par une équipe. Nous ne quittons pas l'anthropologie ; nous ne quittons pas cette forme actuelle du livre qui confère aux résultats de l'observation directe la dimension spécifique de la littérature. Celle-ci, nous dit très opportunément le texte de présentation, « cherche à recréer un réel qui, dans l'écriture, prend une forme ». Il y aurait matière à réflexion dans ces quelques mots. On évoquerait la fiction mais aussi des ouvrages comme ceux d'Oscar Lewis, l'auteur des *Enfants de Sanchez* et de *Pedro Martinez*, où le récit autobiographique pris au magnétophone, retranscrit par un écrivain, allie le témoignage irrécusable et l'intérêt du roman « vécu ».

Chebika est une oasis de montagne dans le Sud tunisien ; Jean Duvignaud l'a passée au microscope, pendant cinq ans, avec son équipe d'enquêteurs. Il l'a saisie dans son existence journalière, dans cette histoire obscure que ne retiendrait pas l'historien, mais qui dévoile peu à peu les vérités sociales et psychologiques d'une population. Comment le changement opère-t-il dans ce tissu de traditions immobiles ? C'est ce que Jean Duvignaud veut mettre au clair. Il nous offre une épaisse et mystérieuse tranche d'humanité, sans oublier que les enquêteurs eux-mêmes y sont impliqués. Cela fait un livre neuf sur un thème d'archaïsme ; un de ces livres comme en donnera l'espèce humaine chaque fois qu'on lui appliquera le regard du chercheur et de l'écrivain.

Lucien Guissard, la Croix, 29 juillet 1968.

Travail collectif et re-création individuelle

Le nouveau livre de Jean Duvignaud, *Chebika*, n'est pas remarquable seulement par la masse des informations sociologiques qu'il fond en une œuvre d'art, par la conjonction des méthodes d'étude sur le terrain de l'ethnographie, de la sociologie (observation, enquête, questionnaires, enregistrements sur bande) et de l'identification du romancier à des êtres et à un milieu. Travail collectif et re-création individuelle, produit d'une méthode et fruit d'un talent, *Chebika* est un livre important parce qu'il confirme avec éclat l'existence d'une littérature qui a déjà un passé intéressant, un beau présent et, je crois, un avenir inépuisable.

Un nom à trouver

Il se passe en littérature ce qui se passe dans les beaux-arts, où peinture et sculpture laissent la photographie et le cinéma prendre en charge ce qui était un de leurs projets (non le seul, loin de là), la peinture de batailles, la description de paysages, la réflexion d'une société, le portrait, etc.
Il n'existe pas encore d'étiquette, de définition commode pour cette résurgence d'une des fonctions du roman qui n'a

483

pas encore créé le nom d'un genre, mais a déjà donné dix ou vingt exemples de beaux livres. Auxquels s'ajoute aujourd'hui *Chebika*. Les deux chefs-d'œuvre de Bronislaw Malinowski, *les Argonautes du Pacifique* et *la Vie sexuelle des sauvages de Mélanésie*, inaugurent vers 1925 une forme de narration véridique, où le *rapport* et le *reportage* se transmuent en œuvre d'art.

Le «document» et la littérature, qui ont tendance à être de plus en plus séparés, refont ici leur jonction. L'ethnographie, ce reportage des peuples «autres», et le reportage, cette ethnographie des gens d'à côté, vont concourir à la naissance de formes nouvelles: récit-vérité, sociographie, documentaire-œuvre d'art? Peu importe. Il s'agit, à la limite, d'œuvre où rien n'est «de l'auteur», mais où l'auteur, cependant, est tout. Où souvent pas un mot n'est inventé, mais où la présence d'un inventeur est fondamentale. Où la «matière première», fréquemment, est brute, mais où les décisions de choix, d'organisation, d'éclairage, de mise en place sont aussi déterminantes que peut l'être l'intervention de Dziga Vertoff dans un film de montage ou celle de Max Ernst dans un collage.

L'étonnement premier

Les modèles de cette littérature brute (et cependant très élaborée) sont évidemment le plus souvent des œuvres ethnographiques, du grand Malinowski au *Soleil Hopi* de Don Talayesva, du livre de Gunnar Myrdal sur un village chinois à *la Mort Sara*, de Robert Jaulin, et à *Chebika* aujourd'hui. Mais on pourrait y ajouter déjà beaucoup d'œuvres non ethnographiques, où le regard de l'écrivain se porte sur des objets proches et garde cependant l'*étonnement* premier qui semble le privilège de l'ethnologue sur le terrain. Je pense par exemple à trois chefs-d'œuvre modestes: *la Vie d'une prostituée*, signé du nom de Marie-Thérèse; à *Histoire de Marie*, où Brassaï a simplement «monté» les propos d'une femme de ménage; aux *Enfants de la Justice* de Michel Courot, ou Cournot, dont nos lecteurs connaissent la voix plutôt *personnelle*, s'est imposé, dans les bureaux d'instruction et les tribunaux d'enfants, d'écouter, «d'enregistrer» et de ne pas écrire un seul mot qui soit «de lui». C'est dans cette *nouvelle littérature* que s'inscrit la tentative exemplaire de Jean Duvignaud. Il était romancier et *l'Or de la république* me semble un livre superbe, glorieusement «fou» et injustement méconnu. Il était sociologue, et des plus pénétrants. Il accomplit aujourd'hui la synthèse de ses deux passions. Le résultat est de tout premier ordre. Le domaine déjà riche de la littérature vérité s'est peut-être enrichi d'un classique.

Claude Roy, *le Nouvel Observateur*, le 17 avril 1968

Une recherche d'authenticité

Qui est Chebika? Telle est l'interrogation qui fait la trame de l'ouvrage. C'est donc une recherche d'identité, d'authenticité, au sens où Jacques Berque l'entend. Communauté de pauvres, frustrés de leurs anciennes propriétés, et que les mariages extérieurs ne réussissent pas à orienter vers une autre forme d'expérience que la sienne propre. Alors se déroule la vie sans accident de la communauté, dans ses coordonnées quotidiennes : le silence, celui qui règne entre chaque homme et chaque femme, celui qu'oppose le groupe à l'agression extérieure : telle cette grande scène muette de la carrière où le village oppose, des jours durant, son silence à l'intervention de la force publique ; en contrepartie, la « parlerie » où s'élaborent les décisions, mais qui est aussi l'occupation habituelle du temps de non-travail, centre réel du village, son noyau le plus dur et aussi le masque qui dissimule la réalité du village, une part importante de la vie collective n'étant « jouée » qu'à l'occasion des fêtes ou des chocs subis de l'extérieur ; enfin l'attente, cette attente que connaissent depuis l'indépendance toutes les paysanneries du Maghreb (et d'autres !), latence en tension qui est déjà perspective de changement.

Mais quel changement? Jean Duvignaud, pas plus que ses amis de Chebika, n'attend pas grand-chose d'une réforme planifiée, convoyée par des fonctionnaires parfaitement ignorants des réalités sociales du « bled ». Mais il sait que « la richesse et l'intensité des participations sociales peuvent toujours remplacer l'intérêt économique ».

Chebika sacrifiée au nom du progrès et de la rationalité et qui pourtant persévère : non pas en se repliant dans la tradition (terme suspect qui rend mal compte de la réalité présente et qui n'est souvent qu'une justification d'ordre politique ou qu'un alibi scientifique) mais en sachant s'endormir et attendre l'aide adaptée qui la fera mieux vivre.

Pierre Marthelot, *le Monde*, 29 juin 1968.

La sociologie peut aussi changer les hommes

Chebika est un travail de théâtralisation, au sens le plus juste du terme, dans lequel la sociologie, peut-être pour la première fois, révèle ses pleines possibilités, non seulement à étudier les hommes, mais aussi à les changer... A travers l'enquête de l'équipe de Duvignaud, les habitants de Chebika s'éveillent lentement à une perception neuve de leurs propres valeurs et de leurs besoins d'une réinsertion de leur vie collective à l'intérieur de la charpente de la nouvelle Tunisie... Chebika

485

n'est pas tout à fait un livre politique, mais sa thèse sous-jacente est la nécessité de l'indépendance sociale dans le Tiers Monde pour compléter et réussir l'indépendance politique. Cette «indépendance sociale» telle que la conçoit Jean Duvignaud dans le cadre de son étude sur Chebika est sa plus importante contribution à la pensée politique et sociale contemporaine.

Cecil Hourani, juillet 1969.
Préface à l'édition américaine
(Panthéon, 1970).

Une sociologie dynamique et à contre-courant

C'est surtout l'état d'«anomie» de ce village tunisien qui est mis en évidence. On sait que, pour Durkheim, l'anomie est l'absence de toute réglementation morale pouvant exercer un contrôle sur les comportements et la pensée; c'est donc un concept privatif, suscitant un état de dérèglement social (tout aussi bien que moral), et s'opposant de ce fait à une vision «morale» de la vie telle qu'elle est magistralement exposée et analysée par Max Weber dans *l'Éthique protestante et l'esprit du capitalisme* (Plon, Paris) où Weber montre qu'il y a une «civilisation capitaliste», une disposition non anomique (et par conséquent hautement morale) à agir capitalistement, une anthropologie possible de l'homme capitaliste — qui est l'homme de l'accumulation — et cette vision «morale» correspondrait à un fait de civilisation. C'est ce que Weber appelle un «éthos», c'est-à-dire un type d'actes sociaux orienté par des valeurs. Un éthos est donc une «éthique», sur le mode de l'implicite.

L'éthique des gens de Chebika ne peut avoir aucune commune mesure avec l'éthique économique, sociale, culturelle et morale à la fois caractérisant le monde occidental, dominé par ce que Weber appelle la «rationalité formelle» de gestion économique. D'ailleurs, la seule composante «structuraliste» chez Weber est précisément ce thème de «rationalité». Au contraire, pour Duvignaud, cet état «d'anomie» qui caractérise la société chébikienne «est un état de souffrance», puisque les groupements et les individus affrontent une nouveauté irréductible aux formes de l'expérience acquise, sans avoir les moyens de s'intégrer ou même de modifier leur organisation propre pour s'adapter.

Chebika, cet «électron social» comme l'appelle l'auteur, est un ouvrage de sociologie dynamique, qui s'inscrit et s'insère dans une pensée qui ose aller à contre-courant: on pense à celles de Georges Balandier et de Jacques Berque. Il faut le lire.

Gilbert Tarrak, *la Presse* (Liban), 30 novembre 1968.

486

■■■

Il a fallu à M. Jean Duvignaud une équipe et il l'a trouvée chez ses étudiants du Centre sociologique de Tunis. Ce travail n'allait pas sans problème : répugnance d'étudiants des villes à s'intéresser à une poignée de pauvres hères oubliés du monde ; méfiance des habitants de Chebika pour les habitants des villes si éloignés de leurs préoccupations immédiates. Mais à la fin de l'enquête qui s'étend sur six années, il y aura non seulement un grand livre mais pour les enquêteurs et les « enquêtés » une prise de conscience et un enrichissement réciproques.

Jacques Parisse, *la Wallonie*, 20 septembre 1968

Du dialogue à la prise de conscience

Du questionnement est né un dialogue, du dialogue une dramatisation des conditions de vie qui finalement a conduit à une prise de conscience et à une résistance contre une situation auparavant sans espoir. L'auteur croit pouvoir en déduire que Chebika — et une telle affirmation, pour qu'elle puisse avoir une quelconque valeur, doit pouvoir se transposer à d'autres régions — est potentiellement prêt à évoluer et donc à améliorer ses conditions de vie [...] La société et le gouvernement doivent soutenir le processus de prise de conscience des forces et des ambitions du village, cela en « s'enracinant » dans sa situation anomique, c'est-à-dire en comprenant bien que cette situation est typique de la société dans son ensemble et en laissant s'épanouir les possibilités de transformation sociale qu'elle contient. A ce point, il suffit de faire référence à la dimension idéologique de la politique de « prise de conscience » pratiquée dans la plupart des pays en voie de développement pour montrer à quel point une telle affirmation, du fait même de sa brièveté, demeure problématique.

A. Bodenstedt, *Zeitschrift für Ausländwirtschaft, 1, 1970.*

■■■

Pendant cinq ans, Jean Duvignaud et son équipe vont regarder, vont interroger Chebika. Et Chebika — ce n'est pas le moindre intérêt de l'enquête — va renaître :
— Quand nous l'avons découvert, le village était en train de s'autodétruire, de se dissoudre. Dans une certaine mesure, nous l'avons aidé à survivre.
Pris par le regard d'observateurs étrangers, qui, pour une

487

fois, s'intéressaient à eux, les gens de Chebika vont se mettre à rejouer leurs rôles. Non sans une part de comédie, voire de dramatisation, mais au moins leurs gestes retrouvaient-ils un sens : « Les objets dédaignés, les actes dévalorisés, les croyances effacées ont repris une sorte de vitalité du fait même qu'elles s'accumulaient dans l'observation notée des enquêteurs. »

Les gens de Chebika ne sont pas pour autant figés dans un immobilisme théâtral. En se réappropriant leur passé, ils ont dit aussi leur désir d'un avenir plus heureux : « Leur espoir, ce n'était pas de devenir des gens de la ville, mais seulement qu'on leur donne les moyens de s'arracher à leur misère, de changer leur vie, de se transformer tout en restant eux-mêmes. »

Les gestes et les « parleries » des gens de Chebika, l'aventure de ce village maghrébin « campé sur la montagne, tourné vers l'est et le sud, le Sahara et La Mecque, les deux directions fondamentales selon le Coran », allaient donner naissance à un livre admirable paru en 1968, *Chebika*, une étude socio-logique qui se lit comme un roman, écrite comme un lent poème, immobile et changeant comme les états du désert.

Christian Gros, Télérama, vendredi 15 juillet 1977.

■■■

« Maintenant, dit le jeune Ali, nous parlons de tout, parce vos questions nous ont dérangés. » Pour la première fois depuis des années, le village s'est senti sollicité par une intervention de l'extérieur. Une certaine dynamique tendrait alors à se déclencher. Ainsi, la sociologie des communautés prend-elle une nouvelle dimension. Ce n'est pas le moindre mérite des travaux de Wylie, de Morin et de Duvignaud, que de montrer comment le sociologue au village pourrait aider à faire passer des groupes de population d'un état passif à un état actif, d'hier à aujourd'hui.

Jacques Nantet, Critique, décembre 1968.

La critique des structuralistes

Pour ce qui est de la méthodologie, comment un lecteur de Leach ne serait-il pas inquiet en voyant Duvignaud revendi-quer la part la plus suspecte de l'héritage de Mauss, celle qui donne pour objet aux sciences sociales la construction de totalités singulières (« ce qui est vrai, c'est le Mélanésien »), non celle d'énoncés généraux ? Et cette totalité est-elle si singulière qu'elle puisse être traitée comme un sujet pensant : « Chebika détruit Chebika dans la mesure même où Chebika, pour la première fois, respecte Chebika»; «par ses relations matrimoniales, Chebika tente d'échapper à l'isolement et à la solitude de Chebika». C'est d'ailleurs une erreur, car les préférences matrimoniales semblent s'ordonner selon le principe de l'endogamie de lignages territorialement dispersés. Comment, d'autre part, concevoir ce monstre logique : une totalité singulière qui, d'une part, est une «proposition hypothétique», et, d'autre part est vraie mais n'autorise aucune prédiction, car l'avenir est imprévisible?

[...] Les meilleures pages de l'ouvrage sont celles qui traitent des échanges, dont Duvignaud a très bien vu qu'ils peuvent porter sur des femmes, des biens, des messages, et, d'une façon plus générale, sur tout acte effectué en public; que les partenaires peuvent être parents ou non parents; que ces échanges sont comptabilisés très précisément et qu'ils constituent «un tout fermé, relativement clos». C'est pourquoi on regrette qu'il n'ait pris la peine d'analyser ni les caractéristiques formelles de ce qu'il reconnaît être un «système» ni les principes de cette comptabilité, dont il ne suffit pas de dire qu'elle est «infinie», ni les stratégies des partenaires, puisqu'il semble que certains gagnent plus que d'autres à ce jeu des équivalences. Se contenter d'en donner «la fonction» laisse le lecteur sur sa faim, surtout s'il s'agit une fois encore de cohésion et de solidarité.

Jeanne Favret, *l'Homme*, novembre 1968.

Une critique de l'idée de tradition

Pour les sociologues, *Chebika* apporte sans doute des enseignements qui n'ont pas grand-chose à voir avec ce que le lecteur profane trouve dans ce livre. Il me semble que ce que le lecteur y trouve peut-être de plus précieux, c'est, à travers l'histoire même du village, une critique de l'idée de tradition. Nous vivons encore sous l'emprise de mythes immémoriaux ou récents qui nous font méjuger les sociétés traditionnelles, mythe de l'âge d'or, ou mythe du bon sauvage. Ce que nous reprochons souvent à la civilisation moderne, c'est de détruire des traditions auxquelles nous accordons une valeur qu'elles ont certainement eue, mais qu'elles n'ont plus. Or, la vie à Chebika, la misère qu'y connaissent les hommes, c'est un peu la tradition qui les fait telles. C'est ainsi que les traditions les plus profondes et les plus contraignantes, celles qui ont rapport avec le mariage, sont pour une part à l'origine de l'état de déréliction où se trouve le village. C'est en observant ces traditions que les gens de Chebika ont laissé accaparer leurs terres par des étrangers, supprimant ainsi toute l'infrastructure économique et sociale qui assurait la cohésion de cette petite société. Si bien que, déclare Jean

Duvignaud, on peut constater encore une fois ici «que le respect des traditions est dans son principe même un facteur de destruction des structures».

Passionnante lecture. Il n'est pas inutile que ceux auxquels elle est destinée apprennent à mieux connaître ce qu'Oscar Lewis appelle, ainsi que Jean Duvignaud le rappelle, la «culture de la misère», et cette longue attente qui est la vie même de tant de déshérités. «Nous vivons de patience», c'est ce que dit un des vieillards de Chebika. C'est aussi le dernier mot du livre. Mais nous savons aussi qu'on ne peut exiger qu'une telle patience se prolonge. *Chebika* nous enseigne, au-delà des logomachies démodées d'une révolution dépassée, où vivent aujourd'hui ceux que Franz Fanon appelle les dammés de la terre. A Chebika, notamment.

Jean Bloch-Michel, *Gazette de Lausanne*, 27-28 avril 1968

L'importance pratique de Chebika

L'enquête Chebika, ses résultats, présentent une importance pratique très grande. La société du Sud tunisien — on le perçoit bien en lisant le livre — se trouve dans une sorte de *no man's land* entre le monde traditionnel et le monde moderne. Mais le passage de l'un à l'autre — ce qu'on appelle d'un terme assez pauvre la modernisation — n'est qu'apparemment conditionné par un plan central. Il dépend beaucoup plus de l'évolution concrète des petites cellules sociales, et spécialement des villages; en fait l'élément clef c'est l'application du plan; l'esprit militant de ceux qui l'appliquent. De cet esprit, le livre *Chebika* montre la nécessité. Mais l'enquête proprement dite — action d'un groupe sur un autre — démontre la possibilité pratique.

On doit confronter l'enquête Chebika avec l'attitude des intellectuels tunisiens, et plus généralement nord-africains et arabes, face aux villages de leur pays. Attitude étrange d'intérêt gêné, de plaisanterie, souvent de bienveillance teintée de dégoût. Mais même chez les meilleurs, chez les hommes engagés et modernes, qui ont surmonté un monde de préjugés, on chercherait en vain l'esprit d'aventure qui, à la fin du siècle dernier, menait les populistes russes à vivre parmi les paysans.

Comme il arrive souvent, cette attitude — celle des intellectuels arabes — s'exprime suivant deux modalités: la première, noble et la seconde de faux-fuyant. Celle-ci est simplement l'arrivisme d'hommes promis à de bonnes situations dans des États neufs. La modalité noble (dangereuse parce que servant de justification à la précédente) a été exprimée récemment avec talent par Abdalah Laroui, historien-sociologue nord-africain. Laroui pose le problème de la connaissance des villages par les dirigeants des États nationaux arabes et il montre que cette connaissance est impossible, inutile et presque nuisible. Impossible parce que, d'après Laroui (et il a raison en grande partie), le positivisme occidental n'est pas applicable à l'étude du monde nord-africain. Inutile et nuisible, parce que l'État national arabe est contraint à une fuite en avant éperdue pour rejoindre le monde industriel, et qu'un retour sur ses propres misères l'arrêterait dans cette course.

Or Duvignaud qui est étranger à l'Afrique du Nord, au monde arabe, et, *a fortiori*, à l'Islam montre qu'une connaissance de la cellule de base nord-africaine, le village, est possible et fructueuse. Il s'agit d'abord pour lui d'un hasard mais qui prend une signification ample : un intellectuel d'un pays avancé s'identifie à un village des confins du Sahara. Mais cette identification se donne comme moyen un appareil moderne d'enquête, une méthode qu'on peut difficilement qualifier de positiviste — et qui offre des résultats. Il serait grave que les dirigeants, les intellectuels, les étudiants des nouveaux États arabes, et au-delà, des pays du Tiers Monde, n'en tiennent pas compte.

Benno Sternberg Sarel, *Revue française de sociologie*,
10 mars 1969.

■■■

Chebika est une question posée par un peuple à ses responsables, ceux du Tiers Monde en général, de la Tunisie dans ce cas précis. Le sociologue y sert d'interprète : des deux côtés — à des niveaux, bien sûr, qualitativement différents — le message est perçu. « Chebika sera l'image et la preuve de la vérité du changement tunisien, mais il est évident que l'attente sera longue », conclut le porte-parole, Jean Duvignaud. Ce qui est incontestable, c'est que ce livre dévoile, pour la première fois, cette attente... et en fixe les limites.

A.B. *Jeune Afrique*, 13 mai 1968.

Scandaleux paradoxe du XXᵉ siècle

L'art de M. Jean Duvignaud — son art mais aussi son immense mérite — est d'avoir su nous rendre proche cette misère orgueilleuse. Avant d'être une étude sociologique, ce beau travail est d'abord un message fraternel par lequel une équipe nous convie à prendre conscience du scandaleux paradoxe du XXᵉ siècle où coexistent société du confort et misère la plus noire.

Jacques Parisse, *la Wallonie*, 20 septembre 1968.

■■■

Ce n'est pas seulement le brillant portrait d'un village nord-
africain. Le livre a valeur d'exemple de ce qui arrive lorsque
de petites communautés sont englouties au nom du Progrès,
par un système politique et philosophique qui leur est
étranger, bien qu'administré par des compatriotes. Ce processus s'appelle l'occidentalisation.

London Sunday Times, 1972.

Une nouvelle dimension à la sociologie

Ce livre prendra place dans les bibliothèques à côté des
émouvants ouvrages d'Oscar Lewis: *les Enfants de Sanchez
et Pedro Martinez*. Il ne s'agit plus, dans un cas comme dans
l'autre, de traités magistraux ou de secs rapports. Une
dimension nouvelle a été trouvée à la sociologie dont le mot
anglais *compassion* rendrait mieux compte que son équivalent
en français.
J'aurais pu visiter Chebika, ayant passé plusieurs mois dans
le Sud tunisien, dans une grande oasis éloignée de celle-ci
(deux cents habitants) de soixante kilomètres à peine. Y
eussé-je été d'ailleurs que je n'aurais probablement rien
compris à sa vie intime et intérieure. Jean Duvignaud,
sociologue et écrivain (son roman *l'Or de la république* n'a pas
eu le succès de critique et de public qu'il méritait), a fait œuvre
originale. Pendant cinq années, accompagné d'équipes de ses
étudiants, il a régulièrement visité Chebika, en a étudié les
aspects humains, sociaux et économiques avec tous les
moyens de l'enquête moderne, enregistreurs compris.
Selon ses termes, dans un ouvrage qui ne se veut pas littéraire
mais qui l'est par la tension qui s'y exprime, il nous propose
«une reconstruction utopique de Chebika à partir des
multiples données et faits enregistrés durant cinq ans, et par
des chercheurs différents entre eux. Cette reconstruction
propose une certaine distribution de ces éléments dans un
tout qui prend la forme d'une relation, voire d'un récit». On
ne peut mieux décrire ce livre.

Benoît Braun, *Revue générale belge*, septembre 1968.

Table des cartes et plans

Table des illustrations in texte

493

Table des illustrations hors texte

Deuxième cahier

TABLE DES MATIÈRES

Première Partie

CHEBIKA
1960-1966

Deuxième Partie
RETOUR A CHEBIKA
1990

DU MÊME AUTEUR

Fictions

Quand le soleil se tait. Gallimard 1949.
Les Idoles sacrifiées. Gallimard 1951.
Le Piège. Gallimard 1954.
L'Or de la République. Gallimard 1957.
L'Empire du milieu. Gallimard 1971.
Le Favori du désir. Albin Michel 1982.

Théâtre

Marée basse. Gallimard 1971. (Mise en scène de Roger Blin aux Noctambules, en 1956.)

Sociologie

Les Ombres collectives, sociologie du théâtre. PUF 1973.
L'Acteur, sociologie du comédien. Gallimard 1965.
Durkheim. PUF 1965.
Introduction à la sociologie. «Idées», Gallimard 1966.
Chebika. Gallimard 1968.
Le langage perdu. PUF 1975.
Le Don du rien. Stock 1977.
Sociologie de l'art. PUF 1984.
Le jeu du jeu. Balland 1980.

Le Propre de l'homme, histoire du rire et de la dérision, Hachette 1985.

La Solidarité. Fayard 1988 (Prix du concours de l'Académie de Dijon, 1989).

Hérésie et subversion, essai sur l'anomie. La Découverte 1986.

La Genèse des passions dans la vie sociale. PUF 1989.

Essais

Marcel Arland. Gallimard, Bibliothèque idéale 1962.

Pour entrer dans le xxe siècle. Grasset 1965.

Le « Ça » perché. Stock 1976.

Klee en Tunisie. Bibliothèque des arts, Lausanne, Cérès productions, Tunis 1980.

La Tunisie (avec Habib Boularès). PUF 1978.

Almanach de l'hypocrite. Institut Solvay-Bruxelles.

Enquêtes

La Planète des jeunes (avec J.-P. Corbeau). Stock 1975.

La Banque des rêves (avec J.-P. Corbeau, F. Duvignaud). Payot 1979.

Les Tabous des Français (avec J.-P. Corbeau). Hachette 1981.

TERRE HUMAINE

CIVILISATIONS ET SOCIÉTÉS
COLLECTION D'ÉTUDES ET DE TÉMOIGNAGES DIRIGÉE PAR JEAN MALAURIE

La difficile exploration humaine est à jamais condamnée si elle prétend devenir une « science exacte » ou procéder par affinités électives. C'est dans sa mouvante complexité que réside son unité. Aussi la collection TERRE HUMAINE se fonde-t-elle sur la confrontation. Confrontation d'idées avec des faits, de sociétés archaïques avec des civilisations modernes, de l'homme avec lui-même. Les itinéraires intérieurs les plus divers, voire les plus opposés, s'y rejoignent. Comme en contrepoint de la réalité, chacun de ces regards, tel le faisceau d'un prisme, tout en la déformant, la recrée : regard d'un Indien Hopi, d'un anthropologue ou d'un agronome français, d'un modeste instituteur turc, d'un capitaine de pêche ou d'un poète...

Pensées primitives, instinctives ou élaborées, en interrogeant l'histoire, témoignent de leurs propres mouvements. Et ces réflexions sont d'autant plus aiguës que l'auteur, soit comme acteur de l'expérience, soit au travers des méandres d'un « voyage philosophique », se situe dans un moment où la société qu'il décrit vit une brutale mutation.

Comme l'affirme James AGEE, sans doute le plus visionnaire des écrivains de cette collection :

« Toute chose est plus riche de signification à mesure qu'elle est mieux perçue de nous, à la fois dans ses propres termes de singularité et dans la famille de ramifications par identification cachée. »

Tissée de ces « ramifications » liées selon un même principe d'intériorité à une commune perspective, TERRE HUMAINE retient toute approche qui contribue à une plus large intelligence de l'homme.

OUVRAGES PARUS DANS LA COLLECTION **TERRE HUMAINE** (→ 1990)

* *Ouvrages augmentés d'un dossier de Débats et Critiques*

☐ Ouvrages parus également en Terre Humaine/Poche (Presses Pocket: n° 3000 et suivants)

Jean Malaurie. * ☐ — Les Derniers Rois de Thulé. *Avec les Esquimaux Polaires, face à leur destin.* 1955. Cinquième édition 1989.

Claude Lévi-Strauss. ☐ — Tristes Tropiques. 1955.

Victor Ségalen. * ☐ — Les Immémoriaux. 1956. Deuxième édition 1983.

Georges Balandier. * ☐ — Afrique ambiguë. 1957. Troisième édition 1989.

Don C. Talayesva. * ☐ — Soleil Hopi. *L'autobiographie d'un Indien Hopi.* Préface: C. Lévi-Strauss. 1959. Deuxième édition 1983.

Francis Huxley. * ☐ — Aimables Sauvages. *Chronique des Indiens Urubu de la forêt amazonienne.* 1960. Troisième édition 1990.

René Dumont. — Terres vivantes. *Voyages d'un agronome autour du monde.* 1961. Deuxième édition 1982.

Margaret Mead. ☐ — Mœurs et sexualité en Océanie. I) *Trois sociétés primitives de Nouvelle-Guinée.* II) *Adolescence à Samoa.* 1963.

Mahmout Makal. * ☐ — Un village anatolien. *Récit d'un instituteur paysan.* 1963. Troisième édition 1985.

Georges Condominas. — L'Exotique est quotidien. *Sar Luk, Vietnam central.* 1966. Deuxième édition 1977.

Robert Jaulin. — La Mort Sara. *L'ordre de la vie ou la pensée de la mort au Tchad.* 1967. Deuxième édition 1982.

Jacques Soustelle. * ☐ — Les Quatre Soleils. *Souvenirs et réflexions d'un ethnologue au Mexique.* 1967. Deuxième édition 1982.

Theodora Kreber. * ☐ — Ishi. *Testament du dernier Indien sauvage de l'Amérique du Nord.* 1968. Deuxième édition 1987.

Ettore Biocca. ☐ — Yanoama. *Récit d'une jeune femme brésilienne enlevée par les Indiens.* 1968. Deuxième édition 1980.

Mary F. Smith et Baba Giwa. * — Baba de Karo. *L'autobiographie d'une musulmane haoussa du Nigeria.* 1969. Deuxième édition 1983.

Richard Lancaster. — Piegan. *Chronique de la mort lente. La réserve indienne des Pieds-Noirs.* 1970.

William H. Hinton. — Fanshen. *La révolution communiste dans un village chinois.* 1971.

Ronald Blythe. — Mémoires d'un village anglais. *Akenfield (Suffolk).* 1972. Deuxième édition 1980.

James Agee et Walker Evans.* — Louons maintenant les grands hommes. *Trois familles de métayers en 1936 en Alabama.* 1972. Deuxième édition 1983.

Pierre Clastres.* □ — Chronique des Indiens Guayaki. *Ce que savent les Aché, chasseurs nomades du Paraguay.* 1972. Deuxième édition 1985.

Selim Abou.* — Liban déraciné. *Autobiographies de quatre Argentins d'origine libanaise.* 1972. Troisième édition 1987.

Francis A. J. Ianni. — Des affaires de famille. *La Mafia à New York. Liens de parenté et contrôle social dans le crime organisé.* 1973.

Gaston Roupnel. □ — Histoire de la campagne française. Postfaces : G. Bachelard, E. Le Roy Ladurie, P. Chaunu, P. Adam, J. Malaurie. 1974. Deuxième édition 1989.

Tewfik El Hakim.* — Un substitut de campagne en Egypte. *Journal d'un substitut de procureur égyptien.* 1974. Troisième édition 1983.

Bruce Jackson.* — Leurs prisons. *Autobiographies de prisonniers et d'ex-détenus américains.* Préface : M. Foucault, 1975. Deuxième édition 1990.

Pierre Jakez Hélias.* □ — Le Cheval d'orgueil. *Mémoires d'un Breton du Pays Bigouden.* 1975. Troisième édition 1985.

Per Jakez Hélias. — Marh al lorh. *Envorennou eur Bigouter.* 1986. (Edition en langue bretonne)

Jacques Lacarrière.* □ — L'Eté grec. *Une Grèce quotidienne de quatre mille ans.* 1976. Deuxième édition 1986.

Adélaïde Blasquez. □ — Gaston Lucas, serrurier. *Chronique de l'anti-héros.* 1976. Deuxième édition 1976.

Tahca Ushte et Richard Erdoes.* □ — De mémoire indienne. *La vie d'un Sioux, voyant et guérisseur.* 1977. Deuxième édition 1985.

Luis Gonzalez. * — Les Barrières de la solitude. *Histoire universelle de San José de Gracia, village mexicain.* 1977. Deuxième édition. 1983.

Jean Recher. * — Le Grand Métier. *Journal d'un capitaine de pêche de Fécamp.* 1977. Deuxième édition 1983.

Wilfred Thesiger. * — Le Désert des Déserts. *Avec les Bédouins, derniers nomades de l'Arabie du Sud.* 1978. Deuxième édition 1983.

Joseph Erlich. ☐ — La Flamme du Shabbath. *Le Shabbath, moment d'éternité, dans une famille juive polonaise.* 1978.

C. F. Ramuz. ☐ — La pensée remonte les fleuves. *Essais et réflexions.* Préface de Jean Malaurie. 1979.

Antoine Sylvère. ☐ — Toinou. *Le cri d'un enfant auvergnat. Pays d'Ambert.* Préface: P. J. Hélias. 1980.

Eduardo Galeano. ☐ — Les Veines ouvertes de l'Amérique latine. *Une contre-histoire.* 1981.

Eric de Rosny. * ☐ — Les Yeux de ma chèvre. *Sur les pas des maîtres de la nuit en pays Douala (Cameroun).* 1981. Deuxième édition 1984.

Amicale d'Oranienburg-Sachsenhausen. * — Sachso. *Au cœur du système concentrationnaire nazi.* 1982. Deuxième édition 1990.

Pierre Gourou. — Terres de bonne espérance. *Le monde tropical.* 1982.

Wilfred Thesiger. * ☐ — Les Arabes des marais. *Tigre et Euphrate.* 1983. Deuxième édition 1989.

Margit Gari. * — Le Vinaigre et le Fiel. *La vie d'une paysanne hongroise.* 1983. Deuxième édition 1989.

Alexander Alland Jr. — La Danse de l'araignée. *Un ethnologue américain chez les Abron (Côte-d'Ivoire).* 1984.

Bruce Jackson et Diane Christian. * ☐ — Le Quartier de la Mort. *Expier au Texas.* 1985. Deuxième édition 1989.

René Dumont. * ☐ — Pour l'Afrique, j'accuse. *Le journal d'un agronome au Sahel en voie de destruction.* Postfaces: M. Rocard, J. Malaurie. 1986. Deuxième édition 1989.

Émile Zola. — Carnets d'enquêtes. *Une ethnographie inédite de la France.* Introduction: J. Malaurie. Avant-propos: H. Mitterand. 1987.

Colin Turnbull. ☐ — Les Iks. *Survive par la cruauté. Nord Ouganda.* Postfaces : J. Towles, C. Turnbull, J. Malaurie. 1987.

Bernard Alexandre ☐ — Le Horsain. *Vivre et survivre en pays de Caux.* 1988. Deuxième édition 1989.

Andreas Labba. — Anta. *Mémoires d'un Lapon.* 1989.

Michel Ragon. — L'Accent de ma mère. *Une mémoire vendéenne.* 1989.

François Leprieur. — Quand Rome condamne. *Dominicains et prêtres-ouvriers.* 1989.

Robert F. Murphy. — Vivre à corps perdu. *Le témoignage et le combat d'un anthropologue paralysé.* 1990.

Pierre Jakez Hélias. — Le Quêteur de mémoire. *Quarante ans de recherche sur les mythes et la civilisation bretonne.* 1990.

TERRE HUMAINE. — *COURANTS DE PENSÉE*

Nº 1 : **Henri Mitterand.** — Images d'Enquêtes d'Émile Zola. *De la Goutte-d'Or à l'Affaire Dreyfus.* Préface de Jean Malaurie. 1987.

Nº 2 : **Jacques Lacarrière.** — Chemins d'écriture. Postface de Jean Malaurie. 1988.

Nº 3 : **René Dumont.** — Mes combats. 1989.

ALBUMS TERRE HUMAINE

Nº 1 : **Wilfred Thesiger.** — Visions d'un nomade, Plon, 1987.

Nº 2 : **Jean Malaurie.** — Ultima Thulé. Bordas, 1990.

Photocomposition et Photogravure
GRAPHIC HAINAUT
59690 Vieux-Condé

Achevé d'imprimer le 5 décembre 1990
dans les ateliers de Normandie Roto S.A.
61250 Lonrai

N° d'éditeur : 12070
N° d'imprimeur : 902716
Dépôt légal : décembre 1990